结构软件技术条件及常见问题详解

陈岱林　高　航 等著

中国建筑工业出版社

图书在版编目(CIP)数据

结构软件技术条件及常见问题详解/陈岱林,高航等著. —北京:中国建筑工业出版社,2015.8

ISBN 978-7-112-18184-1

Ⅰ.①结… Ⅱ.①陈… ②高… Ⅲ.①建筑结构-计算机辅助设计-应用软件-研究 Ⅳ.①TU311.41

中国版本图书馆 CIP 数据核字(2015)第 122407 号

本书包括5大部分:1. 荷载工况;2. 规范相关指标;3. 专题详解;4. 基本构件设计;5. 用户实例问题分析。针对结构设计中的上部结构计算编写,围绕上部结构设计的流程,从涉及的相关规范,到设计全过程的应用,再到软件使用中的常见问题都作了全面的讲解。帮助广大设计人员更全面地理解规范、了解结构设计软件,提高解决问题的能力,最终对结构设计水平的提高起到明显的推动作用,同时本书也是教学实践、设计咨询答疑方面的参考材料。

本书适用于建筑结构设计人员学习参考。

责任编辑:王　梅　李天虹
责任设计:张　虹
责任校对:姜小莲　陈晶晶

结构软件技术条件及常见问题详解

陈岱林　高　航 等著

*

中国建筑工业出版社出版、发行(北京西郊百万庄)

各地新华书店、建筑书店经销

北京科地亚盟排版公司制版

北京云浩印刷有限责任公司印刷

*

开本:787×1092毫米　1/16　印张:25¼　字数:627千字

2015年8月第一版　2016年6月第三次印刷

定价:65.00 元

ISBN 978-7-112-18184-1

(27418)

前　言

本书针对结构设计中的上部结构计算编写，围绕上部结构设计的流程，从涉及的相关规范，到设计全过程的应用，再到软件使用中的常见问题都作了全面的讲解。

全书分为五大部分：

1. 荷载工况；2. 规范相关指标；3. 专题详解；4. 基本构件设计；5. 用户常见对比问题分析。

荷载工况部分包括恒载、活载、风荷载、地震作用、人防荷载、温度荷载等，这是结构设计中包括的常规荷载类型，但是软件引进指定施工次序、自定义荷载工况等许多新的概念和计算手段，从而提供了更优化、更安全的设计手段，并拓展了解决疑难结构问题的能力。

规范相关指标部分包括位移比、周期比、层间刚度比、楼层受剪承载力、剪重比、刚重比、层倾覆弯矩统计、整体抗倾覆及零应力区计算、$0.2V_0$ 调整，以及嵌固层、轴压比、抗震等级及抗震构造措施的抗震等级等内容，这里对设计规范对结构整体指标的主要要求和对构件截面设计影响大的指标几乎都涉及了，是结构设计人员面对计算结果首先关注和重点关注的内容。本书从规范的要求、软件实现方案及框图、计算结果的查看以及用户常见问题方面作了详细的叙述。

专题详解部分包括地下室、多塔、复杂空间结构、斜柱支撑、斜剪力墙和圆锥筒形剪力墙，以及抗震性能设计、弹性楼板、剪力墙边缘构件设计、鉴定加固设计、广东规程和上海规程的应用等，这些是用户在设计实践中经常碰到，但是传统软件有缺陷、不易解决的问题，读者从本书中可以找到大量全新的解决方案。

基本构件设计部分围绕梁、柱、剪力墙、连梁、斜撑等上部结构基本构件的设计展开，从基本概念的剖析入手，提出一系列新的设计要素，帮助用户实现更优化、更安全的设计。比如梁构件从受压区高度、受压钢筋的分析，到梁下部配筋考虑楼板翼缘、梁支座配筋考虑柱宽影响、梁的拉弯与压弯计算、与剪力墙平面外相交梁按非框架梁设计等；对柱构件设计引入剪跨比通用算法；对剪力墙提出十多项以前没有的设计新方式。所有这些解决了多年来用户实际工作中碰到却无法解决的难题。

用户常见对比问题分析部分是我们精心挑选的一批用户实际工程问题，我们在长期的软件咨询、答疑的服务工作中，碰到的很多问题是典型的用户常见问题，通过对这些问题的详细剖析，结合用户实际工程进行分析给出答案，对广大的用户有很大的帮助和提高作用。

可以看出，本书是到目前为止对结构计算软件的编制原理介绍最为全面细致的材料。

本书对于没有设计经验的人员来说是非常实用的教材，系统全面地讲解了相关规范的要求，从各个方面介绍了结构设计原理和流程，可以快速地带动这类人员进入设计师的角色。另外，用户常见问题的相当一部分是缺乏对规范基本设计要求的理解，对基本规范原理的分析可以解决相当一部分常见问题。

用户在工程实践中的很多问题是由于传统软件的功能缺失造成的，由于YJK这几年学习国内外先进软件，解决了一大批难点热点问题，从而大大拓宽了软件的应用范围。从本书中可以看到针对难点热点问题的一大批全新的解决方案。

本书将帮助广大设计人员更全面地理解规范、了解结构设计软件，提高解决问题的能力，最终对结构设计水平的提高起到明显的推动作用，同时本书也是教学实践、设计咨询答疑方面的参考材料。

本书在编写过程中，得到公司广大同事的帮助，参加本书编写的还有戴涌、王贤磊、郭丽云等，在此一并表示感谢！

本书由于撰写时间较短，叙述中难免有所遗漏，望广大读者批评指正。另外，本书撰写时是基于YJK1.6.3软件版本的，如果后续版本内容有变化，则以新版为主。

本书在叙述中大量使用了规范简称，下面列举了规范简称与规范全称的对应关系：

1. 《荷载规范》：《建筑结构荷载规范》GB 50010—2010；

2. 《混凝土规范》或《混规》：《混凝土结构设计规范》GB 50009—2012；

3. 《抗震规范》或《抗规》：《建筑抗震设计规范》GB 50011—2010

4. 《高规》：《高层建筑混凝土结构技术规程》JGJ 3—2010

5. 《广东高规》：广东省标准《高层建筑混凝土结构技术规程》DBJ 15—92—2013

6. 《上海抗规》：上海市工程设计规范《建筑抗震设计规范》DGJ 08—9—2013

7. 《人防规范》：《人民防空地下室设计规范》GB 50038—2005

8. 《钢结构规范》：《钢结构设计规程》GB 50017—2003

9. 《高钢规》：《高层民用建筑钢结构技术规程》JGJ 99—98

10. 《门刚规程》：《门式刚架轻型房屋钢结构技术规程》CECS 102：2002

11. 《冷弯薄壁型钢规范》：《冷弯薄壁型钢结构技术规范》GB 50018—2002

12. 《异形柱规程》：《混凝土异形柱结构技术规程》JGJ 149—2006

13. 《型钢规程》：《型钢混凝土组合结构技术规程》JGJ 138—2001

14. 《钢骨规程》：《钢骨混凝土结构技术规程》YB 9082—2006

15. 《钢管规范》：《钢管混凝土结构技术规范》GB 50936—2014

16. 《叠合柱规程》：《钢管混凝土叠合柱结构技术规程》CECS 188：2005

17. 《矩形钢管规程》：《矩形钢管混凝土结构技术规程》CECS 159：2004

18. 《空心楼盖规程》：《现浇混凝土空心楼盖结构技术规程》CECS 175：2004

19. 《鉴定标准》：《建筑抗震鉴定标准》GB 50023—2009

20. 《加固规范》：《混凝土结构加固设计规范》GB 50367—2013

21. 《抗震加固规程》：《建筑抗震加固设计规程》JGJ 116—2009

目　　录

第一章 荷载工况

第一节 恒载和考虑施工次序的计算

这里讲的指定施工次序计算是指在计算恒荷载时，考虑施工次序的计算。是否考虑施工次序、考虑不同的施工次序对恒载效应的计算结果常有较大的影响。

《高规》5.1.8："高层建筑结构在进行重力荷载作用效应分析时，柱、墙、斜撑等构件的轴向变形宜采用适当的计算模型考虑施工过程的影响；复杂高层建筑及房屋高度大于150m的其他高层建筑结构，应考虑施工过程的影响。"

合理确定施工次序不仅符合实际情况，而且有可能减小构件的计算内力。

目前施工模拟常用的计算方法为施工模拟3。施工模拟3假定每个楼层为一个施工次序，仅以楼层作为施工次序，因此难以应对常见的多种情况。

YJK除了提供施工模拟3计算方式之外，还提供对任意构件指定施工次序的功能，从而使施工模拟计算适应大部分应用。同时，YJK对施工模拟3本身，作了避免用户使用失误的若干自动处理。

一、施工模拟的基本概念

在计算参数中，提供处理恒载计算的3种算法：一次性加载、施工模拟1、施工模拟3。

1. 模拟施工1

模拟施工1采用一次集成整体刚度、分步加恒载的模型，只计入加载施工步的节点位移量和构件内力，来近似模拟施工过程的结构受力，如图1.1.1。

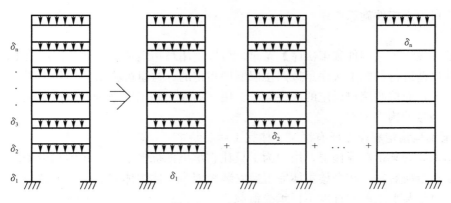

图 1.1.1 施工模拟 1

可以看出，模拟施工 1 是一种近似的处理方式，是对效率和精度的折中。由于只需形成一次结构刚度矩阵，在计算机解题能力受限时，既能在一定程度上模拟施工加载的变形效果，同时又不会对计算效率造成太大影响。

2. 模拟施工 3

模拟施工 3 采用了分层刚度分层加载的模型，如图 1.1.2。这种方式假定每个楼层加载时，它下面的楼层已经施工完毕，由于已经在楼层平面处找平，该层加载时下部没有变形，下面各层的受力变形不会影响到本层以上各层，因此避开了一次性加载常见的梁受力异常的现象。这种模式下，该层的受力和位移变形主要由该层及其以上各层的受力和刚度决定。

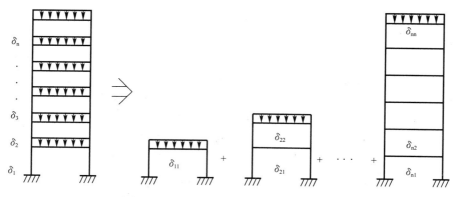

图 1.1.2　模拟施工 3 的刚度和加载模式

用这种方式进行结构分析需要形成最多 N（总施工步数）个不同结构的刚度阵，解 N 次方程，计算量相应增加。

3. 用户指定楼层施工次序

在计算前处理设置了楼层施工次序定义菜单，可通过参数、表格及图形方式修改软件默认生成的楼层施工次序。

用户在参数定义中可设置每隔几层作一次刚度生成和加载。

二、用户自定义构件施工次序

前处理设置了【构件施工次序】菜单，可以由用户指定任意构件的特定施工次序。

软件自动进行的施工次序是按照楼层顺序指定的，这里可将某些构件设置为不按照楼层顺序施工，而按照用户设定的次序施工。用户需输入施工次序号，然后用鼠标点取指定采用该顺序号的构件。

1. 某工程指定斜撑在所有楼层主体完工后安装

图 1.1.3 为某带斜撑楼层，用户为了只让它承担抵抗水平力，起到减少楼层侧移的作用，可以指定所有斜撑在全楼主体完工后安装。因为全楼主体完工后，恒载主要变形已经完成，这时组装上去的斜杆就不再承受恒载。

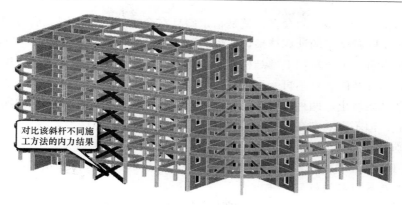

图 1.1.3 带斜撑工程

因为全楼共7层，软件自动生成的楼层施工次序是逐层向上施工，每个楼层上所有构件的施工次序就是它所在的楼层号。因为斜撑需要在7层施工完成后才安装，我们可以将所有斜撑构件的施工次序改为8，如图1.1.4。在计算前处理的【楼层属性】菜单下，用【构件施工次序】菜单完成操作。设置完施工次序后，可在【计算简图】菜单下的【施工次序示意】下查看。

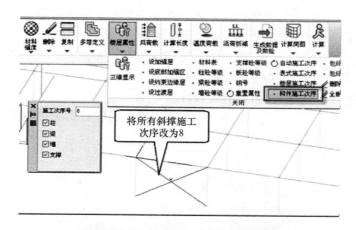

图 1.1.4 单独指定支撑施工次序

分别按照指定斜撑施工次序和不指定斜撑施工次序计算，并对比两者的计算结果。用1层的斜撑构件，对比两种算法的内力如图1.1.5所示。

(iCase)	Shear-X	Shear-Y	Axial	Mx-Btm	My-Btm	Mx-Top	My-Top
*(EX)	0.5	-0.8	417.3	6.4	2.2	0.8	-1.4
*(EY)	0.9	-0.2	103.7	1.6	4.1	0.3	-2.5
*(+WX)	0.0	-0.1	38.5	0.6	0.2		
*(-WX)	-0.0	0.1	-38.5	-0.6	-0.2		
*(+WY)	0.2	-0.0	17.5	0.2	0.7	0.0	-0.4
*(-WY)	-0.2	0.0	-17.5	-0.2	-0.7	-0.0	0.4
*(DL)	-1.2	-23.6	-412.2	37.1	-2.9	2.9	5.7
*(LL)	-0.6	-1.0	-123.3	3.5	-1.5	-3.5	2.9
*(EX)	0.5	-0.8	417.3	6.4	2.2	0.8	-1.4
*(EY)	0.9	-0.2	103.7	1.6			
*(+WX)	0.0	-0.1	38.5	0.6			
*(-WX)	-0.0	0.1	-38.5	-0.6			
*(+WY)	0.2	-0.0	17.5	0.2	0.7	0.0	-0.4
*(-WY)	-0.2	0.0	-17.5	-0.2	-0.7	-0.0	0.4
*(DL)	0.0	-18.8	-11.3	21.9	0.8	21.9	0.0
*(LL)	-0.6	-1.0	-123.3	3.5	-1.5	-3.5	2.9

图 1.1.5 不同施工次序下支撑内力对比

对斜杆指定施工次序 8 的含义，就是指定斜杆在全楼的 7 层都完工后再安装斜杆。对比斜杆随着楼层同时施工的计算结果，在恒载下斜杆的轴力从 −412 降到 −11，−11 表明该斜杆只承担自重，不再承担上部结构传来的恒荷载，因为当斜杆安装时，恒载的整体变形已经完成，后安装的斜杆不再受力。

但是，从结果看出，两种施工次序下其他荷载工况的计算结果相同，说明虽然该斜杆不承受恒荷载，但不影响它在地震、风、活等荷载工况下的计算。

2. 带加强层工程指定施工次序实例

《高规》11.2.7："当布置有外伸桁架加强层时，应采取有效措施减少外框柱与混凝土筒体竖向变形差异引起的桁架杆件内力。"

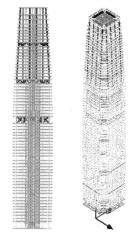

《广东高规》11.3.2−5："宜考虑核心筒与外框架施工过程在重力荷载作用下变形差的影响。可采用后施工伸臂桁架腹杆、伸臂结构先与柱铰接，待主体结构完成后再与柱刚接等方法来减少其影响。"

常有项目需要考虑特定的施工次序，如混凝土核心筒外的钢框架，其钢框架施工次序常滞后于核心筒；又比如在设置加强层结构中，其伸臂桁架常在上面多个楼层完工之后才安装。在恒载计算中，考虑这种结构特定施工次序可使它们避免突变的、异常大的计算结果，与实际更相符合。

图 1.1.6 为某带加强层高层建筑，它的第 30、42、54 层为加强层，需对加强层中的伸臂桁架设置合适的施工次序才能进行合理设计。

图 1.1.6　带加强层高层建筑

对图 1.1.7 加强层中的伸臂桁架推迟到 12 层后再施工，以消除部分附加二次内力。

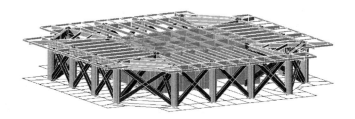

图 1.1.7　加强层布置

对 30 层的伸臂桁架各杆件设置施工次序为 42，意味着这些杆件不在 30 层施工时安装，而是当楼层施工到 42 层时，才回到 30 层安装。同样，对 42 层的伸臂桁架各杆件设置施工次序为 54，对 54 层的伸臂桁架各杆件设置施工次序为 66。

分别按照指定斜撑施工次序和不指定斜撑施工次序计算，并对比两者的计算结果。用 30 层的某根斜撑构件，对比两种算法的内力如图 1.1.8。

可以看出，对伸臂桁架指定施工次序后计算可大大减小杆件的轴力。对伸臂桁架按照楼层施工将使它受力太大，一般都需调整它的施工次序。

构件编号	按楼层施工（kN）	实际施工（kN）	差别（%）	构件编号	按楼层施工（kN）	实际施工（kN）	差别（%）
1	5316.4	3117.6	70.5	11	2691.4	1512.3	78.0
2	−11353.1	−6746.8	68.3	12	−9274.5	−5459.1	69.9
3	−11249.4	−6710.3	67.6	13	−3604.7	−2113.8	70.5
4	52993.3	3150.9	68.2	14	−1636.6	−1036.9	57.8
5	−9251.2	−5492	68.4	15	−2668.3	−1607.3	66.0
6	2374.7	1379.7	72.1	16	−2607.8	−1544.1	68.9
7	1297.8	767.1	69.2	17	−1691.1	−1082.4	56.2
8	−8636	−5161	67.3	18	−3533.2	−2057.9	71.7
9	1625.9	925.3	75.7	19	−4283.2	−2482.4	72.5
10	−8640.7	−5132.8	68.3	20	−857.5	−591.1	45.1

图 1.1.8　不同施工次序下支撑内力对比

3. 高低跨交接处梁的配筋异常的处理

图 1.1.9 工程在高低跨交接处梁的配筋出现异常，查到它的弯矩包络图异常，原因是恒载下这些梁的弯矩异常。

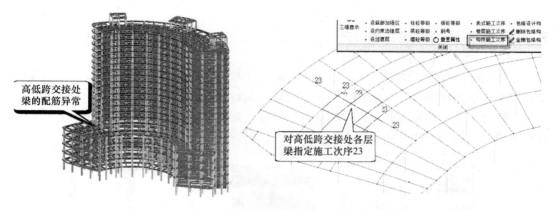

图 1.1.9　带裙房工程

由于高层部分的荷载与低层部分的荷载相差较大，导致在高低跨交接处出现大的变形差，这种变形差导致高低跨交接处梁的弯矩出现如图 1.1.10 所示的状况。

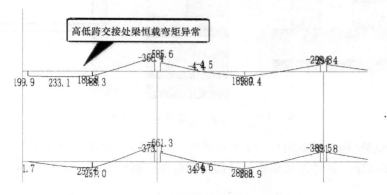

图 1.1.10　未单独指定施工次序时梁弯矩图

按照正常的力学分析，这个弯矩是正常的，但在实际工程施工中，应考虑避免这种异常，一般都需要在高低跨交接处设置后浇带，后浇带在结构整体封顶后才施工。在计算中可通过指定高低跨交接处梁的施工次序模拟后浇带的过程。

该工程共 22 层，我们设置这些梁的施工次序为 23。设置这样的施工次序后再计算，高低跨交接处的梁的弯矩基本正常，如图 1.1.11 所示。

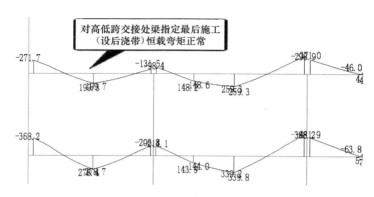

图 1.1.11　单独指定施工次序后梁弯矩图

三、自动判定连续加载层数的情况

一般情况按照楼层的施工次序是每次加载 1 个楼层，但在某些情况下需要对连续的 2 个或多个楼层连续加载，只加载 1 个楼层可能引起较大误差。

为避免人工未能修改施工次序造成计算异常，对于以下几种情况，软件可以自动判定连续加载的层数和次序（图 1.1.12）：

图 1.1.12　自动合并楼层施工次序的情况

（1）转换层结构，根据用户指定的转换层所在层号，软件转换层和它上面的 2 层共同作为一个施工次序。这样做是根据转换层结构施工、拆模特点而定的，同时也保证了转换梁的正确受力计算。

（2）对于设置了越层柱和越层支撑的结构，软件自动将越层柱或越层支撑连接的几个楼层共同作为一个施工次序。

（3）对于按照广义层建模的结构，软件考虑楼层的实际连接关系来生成施工次序，避免出现下层还未建造，上层反倒先进入施工行列的情况发生。

（4）对于出现抽柱、悬挑的楼层，考虑到要将该层和它下面紧邻的楼层一起施工，软件自动将本层和下层作为一个施工次序。

对于软件自动设置的加载次序，用户还可以在施工次序对话框中修改。

下面举例详细说明。

1. 梁托柱层

YJK 自动判断梁托柱的楼层，并将该层与上层合并为一个施工次序，即连续 2 层为一个施工次序。

图 1.1.13 为梁托柱工程，YJK 自动将 1、2 层合并为 1 个施工次序计算。

图 1.1.13　梁托柱时自动合并楼层施工次序

分别按照 1、2 层分开施工次序和 1、2 层合并施工次序计算，并对比两者的计算结果。对比两种算法的图示梁的内力如图 1.1.14。

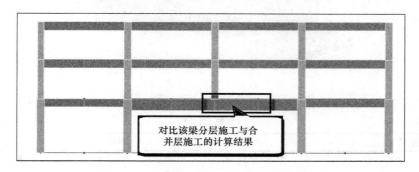

图 1.1.14　合并楼层施工次序前后梁内力对比

恒载下的梁的最大弯矩降低 23%，最大剪力降低 25%。其他工况不变。分层施工次序时梁超限，合并层施工次序计算结果正常。这是因为梁托柱层受力较大，合并层施工次序相当于用两个楼层的刚度共同承担梁托柱层的荷载，这也符合这样楼层的拆模规律。配筋结果对比如图 1.1.15。

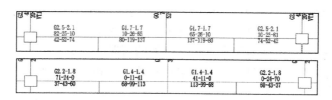

图 1.1.15　合并楼层施工次序前后梁配筋对比

图 1.1.16 中的工程实例，用户问为什么用传统软件算的第 1 层梁和柱的配筋比 YJK 大很多（表 1.1.1）？

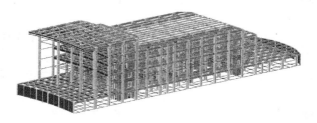

图 1.1.16　梁拖柱工程实例

表 1.1.1

计 算 对 比

第 1 层柱配筋总面积（mm²）	传统软件	YJK	相差（%）
主筋	655190	537216	−18.0%
箍筋	43102	42934	−0.4%
第 1 层梁配筋总面积（mm²）	传统软件	YJK	相差（%）
顶部	1984313	1313766	−33.8%
底部	1207644	1139957	−5.6%
箍筋	36059	34935	−3.1%
超筋梁数	7	0	

这是因为，1 层存在梁托柱，YJK 将 1～2 层合并为 1 个施工次序，如图 1.1.17 所示。

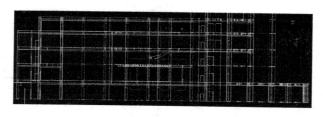

图 1.1.17　梁拖柱示意

2. 悬挑梁托柱层

图 1.1.18 为悬挑梁托柱的楼层，YJK 自动将 2、3 层合并为 1 个施工次序计算。

分别按照 2、3 层分开施工次序和 2、3 层合并施工次序计算，并对比两者的计算结果。两种算法的计算结果如图 1.1.19 所示。

合并施工次序后，托柱悬挑梁的弯矩减少 7％，剪力减少 3％。

3. 转换层

对于转换层结构，根据用户指定的转换层所在层号，YJK 将转换层和它上面的 2 层共 3 层作为一个施工次序。这样做是根据转换层结构施工、拆模特点而定的，同时保证转换梁的正确受力计算。

图 1.1.20 为转换层楼层，YJK 自动将转换层和它上面 2 层合并为 1 个施工次序计算。分别按照转换层和它上面 2 层分开施工次序与转换层和它上面 2 层合并施工次序计算，并对比两者的计算结果。

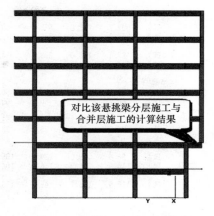

对比该悬挑梁分层施工与合并层施工的计算结果

图 1.1.18　悬挑梁托柱工程实例

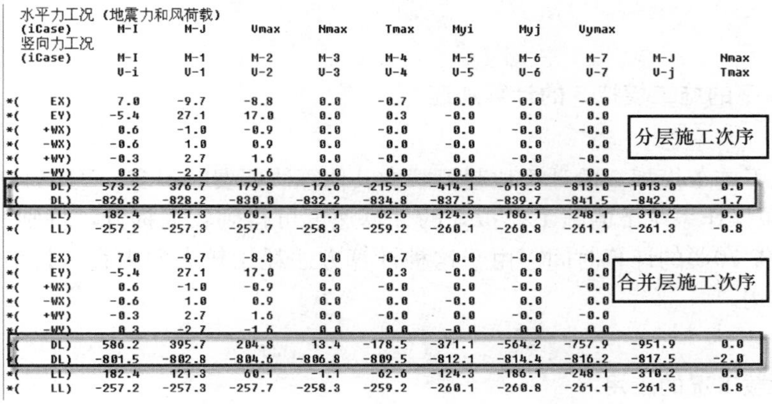

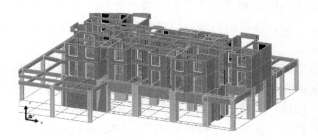

图 1.1.19　合并楼层施工次序前后梁内力对比

图 1.1.20　带转换层工程实例

对比两种算法的 3 根转换梁的内力如图 1.1.21 所示。

合并 3 层施工次序可使转换梁内力明显减小，这是因为转换梁层受力较大，合并层施工次序相当于用三个楼层的刚度共同承担转换梁层的荷载，这也符合这样的楼层的拆模规律。

4. 小结

一般情况下，用户应根据上下楼层的实际连接关系，在计算前处理中手工修改楼层施工次序，进行合并或者拆分。但是实际工程中，常见因用户遗漏而造成计算结果异常的情况。YJK 设置的这些自动处理为的是避免人工未能修改施工次序而造成计算异常。

```
     转换梁-1
*(    DL)   599.7    741.2    873.3    960.3    966.6   1068.9   1099.6   1119.3   1188.6   1123.2
*(    DL)   365.0    365.0    346.9    321.7    300.2    273.0    239.4    205.8    178.6    104.2

*(    DL)   588.4    718.0    838.2    917.2    922.8   1014.4   1041.3   1057.2   1116.0   1093.3
*(    DL)   334.5    334.5    316.4    291.9    272.7    245.5    212.3    179.0    151.9     99.6   M:-7%,V:-8%

     转换梁-2
*(    DL)   623.1    632.1    641.1    650.1    659.2    661.6    664.0    666.4    668.8    625.9
*(    DL)    60.2     60.2     60.2     60.2     60.2     49.1     38.1     27.1     16.1     37.8

*(    DL)   538.9    543.1    547.3    551.5    555.7    553.2    550.8    548.4    546.0    589.3
*(    DL)    28.0     28.0     28.0     28.0     28.0     17.0      6.0     -5.0    -16.0     20.5   M:-18%,V:-54%

     转换梁-3
*(    DL)    98.6    119.0    139.5    155.6    171.7    177.9    184.0    190.5    197.1    -29.2
*(    DL)   116.9    116.9    116.9    104.5     92.0     77.1     62.1     49.7     37.2    388.0

*(    DL)   110.5    126.1    141.7    153.0    164.2    169.1    173.9    175.6    177.3    -30.5
*(    DL)    89.2     89.2     89.2     76.7     64.3     49.4     34.6     22.2      9.7    380.5   M:-10%,V:-23%
```

图 1.1.21　合并楼层施工次序前后转换梁内力对比

四、64 位程序下的施工模拟 3 的计算加速

　　一般情况下施工模拟 3 的计算比起恒载的其他算法要费时很多。YJK 通过计算方法的改进，在 64 位操作系统下的施工模拟 3 的计算速度可得到较大提升，特别是当层数接近 100 层时可节省 70% 的计算时间。由于这种计算方法耗用较大的内存，目前限于在 64 位操作系统下使用。

五、自定义恒载工况的应用

　　恒载可分为主体结构恒载和非主体结构恒载两部分，主体结构恒载一般为主体结构构件的自重，即梁、柱、墙、楼板的自重，主体结构按楼层施工，施工模拟 3 的加载次序主要针对主体结构恒载。

　　非主体结构恒载指的是作用在主体结构上的填充墙，装修面层形成的恒载，这种恒载不一定随着主体楼层的施工加载，而一般在主体结构封顶之后才加载上去。把非主体结构恒载按照施工模拟 3 计算，常造成恒载下构件内力偏大的结果。

　　解决的方法是将较大的非主体结构恒载当作自定义恒载输入，并在计算参数的自定义恒载组合选项中选择和其他恒载"叠加"组合的模式。

　　软件对自定义恒载按照一次加载的计算方式计算，从而可避免分层加载计算造成的内力偏大。

　　图 1.1.22 中工程 8～9 层的梁上布置了很大的均布恒荷载，均布荷载从 31～52 不等，均为填充墙、装修等非主体结构恒载。对这些非主体恒载如果按照一般的分层施工计算，有的柱配筋可能出现非常大的异常。将这些非主体恒载当作自定义恒载输入，他们在软件中按照全楼一次性加载的方式计算，异常大的配筋的柱钢筋减少了 50%。

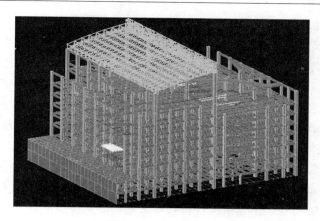

图 1.1.22　工程实例

第二节　活荷载计算

一、活荷载不利布置

1. 计算参数中活荷不利布置限于本层活荷载对梁的影响

【计算参数】-【活荷载信息】下可以进行活荷载不利布置参数设置，如图 1.2.1 所示。其中，"活荷不利布置最高层号"的功能限于本层活荷载对梁的影响。

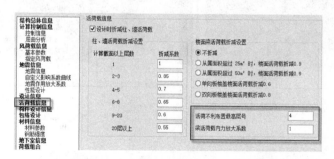

图 1.2.1　活荷载不利布置参数设置

软件采用分层刚度模型，该刚度由本层所有梁和相连的上下层的柱、支撑、墙等竖向构件的刚度贡献而成。考虑活荷不利布置计算是对房间逐个加载实现的，即对每一个房间加活荷载作用时，保持其他房间空载，并对每根梁的内力进行叠加计算，形成正负弯矩包络。除每个房间楼面传来的活荷外，对于梁上的外加活荷载，软件还按梁循环，每个有外加活荷载的梁都作一次独立的加载计算。

为了能同时考虑层间影响，软件在活荷满布状态下，再用整体刚度求解一次内力作为活荷作用工况之一，称之为"活载"，将分层活荷不利布置形成的梁正负弯矩包络作为两种活荷作用工况，分别记为"活1"和"活2"，以这三种活荷工况均参与荷载组合计算。即：

活载：整个结构活荷一次性满布作用工况。

活1：各层活荷不利布置作用的负弯矩包络工况。

活2：各层活荷不利布置作用的正弯矩包络工况。

可见这种活荷不利布置仅对梁构件进行，不利布置的方式也很局限。

软件在荷载组合时，对这三种活荷载采用"包络"组合方式，即不考虑三种活荷载相互组合，每种活荷载分别参与一次组合，以最不利配筋结果作为最终结果。

2. 使用自定义活荷载处理任意形式的活荷载不利布置

如筒仓结构主要承受贮料荷载，当多个筒仓建在一起，成为组合仓时，需要考虑贮料在各仓之间的不利布置，如在各仓分别为满仓、半仓、空仓的情况。可通过数个自定义荷载工况设置各个仓的满仓、半仓情况，再自定义它们之间可能的各种组合的方式解决。

图1.2.2为某2仓结构的筒仓，我们在普通活荷载工况中输入两个仓同时满载的情况，考虑可能存在只有仓1满载仓2空仓，或者仓1空仓仓2满载的情况，将仓1满载和仓2满载按两个自定义荷载工况输入，如图1.2.3所示。

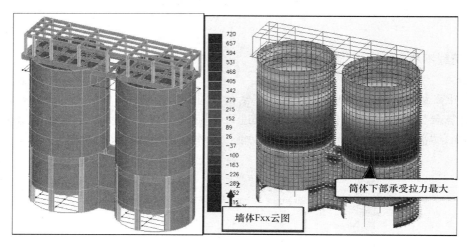

图1.2.2　筒仓模型

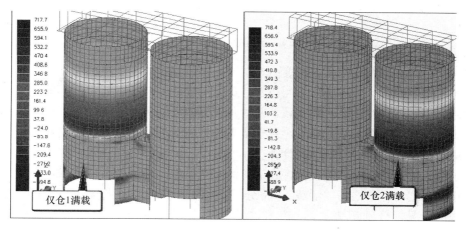

图1.2.3　分别按自定义工况输入各仓活荷载

在计算参数的自定义工况组合中，对活荷、仓 1 满、仓 2 满按照包络计算，如图 1.2.4。

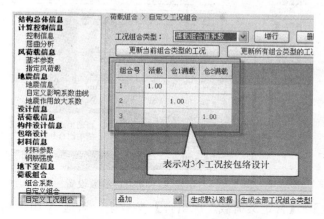

图 1.2.4　自定义工况组合参数设置

图 1.2.5 为某 3 仓组成的组合仓结构，我们在普通活荷载工况中只输入贮料以外的其他活荷载，把仓 1 满载、仓 2 满载和仓 3 满载分别按三个自定义活荷载工况输入，如图 1.2.6 所示。

在计算参数的自定义工况组合中，对活荷、仓 1 满、仓 2 满、仓 3 满选择全组合，软件自动生成了它们两两之间可能出现的所有组合情况，共 15 个，如图 1.2.7 所示。

二、如何考虑互斥活荷载的情况

如果需要考虑 N 组互斥的活荷载，可把这 N 组活荷载都在自定义活荷载下输入，即定义 N 组自定义活荷载。

图 1.2.5　3 仓模型

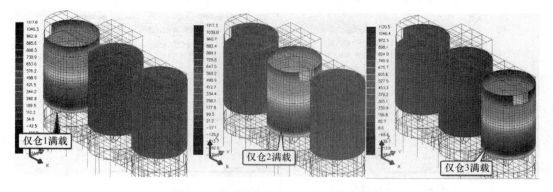

图 1.2.6　通过自定义工况输入各仓荷载

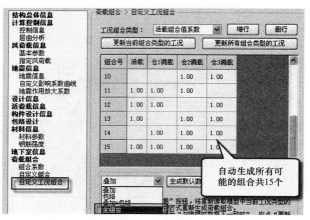

图 1.2.7　自定义工况组合参数设置

在【计算参数】-【自定义荷载工况组合】参数中，对这 N 组活荷载选择"包络"组合方式，而不要选择"叠加"或者"叠加＋包络"等其他的组合方式。但这 N 组自定义的活荷载可以与普通活荷载采用"叠加＋包络"组合方式。

这样，软件将计算出 N 个单独的活荷载工况，它们对所有构件的影响都是通过包络计算完成的。所谓包络，就是在考虑每个构件时，只选取对它的目标内力最大影响的那组自定义活荷载的结果，而不会叠加其他组的自定义活荷载的内力。

三、移动荷载

建模【荷载输入】菜单下的【移动荷载】菜单，可处理类似悬挂吊车、楼面铲车等移动荷载，如图 1.2.8 所示。

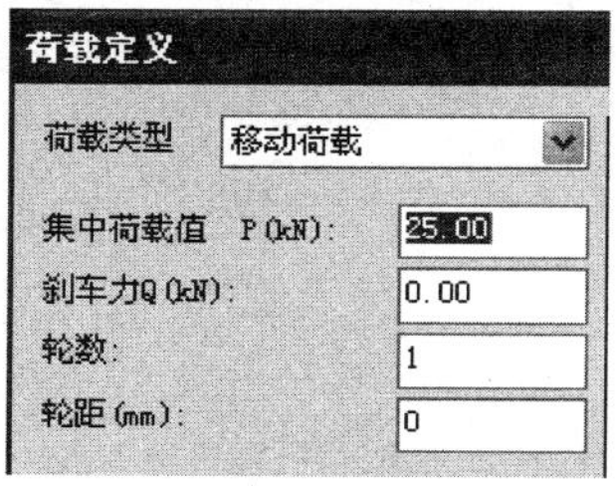

移动荷载的定义是输入竖向集中力值、水平刹车力值、轮数、轮距，水平刹车力是指沿着移动方向的水平力。

布置移动荷载是用鼠标输入一条该层平面上的移动轨迹线，线的端点必须落在梁、墙、柱杆件上。输入的移动轨迹相交于梁、墙时，软件按影响线生成作用于梁、墙的移动荷载，如图 1.2.9。

图 1.2.8　移动荷载定义

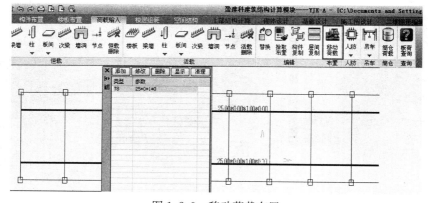

图 1.2.9　移动荷载布置

删除移动荷载可用删除活荷载的菜单实现。

上部结构计算时，必须在计算参数中勾选"计算吊车荷载"。软件按照与计算吊车荷载类似的框图（以预组合内力参与组合）计算移动荷载，移动荷载预组合内力图可以在【设计结果】菜单的【吊车】菜单下查看，如图 1.2.10，预组合内力的文本文件是 wcrane＊.out，可在【文本结果】菜单下调出。

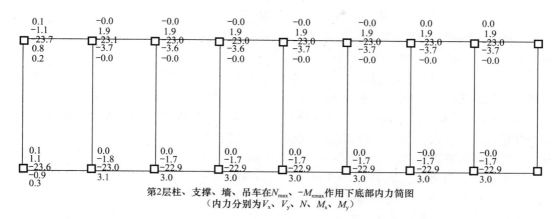

第2层柱、支撑、墙、吊车在N_{max}、$-M_{xmax}$作用下底部内力简图
（内力分别为V_x、V_y、N、M_x、M_y）

图 1.2.10　吊车荷载预组合内力图形显示

移动荷载的竖向力和吊车荷载同样，不参与地震作用质量的计算，即地震作用的质量中不包含移动荷载的竖向力。如果需要考虑，可人工在计算前处理中输入节点附加质量。

目前版本还不支持移动荷载和吊车荷载同时输入，即输入了移动荷载，则吊车荷载不再起作用。

四、考虑活荷载折减

1. 参数设置中的柱、墙活荷折减

如图 1.2.11 所示，该参数是根据《荷载规范》5.1.2-2 条活荷载按楼层折减的规定而设置的。当房屋类别为《荷载规范》表 5.1.1 条项（1）所列时，柱、墙等竖向构件的活荷载可以选择按楼层数的折减。

在同一层中不同位置的柱、墙上方的实际楼层数可能不同，比如塔楼下的多、裙房下的少，因此对不同位置的杆件应采取不同的折减系数。软件可以判断出每个柱、墙计算截面上方的实际楼层数，根据该值取得正确的活荷载折减系数。在配筋计算文件中输出每根柱、墙构件的折减系数。

2. 参数设置中的梁活荷折减

如图 1.2.12 所示，该参数是根据《荷载规范》5.1.2-1 条关于楼面梁折减系数的相关规定而设置的，可以按照从属面积或直接选择折减系数。对于单向板和双向板的选项，软件没有判断是单向板或双向板，而是直接采用对应的折减系数。

本参数可以和柱、墙活荷折减同时考虑，软件不会重复折减。

☑ 设计时折减柱、墙活荷载

柱、墙活荷载折减设置

计算截面以上层数	折减系数
1	1
2-3	0.85
4-5	0.7
6-8	0.65
9-20	0.6
20层以上	0.55

图 1.2.11　柱、墙活荷载
折减参数设置

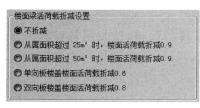

图 1.2.12　梁活荷载折减参数设置

3. 使用自定义活荷载处理其他类型活荷载的折减

原来的软件在进行设计墙、柱的活荷载折减时，仅能根据荷载规范表 5.1.2 作按楼层的折减系数折减，这种折减仅适用于荷载规范表 5.1.1 第 1（1）项的活荷载类型。第 1（1）项对应的房屋类别是住宅、宿舍、办公室、医院等。

根据《荷载规范》5.1.2 条的第 2 款第 2）项："设计墙、柱和基础时的折减系数，对第 1（2）～7 项应采用与其楼面梁相同的折减系数。"

第 1（2）～7 项对应的房屋类别包括教室、试验室、阅览室、会议室、食堂、餐厅、礼堂、剧场、商店、车站、机场大厅、舞台、书库、通风机房等。

第 1（2）～7 项的活荷载，不应采用住宅、办公室等的考虑楼层的折减方式，但把它当作一般的活荷载输入，软件将自动按照考虑楼层的折减方式计算，这显然与规范不符，偏于不安全。

YJK 的解决方案是把第 1（2）～7 项的活荷载按照自定义活载工况输入，并在自定义工况的属性中人工填入柱、墙的活荷载折减系数和梁的活荷载折减系数，如图 1.2.13。

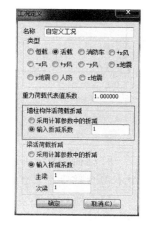

图 1.2.13　自定义工况的活荷载折减设置

这里的"采用计算参数中的折减"即为在上部结构计算参数中设定的按照一般的活荷载输入的活荷载折减。

某建筑下面几层是商场，上面高层为住宅，如图 1.2.14。用户可对下面的商场活荷载按照自定义活荷载输入，并在属性框中填入柱、墙的折减系数。软件在设计底层的柱、墙时，对一般的活荷载产生的内力自动按照考虑其上楼层数的折减，但对于这里定义的商场荷载产生的内力则按照这里指定的折减系数计算。

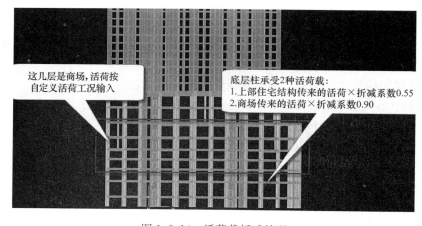

这几层是商场,活荷按自定义活荷载工况输入

底层柱承受2种活荷载:
1.上部住宅结构传来的活荷×折减系数0.55
2.商场传来的活荷×折减系数0.90

图 1.2.14　活荷载折减处理

4. YJK 可对构件设置不同的活荷载折减系数

软件在计算前处理设置了可对单根构件指定活荷载内力折减系数的菜单，也可作为一种活荷载的折减处理方式，如图 1.2.15 所示。

用户按照完整的活荷载在整体结构上输入，然后可对不同活荷载类别的构件设置不同的折减系数，比如对主梁和次梁设置不同的折减系数等。当同一结构中存在多种类型的活荷载时，可通过对不同构件设置不同的活荷载折减系数，从而适应了对不同构件上布置多种活荷载类型的需要。

特别是工业厂房建筑活荷载数值大，宜考虑折减，但活荷类型多，且不同类型活荷折减相差很大，这里通过对不同构件设置不同的活荷载折减系数来解决这个问题。

活荷折减系数简图中初始给出的活荷折减系数是柱、墙考虑楼层数的折减和梁根据选项得出的折减系数，用户可根据需要修改。

5. YJK 可对构件设置不同的活荷载重力荷载代表值系数

这里说的是根据《抗震规范》5.1.3 条，计算建筑的重力荷载代表值时的可变荷载组合值系数。

以前的活荷重力荷载代表值（也是地震活荷组合系数）为全楼统一值，隐含为 0.5。

在【活荷折减】菜单下右侧列的部分就是对不同构件设置不同的重力荷载代表值系数（也是地震活荷组合系数），如图 1.2.16 所示。

图 1.2.15　按构件指定活荷载折减系数　　　　图 1.2.16　按构件指定活荷质量折减系数

例如结构大部分为办公，但是部分结构中存在藏书库等折减系数为 0.8 的活荷载时，YJK 软件可仅对藏书库相关构件设置不同的折减系数。

传统软件在计算结果文件 wmass.out 中输出的活荷载质量是乘以重力荷载代表值并除以重力加速度后得到的。由于以前全楼的活荷载重力荷载代表值为统一的一个值（比如 0.5），通过该折减后的值很容易推算到未折减的活荷载总值。而现在用户可能对不同层的不同构件设置不同的活荷载重力荷载代表值折减系数，已不再可能推算出未折减的活荷载总值，为此在 wmass.out 中补充输出了活荷载未折减的质量值。

五、对消防车荷载的折减

消防车荷载数值很大，设计时应考虑可能的折减。

《荷载规范》5.1.2 条："设计楼面梁时，对单向板楼盖的次梁和槽型板的纵肋应取 0.8，对单向板楼盖的主梁应取 0.6，对双向板楼盖的梁应取 0.8。"

设计墙、柱时可按实际情况考虑；设计基础时可不考虑

图 1.2.17　消防车荷载定义

消防车荷载，如图 1.2.17 所示。

可见对消防车荷载折减幅度比一般活荷载大很多。而且，地震计算可不考虑消防车荷载，消防车荷载的重力荷载代表值系数可填为 0，这样可大大减少地下室的地震作用。反之，如果把消防车荷载按照一般的活荷载输入，软件按照默认的 0.5 的重力代表值系数计算，地震效应要大得多。

YJK 的解决方案是把消防车荷载按照自定义荷载工况输入，并在自定义工况的荷载类型中专门设置"消防车"荷载类型，以进行专项处理。用户根据情况填入次梁、主梁和柱、墙的折减系数。

软件将自动识别主梁、次梁。对于次梁，取用次梁折减系数。对于主梁，软件自动识别两种情况的主梁，第一种是双向板楼盖主梁，采用 0.8 的折减系数；第二种是单向板楼盖主梁，对这种布置了次梁的主梁识别为"单向板楼盖的主梁"并取活荷载折减系数 0.6。

在基础设计时对各种自定义荷载是由用户选择导入的。对于消防车荷载，基础软件在读取荷载时自动过滤。这样的处理方案可以避免基础设计时需要修改荷载重新计算的问题。

六、自定义荷载工况组合时的分项系数和组合系数

点击"生成默认数据"，只生成在上面"工况组合类型"项中当前列出的工况类型下的组合关系和系数，点击"生成全部组合工况默认"，则生成在"工况组合类型"项中所有可能的工况类型下的组合关系和系数，如图 1.2.18 所示。

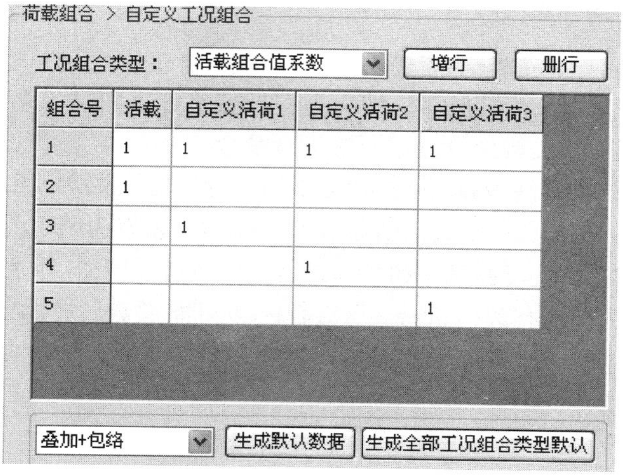

荷载组合 > 自定义工况组合

工况组合类型： 活载组合值系数 ▼ 增行   删行

组合号	活载	自定义活荷1	自定义活荷2	自定义活荷3
1	1	1	1	1
2	1			
3		1		
4			1	
5				1

叠加+包络 ▼ 生成默认数据 生成全部工况组合类型默认

图 1.2.18　自定义工况组合

软件进行荷载组合时，对自定义工况的恒载和活载，仍采用和普通的恒载、活载相同的分项系数和组合系数。在自定义工况组合参数框中列出的系数隐含均为 1，就表示它们参与组合时与普通恒载、活载相同，而不是表示它们在各种荷载组合中的组合系数或分项系数为 1。

如果自定义工况恒载或活载的组合值与普通恒载或活载不同，则须在这里的相应表中填入非 1 的差异系数。如普通活荷载组合时分项系数为 1.4，自定义活荷分项系数为 1.2，则应在这里填入 0.86（1.2/1.4＝0.86）。

《荷载规范》3.2.5 规定："可变荷载的分项系数，一般情况下应取 1.4，对标准值大于 $4kN/m^2$ 的工业房屋楼面结构的活荷载应取 1.3。"

可将标准值大于 $4kN/m^2$ 的工业房屋楼面结构的活荷载按照自定义活荷载工况输入，取该工况与其他活荷载工况为叠加或叠加＋包络组合关系，并在这里填入 0.93（1.3/1.4＝0.93）。

如果需要对自定义荷载工况增加许多新的组合内容，建议采用工程包络设计方式进行，即复制该工程到另外子目录，重新进行新组合内容的设置和定义，再在两个工程目录间进行包络设计。

第三节　风荷载计算

计算软件提供三种计算风荷载的方法：一般计算方式、精细计算方式、按构件挡风面积计算，如图 1.3.1。

在软件应用中还应关注多塔结构风荷载计算、按空间结构建模的楼层风荷载的计算、直接导入风洞试验结果的计算、自定义风荷载工况的应用等。

图 1.3.1　风荷载计算参数

一、一般方法计算风荷载

一般方法计算风荷载是一种相对简化的算法。

它假定迎风面、背风面的受风面积相同，让用户输入迎风面与背风面的体型系数，计算时自动取两者绝对值的和作为风荷载计算的依据。

软件自动根据每层的层顶标高计算本层的风荷载，它假定了每层风荷载作用于各刚性块质心和所有弹性节点上。软件首先把楼层风荷载总值按节点个数平均分配到各个节点，然后将属于同一块刚性板的所有节点上分配的风荷载再集中到该刚性板块的质心上。对于独立的弹性节点，分配的风荷载直接作用在相应节点上。

一般方法支持顺风向风振、横风向风振的计算，1.6.2.2 及以前版本不能计算屋顶的风吸力和风压力。

生成数据并计算风荷载以后，可在前处理的【风荷载】菜单中进行水平风荷载的查看。对于刚性板，在刚性板块质心处标示刚性板块包含的所有节点风荷载之和，对于弹性节点则标示该弹性点上分配到的风荷载。

关于普通风的统计结果输出在 wmass.out 中，包括每层的风荷载、剪力以及倾覆力矩。

软件采用这种简化算法对于比较规则的工程，即楼板刚度较大情况时，其计算结果是能够满足设计要求的。但对于平、立面变化比较复杂，或者对风荷载有特殊要求的结构或某些部位，例如空旷结构、体育场馆、有大悬挑结构的广告牌、候车站、收费站等，则计算方式就显得有些简单。

二、精细方法计算风荷载

当选择"精细方法"时，软件自动搜索出每个楼层的外围封闭多边形，将该层自动算出的风荷载分配到楼层外围的布置有柱、梁、墙杆件的节点上。另外，精细方法还可以考虑侧风系数，加荷方式与顺风向相同。目前精细计算时不考虑横风向风振的计算。

使用精细方法计算风荷载时，用户还可以输入屋面风荷载体型系数等参数，可以考虑并自动生成作用于屋面的风压力和风吸力的荷载。软件将屋面风荷载自动加载到相应方向的梁上，形成梁上的均布风荷载。

对于门式刚架等结构类型，当软件默认的加载至构件节点的方式不能满足计算要求时，风荷载参数中提供了参数"精细计算方式下对柱按柱间均布风荷加载"，勾选此项后即可对计算到柱的风荷载按照柱的均布荷载方式加载，如图1.3.2。

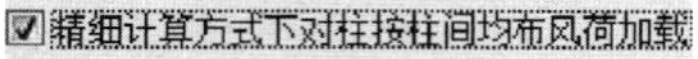

☑ 精细计算方式下对柱按柱间均布风荷加载

图1.3.2　精细计算方式下对柱按柱间均布风荷加载

以前是对柱按柱顶的节点荷载加载，即把作用在整个柱上的风荷载作为柱顶节点集中力加载，这样计算的内力、位移偏大。风荷载按柱间均布风荷载加载更符合钢结构门式刚架等设计的需要。

三、按构件挡风面积计算

考虑到有些工业厂房框架需要框架构件的挡风面积计算风荷载，而不是按照一般的框架外围的迎风面计算风载。比如软件已经对框架上的设备计算了风荷载后，再按照框架外围作为迎风面计算风荷载就将造成风荷载的重复计算。

为此软件在风荷载计算信息中增加了"按构件挡风面积计算"的新的风荷载计算方式，如图1.3.3。这种方式下软件对迎风方向上的每根构件按照它的截面尺寸计算风荷载，生成每根构件上的均布风荷载，不区分构件的前后遮挡关系。

图1.3.3　按构件挡风面积计算参数设置

软件自动计算框架上设备风荷载功能常常和按构件挡风面积计算风荷载参数配合

使用。

在计算前处理的【风荷载】下可以查看按照构件挡风面积计算风荷载的结果。先点【自动计算】菜单生成各个风向的风荷载，图1.3.4为＋X向风荷载的结果。

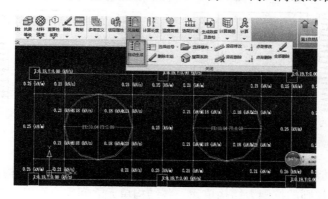

图1.3.4 风荷载查看

按照构件挡风面积计算风荷载后，软件对迎风方向上的每根构件按照它的截面尺寸计算风荷载，并以杆件均布荷载的方式加到每根构件上。从图1.3.4可见每根构件上都注明了该构件的均布风荷载值。

在图中设备所在处标注的FX、FY为设备承受的风荷载总值。

点屏幕右下的三维方式按钮，可以通过轴测简图的方式查看构件风荷载，如图1.3.5为Y向风荷载的分布状况。

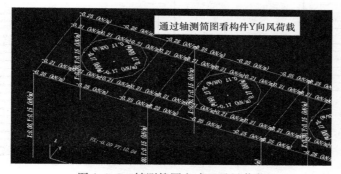

图1.3.5 轴测简图方式显示风荷载

四、多塔结构风荷载的计算

这里讲的多塔结构，指的是建模是多塔，且在计算前处理中进行了多塔划分的结构。

1. 独立多塔

如图1.3.6，多塔结构在风荷载的生成时，具有以下几个特点：

（1）每个塔都拥有独立的迎风面、背风面，在计算风荷载时，不考虑各塔的相互影响；

（2）各塔可以拥有不同的体型系数，如沿高度方向体型系数要分段，各塔分段也可以不同；

（3）在风荷载导算中，软件根据多塔信息搜索每个塔楼的 X、Y 向迎风面，对每个塔楼分别计算其相应的风荷载；

（4）对于有地下室的多塔结构，软件计算风荷载时自动扣除地下室高度。

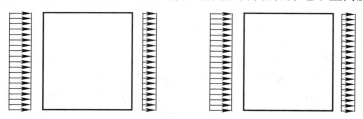

图 1.3.6　独立多塔风荷载

2. 设缝多塔

这里所说的"缝"主要指伸缩缝、沉降缝和防震缝。仅就上部结构而言，"缝"将结构划分成几个较为规则的抗侧力结构单元，各结构单元之间完全分开。带缝结构是多塔结构塔与塔之间相邻很近的特例，上部结构通过"缝"划分为几个独立的结构单元。

由于缝的宽度不是很大，在风荷载作用下，各结构单元的迎风面与多塔的迎风面不同，缝隙面不是迎风面，因此带缝结构应定义风荷载遮挡边。软件在计算遮挡边的风荷载时，自动读取参数中的"背风面系数"，如图 1.3.7。

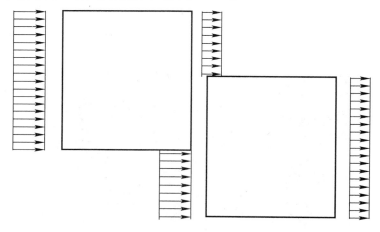

图 1.3.7　设缝多塔风荷载

五、空间模型楼层的风荷载需通过蒙皮导荷完成

1. 空间层的风荷载必须人工补充输入

YJK 把在【空间结构】菜单中输入的模型自动放在最后一个自然层，但是软件对这个楼层没有像对其他普通楼层那样自动生成风荷载，因为空间层体型多变复杂，软件目前还不能自动算出这层的风荷载，因此对这层的风荷载必须人工补充输入。

图 1.3.8 中的结构由空间建模的楼层和下部的普通楼层组成，从二者分开的图可以看出空间层占的部分很大，空间层中风荷载的受荷面积最大，整体结构分析必须认真考虑空间结构部分承受的风荷载。

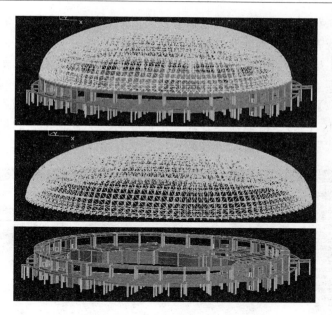

图 1.3.8 带空间网壳工程实例

补充空间层风荷载的方式最常用的就是蒙皮导荷，即按照风荷计算的要求在空间结构外生成蒙皮，输入作用在蒙皮上的风压或者体型系数，由软件自动导算风荷载。

2. 蒙皮导算风荷载可沿蒙皮法向方向

如图 1.3.9 所示，对蒙皮上的风荷载，导荷方式一般应选择法线方向，法向方向导荷符合风荷载的特点。此时软件按蒙皮的法向确定荷载方向，按蒙皮全部面积计算总荷载，并分配到周边节点。

对于风荷载，从荷载输入框中可以看出，既可以输入蒙皮上的面荷载值，也可以输入风荷载体型系数。当输入风荷载体型系数时，还需在风荷载参数下输入风荷载的基本风压、风振参数等，软件将根据每块蒙皮最高点的高度自动考虑高度修正系数，并计算出每块蒙皮上的面荷载值。

对风荷载应分别输入＋X、－X、＋Y、－Y 向四组风荷载。

3. 采用精细风荷载计算方式

风荷载导荷按照精细风荷载（或称为特殊风）计算方式要求的格式生成＋X 风、－X 风、＋Y 风、－Y 风的节点风荷载，它们可在空间结构的【显示】菜单下查看，如图 1.3.10 所示。

图 1.3.9 空间结构中风荷载参数设置

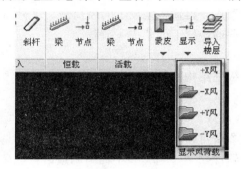

图 1.3.10 空间结构中导荷后的风荷载结果查看

在后面的【荷载删除】菜单下可删除蒙皮导荷形成的风荷载。在空间结构菜单下，只能对风荷载查看或者删除，不能直接输入。

由蒙皮导荷生成的节点荷载是专门记录的，这样每次导荷菜单的操作，都会替换原有的导荷结果，重新生成传导节点上的荷载，这样避免造成节点荷载的重复叠加。

在【计算参数】的【结构总体信息】参数中，对风荷载计算信息应采用"精细计算方式"，如图1.3.11，因为"精细计算方式"是把风荷载加载到每层的最外围的各节点上，而"一般计算方式"是把整层风荷载加载到形心或内部弹性节点上。

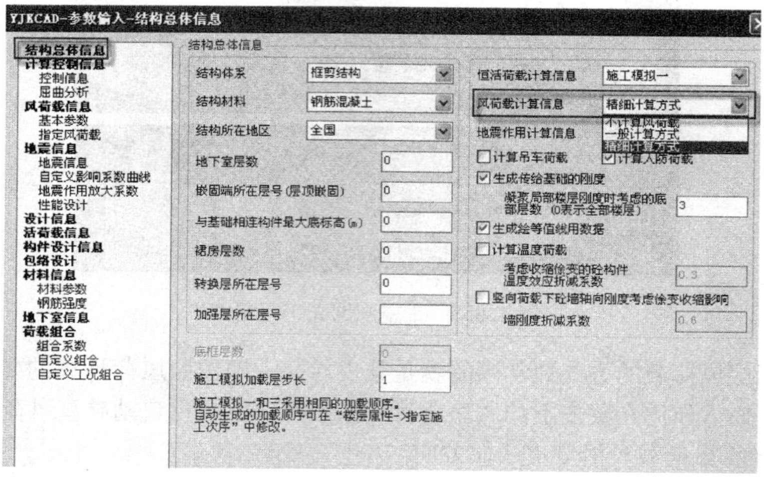

图 1.3.11　选择"精细计算方式"

这里形成的风荷载在计算前处理的【风荷载】菜单下也可以查询修改。

软件在计算前处理中首先按照精细风荷载方式生成各层各部位的风荷载，再读取蒙皮导荷生成的节点风荷载，并在相应节点替换原有值。前处理生成的精细风荷载是全楼完整的数据，蒙皮导荷生成的风荷载可以是局部的，换句话说局部的蒙皮导荷不会造成风荷载的遗漏统计，因此，蒙皮导荷可以只针对某个局部模型进行操作，在局部模型上得到更准确的风荷载。

4. 对普通楼层也可采用蒙皮导算风荷载

由于蒙皮导算风荷载更加符合实际情况，也可以将他们用于普通楼层的风荷载导算。方法是在【空间结构】菜单下，通过【参照楼层】菜单显示普通楼层，对这些楼层生成需要的蒙皮，再输入蒙皮上的风荷载。软件将按照如上空间结构层同样的风荷载处理方法，计算普通楼层上的蒙皮风荷载。

六、板柱结构的风荷载调整

《高规》8.1.10中增加了板柱结构的风荷载调整规定："抗风设计时，板柱-剪力墙结构中各层筒体或剪力墙应能承担不小于80%相应方向该层承担的风荷载作用下的剪力。"

软件在wv02q.out中输出调整信息，在wwnl*.out文件中输出的内力及图形结果显示中可分别查看调整前或调整后的结果。

七、常见问题解决方案

1. 多方向风

图 1.3.12 中的复杂工程，对风荷载除了需要计算 X、Y 向风荷载外，还需要考虑 60°方向的风荷载。

在风荷载计算参数中，设置了多方向风的参数，只需填入需要计算的其他方向风荷载的角度即可，如图 1.3.13，多个角度之间用逗号隔开。与"斜交抗侧力构件方向"参数类似，该参数为整体坐标系下的角度，与"水平力与整体坐标夹角"参数无关。

软件在 wdisp. out 中会输出该风向角下的位移比与位移角，这里输出的位移结果是向该风向角投影后的结果。

图 1.3.12　连体工程实例

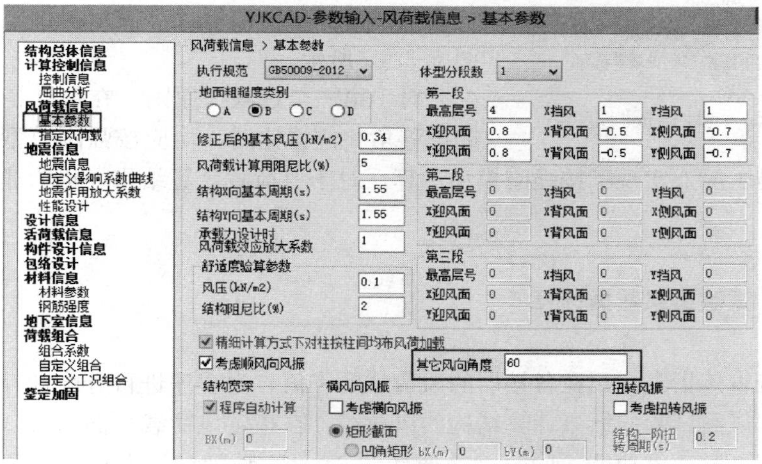

图 1.3.13　多方向风参数设置

软件在 wv02q. out 中会输出该风向角下沿该方向投影后的层外力、层剪力、层倾覆弯矩。

2. 剪力墙连梁刚度在风荷载下的折减

《广东高规》5.2.1："高层建筑结构计算时，框架-剪力墙、剪力墙结构中的连梁刚度可予以折减，抗风设计控制时，折减系数不宜小于 0.8。"

可以看出，《广东高规》允许计算风荷载时对剪力墙连梁刚度折减，而且折减系数和地震作用计算时不同，为此，YJK 在计算参数中可对风荷载计算的连梁刚度折减系数单独设置。

软件设置的对风荷载计算的连梁刚度折减系数是个通用的参数，不限于用在《广东高规》，如图 1.3.14 所示。

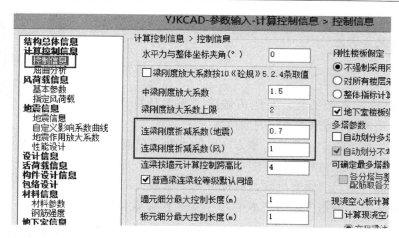

图 1.3.14　风荷载下连梁刚度折减

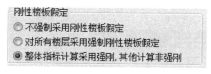

图 1.3.15　刚性楼板假定

3. 楼板刚度的第三个选项对风荷载不起作用

软件对于刚性楼板计算假定提供了三个选项，如图 1.3.15 所示。

对于第三个选项，原则上在统计各水平力工况下的位移角和位移比时，均应按强刚模型计算，但目前软件仅在地震工况上实现了按强刚模型计算。对于风荷载计算结果，仍为非强刚模型下的计算结果。

八、导入风动试验结果数据计算

软件支持直接指定作用在各楼层的风荷载标准值，由程序进行分配和计算，一般该功能可用于根据风洞试验的结果计算结构的风荷载。在指定风荷载页面勾选"使用指定风荷载数据"后即可激活该功能，同时之前选择的"一般/精细计算方式"以及规范算法的参数等将不再起作用。程序自动将指定值加载至刚性板质心以及其他弹性节点上，同一般计算方式。

参数输入界面如图 1.3.16 所示，其中：

图 1.3.16　指定风荷载

① 对话框固定给出了 6 列数据，包括：FXX，FXY，TX，FYX，FYY，TY。其中 FXX，FXY，TX 分别表示 X 向风作用下风荷载的 X 向分量、Y 向分量以及扭矩；FYX，FYY，TY 同理，但需要注意的是，此处的 FYY 指的是顺风向，FYX 为横风向。当参数"水平力与整体坐标夹角"不为 0 时，则所有分量按该角度逆时针旋转。扭转分量绕 Z 轴正向逆时针方向为正。

另外，对于以上数据，软件会自动增加反向的工况，即－X，－Y 工况，不需再额外输入。

② 当输入了"其他风向角度"时，在指定风荷载页面点击"导入其他风向"，则软件会对每一个角度增加一组分量的输入，如图 1.3.16 所示的 F60X，F60Y，T60，分别表示 60°风荷载在顺风向，横风向的分量以及扭转分量，其中横风向的分量方向由顺风向逆时针转动 90°后确定。

③ 对于多塔结构，可以现在"塔号"中输入该塔塔号（需与多塔中的塔号对应），并点击增加塔号，即可在表格中增加相应各列。

④ 软件也可以直接从文本文件中导入数据，文本文件格式如下（单位为 kN，kN·m）：

层号
塔号 FXX FXY FXT FYX FYY FYT
塔号 FXX FXY FXT FYX FYY FYT
层号
……

九、自定义风荷载工况的应用

在建模的【自定义工况】菜单下设置了 4 种风荷载的自定义输入：＋X 风、－X 风、＋Y 风、－Y 风，可对于软件计算不清的风荷载进行人工补充，如图 1.3.17。比如对于屋顶风吸力，或者悬挑结构上的风吸力可由人工计算出具体数值，再当作自定义风荷载输入，在组合中设置和普通风的叠加或叠加＋包络的模式计算。

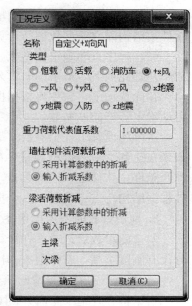

图 1.3.17 自定义风荷载工况

第四节 地震作用计算

一、地震作用基本参数及概念相关说明

1. 水平力与整体坐标夹角

这个参数设置的目的主要是针对风荷载计算的，但是它同样对地震计算起作用。

如果不需要考虑其他风向角，只需考虑其他角度的地震作用时，不必改变本参数设置，在"斜交抗侧力地震方向角度"中输入斜向地震角度即可，逆时针为正。

2. 计算振型个数

软件提供两种计算振型个数的方法，一是用户直接输入计算振型数，二是软件自动计算需要的振型个数。

（1）用户定义振型数

《抗震规范》5.2.2 条文说明中指出："振型个数一般可以取振型参与质量达到总质量 90%所需的振型数。"

《高规》5.1.13 条规定："抗震设计时，B 级高度的高层建筑结构、混合结构和本规程第 10 章规定的复杂高层建筑结构，宜考虑平扭耦联计算结构的扭转效应，振型数不应小于 15，对多塔楼结构的振型数不应小于塔楼数的 9 倍，且计算振型个数应使振型参与质量不小于总质量的 90%。"

计算振型个数可根据刚性板数和弹性节点数估算，比如说，一个规则的两层结构，采用刚性楼板假定，由于每块刚性楼板只有三个有效动力自由度，整个结构共有 6 个有效动力自由度。可通过 wzq. out 文件中输出的有效质量系数确认计算振型数是否够用。

软件在计算时会自动判断填写的振型个数是否超过了结构固有振型数，如果超出，则软件按结构固有振型数进行计算，不会引起计算错误。

（2）程序自动确定振型数

勾选此项后，要求同时填入参数"质量参与系数之和（%）"，软件隐含取值为 90%。

在此选项下，软件将根据振型累积参与质量系数达到"质量参与系数之和"的条件，自动确定计算的振型数。

这里还设置了一个参数"最多振型数量"，即对软件计算的振型个数设置最多的限制。如果在达到"最多振型数量"限值时，振型累积参与质量依然不满足"质量参与系数之和"条件，软件也不再继续自动增加振型数。如果用户没有指定"最多振型数量"，则软件根据结构特点自动选取一个振型数上限值。

3. 地震计算时不考虑地下室的结构质量

勾选此参数后，软件在计算地震作用时，将不考虑地下室各层的质量。此时地下室部分仅有刚度贡献，整体地震作用将减小些。

4. 有地下室时质量参与系数差异分析

当结构存在地下室时，YJK 和传统软件的地震计算质量参与系数结果常常存在较大差距，这成为用户的一个常见问题。传统软件给出的有效质量系数很容易达到 90%以上，甚至达到 99%，但多数情况下它给出的值是偏高的。

可以将同样的模型转换到其他软件计算即可进一步得到这样的结论。或者当传统软件给出的有效质量系数达到 99%时，原本说明已经达到地震作用理论上的最大值，但只要继续增加计算振型个数再计算，软件给出的剪重比还会增加，有时增幅达到 30%以上。这就说明它第一次计算时地震效应少算了，质量系数达到 99%属于虚报的情况。

5. 偶然偏心

《高规》4.3.3 规定："计算单向地震作用时应考虑偶然偏心的影响"。采用该选项时，软件会增加 4 个工况，即 X 向的正负两个偏心工况（EX+、EX−）和 Y 向的正负两个偏心工况（EY+、EY−）。

软件提供两种考虑偶然偏心的计算方法：

（1）等效扭矩法

首先按无偏心的初始质量分布计算结构的振动特性和地震作用；然后计算各偏心方式质点的附加扭矩，与无偏心的地震作用叠加作为外荷载施加到结构上，进行静力计算。这种模态等效静力法比标准振型分解反应谱法 ST-MRSA 计算量小，但在复杂情况下会低估扭矩作用。

（2）瑞利-利兹投影反应谱法

根据质量偏心对原始的质量矩阵作一个变换，求解过程中利用了这种关联关系对原始求得的振型进行变换得到新的振型向量，而不需要重新进行特征值计算。瑞利-利兹反应谱法比等效扭矩法计算精度高，比标准振型分解反应谱法 ST－MRSA 效率高。

考虑了偶然偏心地震后，共有三组地震作用效应：无偏心地震作用效应（EX、EY），左偏心地震作用效应（EX＋、EY＋），右偏心地震作用效应（EX－、EY－）。在内力组合时，对于任一个有 EX 参与的组合，将 EX 分别代以 EX＋和 EX－，将增加成三个组合；任一个有 EY 参与的组合，将 EY 分别代以 EY＋和 EY－，也将增加成三个组合。简言之，地震组合数将增加到原来的三倍。

6. 双向地震作用

《抗震规范》5.1.1 条中规定："质量与刚度分布明显不对称、不均匀的结构，应计算双向水平地震作用下的扭转影响。"

设在 X 和 Y 单向地震作用下的效应分别为 S_x 和 S_y，那么在考虑双向地震扭转效应后，新的内力按如下公式组合得到：

$$S_x' = \sqrt{S_x^2 + (0.85 S_y)^2} \qquad S_y' = \sqrt{S_y^2 + (0.85 S_x)^2}$$

由此可见，考虑双向地震作用会使得两个方向的地震作用都变大。

用户还应明了：

（1）软件允许同时考虑偶然偏心和双向地震作用，此时仅对无偏心地震作用效应（EX、EY）进行双向地震作用计算，而对有偏心地震作用效应不考虑双向地震作用；

（2）考虑双向地震作用，并不改变内力组合数。

7. 斜交抗侧力构件附加地震力方向数

《抗震规范》5.1.1 规定："有斜交抗侧力构件的结构，当相交角大于 15°时，应分别计算各抗侧力构件方向的水平地震作用。"

软件提供了计算多方向地震作用的功能。每个地震角度对应顺角度方向和垂直角度方向两个地震工况，用户不需输入垂直角度方向。

软件将计算每个角度下的构件内力，并在构件设计时考虑到内力组合中。每多一个地震角度，地震组合数就增加一倍。

8. 自动计算最不利地震方向的地震作用

最不利的地震作用方向是由软件计算出的。使用传统软件时，需要用户查看计算结果输出的最不利地震方向，如果它与 0°或者 90°夹角大于 15°，应把该角度填写在地震参数的"斜交抗侧力方向角度"中，并重新计算。

为了避免用户对这种情况的复杂操作并避免遗漏相关计算，YJK 在地震计算参数中设置了参数"自动计算最不利地震方向的地震作用"，如图 1.4.1 所示。

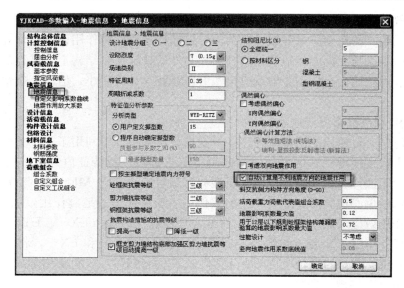

图 1.4.1　自动计算最不利地震方向的地震作用

　　YJK 执行这个参数时，也采用了多模型串行计算管理，自动计算该角度，并增加对应的顺方向和垂直方向两个地震工况，它的效果和用户手工填入斜交抗侧力构件方向角度相同。

　　在计算结果的地震各工况中，软件自动增加了按照该角度方向的地震工况结果，图 1.4.2 是在 wwnl＊.out 文件中的结果。

```
地震作用最大的方向 = -75.082(度)

(iCase)    Shear-X   Shear-Y    Axial     Mx-Btm    My-Btm    Mx-Top    My-Top

N-C =1  Node-i=1000008,Node-j=1,DL= 3.300(m),Angle= 0.000
*(   EX)      38.3      11.0      78.3      26.3    -119.8     -10.1      10.3
 (   EX)      38.3      11.0      78.3      26.3    -119.8     -10.1      10.3
*(   EY)      -6.4      70.6     301.5     167.1      20.4     -66.2      -1.1
 (   EY)      -6.4      70.6     301.5     167.1      20.4     -66.2      -1.1
*( EXMAX)     11.7     -67.7    -281.1    -160.2     -36.9      63.5       2.9
 ( EXMAX)     11.7     -67.7    -281.1    -160.2     -36.9      63.5       2.9
*( EYMAX)     37.0      22.8     134.2      54.2    -115.7     -21.3       9.9
 ( EYMAX)     37.0      22.8     134.2      54.2    -115.7     -21.3       9.9
*(  +WX)       2.0       0.1       2.3       0.2      -6.1      -0.1       0.5
 (  +WX)       2.0       0.1       2.3       0.2      -6.1      -0.1       0.5
*(  -WX)      -2.0      -0.1      -2.3      -0.2       6.1       0.1      -0.5
 (  -WX)      -2.0      -0.1      -2.3      -0.2       6.1       0.1      -0.5
*(  +WY)      -0.1       8.5      34.0      20.0       0.4      -8.1       0.0
 (  +WY)      -0.1       8.5      34.0      20.0       0.4      -8.1       0.0
*(  -WY)       0.1      -8.5     -34.0     -20.0      -0.4       8.1      -0.0
 (  -WY)       0.1      -8.5     -34.0     -20.0      -0.4       8.1      -0.0
*(   DL)     -14.4       3.4    -906.6       3.9      15.5      -7.5     -32.1
 (   DL)     -14.4       3.4    -906.6       3.9      15.5      -7.5     -32.1
*(   LL)      -1.9       0.4     -87.6       0.5       2.0      -0.9      -4.2
 (   LL)      -1.9       0.4     -87.6       0.5       2.0      -0.9      -4.2
```

图 1.4.2　最不利地震内力输出

　　9. 自定义地震影响系数曲线

　　软件允许用户根据地震安评报告以离散点的形式自定义地震影响系数曲线，在计算每个周期的影响系数时完全按照线性插值的方法取值。

　　10. 质量的处理方式

　　软件在计算时对节点质量的计算方式如下：对于梁和支撑是加在两端节点，对柱则是加在柱的上端节点，对墙是在墙的两个顶角节点。

　　有些通用有限元软件的质量分布计算方式和 YJK 不同，比如它们对柱加到柱的上下节点，对墙是加到墙的上下各两个角点上，进行对比时应考虑这一要素。

计算水平方向地震作用时，只考虑结构的平动质量，即在刚性结点上有 X、Y 两个方向的平动质量自由度和一个绕 Z 轴的质量矩，在弹性结点上只有 X、Y 两个方向的平动自由度质量。

在按振型分解反应谱法计算竖向地震作用时，还要增加考虑结构的 Z 向质量，即在刚性结点和弹性节点上都是有 X、Y、Z 三个方向的自由度质量。

11. 地震作用的结果输出（wzq. out）

wzq. out 是地震作用的输出文件，与 wv02q. out 文件不同，后者输出的是地震效应的结果。在 wzq. out 文件中提供了很多可以用于用户定性或者定量分析结构的结果，将这些数据与振型相结合可以考察结构的属性。

除了上面的文本文件中的结果外，地震外力与地震剪力还可以在图形结果的【楼层结果】系列简图中查看。

二、荷载相关的 RITZ 向量法

YJK 软件中提供了 3 种特征值算法：子空间迭代法、RITZ 向量法和 Lanczos 法。YJK 结构分析软件在细胞解法的基础上充分考虑了多、高层建筑结构的特点，并从实际角度出发，对上述三种方法又做大量优化工作，使求解效率取得了极大的提升。

与 ETABS、MIDAS 等软件一样，YJK 软件同时提供了荷载相关的 RITZ 向量法，这种方法考虑了荷载的空间分布，并且忽略了不参与动态响应的振型，从而可以获得原系统方程的部分近似特征解。基于荷载相关向量的动力分析，可以忽略与荷载向量正交的不参与动态响应的振型，从而比使用相同数量的精确振型算法可能产生更精确的结果。这种算法对解决大型结构的动态响应问题的效率提高已经得到了很多工程的验证 [Bayo and Wilson，1984，Wilson，Yuanand Dickens，1982]。

对于较大规模的多塔结构，如 40 万自由度以上且各塔独立性较强时，或大跨的体育场馆结构、平面规模较大的结构、竖向地震作用计算等，如图 1.4.3 所示，有时即使计算的振型个数非常多也不能达到足够的质量参与系数。此时用户可以考虑选择 RITZ 向量法计算地震作用。

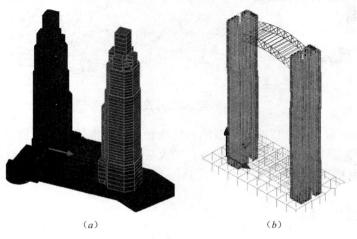

(*a*)　　　　　　　　(*b*)

图 1.4.3　工程实例

图 1.4.3（a）中工程为 3 塔，70 万自由度，普通法最多算 100 振型，有效质量系数 70%；改用 RITZ 向量法算了 45 振型，有效质量系数 90% 以上。

图 1.4.3（b）中工程为上连体结构，采用竖向地震的振型分解法计算，用 RITZ 向量法算了 30 振型，有效质量系数 92%。

一般来说，使用 RITZ 向量法时也应尽量计算较多的振型个数，以达到较好的计算效果。如果 RITZ 向量法进行增加振型个数的计算后，其基底剪力与前次基本相同，则可说明计算精度已达到要求。

三、局部振动识别和提示

局部振动经常是由于结构模型不合理、有缺陷而造成的。YJK 软件采用能量集中程度的原则，在计算中可以对结构中可能存在局部振动情况的振型与楼层做出判断，当软件查出局部振动现象时，将在计算完成后马上在屏幕上给出提示框，如图 1.4.4 所示，告知用户局部振动发生的层号、塔号以及局部振动的振型号以供参考。双击某项局部振动则即时显示局部振动的位移动画，形象地告知局部振动发生的位置。

图 1.4.4　局部振动提示对话框

如图 1.4.5 所示，该工程计算完后提示 5 层有局部振动，是 5 层有根梁和柱未能正常搭接，造成该梁悬挑，局部振动动画显示悬挑梁的来回摆动。

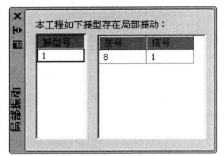

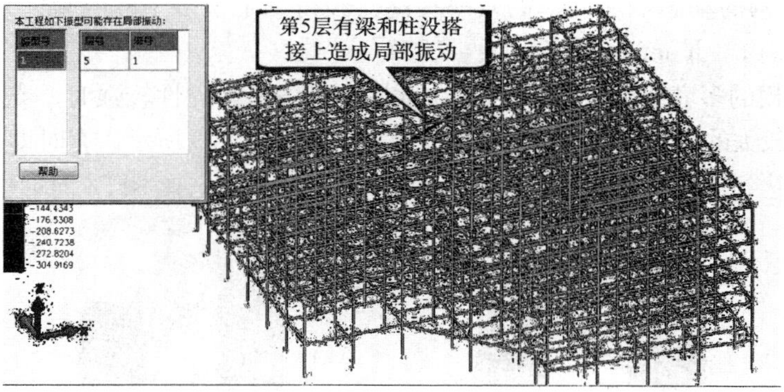

图 1.4.5　梁与柱没搭接上

如图 1.4.6 所示，该工程的局部振动发生在底部的小框架上，该独立小框架和旁边的高层相比刚度相差悬殊，这种局部振动将占用大量的计算振型个数，应注意地震计算的振型参与质量是否达到 90%，否则应增加计算振型数。

四、考虑不同材料阻尼

YJK 软件中除了支持全楼统一阻尼比外，还支持按照不同材料进行比例阻尼的计算。

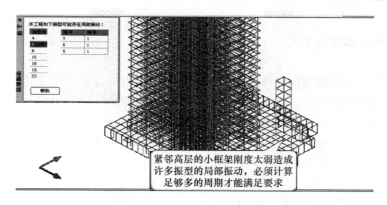

图 1.4.6　小框架局部振动

这种方法对混凝土主体结构和钢屋架结构的计算尤为适合。与全楼折算估计 0.035 的简化方法相比，振型阻尼比方法可以有效地评估和反映不同材料对不同振型的影响，能更准确地反映结构的地震响应。

在结构中使用不同的材料时，各单元的阻尼特性可能会不一样，并且阻尼矩阵为非古典阻尼矩阵，不能按常规方法分离各模态，需要使用基于应变能的阻尼比计算方法。

在 YJK 的反应谱分析中，基于应变能的各振型阻尼比的计算方法考虑不同材料的阻尼比，软件内部根据在"按材料区分阻尼比"中输入的各材料的阻尼计算各振型的阻尼比，然后构建整个结构的阻尼矩阵。计算方法与《抗震规范》10.2.8 条文说明中建议的应变能加权平均的方法一致。

图 1.4.7 为在地震计算参数中的阻尼比选项。采用不同材料阻尼比的若干工程如图 1.4.8 所示。

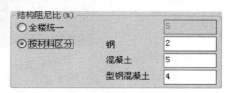

图 1.4.7　不同材料阻尼比参数设置

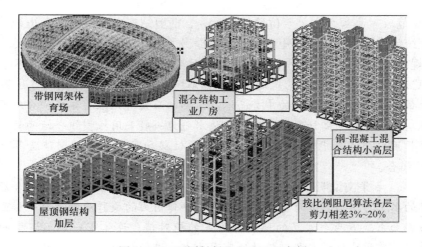

图 1.4.8　不同材料阻尼比工程实例

五、地震作用放大系数的应用

该放大系数直接对地震作用计算结果进行放大,可以结合软件的弹性动力时程分析程序使用。当结构要求进行弹性动力时程分析,且采用振型分解反应谱法得到的地震力小于弹性动力时程分析结果时,应对地震作用进行放大。

软件支持输入各楼层地震作用放大系数,如果是采用 YJK 弹性时程模块进行了计算,软件还支持直接导入按弹性时程分析得到的放大系数,如图 1.4.9 所示。

图 1.4.9 分层地震作用放大系数参数设置

六、指定水平力

《抗震规范》、《高规》中关于位移比的计算、框剪结构中框架倾覆弯矩统计、框支框架倾覆弯矩统计、短肢墙倾覆弯矩统计时,均提出了要按规定水平力计算的要求。

《抗震规范》3.4.3 条文说明中指出:扭转位移比计算时,楼层的位移不采用各振型位移的 CQC 组合计算,按国外的规定明确改为取"给定水平力"计算,可避免有时 CQC 计算的最大位移出现在楼盖边缘的中部而不在角部,而且对无限刚楼盖、分块无限刚楼盖和弹性楼盖均可采用相同的计算方法处理;该水平力一般采用振型组合后的楼层地震剪力换算的水平作用力,并考虑偶然偏心;结构楼层位移和层间位移控制值验算时,仍采用 CQC 的效应组合。

《高规》3.4.5 条文说明中指出:"规定水平地震力"一般可采用振型组合后的楼层地震剪力换算的水平作用力,并考虑偶然偏心。水平作用力的换算原则:每一楼面处的水平作用力取该楼面上、下两个楼层的地震剪力差的绝对值;连体下一层各塔楼的水平作用力,可由总水平作用力按该层各塔楼的地震剪力大小进行分配计算。结构楼层位移和层间位移控制值验算时,仍采用 CQC 的效应组合。

软件按照《高规》条文说明的方法计算各楼层规定水平力，然后作为静力加载到结构上进行一次静力分析，最后统计位移、倾覆弯矩结果。

软件对位移比和各类构件倾覆弯矩的计算都是用指定水平力的结果，在 wdisp. out 中输出了规定水平力下的位移比计算结果，在 wv02q. out 文件中输出了各楼层规定水平力数值，在后面还输出了框架承担的倾覆弯矩、短肢墙承担的倾覆弯矩、框支框架倾覆弯矩（有框支框架时输出）及相应的百分比。

七、竖向地震的计算

软件将竖向地震作用作为一个单独的工况计算，可由用户选择是否计算，以及选择计算方法。软件提供两种竖向地震计算的方法：

1. 简化计算方法

选择该项，软件按照《抗震规范》5.3 节的简化方法计算，结构等效重力荷载为总重力荷载代表值的 75%，地震影响系数最大值为水平地震影响系数最大值的 65%，地震效应考虑 1.5 的放大系数。

2. 振型分解反应谱方法

选择该项，则软件按振型分解反应谱法计算，考虑 Z 向自由度质量。通常按振型分解反应谱法计算竖向地震时，有效质量系数不容易达标，这时可以考虑用 RITZ 向量法计算。

采用振型分解反应谱方法计算竖向地震作用时，软件同时提供"竖向地震作用底线值"参数，类似于剪重比调整时的最小剪力系数。如果振型分解反应谱方法计算得到的竖向地震各楼层总轴力数值小于"竖向地震作用底线值"乘以其上所有楼层的重力荷载，则软件将放大竖向地震效应至满足"竖向地震作用底线值"乘以其上所有楼层的重力荷载。

该参数可根据《高规》表 4.3.12 按工程实际情况填写。如果竖向地震效应调整过大，可考虑采用 RITZ 向量法计算。

3. 大跨度梁的竖向地震计算

如果大跨度梁上没有中间节点，该梁的质量将被分配到梁两端节点，跨中没有 Z 向质量就不能算出大跨度梁的竖向地震。

可以在大跨度梁中间增加网格线把梁分成几段，并且在建模退出时不要勾选选项"清理无用的网格节点"，从而保持梁被分成几段的状况，随后的竖向地震计算后可以看到该大跨度梁跨中在竖向地震工况下的弯矩和剪力都很大。

八、自定义地震作用工况

1. 地下建筑地震土的动力作用对结构影响的计算

对于地下建筑，按照《抗震规范》14 章要求，应考虑土的动力作用对结构的影响。

某项目为北京 CBD 核心区地下公共空间市政交通基础设施项目，长 400m，宽 180m，为全在地下的 6 层建筑，8 度设防，如图 1.4.10 所示。（可见《建筑结构》杂志 2014 年

10月下43页文。)

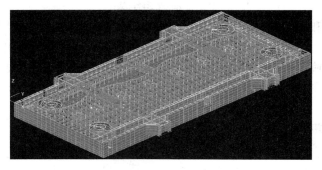

图 1.4.10　某大底盘地下室工程

图 1.4.11　自定义地震工况

通过本例，可学习自定义地震工况的应用，学习地下结构地震计算如何考虑土的动力作用对结构的影响，对比考虑自定义地震工况对设计结果的影响。

由于《抗震规范》给出的时程分析方法在实践上操作难度大，我们参照国家标准《室外给水排水和燃气热力工程抗震设计规范》GB 50032—2003 给出的方法计算出土对结构的动力作用，并把土的动力作用作为自定义的地震荷载输入，如图 1.4.11 所示。本工程仍按照一般的 8 度设防 6 层地下室工程进行振型分解反应谱法计算，但是在计算的组合中按照软件默认的将一般地震作用计算与自定义地震工况叠加的方式进行。

土对结构的动力作用按照 GB 50023 的公式（6.2.4）计算，其中 K_H 为水平地震加速度与重力加速度的比值，这里取 0.20，如图 1.4.12 所示。

按照公式（6.2.4），各层层底处的动土压力公式为：

$$F_{es,k} = 0.2 \times 20 \times h \times 0.577$$

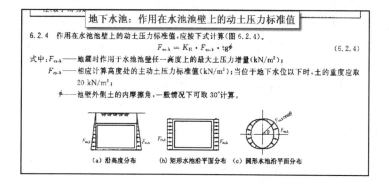

图 1.4.12　地下水池地震作用等效静荷载计算公式

式中　h 为各层层底到正负 0 的距离。

1～6 层底标高分别为－24m、－20.2m、－16.6m、－13m、－8m、－4m，如图 1.4.13 所示，由此算出 1～6 层分别的墙的面外梯形荷载，把它们分别布置到 1～6 层。

组装结果

层号	层名	标准层	层高(mm)	层底标高(m)
1		1	3800	-24
2		2	3600	-20.2
3		3	3600	-16.6
4		4	5000	-13
5		5	4000	-8
6		6	4000	-4

图 1.4.13　楼层组装表

图 1.4.14 表示在自定义工况下创建了自定义 X 地震、自定义 Y 地震两个工况。

自定义工况(前面打勾的是当前工况)

工况列表

工况名	工况类型	质量折减	活荷折减1	活荷折减2
☑ 自定义X地震	x地震	1.00	不考虑	不考虑
☐ 自定义Y地震	y地震	1.00	不考虑	不考虑

添加(A)　确定(Y)　修改(M)　删除

图 1.4.14　自定义地震工况列表

把土的动力作用按照墙的面外荷载定义和布置，图 1.4.15 是定义好的各层荷载，上边 6 个用于自定义 X 地震，下边 6 个用于自定义 Y 地震。

添加　修改　删除　显示　清理

类型	说明	参数
75	1层X	-55.43*-46.65*0*3.8
75	2层X	-46.65*-38.34*0*3.6
75	3层X	-38.34*-30.02*0*3.6
75	4层X	-30.02*-18.48*0*5
75	5层X	-18.48*-9.24*0*4
75	6层X	-9.24*0*0*4
75	1层Y	55.43*46.65*0*3.8
75	2层Y	46.65*38.34*0*3.6
75	3层Y	38.34*30.02*0*3.6
75	4层Y	30.02*18.48*0*5
75	5层Y	18.48*9.24*0*4
75	6层Y	9.24*0*0*4

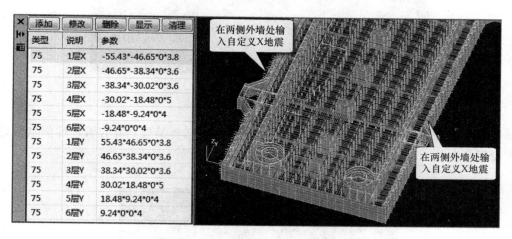

图 1.4.15　自定义地震工况等效荷载列表

在计算参数中，对于自定义的 X 地震，按照软件默认的和反应谱法计算的 X 地震叠加的组合计算。同样对于自定义的 Y 地震，按照软件默认的和反应谱法计算的 Y 地震叠加的组合计算，如图 1.4.16 所示。

计算完成后，可以在位移动画下查看自定义地震工况的位移动画，如图 1.4.17。

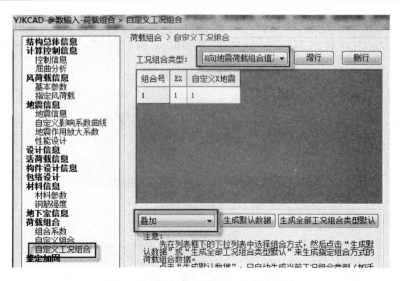

图 1.4.16　自定义地震工况荷载组合

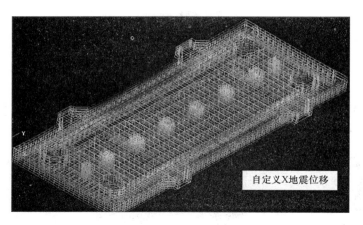

图 1.4.17　自定义地震工况位移动画

　　为了查看自定义工况对设计结果的影响，从一层中选择某根梁并查看构件信息，对比没有设置自定义工况时该工程的计算结果如图 1.4.18 所示。

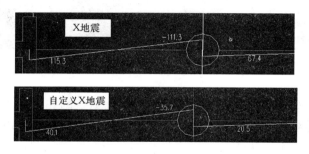

图 1.4.18　基本地震工况与自定义地震工况下构件内力

可见设置了自定义地震工况后，梁的组合弯矩比原来明显增加，如图 1.4.19。

```
N-B=1057 (I=1000051, J=1000052)(1)B*H(mm)=500*950
Lb=5.20(m) Cover= 30(mm) Nfb=2 Nfb_gz=2 Rcb=40.0 Fy=360          无自定义地震
砼梁 框架梁 调幅梁 矩形
livec=1.000  stif=1.000  02vx=1.500, 02vy=1.500  tf=0.850  nj=0.400
η v=1.200
              -1-    -2-    -3-    -4-    -5-    -6-    -7-    -8-    -9-
-M(kNm)      -235   -150    -76    -21     -0    -83   -213   -373   -555
LoadCase     ( 14)  ( 14)  ( 22)  ( 22)  (  0)  ( 12)  ( 12)  ( 12)  ( 12)
Top Ast      1467   1241   1241   1241     0   1241   1241   1241   1614
% Steel      0.31   0.26   0.26   0.26   0.00   0.26   0.26   0.26   0.34
+M(kNm)       129    130    122    119    129    119     90     49      0
LoadCase     ( 21)  ( 13)  ( 13)  (  0)  (  0)  (  0)  (  0)  (  0)  (  0)
Btm Ast      1467   1241   1241   1241   1241   1241   1241   1241   1614
% Steel      0.31   0.26   0.26   0.26   0.26   0.26   0.26   0.26   0.34
V(kN)         152    129    105    -89   -137   -192   -236   -267   -303
LoadCase     ( 15)  ( 15)  ( 15)  ( 12)  ( 12)  ( 12)  ( 12)  ( 12)  ( 12)
Asv            89     89     89     89     89     89     89     89     89
Rsv          0.18   0.18   0.18   0.18   0.18   0.18   0.18   0.18   0.18
非加密区箍筋面积: 89
```

```
N-B=1057 (I=1000051, J=1000052)(1)B*H(mm)=500*950
Lb=5.20(m) Cover= 30(mm) Nfb=2 Nfb_gz=2 Rcb=40.0 Fy=360          有自定义地震
砼梁 框架梁 调幅梁 矩形
livec=1.000  stif=1.000  02vx=1.500, 02vy=1.500  tf=0.850  nj=0.400
η v=1.200
              -1-    -2-    -3-    -4-    -5-    -6-    -7-    -8-    -9-
-M(kNm)      -287   -190   -104    -36     -0    -92   -235   -407   -601
LoadCase     ( 14)  ( 14)  ( 22)  ( 22)  (  0)  ( 12)  ( 12)  ( 12)  ( 12)
Top Ast      1467   1241   1241   1241     0   1241   1241   1241   1614
% Steel      0.31   0.26   0.26   0.26   0.00   0.26   0.26   0.26   0.34
+M(kNm)       181    170    149    119    129    119     90     49      0
LoadCase     ( 21)  ( 13)  ( 13)  (  0)  (  0)  (  0)  (  0)  (  0)  ( 23)
Btm Ast      1467   1241   1241   1241   1241   1241   1241   1241   1614
% Steel      0.31   0.26   0.26   0.26   0.26   0.26   0.26   0.26   0.34
V(kN)         171    148   -124   -108   -156   -211   -255   -286   -322
LoadCase     ( 15)  ( 15)  ( 15)  ( 12)  ( 12)  ( 12)  ( 12)  ( 12)  ( 12)
Asv            89     89     89     89     89     89     89     89     89
Rsv          0.18   0.18   0.18   0.18   0.18   0.18   0.18   0.18   0.18
非加密区箍筋面积: 89
```

图 1.4.19　有无自定义地震工况时构件设计内力

从两个工程计算钢筋对比看，设置了自定义地震工况使剪力墙墙柱配筋增加了 10.9%，如图 1.4.20 所示。

整个工程墙柱配筋面积(mm²)	YJK1	YJK2	相差(%)
As	1800605	1997067	10.9%
Ash	1742075	1843958	5.8%
配筋率超限数	216	226	
轴压比超限数	30	30	
抗剪超限数	916	976	
稳定超限数	3	3	
超限墙柱数	1043	1110	

图 1.4.20　有无自定义地震工况时整个工程墙柱计算配筋对比

2. 考虑水池中水的动水压力计算

国家标准《室外给水排水和燃气热力工程抗震设计规范》GB 50032—2003 要求考虑水池中水在地震作用下对池底和池壁的动水压力计算，并给出明确的计算公式，如图 1.4.21 所示。

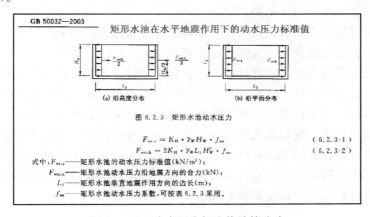

图 1.4.21　冻水压力标准值计算公式

可由人工按照相关公式计算出动水压力的具体数值，再当作自定义地震荷载输入，在组合中设置和普通地震作用叠加或叠加＋包络的模式计算。

第五节　人防荷载计算

对于输入了人防等效静荷载的地下室楼层，软件可对该楼层梁、柱、墙、板及其以下楼层的柱、墙完成人防设计。

在建模里输入的人防荷载是按照等效静荷载输入的。人防荷载的输入是以房间为单位，在有人防要求的楼面输入人防荷载。

在建模时对某地下室楼层定义了人防荷载以后，软件默认在本层所有房间均布置人防荷载，且各房间的人防荷载均相同。对于局部范围内人防荷载与默认设置不同，或局部范围不考虑人防的情况，可以在局部范围交互修改人防荷载。交互修改后的人防荷载优先于软件默认设置。对地下室外墙承受的侧向人防荷载，软件根据人防外墙标志及人防定义中输入的外墙等效荷载施加，用户可以在前处理特殊构件定义中修改人防外墙标记，软件只对人防外墙施加人防荷载。对于临空墙，软件在前处理特殊构件定义中提供临空墙指定和临空墙荷载定义菜单，用户可以交互输入。

一、布置了人防荷载房间的杆件按人防构件设计

1. 建模中按房间布置人防荷载

在建模中，用户可输入作用于楼板的等效静荷载和地下室外墙的等效静荷载，作用于楼板的人防荷载按照楼层各房间输入，输入方式和楼板恒、活面荷载类似，软件自动将楼板的人防荷载导算到每个房间周边的梁、墙杆件上，作为结构计算的人防荷载。

软件仅允许对地下室各层布置人防荷载，非地下室的楼层布置不上人防荷载，因此布置人防荷载前必须填写好地下室层数。

2. 布置人防荷载房间相连的杆件默认按人防构件设计

对于布置了人防荷载的房间，软件自动对与该房间楼板相连的所有杆件，以及楼板本身定义为人防构件，并按照人防构件设计。

如果人防荷载层下面还有楼层，但下面楼层并未布置人防荷载时，则与当前人防层相接的柱、墙竖向构件也自动当作人防构件处理。

软件仅对这种具有人防构件属性的杆件进行人防设计，对于没有人防构件属性的构件不做人防设计，这点和以往的处理方式有些不同。以前是根据该构件是否是由包含人防荷载效应的组合控制配筋来确定是否按照人防构件设计。但是，有时布置了人防荷载处的杆件，控制配筋的组合不一定包含人防荷载效应，导致没有按照人防要求设计的结果；而有时人防荷载布置区域以外的某些杆件，其控制配筋的组合包含了人防荷载效应，反而是按照人防设计的要求进行的设计。这样的处理方式不一定符合设计人员的意愿，因此改为按人防房间的构件进行人防设计更符合常理。

3. 特殊构件定义中增加对人防构件的人工指定

计算前处理增加【人防构件】菜单，可由人工指定需要按照人防设计要求计算的构件。软件首先对自动判断为人防构件的在其上标注符号"AD"，并最终以人工指定的人防构件为准，如图1.5.1所示。

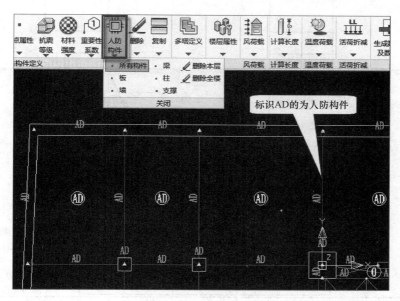

图1.5.1　人防构件标记

4. 软件仅对属于人防构件的地下室外墙自动布置人防等效静荷载

对于地下室外墙，软件默认带有人防构件属性的外墙为人防外墙，而非人防构件属性的地下室外墙不作为人防外墙。软件只对人防外墙施加人防外墙荷载。

二、人防荷载工况的计算

1. 人防荷载工况的计算简图

地下室人防设计计算考虑的荷载，除常规考虑的恒载、活载、风荷、地震作用等外，还有地下室顶板的竖向等效均布静荷载Q_{e1}、外墙的水平等效均布静荷载Q_{e2}和临空墙的水平等效均布静荷载Q_c，对于一个两层地下室的结构，若两层地下室都考虑人防荷载作用，相应的人防荷载加载简图如图1.5.2（a）所示，若只有最下面的一层考虑人防荷载作用，则相应的加载简图如图1.5.2（b）所示（图中Q_w为地下水对地下室外墙的侧压力，Q_s为回填土对地下室外墙的侧压力）。

2. 多层人防荷载的计算

布置了多层人防荷载的结构，软件在计算各人防楼层梁内力时，按本楼层人防荷载计算梁内力。在计算各人防楼层的柱、墙内力时，如果该竖向构件承受多于一层传来的人防荷载时，其人防荷载作用下的效应并不是其上各人防楼层效应的累加，而是仅选取其中最大的一层人防荷载的效应来作自身构件的设计，如图1.5.3所示。同时传给基础的人防荷载作用下的效应，与计算柱墙人防荷载效应的方法相同，也是仅选取上边各层中最大的一层人防荷载的效应来作为基础的人防荷载。

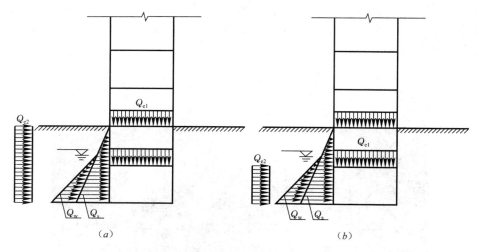

图 1.5.2　人防荷载工况计算简图

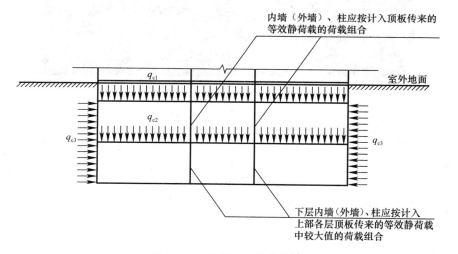

图 1.5.3　多层人防计算简图

3. 局部人防地下室的计算

对于局部人防地下室的结构设计，用户可以通过在有人防设计的房间施加人防荷载，不需要计算人防荷载的地方（即不需要计算人防的房间）修改人防荷载为零来实现。

4. 临空墙的计算

软件可以进行人防地下室的临空墙的计算，前处理的【特殊墙】菜单中有【临空墙】及【临空墙荷载】菜单，可通过这两项菜单交互定义临空墙以及作用在临空墙上的荷载。

三、人防构件设计要点

1. 设计结果中的人防构件标识

软件在构件属性简图及文本输出结果中给出人防构件标识，用户可以查看。

2. 考虑人防荷载的组合

对于人防荷载，考虑 2 种组合：

1.2 恒载＋1.0 人防

1.0 恒载＋1.0 人防

3. 人防设计时的内力调整

《人防规范》4.10.4 条规定："当板的周边支座横向伸长受到约束时，其跨中截面的计算弯矩值对梁板结构可以乘以折减系数 0.7，对无梁楼盖可乘以折减系数 0.9；若在板的计算中已计入轴力的作用，则不应乘以折减系数。"

软件在板施工图的计算参数中提供折减系数输入，用户可自行修改，如图 1.5.4 所示。

人防计算时板跨中弯矩折减系数： 1

图 1.5.4　板施工图中人防效应折减系数

《人防规范》4.10.5 条规定："当按等效静荷载法分析得出的内力，进行墙、柱受压构件正截面承载力验算时，混凝土及砌体的轴心抗压动力强度设计值应乘以折减系数 0.8。"

《人防规范》4.10.6 条规定："当按等效静荷载法分析得出的内力，进行梁、柱斜截面承载力验算时，混凝土及砌体的轴心抗压动力强度设计值应乘以折减系数 0.8。"

《人防规范》4.10.7 条规定："对于均布荷载作用下的钢筋混凝土梁，当按等效静荷载法分析得出的内力进行斜截面承载力验算时，除应符合本规范第 4.10.6 条规定外，斜截面受剪承载力需作跨高比影响的修正。"

软件自动执行上述 3 条规定。

对于柱冲切验算，软件执行《人防规范》D.2.2 条规定，对于 D.2.3 条目前尚未执行。

4. 人防组合材料强度调整

当荷载组合为人防组合时，软件根据《人防规范》4.2.3 条、4.10.5 条（混凝土柱、墙正截面配筋）及 4.10.6 条（混凝土梁、柱斜截面配筋）调整材料强度。

5. 人防组合延性要求

根据《人防规范》4.10.3 条的要求，当受拉钢筋配筋率大于 1.5% 时，要求允许延性比 $[\beta] \leqslant 0.5/\xi$。软件在执行此项规定时取 $[\beta] = 3$，即通过调整 $\xi_b = 0.5/3 = 0.167$ 来进行截面承载力配筋计算。该条常导致梁跨中顶筋配筋面积较大。

6. 最小配筋率

对于人防构件，软件输出的配筋面积要满足《人防规范》要求的最小配筋率。根据《人防规范》表 4.11.7，人防梁的受拉钢筋最小配筋除符合上述规定外，尚不小于表 1.5.1 中所列数值。

人防梁受拉钢筋的最小配筋百分率（%）　　　　　　　　　　表 1.5.1

混凝土强度等级			
C20	C25～C35	C40～C55	C60～C80
0.2	0.25	0.3	0.35

7. 最大配筋率

对于按人防要求设计的梁，软件验算最大配筋率是否满足《人防规范》要求。根据《人防规范》表 4.11.8，人防梁的受拉钢筋最大配筋除符合上述规定外，尚不大于表 1.5.2 中所列数值。

人防梁纵向受拉钢筋的最大配筋百分率（％） 表 1.5.2

混凝土强度等级	C20～C25	C25～C80
HRB335 钢筋	2.2	2.5
HRB400 钢筋	2.0	2.4
HRB500 钢筋		

四、人防设计中的常见问题

1. 人防设计时跨中顶筋计算值大

人防设计时，梁跨中上筋有时计算结果很大，但对应的 LoadCase 为 0，一个重要的原因是人防设计时，规范有延性比要求，一般按 3 控制。当跨中底筋配筋率大于 1.5％时，按照《人防规范》（4.10.3）公式反算，界限相对受压区高度约为 0.167，这时软件一般通过增加受压钢筋来确保受压区高度不超限，此时跨中上筋计算结果有可能很大，但由于是作为受压钢筋的计算结果，输出的顶部组合号及顶部弯矩均为 0。

2. 人防组合时，材料强度提高系数与手算不一致

《人防规范》4.10.5 条规定："当按等效静荷载法分析得出的内力，进行墙、柱受压构件正截面受弯承载力验算时，混凝土及砌体的轴心抗压动力强度设计值应乘以折减系数 0.8。"

《人防规范》4.10.6 条规定："当按等效静荷载法分析得出的内力，进行梁、柱斜截面承载力验算时，混凝土及砌体的轴心抗压动力强度设计值应乘以折减系数 0.8。"

最终的材料强度提高要综合考虑《人防规范》关于材料强度提高与折减的要求。

3. 多层人防时，软件如何处理

参见本节"多层人防荷载的计算"。

第六节　温　度　荷　载

用户通过指定节点温差来定义温度荷载，软件在有限元分析过程中统一计算温度荷载对结构的影响。

一、对温度荷载的简化和定义

温度荷载引起的构件变形分为两类，一类是构件内外表面温差造成的弯曲，一类是构件均匀升温或降温造成的伸长或缩短。

由于高层建筑结构出现的温度荷载主要是均匀的普遍升温或降温作用，所以目前软件采用杆件截面均匀受温、均匀伸缩的温度荷载加载方式，不考虑杆件内外表面有温差时的

弯曲。

按照《荷载规范》9.3.1 的规定，对结构最大温升的工况，升温温差＝结构最高平均温度－结构最低初始平均温度；对结构的最大温降的工况，降温温差＝结构最低平均温度－结构最高初始平均温度。对于结构最高平均温度和结构最低平均温度，《荷载规范》9.3.2 条做出了规定："结构最高平均温度 $T_{s,max}$ 和最低平均温度 $T_{s,min}$ 宜分别根据基本气温 T_{max} 和 T_{min} 按热工学的原理确定。对于有围护的室内结构，结构平均温度应考虑室内外温差的影响；对于暴露于室外的结构或施工期间的结构，尚应依据结构的朝向和表面吸热性质考虑太阳辐射的影响。"对于结构最高初始平均温度和最低初始平均温度，《荷载规范》9.3.2 条做出了规定："结构的最高初始平均温度 $T_{0,max}$ 和最低初始平均温度 $T_{0,min}$ 应根据结构的合拢或形成约束的时间确定，或根据施工时结构可能出现的温度按不利情况确定。"

对于梁、柱等杆件，用户在其两端节点上分别定义节点温差，从而定义了一根杆件的温度升高或降低。软件中可以输入"最高升温"和"最低降温"两组温差，分别用以考虑结构的膨胀和收缩两组温度荷载工况。

用户在【前处理及计算】下的【温度荷载】中通过输入节点温差来定义温度荷载。用户首先应指定标准层号，点取【节点温差】或【全楼温差】菜单，在对话框中输入"最高升温"和"最低降温"两组工况，其中"最高升温"应填正值，"最低降温"应填负值，填零表示该节点无温度变化。输入温差后，选择对应节点来定义节点温差。

二、YJK 提供更适宜计算温度荷载的壳单元

软件提供两种膜单元类型：经典膜单元（QA4）和改进型膜单元（NQ6Star），计算温度荷载时最好采用改进型膜单元（NQ6Star）。

改进型膜元（又称为二次完备精化非协调单元，NQ6Star），单元合成位移为：$u(=u_q+u_\lambda)\in P(x,y)$，其中协调部分位移采用通用的双线性位移差值函数，而非协调部分内位移采用了耦合型非协调函数，基函数为 $[\xi^2 \quad \eta^2 \quad \xi^2\eta \quad \xi\eta^2 \quad \xi^2\eta^2]$，为满足 PTC 的单元位移要求，又进一步运用了非协调函数一般公式修正了非协调部分位移，$u_\lambda^*=(N_\lambda-N^*P_*^{-1}P_\lambda)\lambda=N_\lambda^*$。

NQ6Star 单元的转角自由度比较完善，对于非规则四边形单元也可得到较合理的应力分布，可明显减少经典膜单元计算转角位移结果与理论值存在的较大误差。使用经典膜单元时，为保证梁与墙位移的合理传递，软件采用了罚约束关系进行协调。在采用改进膜单元时，软件会自动去掉这类罚约束关系。

由于单元的优良性质，在温度应力计算、边框柱与剪力墙的内力协调分配、弧形墙与梁协调等方面，计算结果更加合理。温度应力的计算可与 ETABS 计算结果接近。在计算温度荷载、边框柱结果不合理或者弧墙数量较多时可考虑选用改进型膜单元以改进计算结果。

经过对比测试，对于存在剪力墙构件的建筑结构，YJK 软件与 ETABS、MIDAS 等国外同类软件计算结果差异较小，与国内同类软件计算结果可能存在较大差异。主要原因有两个，分别是不同软件所采用的膜单元力学性质上存在的缺陷以及节点等效荷载计算方法。由于温度荷载是应变效应，对膜单元的力学性质较为敏感，国内有些软件在单元性质

上的缺陷在温度荷载计算过程中会凸显。另外在等效荷载计算方面，YJK 和国外软件均采用准确的有限元等效荷载计算方法，而国内软件采用了不同的计算方法，使得节点"等效集中荷载"结果不同，最终造成了温度荷载结果可能差异较大。

三、温度荷载工况及组合

软件采用通用有限元法计算温度效应，软件将节点温差转化为"等效荷载"，结构位移和内力的计算与其他荷载的分析完全一致。在软件中，"最高升温"和"最低降温"作为两个独立的工况与恒、活、地震、风等作用一样进行计算。

温度荷载的分项系数可以在【计算参数】的【荷载组合】选项卡中设置，并且可以设置温度工况与风荷载、地震的组合关系。

目前软件是按照线弹性理论计算结构的温度效应。对于混凝土结构，考虑到徐变应力松弛特性等非线性因素，实际的温度应力并没有弹性计算的结果那么大。因此用户可以视情况设置徐变应力松弛系数 0.3。对钢构件不考虑此项折减。

四、温度荷载计算常见问题

1. 计算温度荷载时楼板应设置为弹性板

对于恒、活、风、地震的荷载工况，一般可按软件默认的刚性板模型计算，但是考虑温度荷载后如果还是按照刚性板模型计算，将导致异常的内力配筋结果。这成为用户计算温度荷载的常见问题。

这是因为，在刚性楼板假定条件下（或弹性板 3 时），梁的膨胀或收缩变形受到平面内"无限刚"的楼板的约束，这种约束可导致梁产生很大的轴力，在升温时梁产生很大轴压力，降温时梁产生很大轴拉力，这种异常的梁轴力将导致梁配筋异常或者超限。对于柱来说，由于产生温度最大变形的梁收到刚性板约束，柱内不会产生剪力和弯矩，相应地，梁也不会产生弯矩和剪力，梁中仅有轴力作用。

因此在进行温度荷载下的分析时，应该将温度荷载影响范围内的楼板定义为弹性膜或弹性板 6。不能按照软件默认的刚性板计算，也不能按照弹性板 3 计算。

2. 受温度荷载影响较大的楼层是与嵌固层相邻的楼层

如果各层定义的升温和降温数值相同，且各层竖向变化不大时，和嵌固层相邻的楼层在楼层平面内方向相对变形较大，该楼层杆件的内力较大、配筋较大。而再往上各层由于它们之间相对变形小，温度荷载下的内力不大，因此温度荷载对配筋的影响也不大。

常有用户对远离嵌固层的楼层在温度荷载下内力不大提出疑问，其实这属于正常情况。

3. 一般不应对地下室定义温差荷载

地下室受到周围土的包围约束，一般不会受到较大的温差变化。但是常见用户把很大的温差变化输入到地下室结构中，导致处于最底层的地下室内力配筋增加很多，而地上各层的内力配筋反而不大，这显然与实际情况不符。

正常的输入是将升温、降温布置到地上一层及以上的各层，这样才可能计算出突出室外的地上一层受温度荷载影响最大的实际情况。

4. 不应在所有工况组合中都考虑温度荷载产生的最大轴力

温度荷载产生的轴力应只在包含温度荷载的组合中考虑。但是传统软件在梁设计的所有工况中都使用温度荷载产生的最大轴力，这种做法导致考虑温度荷载时梁的配筋结果过大，出现明显异常状况。

5. 弹性板温度工况下的受拉状态查看

软件提供弹性板的内力、应力查看选项。对于需要考虑温度荷载的工程，需要查看弹性板温度工况下的拉应力状态，有的工程师习惯上在应力选项下查看，但是如果弹性板的计算模型中考虑了面外刚度（弹性板 3 或弹性板 6），则弹性板的应力结果中，弯矩产生的应力可能占主导，查看到的拉应力结果往往较大。这时建议查看内力项中的轴力结果，然后根据轴力反算应力状态，这样可忽略弯矩产生的应力，因此轴力结果能更好地反映轴力的影响。

图 1.6.1 所示 3 层框架结构，每层输入升温 4℃，降温 12℃（4，－12），我们查看图中 1 层所圈梁的配筋计算结果，并与传统软件的算法进行对比。

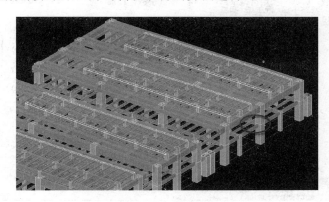

图 1.6.1　3 层框架结构

首先比较该梁在各荷载工况下的拉力值，在恒、活、降温下，YJK 为 1155、474、1135，传统软件为 1371，477，1296，二者差别不大，如图 1.6.2 所示。

YJK

*(| +TEM)	-106.3	-115.8	-125.4	-135.0	-144.6	-157.3	-159.3	-162.1	-165.0	-378.4
(| +TEM)	-31.9	-34.8	-37.6	-40.5	-43.4	-47.2	-47.8	-48.6	-49.5	-113.5
*(| +TEM)	-25.5	-25.5	-25.5	-25.5	-25.5	-25.5	-25.5	-25.5	-25.5	-1.1
(| +TEM)	-7.7	-7.7	-7.7	-7.7	-7.7	-7.7	-7.7	[illegible]	-7.7	-0.1
*(| -TEM)	318.8	347.5	376.3	405.0	433.7	472.0	477.8	486.4	495.0	1135.1
(| -TEM)	95.6	104.3	112.9	121.5	130.1	141.6	143.3	145.9	148.5	340.5
*(| -TEM)	76.6	76.6	76.6	76.6	76.6	76.6	76.6	76.6	76.6	3.3
(| -TEM)	23.0	23.0	23.0	23.0	23.0	23.0	23.0	23.0	23.0	0.4
*(| DL)	65.6	-219.1	-507.2	-799.9	-1098.5	-1506.8	-1569.0	-1662.7	-1756.8	1155.3
(| DL)	324.2	40.2	-247.3	-539.5	-837.4	-1245.1	-1306.7	-1399.8	-1493.3	1155.3
*(| DL)	-755.5	-763.2	-774.0	-788.0	-805.1	-827.3	-830.1	-834.1	-837.9	-2.9
(| DL)	-755.5	-763.2	-774.0	-788.0	-805.1	-827.3	-830.1	-834.1	-837.9	-1.1
*(| LL)	-0.7	-80.0	-159.8	-240.4	-322.2	-433.7	-450.6	-476.1	-501.7	474.1
(| LL)	71.6	-7.3	-86.7	-166..9	-248.4	-359.5	-376.1	-401.2	-426.4	474.1
*(| LL)	-211.3	-211.9	-213.6	-216.4	-220.3	-225.3	-225.9	-226.7	-227.4	2.8
(| LL)	-211.3	-211.9	-213.6	-216.4	-220.3	-225.3	-225.9	-226.7	-227.4	1.1

传统软件

(9) [illegible]	-222.0	-510.7	-804.1	-1103.3	-1266.4	-1432.7	-1601.4	-1772.0	1371.7
[illegible]	-764.8	-775.6	-789.6	-806.7	-823.9	-837.8	-848.7	-856.3	-4.5
(10) 3.7	-75.3	-154.7	-234.9	-316.4	-360.7	-405.7	-451.2	-496.8	477.6
-210.4	-211.0	-212.7	-215.5	-219.4	-223.3	-226.2	-227.8	-228.4	-1.9
(11) -120.9	-132.0	-143.1	-154.2	-165.3	-171.2	-177.2	-183.1	-189.0	-459.9
-29.6	-29.6	-29.6	-29.6	-29.6	-29.6	-29.6	-29.6	-29.6	-0.3
(12) 340.6	371.9	403.3	434.6	465.9	482.6	499.3	516.0	532.7	1296.0
83.5	83.5	83.5	83.5	83.5	83.5	83.5	83.5	83.5	0.8

图 1.6.2　温度工况下梁轴力计算结果对比

```
N-B=377 (I=1000357, J=1000358)(1)B*H(mm)=500*1201
Lb=3.00(m) Cover= 30(mm) Nfb=2 Nfb_gz=1 Rcb=40.0 Fy=360 Fyv=360      YJK
砼梁 框架梁 调幅梁 矩形
livec=1.000  stif=1.222  tf=0.850  nj=0.400
η v=1.200
            -1-     -2-     -3-     -4-     -5-     -6-     -7-     -8-     -9-
-M(kNm)     -142    -585    -1033   -899    -1424   -2141   -2249   -2593   -2577
N(kN)       1528    1528    1528    2260    2260    2640    2605    2232    2605
LoadCase    ( 79)   ( 79)   ( 79)   ( 28)   ( 28)   ( 28)   ( 28)   ( 28)   ( 28)
Top Ast     2109    3064    4013    5419    6883    9277    9516    9961    10386
% Steel     0.37    0.53    0.70    0.94    1.23    1.65    1.69    1.77    1.85
+M(kNm)     673     842     646     367     235     193     146     73      0
N(kN)       2024    1568    1359    1549    1342    0       0       0       0
LoadCase    ( 37)   ( 81)   ( 81)   ( 81)   ( 89)   ( 0)    ( 0)    ( 0)    ( 0)
Btm Ast     4517    3664    2996    2619    2091    1855    1855    1855    5219
% Steel     0.79    0.64    0.52    0.46    0.36    0.31    0.31    0.31    0.93
V(kN)       -1351   -1363   -1381   -1405   -1436   -1474   -1479   -1486   -1493
N(kN)       1966    1966    1966    2220    2220    2593    2557    2557    2557
LoadCase    ( 3)    ( 3)    ( 3)    ( 3)    ( 3)    ( 3)    ( 3)    ( 3)    ( 3)
Asv         256     259     263     281     288     316     315     317     318
Rsv         0.51    0.52    0.53    0.56    0.58    0.63    0.63    0.63    0.64
非加密区箍筋面积: 257
```

```
N-B=610 (I= 1561, J= 1563) (1)B*H(mm)= 500* 1201
Lb= 2.30 Cover= 30 Nfb=2 Rcb=40.0 Fy= 360. Fyv= 360.      传统软件
调幅系数: 0.85  扭矩折减系数: 0.40  刚度系数: 1.22
梁属性: 混凝土梁 框架梁 调幅梁
梁地震组合剪力调整系数: 1.20
            -I-     -1-     -2-     -3-     -4-     -5-     -6-     -7-     -J-
-M(kNm)     -386.   -176.   -651.   -1143.  -1653.  -1942.  -2235.  -2533.  -2834.
LoadCase    ( 36)   ( 75)   ( 74)   ( 74)   ( 54)   ( 54)   ( 54)   ( 54)   ( 54)
Top Ast     3985.   6604.   7836.   9110.   10434.  11183.  11945.  12419.  13183.
% Steel     0.69    1.18    1.39    1.62    1.86    1.99    2.13    2.21    2.35
+M(kNm)     1048.   637.    348.    74.     21.     21.     17.     10.     0.
LoadCase    ( 76)   ( 76)   ( 47)   ( 47)   ( 0)    ( 0)    ( 0)    ( 0)    ( 0)
Btm Ast     8865.   7798.   7049.   6339.   6201.   6200.   6191.   6171.   1855.
% Steel     1.58    1.39    1.25    1.13    1.10    1.10    1.10    1.10    0.31
Shear       -1403.  -1415.  -1433.  -1457.  -1487.  -1517.  -1542.  -1560.  -1572.
LoadCase    ( 1)    ( 1)    ( 1)    ( 1)    ( 1)    ( 1)    ( 1)    ( 1)    ( 1)
Asv         339.    342.    347.    352.    360.    367.    373.    377.    380.
Rsv         0.68    0.68    0.69    0.70    0.72    0.73    0.75    0.75    0.76
剪压比      0.128   0.129   0.131   0.133   0.136   0.138   0.141   0.142   0.143
LoadCase    ( 1)    ( 1)    ( 1)    ( 1)    ( 1)    ( 1)    ( 1)    ( 1)    ( 1)
Tmax/Shear( 1)/      7.7/ -1572.  Astt=   0.  Astv= 380.1  Ast1=   0.0
Nmax   ( 74)= 4325.       ( 82)= 2670.
非加密区箍筋面积: 5HO)  Acsv=  380
```

图 1.6.3 温度工况下梁设计内力对比

比较配筋计算结果，YJK 为 104，传统软件为 131，传统软件大了 26%，如图 1.6.3。

二者的配筋控制组合都是恒＋活＋降温，造成配筋差异的主要原因是 YJK 配筋时的拉力为 2605，而传统软件为 4325，传统软件取的拉力大了 66%。

YJK 用的拉力 2605 是当前组合的拉力值，传统软件取的 4325 不是配筋控制组合（54）时的拉力（按 54 组合算拉力为 2630），而是所有组合中的最大拉力值。这样取值导致它的配筋大了许多，造成浪费。

第二章　规范相关要求及软件实现

第一节　层刚度及刚度比计算

规范给出楼层刚度的三种计算方法：层间剪力与层间位移之比算法、剪切刚度算法、剪弯刚度算法。

层间剪力与层间位移之比算法是最常用的算法，适用于所有楼层的计算，一般用于薄弱层的判断。

剪切刚度算法用于判断地下室是否可作为上部结构嵌固层。另外当转换层在1、2层时，计算转换层与其相邻上层结构的等效刚度比时也要用剪切刚度验算。

剪弯刚度算法用于工程中存在转换层且转换层位于2层以上时，转换层上下刚度比的验算。

一、层刚度的层间剪力与层间位移之比计算方法

层间剪力与层间位移之比的层刚度算法是最常用算法，它适用于所有楼层的层刚度计算。但是单就这种层刚度的算法，《高规》、《抗震规范》、《广东高规》还有些区别。

按照《高规》3.5.2条，这种层刚度的算法对于框架结构和其他结构是有区别的。对于框架结构，按照公式（3.5.2-1）计算刚度比；对于非框架结构，按照公式（3.5.2-2）计算刚度比：

（1）对框架结构，楼层与其相邻上层的侧向刚度比 γ_1 可按式（3.5.2-1）计算，且本层与相邻上层的比值不宜小于0.7，与相邻上部三层刚度平均值的比值不宜小于0.8。

$$\gamma_1 = \frac{V_i \Delta_{i+1}}{V_{i+1} \Delta_i}$$

（2）对框架-剪力墙、板柱-剪力墙结构、剪力墙结构、框架-核心筒结构、筒中筒结构，楼层与其相邻上层的侧向刚度比 γ_2 可按式（3.5.2-2）计算，且本层与相邻上层的比值不宜小于0.9；当本层层高大于相邻上层层高的1.5倍时，该比值不宜小于1.1；对结构底部嵌固层，该比值不宜小于1.5。

$$\gamma_2 = \frac{V_i \Delta_{i+1}}{V_{i+1} \Delta_i} \frac{h_i}{h_{i+1}}$$

《广东高规》3.5.2注：楼层侧向刚度可取楼层剪力与层间位移角之比，相当于不区分框架结构，统一按考虑了层高修正的算法，对应于《高规》公式（3.5.2-2）。

《抗震规范》3.4.3条文说明建议的方法：

$$K_i = \frac{V_i}{\delta_i}$$

《抗震规范》3.4.3条关于刚度比的计算未提及层高修正，对应《高规》公式（3.5.2-1）。

软件在 wmass.out 中输出的 RJX3、RJY3 就是该层的层间剪力与层间位移之比，也就是这种层刚度。

软件输出的 RJX3、RJY3 是根据层间剪力/层间位移得到的基本层刚度结果，未考虑层高修正，层高修正是在计算层刚度比时考虑的。

软件对于层间剪力与层间位移取值方法为：

（1）如果计算地震作用，则采用地震工况下的计算结果。其中，层剪力是未经调整的层地震剪力，可参见 wzq.out 中的输出，层间位移是按节点质量加权平均方法计算得到的，该层间位移没有输出。

（2）如果不计算地震作用，则采用风荷载的计算结果。

（3）如果用户选择"整体指标计算采用强刚，其他计算非强刚"，软件对计算层刚度的层间剪力与层间位移均采用强刚模型下的地震力（但此时 wzq.out 中输出的是非强刚下的地震剪力）和位移结果计算。

二、层刚度的剪切刚度算法

剪切刚度计算方法依据《高规》附录 E.0.1，先计算每个竖向构件的剪切刚度，然后叠加求得楼层剪切刚度。计算单个竖向构件剪切刚度时，按构件实际高度计算。计算柱剪切刚度时，考虑相应方向面积折算系数。

《抗震规范》6.1.14-2条规定："地下室顶板作为上部结构的嵌固部位时，结构地上一层的侧向刚度，不宜大于相关范围地下一层侧向刚度的 0.5 倍。"

《高规》5.3.7条规定："高层建筑结构整体计算中，当地下室顶板作为上部结构嵌固部位时，地下一层与首层侧向刚度比不宜小于2。"条文说明中指出：楼层侧向刚度比可按本规程附录 E.0.1 条公式计算。

《上海抗规》3.4.3条文说明中指出：一般情况下可采用等效剪切刚度计算侧向刚度。

对于剪切刚度比，软件自动输出，如果结构所在地区选择上海，则会输出《上海抗规》规定的剪切刚度比，同时刚度比算法改为剪切刚度比，并作为判断薄弱层的依据。

软件在 wmass.out 文件中的变量 RJX1、RJY1、RJZ1 就是各层的剪切刚度计算结果。

如果工程中含有地下室，则软件自动按剪切刚度验算地下一层顶板能否作为上部结构的嵌固端。在 wmass.out 刚度比内容的最后输出如图 2.1.1 所示。

```
=================================================================================
地下室楼层侧向刚度比验算（剪切刚度）
=================================================================================
地下室层号：    1      塔号：    1
X方向地下一层剪切刚度=4.4277E+008   X方向地上一层剪切刚度=6.6931E+007   X方向刚度比=    6.6153
Y方向地下一层剪切刚度=4.2437E+008   Y方向地上一层剪切刚度=8.4261E+007   Y方向刚度比=    5.0364
```

图 2.1.1　地下室剪切刚度结果输出

三、层刚度的剪弯刚度算法

除了上述两种方法，《高规》E.0.3 还提供了高位转换时转换结构的刚度计算方法，通常称作剪弯刚度。软件计算剪弯刚度时，将转换层上、下部相关楼层从整体模型中分离出来，作为子结构，然后在顶部施加单位力，真实计算剪弯刚度。

如果满足高位转换条件，软件自动按照《高规》E.0.3 计算剪弯刚度比，并在 wmass.out 中输出。

《高规》E.0.3："当转换层设置在 2 层以上时，尚宜采用图 E 所示的计算模型按公式（E.0.3）计算转换层下部结构与上部结构的等效侧向刚度比 γ_{e2}。γ_{e2} 宜接近 1，非抗震设计时不应小于 0.5，抗震设计时不应小于 0.8。"

软件在判断是否为高位转换时，是要扣除地下室层数的。

四、薄弱层的判断

刚度比计算的一个主要目的是判断薄弱层，软件提供了刚度比判断薄弱层选项，供工程师选择，如图 2.1.2 所示。

（1）高规和抗规从严：按两种算法得到的较小值判断薄弱层；

（2）仅按高规：按高规算法判断薄弱层；

（3）仅按抗规：按抗规算法判断薄弱层；

（4）按上海抗规剪切刚度比：按上海抗规剪切刚度比算法判断薄弱层；

图 2.1.2　薄弱层判断选项

（5）不自动判断：仅输出刚度比，但不自动判断薄弱层。

如果结构类型为框架结构，或者选择层刚度按照《抗震规范》算法，则薄弱层的判断应按照《高规》3.5.2 条："对框架结构，楼层与其相邻上层的侧向刚度比 γ_1 可按式（3.5.2-1）计算，且本层与相邻上层的比值不宜小于 0.7，与相邻上部三层刚度平均值的比值不宜小于 0.8。"

软件在 wmass.out 中输出的变量 Ratx1，Raty1 的含义是：X，Y 方向本层塔侧移刚度与上一层相应塔侧移刚度 70% 的比值或上三层平均侧移刚度 80% 的比值中之较小者，这就是按照该条判断的结果，当该值小于 1 时，该层即是薄弱层。

当结构类型为框架结构且结构所在地区不是广东时，软件仅输出 Ratx1、Raty1，不再输出下面的 Ratx2、Raty2。

如果结构类型为非框架结构，或者规范选择按照《广东高规》时，则薄弱层的判断应按照《高规》3.5.2 条："对框架-剪力墙、板柱-剪力墙结构、剪力墙结构、框架-核心筒结构、筒中筒结构，楼层与其相邻上层的侧向刚度比 γ_2 可按式（3.5.2-2）计算，且本层与相邻上层的比值不宜小于 0.9；当本层层高大于相邻上层层高的 1.5 倍时，该比值不宜小于 1.1；对结构底部嵌固层，该比值不宜小于 1.5。"

软件在 wmass.out 中输出的变量 Ratx2、Raty2 的含义是：X、Y 方向本层塔侧移刚度与上一层相应塔侧移刚度 90%、110% 或者 150% 比值。110% 指当本层层高大于相邻上层层高 1.5 倍时（结构所在地区为广东时，不执行该条），150% 指嵌固层，Ratx2、Raty2 就是按照该条判断的结果，当该值小于 1 时，该层即是薄弱层。

这里 Ratx2、Raty2 可自动判断按照本层塔侧移刚度与上一层相应塔侧移刚度 90％、110％或者 150％比值计算。软件判断当本层层高大于相邻上层层高 1.5 倍时，Ratx2、Raty2 按照本层塔侧移刚度与上一层相应塔侧移刚度 110％计算（结构所在地区为广东时，不执行该条）；当本层为嵌固层，且用户勾选了参数"底部嵌固楼层刚度比执行《高规》3.5.2-2"时，或者该层为最底部楼层时，Ratx2、Raty2 按照本层塔侧移刚度与上一层相应塔侧移刚度 150％计算；其他条件时，Ratx2、Raty2 按照本层塔侧移刚度与上一层相应塔侧移刚度 90％计算。

如果结构所在地区选择为广东，则软件自动按照《广东高规》判断薄弱层，这时选择抗规或高规选项将不起作用（选择"不自动判断"及"按上海抗规剪切刚度比"除外）。

当某层被判断为薄弱层时，且用户在计算参数选择了按照层刚度比判断薄弱层的方法，则软件自动将该楼层地震作用标准值的地震剪力乘以用户指定的增大系数（该增大系数默认取 1.25）。

五、复杂情况的层刚度比

验算层刚度比的结构必须要有层的概念。对于某些复杂结构，如坡屋顶层、体育馆、看台、工业建筑等，结构或者柱、墙不在同一标高，或者本层根本没有楼板等，可以不考虑这类结构所计算的层刚度特性。

对于错层结构或带有夹层的结构，层刚度比有时得不到合理的计算结果，原因是层的概念被广义化了，此时需要适当简化模型才能计算出层刚度比。

按整体模型计算大底盘多塔楼结构，或上连多塔楼结构时，大底盘顶层与上面一层塔楼的刚度比、楼层抗剪承载力比通常会比较大，对结构设计没有实际指导意义。但软件仍会输出该计算值，设计人员可依据工程具体情况酌情处理。

六、常见问题

1. 矩形平面框架结构，为什么两个方向的剪切刚度相同？

因为剪切刚度按《高规》E.0.1计算，与柱截面尺寸、高度相关，如果是方柱，则两个方向的剪切刚度是相同的。

2. 带地下室且地下一层作为嵌固层时，刚度比是否按照1.5执行？

对于非框架结构，《高规》3.5.2-2条规定："对结构底部嵌固层，该比值不宜小于1.5。"对于带地下室工程，当地上1、2层为相同标准层时，按该条规定执行楼层常被判断为薄弱层。有的工程师对该条规定有异议。目前软件提供该参数来控制带地下室工程的地上一层刚度比计算方法，默认不勾选。如果不带地下室，则自动按1.5控制。

3. 《上海抗规》要求薄弱层刚度比的计算采用剪切刚度，软件如何处理？

如果结构所在地区选择上海，则软件会额外输出剪切刚度比 Ratx3、Raty3，刚度比选项自动切换为"按上海抗规剪切刚度比"，并按剪切刚度比判断薄弱层。

第二节　周期与周期比

一、周期比规范规定

《高规》3.4.5 条规定："结构扭转为主的第一自振周期 T_t 与平动为主的第一自振周期 T_1 之比，A 级高度高层建筑不应大于 0.9，B 级高度高层建筑、混合结构高层建筑及复杂高层建筑不应大于 0.85。"

《高规》9.2.5 条规定："对内筒偏置的框架-筒体结构，应控制结构在考虑偶然偏心影响的规定地震力作用下，最大楼层水平位移和层间位移不应大于该楼层平均值的 1.4 倍，结构扭转为主的第一自振周期 T_t 与平动为主的第一自振周期 T_1 之比不应大于 0.85，且 T_1 的扭转成分不宜大于 30%。"

《高规》10.6.3-4 条规定："大底盘多塔楼结构，可按本规程第 5.1.14 条规定的整体和分塔楼计算模型分别验算整体结构和各塔楼结构扭转为主的第一周期与平动为主的第一周期的比值，并应符合本规程第 3.4.5 条的有关要求。"

由于结构沿两个正交方向各有一个平动为主的第一振型周期，如何确定第一平动周期就是用户比较关心的问题。《高规》3.4.5 条文说明中指出："高层结构沿两个正交方向各有一个平动为主的第一振型周期，本条规定的 T_1 是指刚度较弱方向的平动为主的第一振型周期，对刚度较强方向的平动为主的第一振型周期与扭转为主的第一振型周期 T_t 的比值，本条未规定限值，主要考虑对抗扭刚度的控制不致过于严格。有的工程如两个方向的第一振型周期与 T_t 的比值均能满足限值要求，其抗扭刚度更为理想。"

《广东高规》取消了周期比的限制。

周期比用来限制结构的抗扭刚度不能太弱。对于平动和扭转振型的判断，《高规》3.4.5 条文说明中指出："扭转耦联振动的主振型，可通过计算振型方向因子来判断。在两个平动和一个扭转方向因子中，当扭转方向因子大于 0.5 时，则该振型可认为是扭转为主的振型。"

二、软件输出

软件在 wzq.out 文件中输出各振型对应的平动与扭转系数，并给出第一扭转周期与第一平动周期的比值，如图 2.2.1 所示。

如果勾选楼板假定的第三项"整体指标计算采用强刚，其他计算非强刚"，则软件分别输出强刚与非强刚模型下的周期计算结果，周期比按强刚模型结果给出。

对于多塔楼结构，如果计算时勾选了"各分塔与整体分别计算，配筋取各分塔与整体结果较大值"，则用户可在整体模型里查看整体周期比，在各分塔模型里查看分塔周期比。

振型号	周期	转角	平动系数(X+Y)	扭转系数(Z)
1	3.1865	91.11	1.00(0.00+1.00)	0.00
2	3.1121	1.82	0.95(0.95+0.00)	0.05
3	2.4125	167.57	0.06(0.05+0.01)	0.94
4	0.9317	6.95	0.89(0.87+0.02)	0.11
5	0.8701	99.50	0.99(0.03+0.96)	0.01
6	0.7888	32.43	0.17(0.11+0.06)	0.83
7	0.4562	17.76	0.72(0.64+0.08)	0.28
8	0.4249	132.41	0.70(0.32+0.38)	0.30
9	0.3858	76.23	0.61(0.04+0.57)	0.39
10	0.2812	12.53	0.77(0.73+0.04)	0.23
11	0.2577	126.05	0.65(0.23+0.42)	0.35
12	0.2367	74.75	0.57(0.04+0.53)	0.43
13	0.1979	16.19	0.68(0.61+0.07)	0.32
14	0.1836	135.39	0.68(0.34+0.34)	0.32
15	0.1695	77.19	0.67(0.03+0.64)	0.33
16	0.1516	21.44	0.57(0.48+0.09)	0.43
17	0.1426	146.63	0.73(0.50+0.23)	0.27

第1扭转周期(2.4125)/第1平动周期(3.1865) = 0.76

图 2.2.1　周期、周期比结果输出

三、常见问题

1. wzq.out 文本中的层地震剪力为何不等于外力之和？

答：按照《抗震规范》5.2.3 条关于地震效应的 CQC 组合公式，在求某一地震效应时，采用先单振型求该效应，再 CQC 组合的方式。由于 CQC 组合得出的结果不再满足线性关系，因此 CQC 组合后的层地震剪力不等于外力之和。

2. wzq.out 文本里面楼层剪力大小为何与弹性时程分析里面楼层剪力大小不一致？

答：wzq.out 文本里面楼层剪力是不考虑双向地震的，弹性时程分析里面如果设置了次方向峰值加速度，则输出的是考虑双向地震后的结果。

3. wzq.out 文本里面楼层剪力为何与 wv02q.out 文本里的楼层剪力不一致？

答：wzq.out 文本里面楼层剪力是最基本的计算结果，未经任何调整；wv02q.out 里的楼层剪力用来确定如 $0.2V_0$ 调整、框筒结构调整、板柱-剪力墙调整等，按规范规定，这些调整是需要考虑剪重比调整之后的。因此，如果有剪重比调整、分层地震作用放大等处理，则两个文本里的输出结果会不一致。

4. wzq.out 文本里面统计地震作用下楼层剪力时，为何发现在地下室部分，楼层剪力逐层减小？

答：软件提供了"按竖向构件内力统计层水平荷载剪力"参数，勾选的话，则按柱、墙等竖向构件内力统计层地震剪力，对于地下室，相当于扣除了土产生的弹簧反力，因此地下室往下，楼层剪力逐层减小。

如果不勾选该参数，则按层外力统计，这时不扣除土产生的弹簧反力，通常下部楼层的剪力是逐渐增加的。

第三节　剪　重　比

一、规范规定

《抗震规范》5.2.5 条、《高规》4.3.12 条明确规定了抗震验算时楼层剪重比不应小于规范给出的剪力系数 λ，这是强制性条文。

关于剪重比的意义及调整规则，《抗震规范》5.2.5 条文说明给出了具体解释：

由于地震影响系数在长周期段下降较快，对于基本周期大于 3.5s 的结构，由此计算所得的水平地震作用下的结构效应可能太小。而对于长周期结构，地震动态作用中的地面运动速度和位移可能对结构的破坏具有更大影响，但是规范所采用的振型分解反应谱法尚无法对此作出估计。出于结构安全的考虑，提出了对结构总水平地震剪力及各楼层水平地震剪力最小值的要求，规定了不同烈度下的剪力系数，当不满足时，需改变结构布置或调整结构总剪力和各楼层的水平地震剪力使之满足要求。例如，当结构底部的总地震剪力略小于本条规定而中、上部楼层均满足最小值时，可采用下列方法调整：若结构基本周期位于设计反应谱的加速度控制段时，则各楼层均需乘以同样大小的增大系数；若结构基本周期位于反应谱的位移控制段时，则各楼层 i 均需按底部的剪力系数的差值 $\Delta\lambda_0$ 增加该层的地震剪力——$\Delta F_{Eki} = \Delta\lambda_0 G_{Ei}$；若结构基本周期位于反应谱的速度控制段时，则增加值应大于 $\Delta\lambda_0 G_{Ei}$，顶部增加值可取动位移作用和加速度作用二者的平均值，中间各层的增加值可近似按线性分布。

需要注意：

（1）当底部总剪力相差较多时，结构的选型和总体布置需重新调整，不能仅采用乘以增大系数方法处理；

（2）只要底部总剪力不满足要求，则结构各楼层的剪力均需要调整，不能仅调整不满足的楼层；

（3）满足最小地震剪力是结构后续抗震计算的前提，只有调整到符合最小剪力要求才能进行相应的地震倾覆力矩、构件内力、位移等等的计算分析；即意味着，当各层的地震剪力需要调整时，原先计算的倾覆力矩、内力和位移均需相应调整；

（4）采用时程分析法时，其计算的总剪力也需符合最小地震剪力的要求；

（5）本条规定不考虑阻尼比的不同，是最低要求，各类结构，包括钢结构、隔震和消能减震结构均需一律遵守。

《建筑抗震设计规范（GB 50011—2010）统一培训教材》中指出：

按楼层最小地震剪力系数对结构水平地震作用效应进行调整时应该注意，如果较多楼层的剪力系数不满足最小剪力系数要求（例如 15% 以上的楼层），或底部楼层剪力系数小于最小剪力系数要求太多（例如小于 85%），说明结构整体刚度偏弱（或结构太重），应调整结构体系，增强结构刚度（或减小结构重量），而不能简单采用放大楼层剪力系数的方法。

二、剪重比控制参数

1. 参数

软件首先提供是否进行剪重比调整控制参数，勾选后根据相关规定进行计算，如图 2.3.1 所示。

软件根据 X、Y 方向的平动系数判断 X、Y 方向的第一平动周期，然后查表《抗震规范》5.2.5 确定最小剪力系数，该系数值在 wzq. out 文件中输出。如果周期值位于 3.5s～5s 之间时，软件自动对最小剪力系数插值。

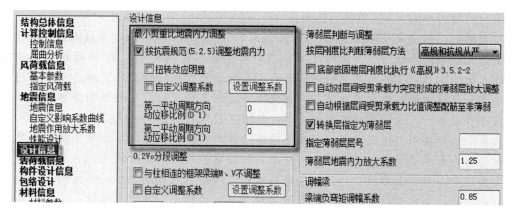

图 2.3.1　剪重比参数设置

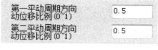

图 2.3.2　动位移比例系数

软件在进行剪重比调整时，不自动判断对应方向周期位于哪个控制段，而是提供相应插值参数，由工程师控制，如图 2.3.2 所示。

填 0 表示按加速度段调整，填 1 表示按位移段调整，填 0～1 之间的数值表示先按照加速度段和位移段计算调整系数，再根据参数中的数值进行插值。

2. 扭转效应明显

关于如何判断为扭转明显，《抗震规范》和《高规》从不同角度作出了规定：

《抗震规范》条文说明中指出："扭转效应明显与否一般可由考虑耦联的振型分解反应谱法分析结果判断，例如前三个振型中，二个水平方向的振型参与系数为同一个量级，即存在明显的扭转效应。对于扭转效应明显或基本周期小于 3.5s 的结构，剪力系数取 $0.2\alpha_{max}$，保证足够的抗震安全度。"

《高规》4.2.13 条文说明中指出："表 4.3.12 中所说的扭转效应明显的结构，是指楼层最大水平位移（或层间位移）大于楼层平均水平位移（或层间位移）1.2 倍的结构。"

软件不自动判断是否为扭转效应明显，而是提供相应参数，由工程师自行确定，如图 2.3.3 所示。

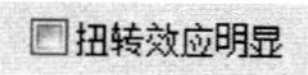

☐ 扭转效应明显

图 2.3.3　扭转效应明显

勾选扭转效应明显参数后，最小剪力系数按规范表中第一行数据取值。

3. 对薄弱层的处理

《高规》4.3.12 关于剪重比条文补充了："对于竖向不规则结构的薄弱层，尚应乘以 1.15 的增大系数。"在该条文说明中指出："对于竖向不规则结构的薄弱层的水平地震剪力，本规程第 3.5.8 条规定应乘以 1.25 的增大系数，该层剪力放大 1.25 倍后仍需要满足本条的规定，即该层的地震剪力系数不应小于表 4.3.12 中数值的 1.15 倍。"

如果本楼层为按层刚度比计算判断的薄弱层或手工指定的薄弱层，则软件对计算得到的层地震剪力放大 1.25 倍后，再和最小剪力系数乘以 1.15 后的结果比较并计算剪力调整系数。由于层地震剪力放大系数 1.25＞1.15，通常薄弱层计算出来的调整系数会小，但因为后续承载力设计时各调整系数是连乘的，因此薄弱层最终的地震效应仍是增大的。

4. 地震影响系数不是规范数值时的处理

如果地震影响系数最大值不是《抗震规范》表 5.1.4-1 中的标准数值，如采用安评的结果，则软件根据《抗震规范》表 5.1.4-1 中数值与参数中输入数值的比例关系，对最小剪力系数进行放大。

软件也支持自定义调整系数。如果选择了采用自定义调整系数，则软件不再自行计算。

5. 竖向地震

《高规》4.3.15 条规定："高层建筑中，大跨度结构、悬挑结构、转换结构、连体结构的连接体的竖向地震作用标准值，不宜小于结构或构件承受的重力荷载代表值与表 4.3.15 所规定的竖向地震作用系数的乘积。"

对于竖向地震计算，软件提供了两个算法：简化算法和振型分解反应谱法。简化算法依据《抗震规范》5.3 节计算。对于振型分解反应谱法，软件提供了"竖向地震作用系数底线值"参数，该参数仅当采用振型分解反应谱法计算竖向地震时有效，如图 2.3.4 所示。

竖向地震作用系数底线值   0.08

图 2.3.4　竖向地震作用底线值

当振型分解反应谱法计算竖向地震效应不足时，会对计算结果进行放大，规则为：统计每个楼层所有竖向构件竖向地震下的总轴力，然后计算本楼层以上所有楼层的总重力荷载，最后比较总轴力和总重力荷载乘以底线值，不够则放大竖向地震效应。

采用振型分解反应谱法计算竖向地震时，竖向有效质量系数往往算不足，进而导致竖向地震放大系数过大，设计结果不合理。这时可以尝试增加振型数，或采用 RITZ 向量法计算。

三、广东高规的不同规定

《广东高规》4.3.13 条规定："当小震弹性计算的楼层剪力小于规定的最小值时，可直接放大地震剪力以满足楼层最小地震剪力要求，放大后的基底总剪力尚不宜小于按底部剪力法算得的总剪力的 85%。"条文说明中指出："当小震弹性计算的基底剪力满足最小地震剪力要求，仅部分楼层不满足要求时，可直接放大这些楼层的地震剪力使之满足要求；当小震弹性计算的基底剪力不满足最小地震剪力要求时，则全部楼层的地震剪力均应放大，放大系数＝规定的最小地震剪力/弹性计算的基底剪力。放大后的基底总剪力宜取按底部剪力法算得的总剪力的 85% 和 4.3.12 条规定的最小地震剪力的较大值。"

对于一般工程，当基底剪力满足要求时，按《广东高规》的规定，可以只放大不满足要求的楼层，相对于《抗震规范》和《高规》要求有所放松。但由于《广东高规》要求放大后的基底总剪力不小于按底部剪力法计算的总剪力的 85%，对于个别工程，该条控制得可能更严。

如果结构所在地区选择广东，则软件按照《广东高规》相关规定计算剪重比调整系数。

四、软件对剪重比计算结果输出

软件在计算出各层地震作用下的楼层剪力后，同时输出该楼层的剪重比数值，并在最后一行输出抗震规范 5.2.5 条要求的该方向的楼层最小剪重比的数值，如图 2.3.5 所示。

```
各层 Y 方向的作用力(CQC)
Floor     ：层号
Tower     ：塔号
Fy        ：Y 向地震作用下结构的地震反应力
Vy        ：Y 向地震作用下结构的楼层剪力
My        ：Y 向地震作用下结构的弯矩
Static Fy ：静力法 Y 向的地震力
```

Floor	Tower	Fy (kN)	Vy (分塔剪重比) (kN)	My (kN-m)	Static Fy (kN)
58	1	905.11	905.11(3.809%)	6335.77	262.73
57	1	1226.18	2115.89(2.988%)	15819.98	506.73
9	1	944.87	11426.53(0.555%)	1446153.16	71.70
8	1	2745.86	12243.52(0.557%)	1493952.21	190.40
7	1	1243.10	12713.41(0.562%)	1542758.46	78.46
6	1	959.99	13090.97(0.563%)	1555634.42	59.34
5	1	567.00	13332.84(0.564%)	1602895.77	35.90
4	1	2895.67	14659.37(0.536%)	1670680.74	0.00
3	1	774.24	15067.84(0.516%)	1708418.84	0.00
2	1	437.06	15304.57(0.495%)	1747038.96	0.00
1	1	186.66	15406.12(0.474%)	1789899.70	0.00

```
抗震规范(5.2.5)条要求的Y向楼层最小剪重比 =   0.60%
```

图 2.3.5　最小剪重比系数输出

计算剪重比中的重力，即是该楼层及以上楼层的重力荷载代表值之和，各层的重力荷载代表值在 wmass.out 文件的各层质量、质心、层质量比的结果中输出，如图 2.3.6 所示。

```
********************************************
            各层质量、质心坐标，层质量比
********************************************
```

层号	塔号	质心X (m)	质心Y (m)	质心Z (m)	恒载质量 (t)	活载质量 (t)	活载质量 (不折减)(t)	附加质量 (t)
58	1	0.001	3.806	266.800	2350.2	25.7	51.5	0.0
57	1	0.006	2.570	259.800	4423.1	282.2	564.4	0.0
9	1	-0.011	0.160	37.800	4357.6	218.5	437.0	0.0
8	1	12.062	26.257	33.300	13023.8	769.6	1539.1	0.0
7	1	10.753	20.463	28.300	6104.1	584.0	1167.9	0.0
6	1	12.013	25.615	23.300	5523.2	621.1	1242.1	0.0
5	1	7.767	18.911	22.000	3885.6	50.4	100.9	0.0
4	1	-0.186	23.285	17.300	32914.2	4168.0	8335.9	0.0
3	1	0.766	19.840	10.800	15689.3	2842.3	5684.6	0.0
2	1	3.830	20.403	7.300	15343.7	1943.7	3887.5	0.0
1	1	3.224	22.115	3.800	14042.6	1873.5	3747.1	0.0
合计		--	--	--	300203.6	25021.7	50043.4	0.0

图 2.3.6　质量输出

如果勾选了参数"按抗震规范（5.2.5）调整地震剪力"，则软件在按《抗震规范》5.2.5 条进行各楼层剪重比验算后，对于不满足要求的楼层地震剪力进行调整。对于竖向不规则结构的薄弱层，剪力系数乘以 1.15 的增大系数。

软件在计算结果文件 wzq.out 文件的最后，给出各层剪重比的计算结果和相应的调整系数，以及调整放大后的各层地震剪力，如图 2.3.7 所示。

层号	塔号	X向调整系数	Y向调整系数	调整后X向剪力	调整后Y向剪力
5	1	1.061	1.064	14184.5	14184.5
6	1	1.063	1.065	13948.3	13948.3
7	1	1.065	1.068	13579.7	13579.7
8	1	1.068	1.076	13178.4	13178.4
9	1	1.086	1.081	12350.8	12350.8
10	1	1.086	1.081	12176.7	12163.2
11	1	1.086	1.081	12017.0	11987.6
12	1	1.086	1.081	11863.0	11811.6
13	1	1.086	1.081	11716.2	11637.2
14	1	1.086	1.081	11529.4	11417.5
15	1	1.086	1.081	11383.2	11248.5
16	1	1.086	1.081	11254.9	11107.1

各楼层地震剪力系数调整情况［抗震规范(5.2.5)验算]

图 2.3.7　剪重比调整系数输出

在【设计结果】-【楼层结果】-【地震外力】图下画出的各层地震剪力是剪重比调整后的结果，如图 2.3.8 所示。

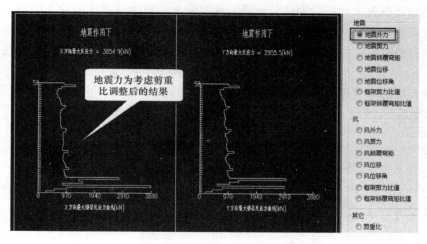

图 2.3.8　地震外力简图

软件对地震规定水平力也将按照剪重比调整后的结果计算，在 wv02q.out 文件中输出的各层各塔规定水平力值就是调整后的结果。

位移简图中输出的各节点的地震位移是剪重比调整以前的数值。

软件将用调整后的地震剪力进行后续的 $0.2V_0$ 调整、各类构件所占倾覆百分比的计算，进行地震内力、位移、配筋等计算。

五、考虑重力二阶效应下的剪重比计算

层地震剪力统计方法有两种：
（1）按外力求和统计；
（2）按竖向构件内力投影得到。

当考虑重力二阶效应时，按竖向构件内力投影方法可以体现二阶效应的效果，地上部分统计得到的层地震剪力通常比外力求和方法大。

YJK 设置参数"按竖向构件内力统计层地震剪力"。勾选此参数后，比常规软件计算出的剪重比大 3‰～9‰，从而避免剪重比调整放大过多，如图 2.3.9 所示。

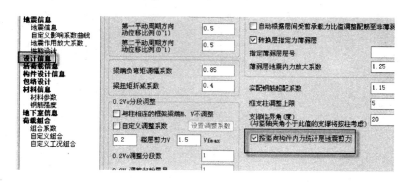

图 2.3.9　按竖向构件内力统计层地震剪力

剪重比的调整放大是影响构件配筋量的重要因素，减少剪重比的放大系数，对减少整个结构的配筋量具有非常明显的影响。YJK 这方面的计算结果与 ETABS 一致。

应用本参数时应注意，在有越层构件、坡屋面等情况下按竖向构件投影方法的结果可能不合理。

与前面表格的未勾选本参数的结果相比，X 向调整系数和 Y 向调整系数都降低不少，例如 16 层的 X 向调整系数从 1.086 降到 1.044，调整后的 X 向剪力降低了 4%，如图 2.3.10 所示。

各楼层地震剪力系数调整情况 [抗震规范(5.2.5)验算]					
层号	塔号	X向调整系数	Y向调整系数	调整后X向剪力	调整后Y向剪力
5	1	1.041	1.043	14184.5	14184.5
6	1	1.041	1.043	13986.5	13997.8
7	1	1.041	1.043	13652.1	13645.8
8	1	1.041	1.043	13270.8	13203.0
9	1	1.044	1.043	12350.8	12384.3
10	1	1.044	1.043	12230.9	12250.7
11	1	1.044	1.043	12113.8	12117.5
12	1	1.044	1.043	11994.7	11978.9
13	1	1.044	1.043	11892.9	11850.5
14	1	1.044	1.043	11723.7	11661.0
15	1	1.044	1.043	11596.5	11513.4
16	1	1.044	1.043	11481.1	11388.9

图 2.3.10　剪重比调整系数输出

六、常见问题

1. 振型数填的太少导致剪重比调整系数过大。

答：一般容易出现在局部振动较多，或多塔楼结构且各塔楼刚度差异大等情况，可以通过查看 wzq 文件输出的有效质量系数或剪重比调整系数判断。

2. 反应谱法竖向地震调整后内力较大。

答：通常为不满足竖向地震底线值而导致调整系数所致。这时可以尝试增加振型数或采用 RITZ 向量法来解决。

3. 如果在软件中输入的地震影响系数 α_{max} 不是按规范取值而是按安评报告提供的数值输入，那么软件如何考虑剪重比？

答：软件根据输入值与规范值的比例关系，对最小剪力系数进行放大。

4. 对于扭转效应明显并且周期大于 3.5s 的结构，软件如何考虑？

答：如果勾选"扭转效应明显"参数，则按表中第一行数据取值。

5. 周期大于 3.5s 的结构，最小剪力系数没有插值。

答：通常是勾选参数"扭转效应明显"所致。

6. 软件如何按照《广东高规》计算剪重比调整系数？

答：结构所在地区选择广东，则软件按照《广东高规》相关规定计算剪重比调整系数。

7. wzq.out 中显示剪重比小于最小剪力系数，但为何没有调整？

答：wzq.out 中输出的剪重比是调整前的，如果调整系数也是 1，查看是否存在如下情况：

• 软件对于地下室部分不调整；

• 如果是薄弱层，按规范要求，是层地震剪力乘以薄弱层放大系数（默认为 1.25）后再和最小剪力系数乘以 1.15 的数值比较，这时可能不需要调整。

8. 按照《广东高规》计算时，第一平动方向动位移比例和第二平动方向动位移比例在填写不同的数值后，计算结果中各楼层地震剪力系数调整情况不变；而采用国家规范计算工程时，各楼层地震剪力系数调整情况会有改变。

答：广东高规规定如果基底剪力不满足剪重比要求的话会全楼乘以相同的增大系数，所以会出现各楼层地震剪力系数调整情况不变的情况。

9. 自定义影响系数曲线中的数值与地震烈度不符导致剪重比调整系数过大。

答：如果采用自定义影响系数曲线，则参数中的地震影响系数最大值在计算地震效应时将不起作用，这时则需要确保自定义影响系数曲线与参数中的地震烈度相符，比如地震烈度为 7 度但是自定义影响系数曲线中的最大数值相当于 6 度，则可能导致较大的剪重比调整。

第四节　位移比和位移角

一、位移比

《抗震规范》表 3.4.3-1 规定："在规定的水平力作用下，楼层的最大弹性水平位移（或层间位移），大于该楼层两端弹性水平位移（或层间位移）平均值的 1.2 倍"，便是扭转不规则。

《高规》3.4.5 条规定："结构平面布置应减少扭转的影响。在考虑偶然偏心影响的规定水平地震力作用下，楼层竖向构件最大的水平位移和层间位移，A 级高度高层建筑不宜大于该楼层平均值的 1.2 倍，不应大于该楼层平均值的 1.5 倍；B 级高度高层建筑、超过 A 级高度的混合结构及本规程第 10 章所指的复杂高层建筑不宜大于该楼层平均值的 1.2 倍，不应大于该楼层平均值的 1.4 倍。""当楼层的最大层间位移角不大于本规程第 3.7.3 条规定的限值的 40% 时，该楼层竖向构件的最大水平位移和层间位移与该楼层平均值的比值可适当放松，但不应大于 1.6。"

《广东高规》3.4.4 条规定："抗震设计的建筑结构平面布置应避免或减少结构整体扭转效应。A 级高度高层建筑的扭转位移比不宜大于 1.2，不应大于 1.5；B 级高度高层建筑、混合结构高层建筑及本规程第 11 章所指的复杂高层建筑的扭转位移比不宜大于 1.2，不应大于 1.4。当楼层的层间位移角较小时，扭转位移比限值可适当放松。""当楼层的最大层间位移角不大于本规程第 3.7.3 条规定的限值的 0.5 倍时，该楼层扭转位移比限值可适当放松，但 A 级高度建筑不大于 1.8，B 级高度不大于 1.6。"

从条文看出，位移比是在考虑偶然偏心影响的规定水平地震力作用下求出的，位移比包括楼层竖向构件最大的水平位移与平均值的比值和层间位移与层平均值的比值两项指标。

二、位移角

《抗震规范》5.5.1 条给出各类结构弹性层间位移角限值，《高规》3.7.3 条给出按风荷载和多遇地震标准值作用下的楼层层间最大水平位移与层高之比 $\Delta u/h$ 的限值要求。

关于位移角的计算，主要注意如下几点：

（1）软件对每个水平荷载工况，即在各风荷载工况或者各多遇地震标准值作用下计算并输出楼层层间最大水平位移与层高之比 $\Delta u/h$；

（2）《高规》规定：楼层层间最大位移 Δu 以楼层竖向构件最大的水平位移差计算，不扣除整体弯曲变形；《抗震规范》规定：计算时，除以弯曲变形为主的高层建筑外，可不扣除结构整体弯曲变形；

（3）根据《高规》3.7.3 条注：抗震设计时，本条规定的楼层位移计算可不考虑偶然偏心的影响；

（4）软件在计算地震工况下的位移角时，先按单振型求得各竖向构件位移差，然后 CQC 组合，找出最大层间位移，再计算位移角；

（5）软件会按照竖向构件实际高度计算；

（6）如果水平力方向不是整体坐标系方向，则软件先计算该方向的投影位移，再统计。

三、结构位移文本输出（wdisp.out）

软件在 wdisp.out 文件输出楼层位移指标，包括最大、最小位移、平均位移、位移比、位移角等信息。如果在计算参数中选择了"输出节点位移"，则 wdisp.out 文件中不仅输出各工况下每层的最大位移、位移比等信息，还输出各工况下的各层各节点 3 个平动位移。

统计时考虑的层间位移为竖向构件顶底的位移差，竖向构件包括柱、墙柱、按支撑方式输入的斜柱。

对于越层或者小于层高的柱或斜柱，软件按其实际高度与层高的比例进行换算，同时不统计小于 80% 层高的构件位移结果。

格式如下：

===工况＊===＊＊＊（某工况）作用下的楼层最大位移

如对于 X 向水平荷载：

Floor，Tower，Jmax，Max-（X），Ave-（X），Ratio-（X），h
　　　　　　JmaxD，Max-Dx，Ave-Dx，Ratio-Dx，Max-Dx/h，
　　　　　　DxR/Dx，Ratio＿AX

对于竖向荷载：

Floor，Tower，Jmax，Max-（Z）

对于节点位移：

Floor，Node，X-Disp，Y-Disp，Z-Disp，X-Rot，Y-Rot，Z-Rot

其中：

Floor——层号。

Tower——塔号。

Jmax——最大位移对应的节点号。

JmaxD——最大层间位移对应的节点号。

Max-（Z）——节点的最大竖向位移。

h——层高。

Max-（X）、Max-（Y）——X、Y 方向的节点最大位移。

Ave-（X）、Ave-（Y）——X、Y 方向的层平均位移。

Max-Dx、Max-Dy——X、Y 方向的最大层间位移。

Ave-Dx、Ave-Dy——X、Y 方向的平均层间位移。

Ratio-（X）、Ratio-（Y）——最大位移与层平均位移的比值。

Ratio-Dx、Ratio-Dy——最大层间位移与平均层间位移的比值。

Max-Dx/h、Max-Dy/h——X、Y 方向的最大层间位移角。

DxR/Dx、DyR/Dy——X、Y 方向的有害位移角占总位移角的百分比。

Ratio＿AX、Ratio＿AY——本层位移角与上层位移角的 1.3 倍及上三层平均位移角的 1.2 倍的比值的大者。

X-Disp、Y-Disp、Z-Disp——节点 X、Y、Z 方向的位移。

X-Rot、Y-Rot、Z-Rot——节点绕 X、Y、Z 轴转角，单位为 Rad。

由于规范关于位移比的计算均给出了在规定水平力作用下的规定，因此软件在规定水平力工况下输出位移比，其他地震工况仅输出位移角。对于风荷载，规范未作出位移比规定，考虑到之前的输出习惯，软件也输出了风荷载下的位移比，供参考。

软件在 wdisp.out 文件中，对每个水平荷载工况都输出位移角结果，在该工况最后一行输出该工况下的各层中最大层间位移角。紧跟着最大位移角的后面，输出该工况的最大位移与层平均位移的比值、最大层间位移与平均层间位移的比值，后两项就是位移比验算的数值，如下例：

> Y 向最大层间位移角：1/2231（13 层 1 塔）
> Y 方向最大位移与层平均位移的比值：1.07（2 层 1 塔）
> Y 方向最大层间位移与平均层间位移的比值：1.11（5 层 1 塔）

这最后两行的数值就是判断位移比是否超限的依据。

四、设计结果中其他方式的位移查看

1. 位移图中的位移标注

在【设计结果】的【位移】菜单下，点右侧"位移标注"选项，选择一个荷载工况后可显示各层各节点的位移值，勾选右菜单中的"绘制最大最小层间位移"项，软件将对每层的最大层间位移所在的节点用红框标注，同时找出该层的最小层间位移所在节点用绿色框标注，并用绿色线条连接最大层间位移点和最小层间位移点，如图 2.4.1 所示。

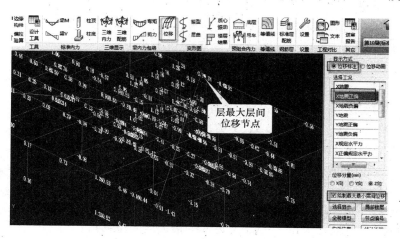

图 2.4.1　绘制最大最小层间位移

当位移比超限时，用户可通过措施减小该层的最大层间位移从而减小位移比数值。

有的用户用这里三维位移图中的节点位移手工计算层间位移，再与 wdisp.out 文本输出的层间位移值对比，但是有时二者并不一致，原因常是：

（1）对于地震工况（规定水平力除外），图形中输出的节点位移是各振型绝对位移 CQC 组合后的结果，文本中输出的是先在各单振型下求层间位移，再对层间位移 CQC 组合得到的结果。如果按照图形中输出的节点位移求层间位移，则与文本中的结果对不上。

（2）如果工程填写了分层地震作用放大系数或有剪重比调整，则文本中的结果是调整后的，图形中的是调整前的。

（3）如果填写了水平力与整体坐标夹角，则文本中的是投影到该方向后的结果，图形中的是整体坐标系下的结果。

（4）对于斜交抗侧力角度中填写的地震工况、最不利地震工况、多方向风等于整体坐标系不重合的水平力方向，文本中的数值是向该方向投影后的结果，图形中的是整体坐标系下的结果。

2. 楼层结果菜单中的位移标注

在【设计结果】的【楼层】菜单下也可以输出地震和风荷载工况下的各层最大位移图和各层最大位移角图，如图 2.4.2 所示。

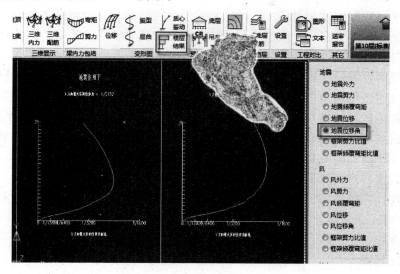

图 2.4.2 位移角简图

这里输出的各层最大位移和最大位移角和 wdisp.out 文本中输出的数值是一致的，这些图表常被作为送审报告的内容。

3. 图形输出各工况下的竖向位移角

在【设计结果】的【轴压比】、【剪跨比】菜单下设置了"竖向构件位移角"菜单，可输出平面上每根柱、每片墙两端节点的楼层位移角，如图 2.4.3 所示。

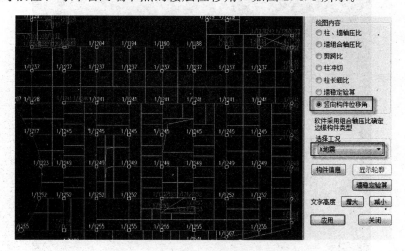

图 2.4.3 竖向构件位移角简图

五、错层结构、坡屋面等情况的位移比计算

对于错层结构、坡屋面等情况，存在楼层中竖向构件高度差异大的问题，直接采用竖

向构件所在位置的位移进行统计将得到不合理的结果。因此软件会先过滤与层高差异大的竖向构件，再根据剩余竖向构件的实际高度与层高的比值关系对层间位移乘以调整系数，这样得到的位移比结果更符合实际。

坡屋顶层一般层刚度相对较大，因此它的层间位移和位移角比别的楼层要小很多，仅仅是其他楼层的几十分之一。由于坡屋顶层的层高和其他楼层差不多，因此坡屋顶层的位移角也仅仅是其他楼层的几十分之一。

根据规范对控制位移比目的的理解，即控制位移比是为了控制结构的扭转效应不超出一定范围，且对于位移角小于规范控制值40%的情况可以放松等，考虑到坡屋顶刚度较大以及一般位移角比其他楼层小很多的情况，YJK 对于不等高的楼层在位移统计时会作修正，当某节点点高与本层层高不等时，软件会将该点的位移线性折算到层高处；当某节点点高过小、小于层高的 0.8 倍时，软件就不统计这个点的位移了。

这样的做法，对坡屋顶或错层结构的位移统计相对合理。

传统软件计算的坡屋顶层的位移比经常超限，虽然它计算的最大层间位移和平均层间位移数值和 YJK 非常接近，但是它算出的坡屋顶层的最大位移比都是发生在坡屋顶楼层，并且数值比 YJK 大得多，常属于超限范围。也就是说，它计算坡屋顶时比一般结构更容易发生位移比超限。

六、位移比计算超限常见问题应对

1. 多塔结构的位移比计算

图 2.4.4 所示 10 层框架结构，在规定水平力下的位移比超限。

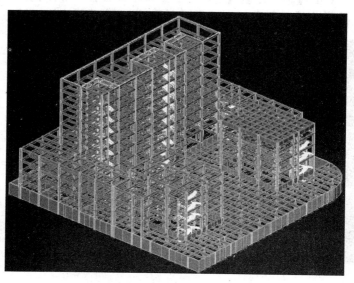

图 2.4.4　某框架工程

最大位移比发生在 5 层，打开 5 层平面，看到这是分开的多塔结构的平面，这种情况的位移比，应该各个分塔平面在各自的范围内计算位移比，由于本次计算没有在划分多塔的模型下进行，输出的位移比是在整个平面进行的，这样的结果是不合理的，如图 2.4.5、

图 2.4.6 所示。

对本工程进行多塔自动划分，并重新计算后得出的位移比大大减小。可以看出，最大位移比不再发生在 5 层，最大位移比由 1.81、1.78 降低到 1.66、1.34，如图 2.4.7 所示。

因此对于多塔结构，应该按照划分多塔以后的计算模型计算位移比。

2. 开大洞口的空旷平面的位移比计算

某大开洞工况，如图 2.4.8 所示，划分多塔后最大位移比发生在 10 层，打开 10 层平面进行分析，可以看到这是整层平面开大洞口、没有楼板连接的空旷平面，这种平面直接计算得出的位移比一般都偏大很多。在设计习惯上对这种开大洞口的平面一般按照强制刚性板假定模型计算位移比。

未划分多塔		
X方向最大位移与层平均位移的比值：	1.63	(5层1塔)
X方向最大层间位移与平均层间位移的比值：	1.81	(5层1塔)
Y方向最大位移与层平均位移的比值：	1.62	(5层1塔)
Y方向最大层间位移与平均层间位移的比值：	1.78	(5层1塔)

图 2.4.5 三维外框图显示

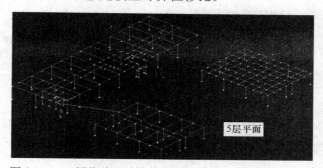

图 2.4.6 5 层位移比计算时对应的最大、最小层间位移点

划分多塔后		
X方向最大位移与层平均位移的比值：	1.22	(2层2塔)
X方向最大层间位移与平均层间位移的比值：	1.66	(10层1塔)
Y方向最大位移与层平均位移的比值：	1.17	(4层2塔)
Y方向最大层间位移与平均层间位移的比值：	1.34	(10层1塔)

图 2.4.7 多塔划分后计算结果

我们修改计算参数，在控制信息下对刚性楼板假定参数设置为"整体指标计算采用强刚，其他计算非强刚"，再重新进行计算。此时软件对位移比的计算将输出按照强制刚性板假定的模型的结果，如图 2.4.9 所示。

由进行了多塔划分，且对整体指标按照强制刚性板假定模型计算的结果来看，最大位移比不再发生在 10 层，数值由 1.66 降低到 1.28，如图 2.4.10 所示。

因此对于开大洞口的空旷平面，可酌情参考强制刚性楼板假定下的计算结果。

七、YJK 围区统计功能的应用

在配筋简图及各种三维图（如三维内力、三维配筋、位移等）右侧对话框均提供了

"围区统计"功能。三维图下该功能按钮为"统计当前",主要目的为统计用户交互围区内的整体指标结果。最初开发该功能主要是为了解决错层、开大洞等分块刚性板模型的位移统计问题,后来统计内容逐步完善,包括剪切刚度、受剪承载力、倾覆弯矩等,在三维图下可统计多楼层指标。

图 2.4.8 某大洞口工程

计算控制信息 > 控制信息

结构总体信息
计算控制信息
　控制信息
　屈曲分析
风荷载信息
　基本参数
　指定风荷载
地震信息
　地震信息
　自定义影响系数曲线
　地震作用放大系数
　性能设计

水平力与整体坐标夹角(°)	0
□梁刚度放大系数按10《砼规》5.2.4条取值	
中梁刚度放大系数	1
梁刚度放大系数上限	2
连梁刚度折减系数(地震)	0.7
连梁刚度折减系数(风)	1

刚性楼板假定
○ 不强制采用刚性楼板假定
○ 对所有楼层采用强制刚性楼板假定
● 整体指标计算采用强刚,其他计算非强刚
□ 地下室楼板强制采用刚性楼板假定
多塔参数
☑ 自动划分多塔
☑ 自动划分不考虑地下室

图 2.4.9 强制刚性楼板假定参数设置

多塔、强制刚性板模型		
X方向最大位移与层平均位移的比值:	1.23	(2层2塔)
X方向最大层间位移与平均层间位移的比值:	1.28	(2层2塔)
Y方向最大位移与层平均位移的比值:	1.16	(2层1塔)
Y方向最大层间位移与平均层间位移的比值:	1.19	(3层2塔)

图 2.4.10 强制刚性楼板假定后计算结果

图 2.4.11 所示工程 7 层布置的是 4 个局部突出于 6 层的小屋,在位移比计算结果中输出 7 层在 Y 向考虑偏心的规定水平力下超限。

图 2.4.11 强制刚性楼板假定后计算结果

在【位移】菜单下查看 6 层平面的位移，可见其最大层间位移点和最小层间位移点连接在两个不同的局部平面节点上，如图 2.4.12。这种局部突出部分的位移比计算不应在整层平面范围内进行，而应该各个局部平面在各自的范围内计算位移比。

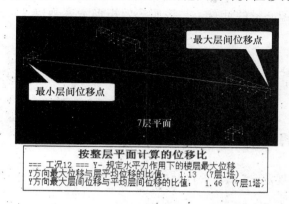

图 2.4.12　位移比计算结果

这种情况的位移比计算，可采用围区统计的方式进行，如先用"选择显示"按钮选择局部平面，再用"统计当前"按钮统计这个局部平面的各项指标，包括位移比。操作在各局部突出部分逐个进行，如图 2.4.13 所示。

图 2.4.13　位移比计算结果

用这种方式计算出的 7 层的位移比为 1.06，比原来按照全层平面算出的位移比 1.46 大大减小。

八、其他常见问题

1. 纯剪力墙工程 PKPM 与 YJK 位移角差异大。

两个软件生成的计算模型在很多方面都有差异，常见的有如下方面：

（1）YJK 对连梁的网格划分加密；

（2）YJK 对短墙肢加密。

2. 偶然偏心下位移比差异大。

YJK 软件约定左偏为正，即向着坐标轴正向看，左偏为正偏，右偏为负偏，有时会与 PKPM 的偏心方向相反，这时反过来对，即 YJK 的正偏对应 PKPM 的负偏。

另外，YJK 对于偏心量的计算，是按照等效矩形宽度乘以 5% 计算的，与 PKPM 有差异。

第五节　层剪力和 $0.2V_0$ 等框架地震剪力调整

一、规范关于框架承担地震剪力的相关规定

《高规》8.1.4 条规定："抗震设计时，框架-剪力墙结构对应于地震作用标准值的各层框架总剪力应符合下列规定：

1　满足式（8.1.4）要求的楼层，其框架总剪力不必调整；不满足式（8.1.4）要求的楼层，其框架总剪力应按 $0.2V_0$ 和 $1.5V_{fmax}$ 二者的较小值采用；

2　各层框架所承担的地震总剪力按本条第 1 款调整后，应按调整前、后总剪力的比值调整每根框架柱和与之相连框架梁的剪力及端部弯矩标准值，框架柱的轴力标准值可不予调整；

3　按振型分解反应谱法计算地震作用时，本条第 1 款所规定的调整可在振型组合之后、并满足本规程第 4.3.12 条关于楼层最小地震剪力系数的前提下进行。"

《抗震规范》6.2.13-1 条规定："侧向刚度沿竖向分布基本均匀的框架-抗震墙结构和框架-核心筒结构，任一层框架部分承担的剪力值，不应小于结构底部总地震剪力的 20% 和按框架-抗震墙结构、框架-核心筒结构计算的框架部分各楼层地震剪力中最大值 1.5 倍二者的较小值。"

《抗震规范》8.2.3-3 条规定："钢框架-支撑结构的斜杆可按端部铰接杆计算；其框架部分按刚度分配计算得到的地震层剪力应乘以调整系数，达到不小于结构底部总地震剪力的 25% 和框架部分计算最大层剪力 1.8 倍二者的较小值。"

《高规》8.1.10 条规定："抗风设计时，板柱-剪力墙结构中各层筒体或剪力墙应能承担不小于 80% 相应方向该层承担的风荷载作用下的剪力；抗震设计时，应能承担各层全部相应方向该层承担的地震剪力，而各层板柱部分尚应能承担不小于 20% 相应方向该层承担的地震剪力，且应符合有关抗震构造要求。"

《高规》9.1.11 条规定："抗震设计时，筒体结构的框架部分按侧向刚度分配的楼层地震剪力标准值应符合下列规定：

1　框架部分分配的楼层地震剪力标准值的最大值不宜小于结构底部总地震剪力标准值的 10%；

2　当框架部分分配的地震剪力标准值的最大值小于结构底部总地震剪力标准值的 10% 时，各层框架部分承担的地震剪力标准值应增大到结构底部总地震剪力标准值的 15%；此时，各层核心筒墙体的地震剪力标准值宜乘以增大系数 1.1，但可不大于结构底部总地震剪力标准值，墙体的抗震构造措施应按抗震等级提高一级后采用，已为特一级的

可不再提高。

3　当框架部分分配的地震剪力标准值小于结构底部总地震剪力标准值的 20%，但其最大值不小于结构底部总地震剪力标准值的 10% 时，应按结构底部总地震剪力标准值的 20% 和框架部分楼层地震剪力标准值中最大值的 1.5 倍二者的较小值进行调整。"

《抗震规范》6.7.1-2 条规定："除加强层及其相邻上下层外，按框架-核心筒计算分析的框架部分各层地震剪力的最大值不宜小于结构底部总地震剪力的 10%。当小于 10% 时，核心筒墙体的地震剪力应适当提高，边缘构件的抗震构造措施应适当加强；任一层框架部分承担的地震剪力不应小于结构底部总地震剪力的 15%。"

《高规》10.2.17 条规定："部分框支剪力墙结构框支柱承受的水平地震剪力标准值应按下列规定采用：

1　每层框支柱的数目不多于 10 根时，当底部框支层为 1~2 层时，每根柱所受的剪力应至少取结构基底剪力的 2%；当底部框支层为 3 层及 3 层以上时，每根柱所受的剪力应至少取结构基底剪力的 3%；

2　每层框支柱的数目多于 10 根时，当底部框支层为 1~2 层时，每层框支柱承受剪力之和应至少取结构基底剪力的 20%；当框支层为 3 层及 3 层以上时，每层框支柱承受剪力之和应至少取结构基底剪力的 30%。"

《抗震规范》6.2.10-1 条规定："框支柱承受的最小地震剪力，当框支柱的数量不少于 10 根时，柱承受地震剪力之和不应小于结构底部总地震剪力的 20%；当框支柱的数量少于 10 根时，每根柱承受的地震剪力不应小于结构底部总地震剪力的 2%。框支柱的地震弯矩应相应调整。"

从以上条文看出，不同结构类型，调整规则有较大差别，目标总剪力不一定是本层总剪力，而可能是底部剪力、分段底部剪力。目标总剪力是经过剪重比调整后的值。

二、$0.2V_0$ 调整的相关参数

对于 $0.2V_0$ 调整，软件设置了相关参数，并支持自定义调整系数，在 wv02q.out 文件中输出调整系数。软件设置了 $0.2V_0$ 调整上限，默认为 2，用户可根据工程实际情况设置，如图 2.5.1 所示。

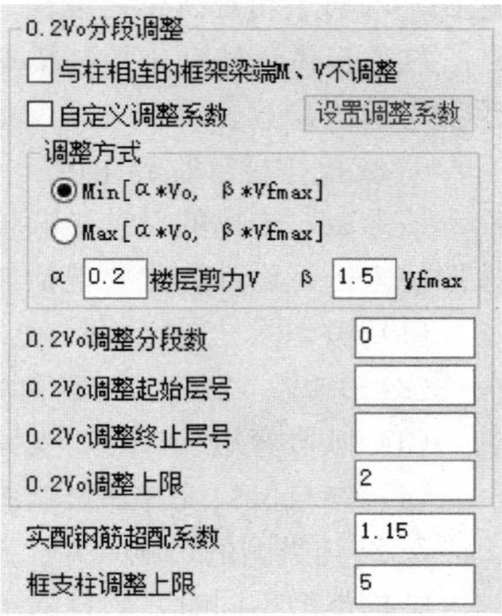

对于与剪力墙相连的柱，软件统计到墙中，与参数中是否按组合墙设计无关。对于与 Z 轴夹角小于设置参数的支撑结果统计到框架中，大于该夹角的支撑结果统计到墙中。

软件支持在分塔参数中设置 $0.2V_0$ 调整，并以分塔参数设置为准，分塔参数默认值与总参数一致。如果仅修改了总参数中的设置而未同步修改分塔参数中的设置，则可能得到与总参数设置不同的结果。

1. $0.2V_0$ 分段的设置

如果对参数"$0.2V_0$ 调整分段数"填写为 0，则软件不做调整计算。

图 2.5.1　$0.2V_0$ 参数设置

只有对参数"$0.2V_0$调整分段数"填写为大于 1 的分段个数,且把每段的起始和终止层号填写正确,软件才做调整计算。

$0.2V_0$调整起止层号:设置某分段的起止楼层号,用逗号或空格分隔。

工程师宜根据工程的竖向布置情况确定分段,比如地下室、裙房等宜作为分段的分界线。软件在进行 $0.2V_0$ 调整时,基底剪力直接取分段最底层的楼层剪力。

2. $0.2V_0$ 调整系数设置

$0.2V_0$ 调整系数是指参数 α、β。根据《抗震规范》6.2.13 条、《高规》8.1.4 条规定,软件默认调整系数 α 为 0.2(分段基底剪力)、β 为 1.5(V_{fmax})。

如果结构类型为"钢框架-中心支撑结构"或"钢框架-偏心支撑结构",根据《抗震规范》8.2.3-3 条,工程师需要手工将参数 α 改为 0.25(分段基底剪力)、β 改为 1.8(V_{fmax})。

如果工程有特殊需求,工程师也可以手工修改该系数。

3. 自定义调整系数

软件提供自定义调整系数功能,工程师自行设置了调整系数后,软件将不自动计算调整系数。

4. 调整方式

软件设置了 2 种调整方式,如图 2.5.2 所示。

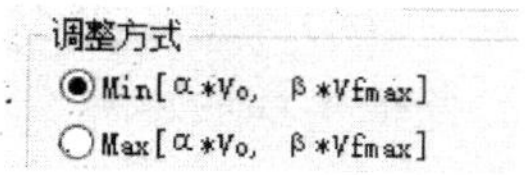

调整方式
◉ Min[α＊Vo, β＊Vfmax]
○ Max[α＊Vo, β＊Vfmax]

图 2.5.2 $0.2V_0$ 系数

《高规》和《抗震规范》中的规定均针对上面第一个选项。之所以提供第二个选项,是因为部分超限工程及重要工程,需要提高抗震性能,按照专家的建议,提供了第二个选项,软件默认为第一个选项。

5. 与柱相连的框架梁端 M、V 不调整

《广东高规》8.1.4-3 条规定"各层框架所承担的地震总剪力按本条第 1 款调整后,应按调整前、后总剪力的比值调整每根框架柱的剪力及端部弯矩,框架柱的轴力及与之相连的框架梁端弯矩、剪力可不调整。"

傅学怡《实用高层建筑结构设计》第 3 章:"小震作用下的钢筋混凝土框架-剪力墙结构柱剪力调整十分必要,不必调整相连框架梁梁端弯矩、剪力,以利于框架梁先屈服发挥延性,以利于相对强化框架柱。"

软件提供该选项来控制梁端内力是否调整,如果要按照《广东高规》规定执行,需要手工勾选该参数。

6. 支撑按柱算临界角度

该参数对支撑的设计影响较大,如果支撑与竖轴的夹角小于此角度时,软件对该支撑按照柱来进行设计,主要包括如下内容:

(1)考虑强柱弱梁调整;

(2)$0.2V_0$ 调整时,支撑剪力统计到框架;

(3)倾覆弯矩统计时,支撑倾覆弯矩统计到框架;

(4)参与位移统计,影响位移比与位移角计算。

7. 结构类型的影响

结构类型不同时,软件除了执行 $0.2V_0$ 调整外,还会执行与 $0.2V_0$ 调整相关的其他剪力调整内容:

（1）当结构类型选择为板柱-剪力墙结构时，软件自动执行《高规》8.1.10；

（2）当结构类型选择为框筒结构或筒中筒结构时，软件自动执行《高规》9.1.11-2；对于《高规》9.1.11-3条，软件不自动执行，用户可以在 $0.2V_0$ 参数中设置；

（3）当结构类型选择为部分框支剪力墙结构，且定义了转换层层号及框支柱时，软件自动执行《高规》10.2.17条对框支柱的剪力调整；

（4）对有加强层的结构，框架承担的最大剪力不包含加强层及相邻上下层的剪力。

三、$0.2V_0$ 调整的结果输出

软件在 wv02q. out 文件中分两部分输出了与 $0.2V_0$ 调整相关的内容：

第一部分为框架承担的剪力、层总剪力、框架剪力与层总剪力比值、框架剪力与基底总剪力比值。该处输出是便于工程师校对软件的基本计算结果及后面的调整系数，因此该处输出的框架剪力是 $0.2V_0$ 调整前的。

第二部分内容为 $0.2V_0$ 调整系数及对应的框架剪力最大值、0.2 乘以层剪力数值，该处输出的框架剪力最大值也是 $0.2V_0$ 调整前的结果，工程师可按照 $0.2V_0$ 调整规则校核 $0.2V_0$ 调整系数。

四、特殊情况的处理

1. 对框支柱内力自动调整

如果结构类型为框支剪力墙结构，并且定义了转换层、框支柱，则软件自动按《高规》10.2.17判断并调整框支柱内力。

如果同时设置了 $0.2V_0$ 调整，则框支柱取 $0.2V_0$ 和《高规》10.2.17的大值，不重复考虑。

2. 筒体结构的框架部分承担的地震剪力不足时抗震构造措施抗震等级自动增加

对于筒体结构，《高规》9.1.11-2："当框架部分分配的地震剪力标准值的最大值小于结构底部总剪力标准值的10%时，各层框架部分承担的地震剪力标准值应增大到结构底部总剪力的15%；此时，各层核心筒墙体的地震剪力标准值宜乘以增大系数1.1，但可不大于结构底部总地震剪力标准值，墙体的抗震构造措施应按抗震等级提高一级后采用，已为特一级的可不再提高。"

软件对《高规》的这些要求自动执行，即当外框架部分剪力最大值小于基底剪力的10%时，各层框架部分承担的地震剪力标准值应增大到结构底部总剪力的15%；同时，各层核心筒墙体的地震剪力标准值宜乘以增大系数1.1（但不大于结构底部总地震剪力标准值），墙体的抗震构造措施的抗震等级提高一级。

由于墙体的抗震等级比初始设置自动提高了一级，设计的各种控制指标都提高了，造成设计结果和用户的预期不同，这是用户应用中的常见问题。

五、$0.2V_0$ 调整常见问题

1. 平面两个方向的布置不相同，但是 $0.2V_0$ 调整时两个方向的剪力相同。

答：可能是不满足最小剪重比要求所致。目前剪重比的最低要求只与重力荷载代表值相关，即最小剪力系数×总重力荷载代表值，而与方向无关。如果不满足，则剪重比调整后的 X、Y 方向层地震剪力是相同的，如果是 $0.2×$ 层地震剪力$<1.5V_{fmax}$，则两个方向的 $0.2V_0$ 调整系数相同。

2. 采用指定风荷载数值时，修改 Fxy、Fyx、Tx、Ty 数值对风荷载剪力、位移统计无影响。

答：目前软件在统计风荷载的剪力、位移时，只考虑顺风向的风荷载计算结果。

3. 框剪结构中有时出现框架承担的剪力、倾覆弯矩百分比超过 100%，什么原因？

答：主要原因为框架承担的剪力与剪力墙承担的剪力反号。对于框剪结构，底部楼层的主要由剪力墙承担水平荷载，随着楼层的增加，框架部分承担的越来越多。在中高楼层，有可能出现框架承担的剪力与剪力墙承担的剪力反号，使得层总剪力小于框架部分承担的剪力。

4. 在 $0.2V_0$ 参数里设置了调整参数，但是文本里显示为 $0.15V_0$。

答：该情况一般出现在结构类型为框筒或筒中筒结构，且满足了《高规》9.1.11-2 的情况。

《高规》9.1.11-2 条对于筒体结构的框架部分按侧向刚度分配的楼层地震剪力规定："当框架部分分配的地震剪力标准值的最大值小于结构底部总地震剪力标准值的 10% 时，各层框架部分承担的地震剪力标准值应增大到结构底部总地震剪力标准值的 15%。"

如果结构类型为框筒结构、筒中筒结构，则软件自动执行该条规定。

5. $0.2V_0$ 调整系数不满足要求。

答：软件提供了 $0.2V_0$ 调整上限参数，默认值为 2。如果计算出来的调整系数大于 2，则取 2。

如果调整系数过大，需要注意本工程框架部分能否起到二道防线作用。

6. $0.2V_0$ 分段不合理导致调整系数过大。

答：规范规定当框架柱的数量沿竖向有规律分段变化时可分段调整。如果分段不合理，可能导致调整系数过大，造成设计不当。工程师应根据工程实际情况进行 $0.2V_0$ 的分段设计，一般要注意如下情况：

(1) 地下室部分一般不考虑 $0.2V_0$ 调整，在设置分段层号时宜过滤处理；

(2) 裙房、体型收进、外挑处、竖向构件不连续处均宜作为分段的边界；

(3) 出屋面的楼、电梯间不宜包含在 $0.2V_0$ 分段中；

(4) 软件设置了调整系数上限值，默认 2，工程师可手工调大，需要提醒的是，如果调整系数过大，需要注意这时框架部分能否起到二道防线作用。

7. 框架柱地震剪力统计结果中，柱+墙≠总剪力。

答：软件在统计地震剪力时，是先按单振型求和，再进行 CQC 组合得到的。对于柱为先单振型求框架柱剪力和，再 CQC 组合；对于墙为先单振型求墙剪力和，再 CQC；对于层地震剪力为先单振型求柱剪力+墙剪力，再 CQC 组合。由于 CQC 组合后不是线性关系，因此柱剪力+墙剪力≠总剪力。

8. 地震剪力有好几处输出，都是按什么规则统计的？

答：wzq.out 里的地震剪力为先单振型按外力求和，然后 CQC 组合得到的；如果勾选按构件内力统计水平荷载剪力，则按竖向构件内力单振型求和，然后CQC组合得到的。

wv02q.out里的地震剪力统计方式与wzq里的一致，所不同的是，wv02q.out里的结果是考虑了分层地震作用放大、剪重比调整之后的结果。

第六节　层倾覆弯矩统计及结果查看

一、规范规定

《高规》7.1.8.1条规定："在规定的水平地震作用下，短肢剪力墙承担的底部地震倾覆力矩不宜大于结构总底部地震倾覆力矩的50％。"

《高规》7.1.8-2条规定："具有较多短肢剪力墙的剪力墙结构是指，在规定的水平地震作用下，短肢剪力墙承担的底部倾覆力矩不小于结构底部总地震倾覆力矩的30％的剪力墙结构。"

《高规》8.1.3条规定："抗震设计的框架-剪力墙结构，应根据在规定的水平力作用下结构底层框架部分承受的地震倾覆力矩与结构总地震倾覆力矩的比值，确定相应的设计方法，并应符合下列规定：

1　框架部分承受的地震倾覆力矩不大于结构总地震倾覆力矩的10％时，按剪力墙结构进行设计，其中的框架部分应按框架-剪力墙结构的框架进行设计；

2　当框架部分承受的地震倾覆力矩大于结构总地震倾覆力矩的10％但不大于50％时，按框架-剪力墙结构进行设计；

3　当框架部分承受的地震倾覆力矩大于结构总地震倾覆力矩的50％但不大于80％时，按框架-剪力墙结构进行设计，其最大适用高度可比框架结构适当增加，框架部分的抗震等级和轴压比限值宜按框架结构的规定采用；

4　当框架部分承受的地震倾覆力矩大于结构总地震倾覆力矩的80％时，按框架-剪力墙结构进行设计，但其最大适用高度宜按框架结构采用，框架部分的抗震等级和轴压比限值应按框架结构的规定采用。当结构的层间位移角不满足框架-剪力墙结构的规定时，可按本规程第3.11节的有关规定进行结构抗震性能分析和论证。"

《高规》10.2.16-7条规定："框支框架承担的地震倾覆力矩应小于结构总地震倾覆力矩的50％。"

《抗震规范》6.1.9-4条规定："矩形平面的部分框支抗震墙结构……底层框架部分承担的地震倾覆弯矩，不应大于结构总地震倾覆力矩的50％。"

二、软件对倾覆弯矩的统计输出

软件按照《抗震规范》6.1.3条条文说明中的公式计算框架部分按刚度分配的地震倾覆力矩。在该公式中，总的框架倾覆力矩是各层分别计算的框架倾覆力矩的叠加结果。

$$M_C = \sum_{i=1}^{n} \sum_{i=1}^{m} V_{ij} h_i$$

　　软件统计并在 wv02q.out 文件中输出了框架柱、框支框架、墙倾覆弯矩及所占比例，如图 2.6.1 所示。对于框支框架，只有结构类型为部分框支剪力墙结构时才输出。

```
**************************************************
*        规定水平力下框架柱、短肢墙地震倾覆弯矩        *
**************************************************
层号   塔号        框架柱      短肢墙        其它         合计
12    1   X        0.0        0.0       511.5       511.5
12    1   Y        0.0        0.0       574.5       574.5
12    2   X        0.0        0.0       517.3       517.3
12    2   Y        0.0        0.0       596.6       596.6
11    1   X      5731.3      250.6      5103.9     11085.7
11    1   Y      3460.1      892.4      8516.4     12868.9
10    1   X     10820.6      650.2     15186.8     26657.5
10    1   Y      6458.2     1526.1     23066.2     31050.5
9     1   X     16591.3     1135.8     30050.4     47777.6
9     1   Y      9789.0     2342.6     43544.3     55676.0
8     1   X     22828.0     1709.1     49146.8     73683.9
8     1   Y     13315.4     3321.2     69122.3     85758.9
7     1   X     29482.8     2365.4     71888.3    103736.4
7     1   Y     16988.6     4441.6     99053.5    120483.7
6     1   X     36349.9     3073.2     97919.0    137342.1
6     1   Y     20716.7     5667.4    132747.5    159131.6
5     1   X     43286.6     3826.5    126807.0    173920.0
5     1   Y     24388.4     6956.0    169702.1    201046.5
4     1   X     49870.9     4569.9    158447.2    212887.9
4     1   Y     27835.0     8265.3    209480.3    245580.7
3     1   X     56539.9     5344.5    191745.0    253629.3
3     1   Y     31111.2     9566.2    251402.9    292080.3
2     1   X     60888.0    20307.4    242870.7    324066.1
2     1   Y     33166.9    11356.8    327952.3    372475.9
1     1   X     60546.1    20307.4    285607.8    366461.4
1     1   Y     33569.1    11356.8    376163.1    421089.0
```

图 2.6.1　规定水平力下倾覆弯矩输出

　　对于带框支转换层的结构，在转换层及其以下各层，框支框架所占的比例较多，按照这些层计算出的框支框架所占地震倾覆力矩的比例较高。但是在转换层以上各层，没有框架柱或框架柱所占的比例很小，更不会再有框支柱，因此按照这些层计算出的框支框架所占地震倾覆力矩基本是 0，而剪力墙承担的倾覆力矩占了绝大部分。

　　软件按照带框支转换层的结构特点进行框支框架所占的地震倾覆力矩比例的计算，即统计计算仅在转换层及其以下各层进行，总的框支框架所占的地震倾覆力矩比例是转换层及其以下各层分别计算的叠加，不再把分母叠加上转换层以上各层剪力墙承担的倾覆力矩。

　　对于与剪力墙相连的框架柱，软件统计到剪力墙中；对于与剪力墙相连的框支柱，软件统计到框支框架中。

　　软件对于与 Z 轴夹角小于设置参数的支撑结果统计到框架中，对于定义成转换柱的支撑结果统计到框支框架中，大于该夹角的支撑结果统计到斜撑中。

三、常见问题

　　1. 框支柱倾覆弯矩百分比计算。

　　答：部分框支剪力墙结构中，框支柱倾覆弯矩百分比统计，YJK 是扣除了非框支层的弯矩（分母变小，每层总的倾覆弯矩减去转换层以上结果）。

　　2. 框剪结构中有时出现框架承担的倾覆弯矩百分比超过 100%，什么原因？

　　答：主要原因为框架承担的剪力与剪力墙承担的剪力反号，对于框剪结构底部主要由剪力墙承担水平荷载，随着楼层的增加，框架部分承担的越来越多。在中高楼层，有可能出现框架承担的剪力与剪力墙承担的剪力反号，使得总剪力小于框架部分的剪力，进而导致总的倾覆弯矩小于框架部分的倾覆弯矩。

3. 在统计倾覆力矩的时候，端柱内力是统计到框架柱还是墙的部分？

答：统计到墙，并且与是否考虑组合墙等没有关系。

4. 地震倾覆弯矩有好几处输出，都是按什么规则统计的？

答：wzq. out 里的地震倾覆弯矩，为先单振型按外力求倾覆弯矩，然后 CQC 组合得到。wv02q. out 里的地震倾覆弯矩为规定水平力下的结果，规定水平力计算是静力计算过程，软件直接统计倾覆弯矩结果。wzq. out 和 wv02q. out 中的倾覆弯矩统计方法为《抗震规范》6.1.3 条文说明中的公式。

wmass. out 中有整体抗倾覆验算内容，里面也输出了地震下的倾覆弯矩，该倾覆弯矩是按照假定地震外力为倒三角分布的规则统计的。

保持倾覆弯矩的多种算法和位置的输出，是兼顾传统软件的习惯。

第七节　楼层受剪承载力

一、楼层受剪承载力比值规范规定

《高规》3.5.3 条规定："A 级高度高层建筑的楼层抗侧力结构的层间受剪承载力不宜小于其相邻上一层受剪承载力的 80%，不应小于其相邻上一层受剪承载力的 65%；B 级高度高层建筑的楼层抗侧力结构的层间受剪承载力不应小于其相邻上一层受剪承载力的 75%。"

《抗震规范》3.4.4-2 第 3）点规定："楼层承载力突变时，薄弱层抗侧力结构的受剪承载力不应小于相邻上一楼层的 65%。"

二、受剪承载力计算方法规范规定

《高规》3.5.3 注："楼层抗侧力结构的层间受剪承载力是指在所考虑的水平地震作用方向上，该层全部柱、剪力墙、斜撑的受剪承载力之和。"

《高规》3.5.3 条文说明中指出："柱的受剪承载力可根据柱两端实配的受弯承载力按两侧同时屈服的假定失效模式反算；剪力墙可根据实配钢筋按抗剪设计公式反算；斜撑的受剪承载力可计及轴力的贡献，应考虑受压屈服的影响。"

三、构件受剪承载力计算

软件分构件类型、材料计算受剪承载力，并在 wmass. out、wpj. out 和构件信息中输出受剪承载力计算结果。需要注意，这些文本中输出的结果是向整体坐标系投影后的结果。如果设置了水平力与整体坐标夹角，则是向该角度投影后的结果。

1. 柱

（1）混凝土柱：按照《建筑抗震鉴定标准》附录 C 的公式计算，分受弯反算和抗剪公式反算两种，二者取小。由于抗震设计时，柱有强剪弱弯调整，因此通常是受弯承载力反算得到的结果更小。

（2）钢柱：根据全塑性受弯承载力反算。

（3）型钢混凝土柱：根据型钢规程中的正截面与斜截面公式反算，二者取小。

（4）矩形钢管混凝土柱：按照《矩形钢管规程》中的受弯承载力公式反算与受剪承载力计算结果取小得到。

（5）圆钢管混凝土柱：按照《钢管规范》中的受弯承载力公式反算与受剪承载力计算结果取小得到。

2. 支撑

软件设有"支撑按柱设计临界角"。与 Z 轴夹角小于该角度时，按柱方式计算受剪承载力，并投影；与 Z 轴夹角大于该角度时：

（1）对于混凝土支撑，按只考虑钢筋受拉承载力计算和混凝土柱轴心受压承载力计算，二者取小，并投影；

（2）对于钢支撑，按只考虑钢支撑受拉承载力和按欧拉公式反算的受压承载力计算，二者取小，并投影；

（3）型钢、钢管混凝土支撑，与混凝土支撑类似，同时考虑了型钢贡献，无论是哪种材料，软件均考虑了重力荷载代表值下的轴力影响；

（4）对于水平支撑，软件不计算受剪承载力。

3. 墙

按照《建筑抗震鉴定标准》附录 C 的公式计算，构件信息中输出的受剪承载力计算结果是乘以 0.7 统计系数后的数值。

四、自动对层间受剪承载力突变形成的薄弱层放大调整

软件提供了"自动对层间受剪承载力突变形成的薄弱层放大调整"参数，如图 2.7.1 所示，勾选该项，则软件自动根据配筋结果计算受剪承载力比值。如果小于上一层的 0.8 倍，则对本层地震工况结果放大调整并重新进行配筋计算。

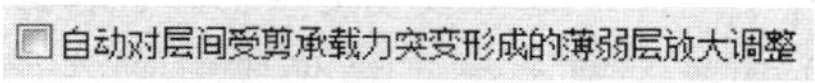

☐ 自动对层间受剪承载力突变形成的薄弱层放大调整

图 2.7.1　自动对层间受剪承载力突变形成的薄弱层放大调整

五、自动根据层间受剪承载力比值调整配筋至非薄弱

软件提供了"自动根据层间受剪承载力比值调整配筋至非薄弱"参数，如图 2.7.2 所示，勾选该项，则软件先计算本层与上层的受剪承载力比值，如果小于 0.8，则自动调整配筋直至受剪承载力比值大于 0.8。

☑自动根据层间受剪承载力比值调整配筋至非薄弱

图 2.7.2　自动根据层间受剪承载力比值调整配筋至非薄弱

配筋调整规则为：

（1）先计算本层需要的最小受剪承载力数值＝上层受剪承载力×0.8；

（2）计算放大系数＝本层需要的最小受剪承载力数值/本层目前的受剪承载力数值；

（3）分别计算柱、墙、支撑的受剪承载力总和，保持各类构件所承担的受剪承载力比例关系不变，计算各类构件所需承担的最小受剪承载力数值；

（4）迭代计算：对每类构件按一定比例关系增加钢筋面积，计算新的受剪承载力，与所需的最小受剪承载力数值比较，直至满足要求；

（5）记录最终的钢筋面积，并反映在配筋简图上，施工图模块也会读取调整后的钢筋面积。

注意事项：

（1）只针对混凝土、型钢混凝土构件有效；

（2）对于已经是按刚度比判断出来的软弱层，软件仍继续调整配筋至非薄弱；

六、常见问题

1. 如何查看楼层屈服强度系数？

答：楼层屈服强度系数指按钢筋混凝土构件实际配筋和材料强度标准值计算的楼层受剪承载力和按罕遇地震作用标准值计算的楼层弹性地震剪力的比值。

《抗震规范》5.5.3-1 条规定："不超过 12 层且层刚度无突变的钢筋混凝土框架和框排架结构、单层钢筋混凝土柱厂房可采用本规范第 5.5.4 条的简化计算法。"如果模型满足该条规定，软件将输出 wbrc.out 文本文件，里面含有楼层屈服强度系数。

2. 点选"自动根据层间受剪承载力比值调整配筋至非薄弱"不起作用

答：对于 1.6.2.2 及以前版本，软件先判断该楼层是否已经是薄弱层，如果是，则不调整配筋。对于 1.6.3 及以后版本，软件仍继续调整配筋至非薄弱。

另外，软件只调整混凝土、型钢混凝土构件，如果均为钢构件、钢管混凝土构件等不配筋构件，则层间受剪承载力不会变化。

3. 柱、墙抗剪承载力结果比剪力设计值小。

柱、墙抗剪承载力计算方法为《建筑抗震鉴定标准》附录 C 的公式，有时出现柱、墙抗剪承载力计算结果比剪力设计值小的情况，尤其在性能设计时，现总结主要原因有如下几点：

（1）对于柱，是按照受弯公式和抗剪公式二者取小来计算抗剪承载力，由于抗震下有强剪弱弯调整，通常为受弯公式反算的抗剪承载力小；

（2）对于柱、墙，抗剪承载力计算公式中的轴力采用重力荷载代表值，而抗剪钢筋计算公式中的轴力设计值为各个组合下与剪力设计值对应的轴力；

（3）对于柱、墙，抗剪承载力计算公式中的材料强度采用标准值，而抗剪钢筋计算公式中一般为设计值材料强度取值不同；

（4）对于墙，输出的抗剪承载力考虑了统计公式中的 0.7 系数；

（5）对于柱，抗剪承载力公式中的参数取值与抗剪钢筋计算公式稍有不同。

第八节　刚　重　比

一、规范规定

《高规》5.4.1 条规定：当高层建筑结构满足以下规定时，弹性计算分析时可不考虑重力二阶效应的不利影响。

　　1　剪力墙结构、框架-剪力墙结构、板柱剪力墙结构、筒体结构：

$$EJ_d \geqslant 2.7H^2 \sum_{i=1}^{n} G_i$$

　　2　框架结构

$$D_i \geqslant 20 \sum_{j=i}^{n} G_j / h_i \, (i = 1, 2, \cdots, n)$$

《高规》5.4.4 条规定：高层建筑结构的整体稳定应符合下列规定：

1　剪力墙结构、框架—剪力墙结构，筒体结构应符合下式要求：

$$EJ_d \geqslant 1.4H^2 \sum_{i=1}^{n} G_i$$

2　框架结构应符合下式要求：

$$D_i \geqslant 10 \sum_{j=i}^{n} G_j / h_i \, (i = 1, 2, \cdots, n)$$

《广东高规》5.4.5 条规定："高层建筑结构的整体稳定性也可用有限元特征值法进行计算。由特征值法算得的屈曲因子 λ 不宜小于 10。当屈曲因子 λ 小于 20 时，结构的内力和位移计算应考虑重力二阶效应的影响。"

二、刚重比的软件实现

软件按照《高规》5.4 节规定方法验算是否满足整体稳定性要求和是否需要考虑重力二阶效应的影响，区分框架与非框架结构，在结果文件 wmass.out 中输出验算结果。

软件在计算时，荷载采用 1.2 恒＋1.4 活。

考虑到地下室受到侧土约束作用，软件计算的底层位置为参数输入的嵌固层。

软件采用地震工况的计算结果计算刚重比；如果不计算地震作用，则采用风工况进行计算。

如果刚重比验算结果不满足 5.4.4 条的整体稳定性要求，设计人员则需要修改设计方案；如果刚重比验算结果满足整体稳定性要求但不满足第 5.4.1 条规定，则在计算分析中需要考虑重力二阶效应的影响。

三、屈曲分析

软件提供屈曲分析功能，并在【设计结果】菜单下可以查看各屈曲模态动画，同时在 wmass 中输出屈曲分析结果，如屈曲因子。

1. 屈曲分析原理

结构失稳（屈曲）是指在外力作用下结构的平衡状态开始丧失，稍有扰动变形便迅速增大，最后使结构发生破坏。稳定问题一般分为两类，第一类是理想化的情况，即达到某种荷载时，除结构原来的平衡状态存在外，还可能出现第二个平衡状态，又称为平衡分岔失稳，在数学处理上为求解特征值问题，称为特征值屈曲。此类结构失稳时响应的荷载称为屈曲荷载。第二类是结构失稳时，变形迅速增大，不会出现新的变形形式，即平衡状态不发生质变，称为极值点失稳。结构失稳时响应的荷载为极限荷载。

在 YJK 软件中的屈曲分析是解决线性屈曲问题，属于第一类失稳问题。

结构的第一类稳定问题，在数学上统一归结为广义特征值问题。YJK 软件通过对特征值方程进行求解，来确定结构屈曲时的屈曲荷载和破坏形态。

求解特征值方程，得到特征值和对应的特征值向量，用以确定屈曲荷载和对应的变形形态。每一组"特征值-特征向量"为结构的一个屈曲模式。特征值 λ 称为屈曲因子，在给定的荷载模式下，它乘以 r 中的荷载就会引起结构屈曲，即屈曲荷载为屈曲因子与给定荷载的乘积。如果 λ 为负值，说明当荷载反向时会发生屈曲。

2. 屈曲分析参数

如果需要进行屈曲分析，用户可以在下面对话框中勾选"进行屈曲分析"，然后设置好屈曲模态数量，如图 2.8.1 所示。屈曲分析要求定义初始荷载，软件默认采用 1.0 恒 + 0.5 活的荷载组合。如果工程师含有自定义工况，则列表中将会自动增加已有的自定义工况。

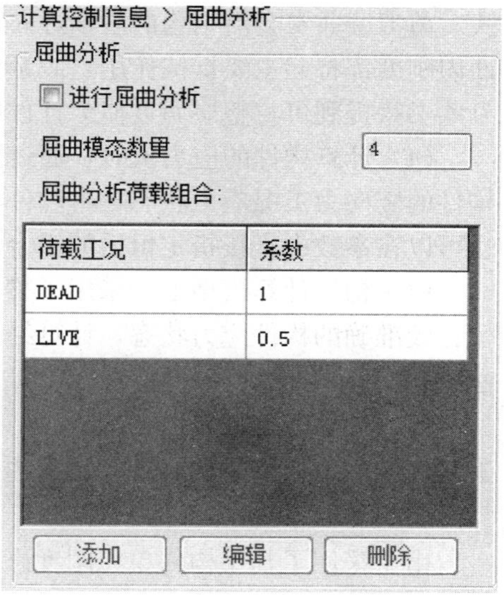

3. 屈曲分析结果输出

图 2.8.1 屈曲分析参数

软件在设计结果的变形图下设置了【屈曲】菜单，可以查看各个模态下的屈曲变形动画。同时在 wmass.out 中输出屈曲因子，如图 2.8.2 所示。

```
***********************************************************
                      屈曲分析
***********************************************************
    屈曲模态号            屈曲因子
         1             128.764
         2             165.194
         3             166.532
         4             167.007
```

图 2.8.2 屈曲因子输出

四、重力二阶效应计算

《高规》第 5.4.3 条指出了有限元方法和近似的增大系数法两种考虑重力二阶效应的方法。软件中提供的是能精细考虑竖向力工况应力效应影响的有限元方法。由于二阶效应计算需要初始荷载，软件提供的恒载和活载组合系数设置参数，默认数值是参考 ETABS 中基于质量的计算方法而定的，如图 2.8.3 所示。

图 2.8.3　二阶效应参数

软件中的重力二阶效应计算中采用了多项新技术，主要特点是：

（1）采用基于构件单元刚度修正的非迭代方法，该方法几乎不增加计算量，且计算结果与迭代算法比较接近。

（2）柱等一维竖向构件单元的几何刚度矩阵采用了空间梁单元的几何刚度矩阵计算方法，即考虑梁弯曲和杆轴向变形的几何刚度，并且能考虑构件偏心影响。

（3）剪力墙的墙元几何刚度计算中，首先计算壳元（包括板元和膜元）的几何刚度矩阵，然后通过静力凝聚得到墙元几何刚度。实际工程中的剪力墙、框架剪力墙等结构形式，剪力墙通常会沿结构的主轴方向双向布置。无论在哪个方向的荷载作用下，剪力墙的面内刚度都将起主要抵抗作用，膜部分的几何刚度计算准确性对结构影响是比较明显的。有些书籍提到可将整层墙近似为杆件后进行面内几何刚度计算，误差较大。

（4）计算构件的应力值时，通过竖向导荷计算得到竖向构件上的力，比较真实地反映构件的竖向力工况应力状态，本软件默认采用的是 1.0 恒＋0.5 活的竖向工况组合。用户也可以在参数中直接指定恒活的组合值系数。

由于构件计算模型上，采用了梁、壳等实际单元的几何刚度，并且通过竖向导荷得到了比较准确的构件应力状态，计算结果比较接近精确解。同时，由于采用的是直接求解方法，几乎不增加计算时间。

五、考虑重力二阶效应对计算结果的影响

由于采用了基于构件单元刚度修正的非迭代方法，结构受压时，考虑重力二阶效应后相当于在原始刚度矩阵的基础上减去几何刚度矩阵；当构件受拉时，则正好相反。因此，考虑重力二阶效应后的结构通常会表现出变柔的特点。

本软件中所有工况均采用了修正后的刚度矩阵。所以，考虑重力二阶效应会影响到包括结构的周期在内的整体指标及所有工况的位移、内力、配筋等计算结果。

六、常见问题

1. 带地下室工程 YJK 与 PKPM 刚重比计算结果有差异。

答：YJK 软件计算刚重比时，底部楼层取为参数中设置的嵌固层；PKPM 计算到基础顶。

2. 软件输出的刚重比为 0。

答：对于框剪结构，刚重比计算时需要顶层位移，软件在统计各楼层位移时，只统计竖向构件的结果，如果顶层没有竖向构件或者竖向构件材料属性设置为刚性杆时，则软件统计得到的顶层位移值为0，这时可在顶层补充竖向构件，如果需要模拟刚度很大的杆件，可以通过定义大截面构件来模拟。

3. 如何根据屈曲分析计算柱长度系数？

答：从理论上讲，只要计算足够多的屈曲模态，就可以得出每个竖向构件屈曲时对应的屈曲因子，然后根据欧拉公式反算计算长度系数。但由于软件面对的是整个工程，而且求解出所有竖向构件对应的屈曲模态也很困难，因此软件未提供根据屈曲分析结果反算柱计算长度系数功能。如果工程比较重要，或者关注的是相对薄弱且很重要的几根柱，则可以自行查看屈曲模态动画，找出柱屈曲时对应的模态，然后根据对应的屈曲因子手工反算计算长度系数并在前处理特殊构件定义中输入。

第九节　整体抗倾覆及零应力区计算

一、规范规定

《抗震规范》4.2.4 条规定："高宽比大于4的高层建筑，在地震作用下基础底面不宜出现脱离区（零应力区）；其他建筑，基础底面与地基土之间脱离区（零应力区）面积不应超过基础底面面积的15%。"

《高规》12.1.7 条规定："在重力荷载与水平荷载标准值或重力荷载代表值与多遇水平地震标准值共同作用下，高宽比大于4的高层建筑，基础底面不宜出现零应力区；高宽比不大于4的高层建筑，基础底面与地基之间零应力区面积不应超过基础底面面积的15%。质量偏心较大的裙楼与主楼可分别计算基底应力。"

《高规》12.1.7 条文说明：对裙房和主楼质量偏心较大的高层建筑，裙房和主楼可分别进行基底应力验算。

二、软件实现

对于整体抗倾覆验算，YJK 采用《复杂高层建筑结构设计》的简化方法计算，即假定水平荷载为倒三角分布，合力作用点位置在 $\frac{2}{3}H$ 处。不同的是，YJK 考虑了塔楼偏置的影响，按塔楼综合质心计算抗倾覆力臂，如图 2.9.1 所示。

软件分别采用风和地震参与的标准组合进行验算。对于风荷载组合，活荷载组合系数取 0.7；对于地震组合，活荷载乘以重力荷载代表值系数，可以考虑单独定义的构件质量折减系数。

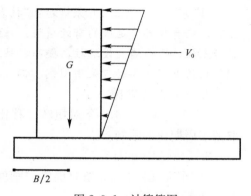

图 2.9.1　计算简图

三、常见问题

1. 整体抗倾覆验算结果与 PKPM 有差异。

答：对于整体结构抗倾覆计算和基础零应力区的计算，当上部各层相对于底部楼层有质心偏置的情况时，PKPM 和 YJK 计算结果不同，YJK 考虑了塔楼偏置的影响，按塔楼综合质心计算抗倾覆力臂，塔楼综合质心是按照按各层质心的质量加权计算得出的。而 PKPM 的抗倾覆力臂直接取用基础底面宽度的一半计算。

2. 整体抗倾覆验算时的倾覆弯矩与 wv02q.out 和 wzq.out 中输出的不同。

整体抗倾覆验算时，采用《复杂高层建筑结构设计》的简化算法计算，如图 2.9.2 所示，而 wv02q.out 和 wzq.out 是采用《抗震规范》的方法计算。

假定倾覆力矩计算作用面为基础底面，倾覆力矩计算的作用力为水平地震作用或水平风荷载标准值，则倾覆力距为：

$$M_{ov} = V_0(2H/3 + C) \tag{2.1.21}$$

式中 M_{ov}——倾覆力矩标准值；

       H——建筑物地面以上高度，即房屋高度；

       C——地下室埋深；

       V_0——总水平力标准值。

图 2.9.2   倾覆弯矩计算方法

第十节   《广东高规》的应用

一、与《高规》的主要差异

1. 不限制剪力墙使用 C60 以上高强混凝土，提出对剪力墙使用 C60 以上高强混凝土的附加要求

《高规》3.2.2-8 条规定："抗震设计时，框架柱的混凝土强度等级，9 度时不宜高于 C60，8 度时不宜高于 C70；剪力墙的混凝土强度等级不宜高于 C60。"

《广东高规》3.2.2-6 条规定："抗震设计的竖向构件，当采用 C70 及以上的高强混凝土时，应有改善其延性的有效措施：柱宜提高配筋率、配箍率或采用型钢混凝土柱、钢管混凝土柱；剪力墙宜设端柱，提高端柱或边缘构件以及分布筋的配筋率、加强对竖向受力钢筋的约束，必要时可采用型钢、钢板或钢管混凝土剪力墙。"

2. 不控制周期比

《广东高规》3.4.4 条对扭转位移比限值做了规定，按照不规则程度区别看待，同时取消了周期比的限制。

3. 层刚度比的计算

《广东高规》3.5.2 条对层侧向刚度算法及刚度比作了规定，与《高规》相比，主要差异如下：

（1）框架结构和剪力墙结构侧向刚度计算方法统一为楼层剪力与层间位移角之比；

（2）取消了本层层高大于相邻上一层层高 1.5 倍时，该比值不宜小于 1.1 判断；

结构所在地区选择广东的话，软件自动执行上述规定。

4. 楼层受剪承载力之比

《广东高规》3.5.3 条对楼层受剪承载力比值做了规定，与《高规》一致，但《广东高规》注中明确了："加强层、带斜腹杆桁架的楼层及转换层不在此限。"

软件未判断该条，工程师可根据软件输出结果自行决定。

5. 放松了位移角限值

《广东高规》3.7.3 条对层间位移角限值做了规定，见表 2.10.1，与《高规》相比（表 2.10.2），高度小于 250m 的各结构类型均有所放松。

《广东高规》楼层层间最大位移与层高之比的限值　　　　　　表 2.10.1

结构体系	$\triangle u/h$
框架	1/500
框架-剪力墙、框架-核心筒、板柱-剪力墙、巨型框架-核心筒	1/650
筒中筒、剪力墙	1/800
除框架结构外的转换层	1/800

《高规》楼层层间最大位移与层高之比的限值　　　　　　表 2.10.2

结构体系	$\triangle u/h$
框架	1/550
框架-剪力墙、框架-核心筒、板柱-剪力墙	1/800
筒中筒、剪力墙	1/1000
除框架结构外的转换层	1/1000

软件只输出位移角，工程师可根据计算结果自行判断是否满足限值要求。

6. 性能设计

《广东高规》3.11 节对性能设计做了规定，主要体现在构件重要性系数（分关键构件、一般竖向构件、水平耗能构件）、承载力利用系数（表征各性能水准结构构件的承载力安全储备和损伤程度）、大震下的剪压比系数等方面。

软件支持《广东高规》性能设计，详见"性能设计"专题。

7. 明确不以调整结构刚度来满足楼层最小地震剪力要求

《广东高规》4.3.13 条规定："当小震弹性计算的楼层剪力小于规定的最小值时，可直接放大地震剪力以满足楼层最小地震剪力要求，放大后的基底总剪力尚不宜小于按底部剪力法算得的总剪力的 85%。"条文说明中指出："当小震弹性计算的基底剪力满足最小地震剪力要求，仅部分楼层不满足要求时，可直接放大这些楼层的地震剪力使之满足要求；当小震弹性计算的基底剪力不满足最小地震剪力要求时，则全部楼层的地震剪力均应放大，放大系数＝规定的最小地震剪力/弹性计算的基底剪力。放大后的基底总剪力宜取按底部剪力法算得的总剪力的 85% 和 4.3.12 条规定的最小地震剪力的较大值。"

结构所在地区选择广东后，软件自动执行上述规定。

8. 连梁刚度折减

《广东高规》5.2.1 条规定："高层建筑结构计算时，框架-剪力墙、剪力墙结构中的连梁刚度可予以折减，抗风设计控制时，折减系数不宜小于 0.8；抗震设计控制时，折减系数不宜小于 0.5；作设防烈度（中震）构件承载力校核时不宜小于 0.3。"

与《高规》相比，明确规定了风荷载计算时的连梁刚度折减系数，细化了抗震设计时的折减系数取值。

软件提供了风荷载计算时的连梁刚度折减系数设置，该参数并不限于《广东高规》。

9. 考虑竖向构件变形差的处理

《广东高规》5.2.4 条规定："在竖向荷载作用下，由于竖向构件变形导致框架梁端产生的附加弯矩可适当调幅，弯矩增大或减小的幅度不宜超过 30%，相应地按静力平衡条件调整梁跨中弯矩、梁端剪力及竖向构件的轴力。"

《广东高规》5.2.6 条规定："计算长期荷载作用下钢（钢管混凝土）框架-混凝土核心筒结构的变形和内力时，考虑混凝土徐变、收缩的影响，混凝土核心筒的轴向刚度可乘以 0.5～0.6 的折减系数。"注："本条与 5.2.4 条不同时考虑。"

软件提供了按 5.2.6 条计算的参数设置。

10. 刚重比计算

《广东高规》5.4 节对刚重比的计算做了规定，与《高规》一致，同时《广东高规》5.4.5 提出了也可以用屈曲分析的结果："高层建筑结构的整体稳定性也可用有限元特征值法进行计算。由特征值法算得的屈曲因子 λ 不宜小于 10。当屈曲因子 λ 小于 20 时，结构的内力和位移计算应考虑重力二阶效应的影响。"

软件按照规范的简化方法计算刚重比，同时也提供屈曲分析功能，输出屈曲因子，工程师可根据工程具体情况选择使用。

11. 底部加强区

《高规》7.1.4-1 条规定："底部加强部位的高度，应从地下室顶板算起。"

《高规》7.1.4-3 条规定："当结构计算嵌固端位于地下一层底板或以下时，底部加强部位宜延伸到计算嵌固端。"

《广东高规》7.1.4-1 条规定："底部加强部位的高度，有地下室时从地下室顶板算起，无地下室时由基础算起。"

《广东高规》7.1.4-3 条规定："有地下室时底部加强部位宜至少延伸到地下一层。"

软件未自动执行《广东高规》的规定，工程师可在前处理中交互修改。

12. 短肢剪力墙判断条件

《广东高规》7.1.8 条注释："短肢剪力墙是指截面高度不大于 1600mm，且截面厚度小于 300mm 的剪力墙。"

《高规》7.1.8 条注释："短肢剪力墙是指截面厚度不大于 300mm、各肢截面高度与厚度之比的最大值大于 4 但不大于 8 的剪力墙。"

如果墙厚大于 200mm，则《高规》的判断方法会将截面高度大于 1600mm 的墙肢也判断为短肢剪力墙，而短肢剪力墙的构造要求也较一般剪力墙严，因此对于墙厚大于 200mm 的墙肢，如果按《高规》判断为短肢剪力墙而按《广东高规》判断为非短肢剪力墙时，实际上按《广东高规》是放松了构造要求。

结构所在地区选择广东,软件自动执行上述规定。

13. 剪力墙轴压比限值

《广东高规》表7.2.10和《高规》7.2.13对剪力墙轴压比限值做了规定,从数值上来看,《广东高规》是放松了限值要求,分别见表2.10.3、表2.10.4。

《广东高规》剪力墙轴压比   表2.10.3

抗震等级	一级	二、三级	四级
轴压比限值	0.5	0.6	0.7

《高规》剪力墙轴压比   表2.10.4

抗震等级	一级(9度)	一级(7、8度)	二、三级
轴压比限值	0.4	0.5	0.6

对于短肢剪力墙:

《广东高规》7.2.2-2条规定:"一、二、三级短肢剪力墙的轴压比,在底部加强部位分别不宜大于0.45、0.50、0.55,一字形截面短肢剪力墙的轴压比限值再相应减少0.05;在底部加强部位以上的其他部位不宜大于上述规定值加0.05。"

《高规》7.2.2-2条规定:"一、二、三级短肢剪力墙的轴压比,分别不宜大于0.45、0.50、0.55,一字形截面短肢剪力墙的轴压比限值再相应减少0.1。"

对于非底部加强区的短肢剪力墙,及一字形短肢剪力墙,《广东高规》的轴压比限值较《高规》放松。

结构所在地区选择广东,软件自动执行上述规定。

14. 约束边缘构件判断用轴压比限值

《广东高规》表7.2.14和《高规》表7.2.11对可不设置约束边缘构件的墙肢最大轴压比做了规定,分别见表2.10.5、表2.10.6。从数值来看,《广东高规》较《高规》放松。

《广东高规》可不设约束边缘构件的最大轴压比   表2.10.5

等级或烈度	一级	二、三级
轴压比	0.2	0.3

《高规》可不设约束边缘构件的最大轴压比   表2.10.6

等级或烈度	一级(9度)	一级(6、7、8度)	二、三级
轴压比	0.1	0.2	0.3

软件未自动执行上述规定,工程师可在前处理中校核修改。

15. $0.2V_0$ 调整

《广东高规》8.1.4条对框架-剪力墙结构的 $0.2V_0$ 调整做了规定,与《高规》基本一致。但是《广东高规》8.1.4-2条规定:"各层框架所承担的地震总剪力按本条第1款调整后,应按调整前、后总剪力的比值调整每根框架柱的剪力及端部弯矩,框架柱的轴力及与之相连的框架梁端弯矩、剪力可不调整。"条文说明指出:"框架分担的剪力不满足8.1.4

条要求时，可直接调整放大框架柱的剪力，不再对框架梁端弯矩、剪力进行调整，以满足强柱弱梁的抗震设计要求。"

该条规定与《高规》是不同的。软件提供相关参数，如图 2.10.1 所示。

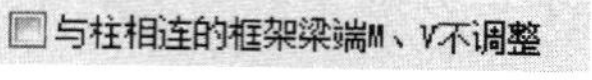

□ 与柱相连的框架梁端M、V不调整

图 2.10.1　与柱相连的框架梁端 M、V 不调整

16. 筒体结构核心筒或内容墙体轴压比限值

《广东高规》9.1.6 条规定："当地震作用下核心筒或内筒承担的底部倾覆力矩不超过总倾覆弯矩的 60% 时，在重力荷载代表值作用下，核心筒或内筒剪力墙的轴压比不宜超过表 9.1.6 的限值。当地震作用下核心筒或内筒承担的底部倾覆力矩超过总倾覆弯矩的 60% 时，筒体墙的轴压比限值宜符合本规程第 7 章的有关规定。"轴压比限值见表 2.10.7。

《广东高规》可不设约束边缘构件的最大轴压比　　　　表 2.10.7

等级或烈度	一级		二、三级
	6 度、7 度（0.1g）	7 度（0.15g）、8 度	
轴压比	0.60	0.55	0.65

《高规》无此规定。

软件未自动执行上述规定。

17. 筒体结构剪力调整

《高规》9.1.11-2 条规定："当框架部分分配的地震剪力标准值的最大值小于结构底部总地震剪力标准值的 10% 时，各层框架部分承担的地震剪力标准值应增大到结构底部总地震剪力标准值的 15%；此时，各层核心筒墙体的地震剪力标准值宜乘以增大系数 1.1，但可不大于结构底部总地震剪力标准值，墙体的抗震构造措施应按抗震等级提高一级后采用，已为特一级的可不再提高。"

《广东高规》9.1.10-1 条规定："当各层框架部分按侧向刚度分配的地震剪力标准值的最大值小于结构地震总剪力的 10% 时，各层核心筒剪力墙应承担 100% 的层地震剪力，框架部分应按结构底部总剪力的 15% 和框架部分楼层地震剪力中最大值的 1.8 倍二者的较小值进行调整；墙体的抗震构造措施应按抗震等级提高一级后采用。"

结构所在地区选择广东，软件自动执行上述规定。

18. 增加了巨型框架-核心筒设计一章

《广东高规》第 10 章对巨型框架-核心筒结构设计做了规定，《高规》无此规定。

19. 增加了隔震和消能减震设计一章

《广东高规》第 14 章对隔震和消能减震设计做了规定，与《抗震规范》12 章对应，《高规》无此规定。

二、软件实现

1. 结构所在地区

结构所在地区选择"广东高规 DBJ-15—92—2013"后，如图 2.10.2，软件对于如下项目按广东高规处理：

(1) 层刚度比计算；

(2) 剪重比调整；

(3) 短肢剪力墙的判断；

(4) 剪力墙轴压比限值取值；

(5) 筒体结构剪力调整。

图 2.10.2 结构所在地区

2. 竖向荷载下混凝土墙轴向刚度考虑徐变收缩影响

☑竖向荷载下砼墙轴向刚度考虑徐变收缩影响	
墙刚度折减系数	0.6

图 2.10.3 竖向荷载下混凝土墙轴向刚度考虑徐变收缩影响

3. 增加风荷载作用下连梁刚度折减系数

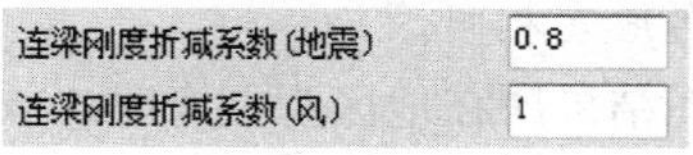

连梁刚度折减系数(地震)	0.8
连梁刚度折减系数(风)	1

图 2.10.4 连梁刚度折减区分风、地震

软件区分了风荷载和地震作用下的连梁刚度折减系数。

4. $0.2V_0$ 调整时，与框架柱相连的梁端内力不调整

软件提供参数，工程师自行控制是否调整，如图 2.10.5 所示。

☐与柱相连的框架梁端M、V不调整

图 2.10.5 与柱相连的框架梁 M、V 不调整

5. 性能设计

软件提供广东高规性能设计选项，如图 2.10.6，并按广东高规要求提供构件重要性系数，软件在特殊构件定义中提供了单构件重要性系数查改菜单。

图 2.10.6 按广东高规性能设计参数

6. 边缘构件设计

由于广东高规关于边缘构件尺寸的规定与高规不同，软件提供选项，由工程师自行控制，如图 2.10.7。

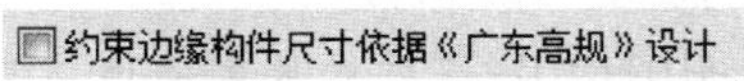

☐约束边缘构件尺寸依据《广东高规》设计

图 2.10.7 约束边缘构件尺寸依据《广东高规》设计

第十一节 《上海抗规》的应用

一、与《抗震规范》主要差异

1. 地震计算相关参数

《上海抗规》3.2.2 条规定："上海地区多遇地震和设防烈度地震时，Ⅲ类场地的设计特征周期取为 0.65s，Ⅳ类场地的设计特征周期取为 0.9s，罕遇地震时Ⅲ、Ⅳ类场地的设计特征周期都取为 1.1s。"条文说明中指出："上海市的绝大部分场地的类别属于Ⅳ类，个别场地的类别属于Ⅲ类。在多遇地震和罕遇地震时的设计特征周期取值与国标《建筑抗震设计规范》（GB 50011—2010）有所不同，是根据上海市的场地条件确定的，设防烈度地震时的设计特征周期取值与多遇地震相同。"

软件执行上述规定，当选择结果所在地区为上海时，软件自动根据场地类别确定特征周期。

2. 楼层侧向刚度比算法

《上海抗规》3.4.3 条文说明中指出："采用楼层剪力与层间位移之比或楼层剪力与层间位移角之比计算侧向刚度时，对于整体变形为弯曲型的结构体系（如剪力墙结构），由于无害位移（下部楼层整体转动引起的位移）随着楼层位置的上升而增加，即使对于一个结构布置的构件截面尺寸完全相同的结构，上下层的侧向刚度比也会远离 1，得到不合理的刚度比计算结果。

为统一起见并便于计算，本规程建议，一般情况下可采用等效剪切刚度计算侧向刚度。对于带有支撑的结构可采用剪弯刚度计算。"

当结构所在地区选择上海时，软件不仅给出剪切刚度数值，还会给出剪切刚度比计算结果，供工程师使用。同时，刚度比计算方法自动切换为"按上海抗规剪切刚度比"，自动按照剪切刚度比判断薄弱层。

3. 时程分析所用地震加速度时程的最大值

《上海抗规》表 5.1.2-2 规定了时程分析所用地震加速度时程的最大值，其中罕遇地震下的数值比《抗震规范》小，《上海抗规》条文说明中指出："根据上海市抗震设防标准及上海市场地地震反应分析结果，罕遇地震时的时程分析所用地震加速度时程的最大值取《建筑抗震设计规范》（GB 50011—2010）相应值的 90%，这时根据上海市地震局和同济大学十多年来关于上海市地震危险性分析与土层地震反应分析结果而确定的，反映了上海市厚软土层的地质特点。"

4. 罕遇地震下水平地震影响系数最大值取值不同

《上海抗规》表 5.1.4 中关于罕遇地震下的水平地震影响系数最大值在 7 度、8 度时分别为 0.45、0.81，为《抗震规范》的 90%，解释见《上海抗规》条文说明。

5. 地震影响系数曲线增加了 6s～10s 区段

《上海抗规》5.1.5 条文说明中指出："近年来上海地区出现了一些基本自振周期超过 6s 的超高层建筑，为了计算作用在这些结构上的地震作用大小，有必要提供周期大于 6s

的加速度反应谱，本规程将国标的反应谱从 6s 延伸至 10s。对于长周期结构，地面运动的速度和位移可能比加速度对结构的破坏具有更大的影响。由于长周期地面运动实测资料较少，缺乏足够的依据，为保证安全，将 6s 至 10s 的反应谱取为水平直线的形式，即取为恒定的数值。"

结构所在地区选择上海时，软件自动执行该条规定。

6. 部分结构嵌固端上一层弹性位移角限值

《上海抗规》表 5.5.1 中，对于以下结构的嵌固端上一层位移角限值作了规定：

（1）钢筋混凝土框架-抗震墙、框架-核心筒、板柱-抗震墙，限值为 1/2000；

（2）钢筋混凝土抗震墙、筒中筒、钢筋混凝土框支层，限值为 1/2500。

《上海抗规》5.5.1 条文说明中指出："钢筋混凝土框支层（嵌固端上一层）的层间位移角限值的提出是根据国标《建筑抗震设计规范》（GB 50011—2010）修订背景材料和上海地区的工程实践经验确定的。根据修订背景材料提供的数据，单层抗震墙开裂时的层间位移角，试验值的范围为 1/3330～1/1110，计算分析值的范围为 1/4000～1/2500。钢筋混凝土框支层（嵌固端上一层）抗震墙，层间位移角主要是以剪切变形为主，弯曲变形占的成份很少，类似于单层抗震墙的变形。另外，根据上海市多年的工程实践经验，为了防止框支抗震墙结构中嵌固端上一层的抗震墙过早开裂，限制其层间位移角为 1/2500 是合理可行的，只要结构方案布置合理，一般情况下可以满足此要求。钢筋混凝土抗震墙结构和筒中筒结构中嵌固端上一层的抗震墙，也有类似与单层抗震墙的变形特点，也限制其层间位移角为 1/2500。根据上海市这几年的工程实践，这些限值绝大多数情况下是可以满足的。对于无地下室的结构，嵌固端上一层一般指底层；对于带有地下室的结构，当地下室顶板可作为上部结构的嵌固部位时，嵌固端上一层即为底层。"

软件输出各水平力工况下的位移角，工程师可自行查看。

7. 嵌固层剪切刚度比限值

《上海抗规》6.1.17-2 条规定："地下室为一层或两层时，地下一层结构的楼层侧向刚度不宜小于相邻上部楼层侧向刚度的 1.5 倍；当地下室超过两层时，地下一层结构的楼层侧向刚度不宜小于相邻上部楼层侧向刚度的 2 倍；地下室周边宜有与其顶板相连的抗震墙。"条文说明中指出："考虑到上海地区设有地下室的建筑一般采用桩基，对于地下室层数不超过两层的建筑，刚度比限值采用 1.5，当地下室层数超过两层时，刚度比限值采用 2。"

软件输出剪切刚度比，工程师可自行查看。

8. 钢管与混凝土双重组合柱轴压比计算

《上海抗规》6.3.6-2 对钢管与混凝土双重组合柱的轴压比计算作了规定，区分钢管内有、无混凝土两种情况。

软件目前不支持钢管内无混凝土的情况，如果钢管内有混凝土，按照《上海抗规》关于该种情况轴压比的计算公式，工程师可以将该柱设置为钢管混凝土叠合柱，软件支持叠合柱的计算与设计。

二、软件实现

结构所在地区选择"上海"后，如图 2.11.1，软件对于如下项目按《上海抗规》处理：

图 2.11.1　结构所在地区

（1）特征周期取值；

（2）地震影响系数曲线增加了 6s～10s 区段；

（3）刚度比算法自动切换为"按上海抗规剪切刚度比"。

第十二节　软件可将强制刚性板假定的计算与非刚性板假定的计算集成进行

软件将强制刚性板假定的计算与非刚性板假定的计算集成进行，同时完成规范指标统计和内力配筋计算。

由于规范要求的结构楼层位移比、结构周期比、层间刚度比等指标计算一般是在各层楼板刚性假定条件下进行的，而内力、配筋等计算均在非强制刚性板的楼板实际状况下进行。对于这样的需求，一般软件要求用户计算两次：第一次计算时，在计算参数中选择"对所有楼层强制采用刚性楼板假定"，只取出楼层位移比、刚度比等在刚性楼板假定下的指标结果；第二次计算时，在计算参数中取消选择"对所有楼层强制采用刚性楼板假定"，计算结果用于其余设计。

实际应用中，常有用户搞不清楚哪些指标应在强制刚性板假定下进行，哪些不能在强制刚性板假定下进行，有的用户甚至采用全楼强制刚性板下的计算结果作为内力配筋的依据，造成不符合实际的设计结果。

本软件将这样的两次计算自动连续进行，对于楼层位移比、结构周期比等整体指标采用"对所有楼层强制采用刚性楼板假定"下的结果，对于其他内容采用非"对所有楼层强制采用刚性楼板假定"下的结果。

由于规范规定地震作用计算时，可对连梁刚度进行折减，因此软件在上述两种模型的基础上，再考虑：恒、活等非地震工况，剪力墙连梁不折减；风荷载、地震工况计算时，剪力墙连梁刚度可分别设置折减系数两种情况。

具体操作：

一、计算参数的填写

选择计算总体信息下的"整体指标计算采用强刚，其他计算非强刚"，软件将分别考虑强制刚性楼板和非刚性楼板两种计算模型，如图 2.12.1 所示。

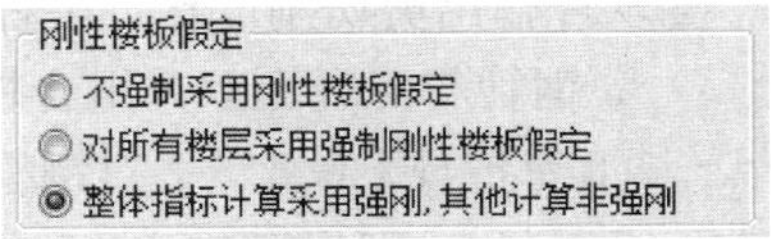

目前勾选第三项存在的问题是，软件仅对地震荷载工况可分别采用强制刚性板模型和非强制刚性板模型计算，而对风荷载不能分别用两种模型，仅能采用

刚性楼板假定
○ 不强制采用刚性楼板假定
○ 对所有楼层采用强制刚性楼板假定
◉ 整体指标计算采用强刚，其他计算非强刚

图 2.12.1　刚性楼板假定参数

非强刚模型的一种模型计算。因此如果需要对风荷载下的整体指标采用强刚模型，目前只能采用如上参数的第二个选项进行。

二、强制刚性楼板模型计算结果的应用

在计算结果中，软件对于以下指标采用刚性板模型下的计算结果：

1. 层刚度（层间剪力与层间位移的比）

软件对计算层刚度的层间剪力与层间位移均采用强刚模型下的地震力（但此时 wzq.out 中输出的是非强刚下的地震剪力）和位移结果计算。

2. 周期比

软件输出强刚模型下计算出的周期比。

3. 位移比和位移角

软件对水平地震作用下的位移取强刚模型下的结果，对计算位移比的地震指定水平力采用强刚模型下的结果。

4. 整体稳定验算

软件采用强刚模型下的地震剪力和位移计算整体稳定。

5. 图形中的位移标注

各地震计算工况的位移均采用强刚模型下的结果。

软件可以自动生成强制刚性楼板模型进行计算指标计算。软件利用多点约束机制变换得到刚性楼板模型，能够适应坡屋面层、错层楼层等多种复杂楼层形式。

三、非强制刚性楼板模型计算结果的应用

非以上提及的各种计算按照非强刚楼板模型输出，如倾覆计算、$0.2V_0$ 调整等，各荷载工况内力、内力包络、截面配筋设计等都采用非强制刚性楼板模型的计算结果。

四、实例对比

对于一般平面尺寸不大、楼板上没有开大洞口的规则平面来说，采用强刚模型和非强刚模型的整体指标的结果相差不大，但是对于平面尺寸大、开大洞口等情况的非规则平面来说两种计算模型结果差别明显。

图 2.12.2 所示工程，各层中间均开大洞口，位移比、位移角非常容易超限，这种结构一般可以采用"整体指标计算采用强制刚性板模型，其他采用非强刚模型"的计算方式。

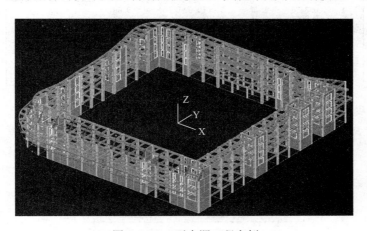

图 2.12.2 开大洞工程实例

为了对比，我们对计算参数的刚性楼板假定勾选第一项"不强制采用刚性楼板假定"的计算结果和勾选第三项"整体指标计算采用强刚，其他计算非强刚"的计算结果进行对比。

对比的第二列"YJK2"就是"整体指标计算采用强刚，其他计算非强刚"的计算结果。

1. 强刚模型使层刚度变化

由于软件对计算层刚度的层间剪力与层间位移均采用强刚模型下的地震力和位移结果计算，可见各层的层间剪力和位移刚度都与非强刚模型有很大的不同，如图 2.12.3 所示。

相邻层侧移刚度比			YJK1	YJK2	
1	1	Ratx1	7.5320	8.9567	18.92%
		Raty1	5.7145	5.5181	-3.44%
		Ratx2	5.2724	6.2697	18.92%
		Raty2	4.0001	3.8627	-3.43%
		RJX3	78385000.0	140140000.0	78.78%
		RJY3	74884000.0	108960000.0	45.51%
		RJZ3	713490000000.0	713490000000.0	0.00%
2	1	Ratx1	2.0359	2.0562	1.00%
		Raty1	1.9978	1.9566	-2.06%
		Ratx2	1.5835	1.5993	1.00%
		Raty2	1.5539	1.5218	-2.07%
		RJX3	14867000.0	22352000.0	50.35%
		RJY3	18720000.0	28207000.0	50.68%
		RJZ3	239540000000.0	239540000000.0	0.00%
3	1	Ratx1	2.1223	2.0572	-3.07%
		Raty1	2.3335	2.0817	-10.79%
		Ratx2	1.6507	1.6000	-3.07%
		Raty2	1.8150	1.6191	-10.79%
		RJX3	10432000.0	15529000.0	48.86%
		RJY3	13386000.0	20595000.0	53.85%
		RJZ3	305720000000.0	305720000000.0	0.00%

图 2.12.3　层刚度结果对比

2. 周期比

软件在 wzq.out 文件中同时输出了强刚模型下的各周期振型和非强刚模型下的各周期振型，周期比也是分别输出，如图 2.12.4 中输出的是强刚模型下的周期比 0.95，其比按照非强刚模型计算的第 1 扭转周期（0.4026）/第 1 平动周期（0.4374）＝0.92 的值要大，如图 2.12.4 所示。

振型号	周期	转角	平动系数(X+Y)	扭转系数(Z) (强制刚性楼板模型)
1	0.3439	4.40	1.00(0.99+0.00)	0.00
2	0.3253	99.23	0.13(0.01+0.13)	0.87
3	0.2990	92.55	0.89(0.00+0.88)	0.11
4	0.1103	3.36	0.97(0.96+0.01)	0.03
5	0.1037	121.04	0.20(0.05+0.15)	0.80
6	0.0893	89.87	0.89(0.12+0.77)	0.11
7	0.0835	92.72	0.93(0.78+0.15)	0.07
8	0.0595	102.52	0.97(0.26+0.71)	0.03
9	0.0531	154.91	0.90(0.84+0.06)	0.10

振型号	周期	转角	平动系数(X+Y)	扭转系数(Z)
1	0.4374	2.31	0.95(0.93+0.02)	0.05
2	0.4026	40.98	0.38(0.17+0.21)	0.62
3	0.3831	93.01	0.96(0.21+0.75)	0.04
4	0.3703	5.37	1.00(0.24+0.76)	0.00
5	0.3666	174.12	0.99(0.93+0.06)	0.01
6	0.3524	137.75	1.00(0.79+0.21)	0.00
7	0.3424	90.70	0.79(0.09+0.70)	0.21
8	0.3411	82.40	0.96(0.16+0.80)	0.04
9	0.2670	128.70	0.98(0.93+0.05)	0.02

第1扭转周期（0.3253）/第1平动周期（0.3439）= 0.95

图 2.12.4　周期、周期比结果输出

3. 强刚模型使位移比、位移角变化

从对比结果可以看出，YJK2 的地震位移、位移角、位移比输出的是强制刚性板模型的结果，比 YJK1 的非强刚模型减小很多，特别是地震规定水平力下的位移比计算结果，更是明显减小，从原来的超限变为不超限，如图 2.12.5～图 2.12.7 所示。

层号	塔号	YJK1	YJK2	相对误差
==工况== 1	X 方向地震作用下的楼层最大位移			
节点最大位移				
1	1	0.89	0.36	
5	1	19.74	8.21	-58.41%
4	1	14.23	6.02	-57.70%
层平均位移				
1	1	0.46	0.27	
5	1	13.80	8.11	-41.23%
4	1	9.45	5.95	-37.04%
最大层间位移				
4	1	6.00	2.05	-65.83%
5	1	5.56	2.22	-60.07%
1	1	0.89	0.36	
平均层间位移				
5	1	3.86	2.18	-43.52%
1	1	0.46	0.27	
4	1	3.18	2.02	-36.48%
最大层间位移角				
4	1	1/667	1/1952	-65.83%
5	1	1/891	1/2233	-60.10%
3	1	1/774	1/1863	-58.45%

图 2.12.5 X 地震位移计算结果对比

==工况== 2	X 方向地震作用规定水平力下的楼层最大位移			
节点最大位移				
1	1	0.64	0.36	
5	1	12.55	8.34	-33.55%
4	1	9.13	6.09	-33.30%
层平均位移				
1	1	0.33	0.27	
5	1	9.45	8.27	-12.49%
4	1	6.62	6.04	
最大层间位移				
4	1	3.81	2.06	-45.93%
1	1	0.64	0.36	
3	1	3.43	2.18	-36.44%
平均层间位移				
1	1	0.33	0.27	
5	1	2.63	2.23	
4	1	2.21	2.05	
最大位移与层平均位移的比值				
4	1	1.38	1.01	-26.81%
3	1	1.36	1.02	-25.00%
5	1	1.33	1.01	-24.06%
最大层间位移与平均层间位移的比值				
4	1	1.73	1.01	-41.62%
3	1	1.54	1.03	-33.12%
5	1	1.34	1.01	-24.63%

图 2.12.6 X 规定水平力位移计算结果对比

4. 刚重比的变化

软件采用强刚模型下的地震力和位移计算整体稳定，如图 2.12.8 所示。

对比项目		YJK1	YJK2	相对误差
==工况== 1	X 方向地震作用下的楼层最大位移			
Max-D/h		1/667(4层1塔)	1/1863(3层1塔)	-64.20%
==工况== 7	X 双向地震作用下的楼层最大位移			
Max-D/h		1/664(4层1塔)	1/1802(3层1塔)	-63.15%
==工况== 3	X+ 偶然偏心地震作用下的楼层最大位移			
Max-D/h		1/604(4层1塔)	1/1752(3层1塔)	-65.53%
==工况== 5	X- 偶然偏心地震作用下的楼层最大位移			
Max-D/h		1/660(4层1塔)	1/1791(3层1塔)	-63.15%
==工况== 2	X 方向地震作用规定水平力下的楼层最大位移			
Ratio		1.38(4层1塔)	1.03(2层1塔)	-25.36%
Ratio-D		1.73(4层1塔)	1.04(2层1塔)	-39.88%
==工况== 4	X+偶然偏心地震作用规定水平力下的楼层最大位移			
Ratio		1.50(4层1塔)	1.11(2层1塔)	-26.00%
Ratio-D		2.46(4层1塔)	1.10(3层1塔)	-55.28%
==工况== 6	X-偶然偏心地震作用规定水平力下的楼层最大位移			
Ratio		1.53(4层1塔)	1.07(3层1塔)	-30.07%
Ratio-D		1.88(4层1塔)	1.12(2层1塔)	-40.43%

图 2.12.7　位移角、位移比计算结果对比

结构整体稳定验算	YJK1	YJK2	
X向刚重比 EJd/GH**2	27.9	48.8	74.83%
Y向刚重比 EJd/GH**2	38.1	62.8	64.87%

图 2.12.8　整体稳定验算结果对比

5. 配筋结果完全相同

说明这种情况下设置的强制刚性板模型只影响若干整体指标的结果，不影响构件配筋计算结果，如图 2.12.9 所示。

整个工程柱配筋面积(mm2)	YJK1	YJK2	相差(%)
主筋	1339399	1339399	0.0%
箍筋	105688	105688	0.0%
节点箍筋	74503	74503	0.0%
整个工程梁配筋面积(mm2)	YJK1	YJK2	相差(%)
顶部	1565425	1565425	0.0%
底部	1719249	1719249	0.0%
箍筋	57918	57918	0.0%
整个工程墙柱配筋面积(mm2)	YJK1	YJK2	相差(%)
As	261404	261404	0.0%
Ash	75631	75631	0.0%
施工缝超限数	93	93	
超限墙柱数	93	93	
整个工程墙梁配筋面积(mm2)	YJK1	YJK2	相差(%)
顶部	263536	263536	0.0%
底部	263536	263536	0.0%
箍筋	24714	24714	0.0%
抗剪超限数	21	21	
超限墙梁数	21	21	
整个工程边缘构件配筋	YJK1	YJK2	相差(%)
阴影区面积(cm2)	2180280	2180280	0.0%
As(mm2)	2411073	2411073	0.0%

图 2.12.9　配筋结果对比

第十三节　嵌固层与地下室层数

这里分析带地下室结构的嵌固层设置以及相关的影响。

当地下室层数为 0 时，嵌固层号就是第 0 层，只要参数“与基础相连构件最大底标

高"填写正确,就可在结构底部一层或几层下生成支座,正常计算。这里主要分析地下室层数不为 0 的情况。

一、相关的计算参数

在计算参数的结构总体信息中有 3 个与嵌固层相关的参数,如图 2.13.1 所示。

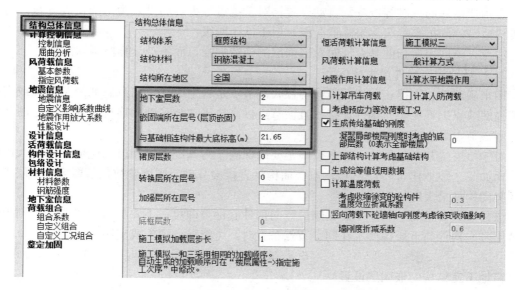

图 2.13.1 地下室楼层相关参数设置

1. 地下室层数

指与上部结构同时进行内力分析的地下室部分的层数。该参数对结构整体分析与设计有重要影响,如:

(1) 地下室侧向约束的施加;

(2) 地下室外墙平面外设计;

(3) 风荷载计算时,起算位置为地下室顶板;

(4) 剪力墙底部加强区起算位置为地下室顶板;

(5) 人防荷载必须加载在地下室楼层;

(6) 框架结构底层柱底地震组合下设计内力调整;

(7) 各项楼层指标判断及调整对地下室楼层的过滤,如剪重比调整;

......

2. 嵌固端所在层号

嵌固端所在层号主要用于设计,如:

(1) 按《抗震规范》6.1.14 条第 3 款第 2 项条对梁、柱钢筋进行调整;

(2) 按《高规》3.5.2 条确定刚度比限值;

(3) 地震组合下的设计内力调整;

(4) 底部加强区延伸到嵌固端;

（5）刚重比计算起始位置；

······

软件默认嵌固层号＝地下室层数。如果在基础顶嵌固，则该参数填 0。如果修改了地下室层号，应注意确认嵌固端所在层号是否需要修改。

如果嵌固层以下设置了地下室，则按《抗震规范》6.1.3 条，将嵌固端所在层号当作地下一层，并对嵌固端所在层号的抗震等级不降低；对于嵌固端层以下的各层的抗震等级和抗震构造措施的抗震等级分别自动设置：对于抗震等级自动设置为四级抗震等级，对于抗震构造措施的抗震等级逐层降低一级，但不低于四级。

注意，该嵌固层指的是设计时对嵌固层的构造加强，而不是计算模型的嵌固。

3. 与基础相连构件最大底标高（m）

用来确定柱、支撑、墙柱等竖向构件底部节点是否生成支座信息。如果某层柱或支撑或墙柱底节点以下无竖向构件连接，且该节点标高位于"与基础相连构件最大底标高"以下，则该节点处生成支座。

对于多层接基础的结构，该参数一定要确保高于与基础直接相连的竖向构件最大底标高。比如一个坡地建筑，1、2 层均有竖向构件直接接基础，则该参数数值要大于 2 层接基础的竖向构件最大底标高。

该参数只要稍高于需要生成支座的竖向构件底标高即可，不要填写得过高，否则当中间楼层竖向构件与下层构件不在同一节点布置时，可能导致误生成支座。

二、带地下室结构的嵌固层设置

1. 软件默认嵌固层设置在地下室顶部

软件默认嵌固层号＝地下室层数

2. 规范对于嵌固层在地下室层顶的条件要求

《抗震规范》6.1.14："地下室顶板作为上部结构的嵌固部位时，应符合下列要求：1 地下室顶板应避免开设大洞口；地下室在地上相关范围的顶板应采用现浇梁板结构，相关范围以下的地下室顶板宜采用现浇梁板结构；其楼板厚度不宜小于 180mm，混凝土强度等级不宜小于 C30，应采用双层双向配筋，且每层每个方向的配筋率不宜小于 0.25％。2 结构地上一层的侧向刚度，不宜大于相关范围地下一层侧向刚度的 0.5 倍；地下室周边宜有与其顶板相连的抗震墙。"

这里提到的"相关范围"在《抗震规范》6.1.14 的条文说明中有解释："相关范围"一般可从地上结构（主楼、有裙房时含裙房）周边外延不大于 20m。

3. 怎么求出结构地上一层的侧向刚度与相关范围地下一层侧向刚度的比值

软件在配筋简图右侧对话框中提供了"围区统计"按钮。点击按钮，围出规范规定相关范围内的竖向构件，点击右键结束，软件将弹出一个文本文件，里面统计了围区范围内竖向构件的总剪切刚度值，采用该数值与地上一层的剪切刚度比较，确认是否满足规范要求。

4. 嵌固层不能设置在地下室层顶的处理

如果地下一层不能作为嵌固层，则软件对嵌固层的处理将应用于参数填写的嵌固层上。同时，对于地上一层，软件仍考虑底层柱底的抗震设计内力调整要求，底部加强区将向下延伸到嵌固层。

王亚勇、戴国莹的《建筑抗震设计规范疑问解答》中指出："震害调查发现，地表附近震害较严重，地下室较轻。若地下室顶板无法满足嵌固要求，通常地下一层底板处可基本满足。"

朱炳寅的《高层建筑混凝土结构技术规程应用与分析 JGJ 3—2010》P185 指出："实际工程中，上部结构嵌固部位的确定过程往往较为复杂（如：当主楼地下室顶板与裙房或纯地下室顶板标高错位时，当地下一层与首层的刚度比不满足要求时，当地下室顶板的完整性不满足要求时等），结构的嵌固端确定比较困难，建议应采用包络设计方法，进行不同嵌固部位的多模型比较计算，取不利值设计。"

三、嵌固层位置的主要影响

1. 嵌固层影响设计的主要方面

同前面计算参数的"嵌固端所在层号"。

2. 为什么嵌固层附近楼层按刚度比计算容易被判断为薄弱层

对于带地下室的工程，当地下一层作为嵌固层时，即使侧土弹簧刚度无限大，但因为侧土弹簧只限制侧向平动，不限制扭转，也时常会将地上一层判断为薄弱层，主要是因为《高规》3.5.2-2 条规定："对于结构底部嵌固层，刚度比不宜小于 1.5。"

朱炳寅的《高层建筑混凝土结构技术规程应用与分析 JGJ 3—2010》中指出："尽管采用带地下室并将地下室顶板作为上部结构嵌固部位的计算模型（即地下室顶板处水平位移为零，竖向位移为零，但转角不为零），能更真实地反映地下室顶板对上部结构的实际约束情况。但是，$\gamma_2 \geqslant 1.5$ 的要求是建立在上部结构嵌固端简化为绝对嵌固的计算假定（即上部结构在嵌固端完全嵌固：水平位移为零，转角为零）基础上的。计算比较表明，按绝对嵌固模型计算的结构一般较容易满足 $\gamma_2 \geqslant 1.5$ 的要求，因此，按公式（3.5.2-2）计算时，结构底部嵌固部位应采用绝对嵌固模型，或采用限制竖向结构在嵌固端转动（带地下室）的地下室顶板嵌固模型。"

软件提供了带地下室模型当地下一层作为嵌固层时是否执行《高规》3.5.2-2 的 1.5 倍刚度比参数，勾选，则按 1.5 执行；不勾选，则按非底部嵌固楼层执行。

对于无地下室模型的首层，软件强制按 1.5 倍刚度比执行，与是否勾选该参数无关。

3. 为什么地下室顶层的梁柱配筋有时 YJK 计算结果比 PKPM 小

如果地下室顶板不作为嵌固端，则软件仅针对参数中设置的嵌固层位置执行梁、柱钢筋不小于对应上一层梁、柱钢筋 1.1 倍的处理。对于地下一层，软件不执行梁、柱钢筋放大 1.1 倍处理。

4. 为什么刚重比计算结果 YJK 和 PKPM 不同

对于刚重比计算的底层，YJK 取到嵌固层，主要是考虑到《高规》中关于刚重比的简化计算公式是基于倒三角分布荷载基础上。如果计算到基础顶，则地下室部分由于受到侧土约束，已不满足倒三角分布规律，此时仍按相对于基础顶的位移和最底层剪力计算等效侧向刚度，误差较大。因此，YJK 底层取到嵌固层。

对于带地下室的工程，两个软件的计算结果可能有一定差异。

第十四节 轴 压 比

软件自动计算柱、墙的轴压比，并根据用户输入的结构类型、抗震等级，自动按照规范轴压比限值判断该柱、墙的轴压比是否超出限值，对超出限值的给出超限提示。

规范对轴压比限值除了给出明确的表格外，还要求根据很多项附加条件（如在表格的注中给出的）对表格的轴压比限值增加量或者减少量，软件对设计条件中明确的附加条件可自动调高或者降低轴压比限值。

软件在计算前处理中还设置了【轴压比限值增减量】菜单，由人工对个别杆件的轴压比限值输入增加值或者减少值，用于软件不能自动执行的某些规范规定的轴压比限值应增加或减少的情况。

一、柱轴压比

1. 规范要求

《抗震规范》6.3.6："柱轴压比不宜超过表 6.3.6 的规定；建造于 Ⅳ 类场地且较高的高层建筑，柱轴压比限值应适当减小。"轴压比限值见表 2.14.1。

柱轴压比限值 表 2.14.1

结构体系	抗 震 等 级			
	一级	二级	三级	四级
框架结构	0.65	0.75	0.85	0.90
框架-剪力墙结构、筒体结构 板柱-剪力墙结构	0.75	0.85	0.90	0.95
部分框支剪力墙结构	0.60	0.70	—	

注：1. 轴压比指柱组合的轴压力设计值与柱的全截面面积和混凝土轴心抗压强度设计值乘积之比值；对本规范规定不进行地震作用计算的结构，可取无地震作用组合的轴力设计值计算。

2. 表内限值适用于剪跨比大于 2、混凝土强度等级不高于 C60 的柱；剪跨比不大于 2 的柱，轴压比限值应降低 0.05；剪跨比小于 1.5 的柱，轴压比限值应专门研究并采取特殊构造措施；

3. 沿柱全高采用井字复合箍且箍筋肢距不大于 200mm、间距不大于 100mm、直径不小于 12mm，或沿柱全高采用复合螺旋箍、螺旋间距不大于 100mm、箍筋肢距不大于 200mm、直径不小于 12mm，或沿柱全高采用连续复合矩形螺旋箍、螺旋净距不大于 80mm、箍筋肢距不大于 200mm、直径不小于 10mm，轴压比限值均可增加 0.10；上述三种箍筋的最小配箍特征值均应按增大的轴压比由本规范表 6.3.9 确定；

4. 在柱的截面中部附加芯柱，其中另加的纵向钢筋的总面积不少于柱截面面积的 0.8%，轴压比限值可增加 0.05，此项措施与注 3 的措施共同采用时，轴压比限值可增加 0.15，但箍筋的体积配箍率仍可按轴压比增加 0.10 的要求确定；

5. 柱轴压比不应大于 1.05。

《混规》11.4.16 条除了和上面相同的规定外，还在注中多出了如下的条文：当混凝土强度等级为 C65、C70 时，轴压比限值宜按表中数值减小 0.05；混凝土强度等级为 C75、C80 时，轴压比限值宜按表中数值减小 0.10。

根据《异形柱规程》6.2.2 条，软件中异形混凝土柱轴压比限值如表 2.14.2 取值。

异形混凝土柱轴压比限值　　　　　　　　　　　　　　**表 2. 14. 2**

结构体系	截面形式	抗震等级		
		一级	二级	三级
框架结构	L 形	0.50	0.60	0.70
	T 形	0.55	0.65	0.75
	十字形	0.60	0.70	0.80
框架-剪力墙结构	L 形	0.55	0.65	0.75
	T 形	0.60	0.70	0.80
	十字形	0.65	0.75	0.85

根据《高规》11.4.4 条，软件中型钢混凝土柱轴压比限值如表 2.14.3 取值。

矩形钢管混凝土柱轴压比限值　　　　　　　　　　　　**表 2. 14. 3**

抗震等级	一级	二级	三级
轴压比限值	0.70	0.80	0.90

注：1. 框支层柱的轴压比按表中数值减少 0.1；
　　2. 剪跨比不大于 2 的柱，轴压比按表中数值降低 0.05；
　　3. 采用 C60 以上混凝土时，轴压比按表中数值减少 0.05。

根据《高规》11.4.10 条，软件中型钢混凝土柱轴压比限值如表 2.14.4 取值。

矩形钢管混凝土柱轴压比限值　　　　　　　　　　　　**表 2. 14. 4**

抗震等级	一级	二级	三级
轴压比限值	0.70	0.80	0.90

2. 根据抗震等级和结构类型自动选择轴压比限值

软件根据用户输入的结构类型、抗震等级，自动按照《抗震规范》表 5.3.6 作为轴压比限值。

结构类型为框架结构时，抗震等级为一、二、三、四级时的轴压比限值分别为 0.65、0.75、0.85、0.90。

结构类型为框架-抗震墙、板柱-抗震墙、框架-核心筒及筒中筒时，抗震等级为一、二、三、四级时的轴压比限值分别为 0.75、0.85、0.90、0.95。

结构类型为部分框支抗震墙时，抗震等级为一、二级时的轴压比限值分别为 0.6、0.7。

《抗震规范》的表 5.3.6 的限值只是对当前结构一般条件得出的基本限值，如果结构中有符合下述特殊情况的，软件还要在表 5.3.6 的基准上进行增加或者减少来作为轴压比限值。

3. 软件根据其他情况自动对轴压比限值调整的情况

目前软件针对如下方面对查表得到的轴压比限值作调整：

（1）当混凝土强度等级为 C65、C70 时，轴压比限值宜按表中数值减小 0.05；混凝土强度等级为 C75、C80 时，轴压比限值按表中数值减小 0.10。

（2）剪跨比不大于 2 时，限值减 0.05；剪跨比不大于 1.5 时，限值减 0.1。

（3）四类场地较高建筑，轴压比限值减 0.05。

（4）加强层及其相邻层，轴压比限值减 0.05。

这是根据《高规》10.3.3 条关于加强层结构的要求，《高规》10.3.3-2："加强层及其相邻层的框架柱，箍筋应全柱段加密配置，轴压比限值应按其他楼层框架柱的数值减小 0.05 采用。"

（5）提供了轴压比限值是否按框架结构类型取值参数。

如果当前结构为非框架结构，可以勾选【计算参数】-【构件设计信息】下的"框架柱的轴压比限值按框架结构采用"，则软件自动按照较严的框架结构类型的轴压比限值计算，如图 2.14.1 所示。

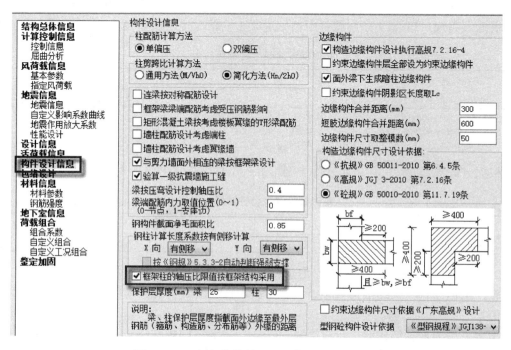

图 2.14.1　框架柱的轴压比限值按框架柱采用

（6）提供了非抗震时是否按重力荷载代表值计算柱轴压比参数。

非抗震时，按《抗震规范》表 6.3.6 注的要求，可取无地震作用组合的轴力设计值计算。但有的工程师希望按照重力荷载代表值计算。为了适应这部分工程师的需求，软件增加了该参数，如图 2.14.2 所示。

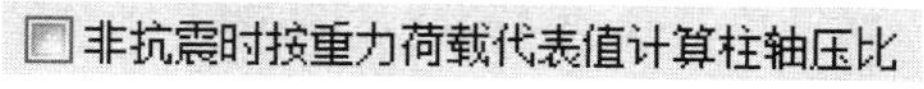

□ 非抗震时按重力荷载代表值计算柱轴压比

图 2.14.2　非抗震时按重力荷载代表值计算柱轴压比

该参数仅在非抗震时有效。

4. 前处理特殊柱下提供了轴压比限值增减量菜单

在计算前处理设置了对轴压比限值人工定义增加量或者减少量的菜单，用来处理软件不能自动处理的情况，如图 2.14.3 所示。

比如《抗震规范》6.3.6 条注 3、注 4 所述的情况。

又比如《高规》10.5.6 条："与连体结构相连的
框架柱在连接体高度范围及其上、下层，箍筋应全
柱段加密配置，轴压比限值应按其他楼层框架柱的
数值减小 0.05 采用。"

这些情况软件没有自动按规范执行，需由人工
在这里指定轴压比限值增减量。

5. 轴压比超出限值时软件给出超限提示

软件会在【设计结果】菜单下的【配筋简图】
和【轴压比简图】中给出轴压比，如果超限，以红色显示。

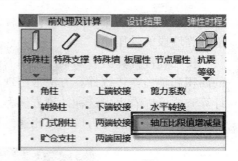

图 2.14.3　轴压比限值增减量菜单

二、剪力墙轴压比

1. 规范要求

《抗震规范》6.4.2 条规定："一、二、三级抗震墙在重力荷载代表值作用下墙肢的轴
压比，一级时，9 度不宜大于 0.4，7、8 度时不宜大于 0.5，二、三级时不宜大于 0.6。"

注：墙肢轴压比指墙的轴压力设计值与墙的全截面面积和混凝土轴心抗压设计值乘积
之比值。

《高规》11.4.14-1 条规定："抗震设计时，一、二级抗震等级的型钢混凝土剪力墙、
钢板混凝土剪力墙底部加强部位，其重力荷载代表值作用下墙肢的轴压比不宜超过本规程
表 7.2.13 的限值。"

2. 墙肢轴压比决定边缘构件的形式

《抗震规范》6.4.5-1："对于抗震墙结构，底层墙肢底截面的轴压比不大于表 6.4.5-1
规定的一、二、三级抗震墙及四级抗震墙，墙肢两端可设置构造边缘构件……"

《抗震规范》6.4.5-2："底层墙肢底截面的轴压比大于表 6.4.5-1 规定的一、二、三级
抗震墙，以及部分框支结构的抗震强，应在底部加强部位及相邻的上一层设置约束边缘构
件，在以上的其他部位可设置构造边缘构件。"

3.《广东高规》对剪力墙的轴压比限值放松

《广东高规》7.2.10："重力荷载代表值作用下，一、二、三级剪力墙的墙肢轴压比不
宜超过表 7.2.10 的限值。"轴压比限值见表 2.14.5。

剪力墙墙肢轴压比限值　　　　　　　　　　　　表 2.14.5

抗震等级	一级	二、三级	四级
轴压比限值	0.5	0.6	0.7

如果用户选择使用广东高规，软件自动按照广东高规的要求判断墙轴压比是否超限。

4. YJK 对剪力墙按照组合截面计算轴压比

YJK 对剪力墙按照组合截面计算轴压比，即在计算每一段剪力墙轴压比时，结合相邻
墙肢适当范围的轴力组合计算，结合的相邻墙肢的长度不大于 6 倍相邻墙肢厚度，软件把
相邻墙肢这一段的面积和轴力都叠加到当前计算的墙肢上，扣除他们之间的重叠部分。对

与当前墙肢相连的所有墙肢都作这样的叠加计算，由这样的组合墙肢算出的轴压比作为当前计算墙段的轴压比。

传统软件计算剪力墙轴压比用的是分段计算方法，即每一段剪力墙计算时仅考虑本身的面积和轴力，传统计算方法常出现相邻墙肢轴压比相差过大的情况。由组合截面轴压比计算方式可以看出，这种计算方法考虑了相邻墙肢的影响，可避免相邻墙肢轴压比相差过大的情况，算出的剪力墙轴压比通常要小，如图2.14.4所示。

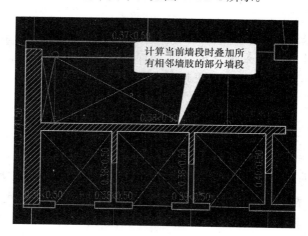

图2.14.4　组合轴压比计算时墙柱轮廓

在【设计结果】菜单的【轴压比】菜单下，通过右侧的"显示轮廓"按钮，鼠标停靠在某一剪力墙段上时，与该墙段相连的所有墙肢都会加亮一部分，如图2.14.5所示，这就是计算当前墙肢时采用的组合截面的实际情况。

如果在右侧对话框中选择"柱、墙轴压比"选项，则显示按照分段墙肢计算墙的轴压比的结果，即非组合墙的轴压比计算结果。

三、轴压比计算常见问题

1. "柱、墙轴压比"与"墙组合轴压比"为何差别比较大，而且依据轴压比反算的荷载差别也比较大

前者柱、墙分开计算，不考虑面积重叠因素，内力按单构件取；后者扣除面积重叠区域，内力按阴影区组合截面取，所以两者输出值有可能有一定差异。尤其当有端柱时，后者计算时扣除了较多的重叠面积，可能计算结果比前者大一些。

考虑到实际受力时，各个墙肢是协调变形的，建议采用组合轴压比计算结果，而且该结果在判断边缘构件类型时，也有更明确的意义。

2. 和本墙肢单工况内力复核的问题

软件在构件信息等文本中输出的轴压比是指组合轴压比，这

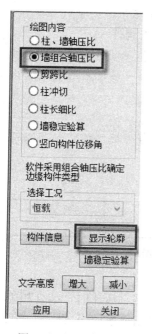

图2.14.5　显示轮廓

时的轴力设计值是组合轴压比计算时所包含的各墙肢轴力之和，因此和构件信息中的本墙肢单工况内力对不上。

3. 墙、考虑抗震时柱轴压比计算时不考虑活荷载按楼层折减系数

由于规范规定墙轴压比计算采用重力荷载代表值，而重力荷载代表值的计算中，活荷载已考虑重力荷载代表值系数，因此软件对于重力荷载代表值计算时，不再考虑活荷载按楼层折减系数。

4. 柱轴压比对应轴力设计值比非地震组合小

有的工程柱子轴压比对应的轴力设计值，并不是所有组合中的最大值，一个重要的原因是《抗震规范》6.3.6 注 1 里说明了，计算地震时要采用地震组合下的轴力设计值，如果本工程设防烈度低，有可能地震组合下的轴力设计值小于非地震组合。

控制轴压比主要为了保证构件的延性，关于轴压比的意义，建议详读《抗震规范》6.3.6 条文说明。

5. 不计算地震作用时，柱轴压比有差异

YJK 默认采用的是《抗震规范》6.3.6 条注 1 所述：取无地震作用组合的轴力设计值计算，而 PKPM 采用的是重力荷载代表值设计值计算。

其他结构设计软件如广厦、MIDAS Building 等，也均采用无地震作用组合的轴力设计值计算。

现软件提供了"非抗震时按重力荷载代表值计算柱轴压比"参数，用户可自行选择。

第十五节　抗震等级和构造措施的抗震等级

抗震措施和抗震构造措施是两个既有联系又有区别的概念。抗震措施是除了地震作用计算和构件抗力计算以外的抗震设计内容，包括建筑总体布置、结构选型、地基抗液化措施、考虑概念设计对地震作用效应（内力和变形等）的调整，以及各种抗震构造措施。这里，地震作用计算指地震作用标准值的计算，不包括地震作用效应（内力和变形）设计值的计算，不等同于抗震计算。抗震构造措施是指根据抗震概念设计的原则，一般不需计算而对结构和非结构各部分必须采取的各种细部构造，如构件尺寸、高厚比、轴压比、长细比、板件宽厚比，构造柱和圈梁的布置和配筋，纵筋配筋率、箍筋配箍率、钢筋直径、间距等构造和连接要求等等。

抗震等级和构造措施的抗震等级是抗震设计的重要参数，它们对抗震设计结果影响很大。《抗震规范》6.1.2 条（强制条文）："钢筋混凝土房屋应根据设防类别、烈度、结构类型和房屋高度采用不同的抗震等级，并应符合相应的计算和构造措施要求。丙类建筑的抗震等级应按表 6.1.2 确定。"

一、用户在计算参数指定基本的抗震等级

用户应在计算参数的地震信息中，根据规范的相关规定填入抗震等级，分别填入混凝土框架抗震等级、剪力墙抗震等级、钢框架抗震等级，如图 2.15.1 所示。

（型钢）混凝土框架抗震等级：应用于建模时按框架梁、柱、支撑方式输入的混凝土、

型钢混凝土、钢管混凝土构件。

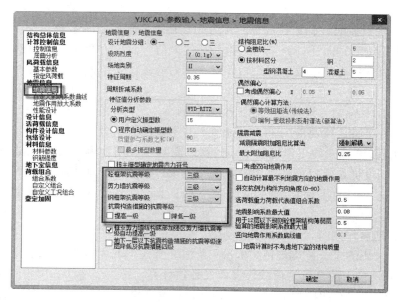

图 2.15.1　抗震等级设置参数

钢框架抗震等级：应用于建模时按框架梁、柱、支撑方式输入的钢构件。

剪力墙抗震等级：应用于建模时输入的混凝土、钢板混凝土、配筋砌块砌体墙。

开洞方式的连梁与按杆件方式输入的连梁抗震等级同墙。

二、软件对抗震等级自动调整的内容

软件对大多数构件将按照用户参数中设置的抗震等级设置，但对于某些情况将自动增加或减少相关构件的抗震等级。对有些情况是不需人工干预自动按规范要求增加，但对有些情况按照用户相关参数的控制增加或减少。

1. 自动处理的内容

（1）《高规》10.2.6："对部分框支剪力墙结构，当转换层的位置设置在 3 层及 3 层以上时，其框支柱、剪力墙底部加强部位的抗震等级宜按本规程表 3.9.3 和表 3.9.4 的规定提高一级采用，已为特一级时可不再提高。"

（2）《高规》10.3.3-1："加强层及其相邻层的框架柱、核心筒剪力墙的抗震等级应提高一级采用，一级应提高至特一级，但抗震等级已经为特一级时应允许不再提高。"

2. 通过参数控制的内容

通过地震计算参数控制如下两项内容：

（1）框支剪力墙结构底部加强区剪力墙抗震等级自动提高一级。

根据《高规》表 3.9.3、表 3.9.4，框支剪力墙结构底部加强区和非底部加强区的剪力墙抗震等级一般情况下相差一级。如果参数中输入的剪力墙抗震等级为非底部加强区的数值，同时勾选该项，则框支剪力墙结构底部加强区剪力墙抗震等级将自动提高一级，省去用户手工指定的步骤。

（2）地下一层以下抗震构造措施的抗震等级逐层降低及抗震措施四级。

《抗震规范》第6.1.3-3："当地下室顶板作为上部结构的嵌固部位时，地下一层的抗震等级应与上部结构相同，地下一层以下抗震构造措施的抗震等级可逐层降低一级，但不应低于四级。"

勾选参数"地下一层以下抗震构造措施的抗震等级逐层降低及抗震措施四级"，软件对地下1层的抗震措施和抗震构造措施不变，对地下2层起抗震构造措施的抗震等级逐层降低一级，但不低于四级。对地下2层起的抗震措施取为四级。如图2.15.2所示。

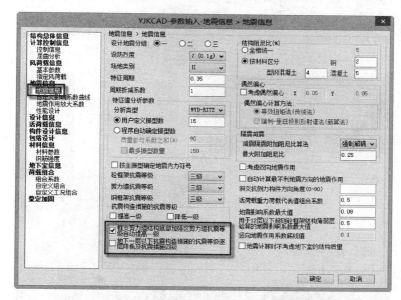

图2.15.2 地下一层以下抗震构造措施的抗震等级逐层降低及抗震措施四级

三、需要用户自行修改的抗震等级

对如下需要增加或降低抗震等级的情况，软件没有能自动执行，需要用户通过计算前处理的抗震等级菜单人工进行修改调整。

（1）《高规》10.4.4-2："抗震设计时，错层处框架柱抗震等级应提高一级采用，一级应提高至特一级，但抗震等级已经为特一级时应允许不再提高。"

（2）《高规》10.5.6-1："连接体及与连接体相连的结构构件在连接体高度范围及其上、下层，抗震等级应提高一级采用，一级提高至特一级，但抗震等级已经为特一级时应允许不再提高。"

（3）《高规》10.6.4-5："抗震设计时，悬挑结构的关键构件以及与之相邻的主体结构关键构件的抗震等级宜提高一级采用，一级提高至特一级，抗震等级已经为特一级时，允许不再提高。"

（4）《高规》10.6.5-2："抗震设计时，体型收进部位上、下各2层塔楼周边竖向结构构件的抗震等级宜提高一级采用，一级提高至特一级，抗震等级已经为特一级时，允许不再提高。"

四、人工个别调整抗震等级的方式

软件在计算前处理设置了对构件抗震等级人工修改的菜单，可由用户分别对各单构件进行抗震等级的人工指定，如图 2.15.3 所示。

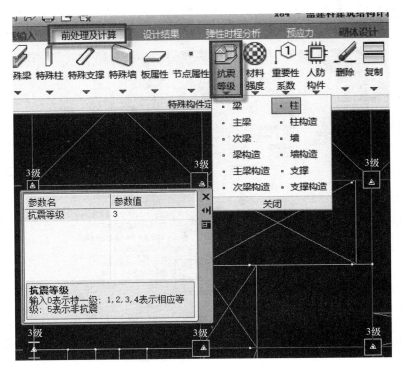

图 2.15.3　抗震等级手工指定菜单

五、抗震等级对计算结果的主要影响

这里列举的内容主要针对除抗震构造措施外的抗震设计内容，抗震构造措施包含的抗震设计内容将在后面加以详述。

目前，与内力调整、抗震验算相关规范规定主要有如下内容：

1. 标准内力调整

（1）《高规》10.2.4 条规定："特一、一、二级转换结构构件的水平地震作用计算内力应分别乘以增大系数 1.9、1.6、1.3。"

（2）《高规》10.2.11-2 条规定："一、二级转换柱由地震作用产生的轴力应分别乘以增大系数 1.5、1.2，但计算柱轴压比时可不考虑该增大系数。"

（3）《高规》3.10.4-2 条："特一级框支柱地震作用产生的柱轴力增大系数取 1.8，但计算柱轴压比时可不计该项增大。"

（4）《抗震规范》8.2.3-7 条规定："钢结构转换构件下的钢框架柱，地震内力应乘以

增大系数，其值可采用 1.5。"

2. 梁、柱、墙设计内力调整

(1)《抗震规范》6.2.2 条关于框架柱的强柱弱梁调整系数的规定。

(2)《抗震规范》6.2.3 条："一、二、三、四级框架结构的底层，柱下端截面组合的弯矩设计值，应分别乘以增大系数 1.7、1.5、1.3 和 1.2。"

(3)《抗震规范》6.2.4 条关于框架梁和连梁的强剪弱弯调整系数的规定。

(4)《抗震规范》6.2.5 条关于框架柱的强剪弱弯调整系数的规定。

(5)《抗震规范》6.2.6 条："一、二、三、四级框架的角柱，经本规范第 6.2.2、6.2.3、6.2.5、6.2.10 条调整后的组合弯矩设计值、剪力设计值尚应乘以不小于 1.10 的增大系数。"

(6)《抗震规范》6.2.8 条关于剪力墙底部加强部位剪力设计值的调整系数规定。

(7)《高规》7.2.5 条："一级剪力墙的底部加强部位以上部位，墙肢的组合弯矩设计值和组合剪力设计值应乘以增大系数，弯矩增大系数可取为 1.2，剪力增大系数可取为 1.3。"

(8)《高规》7.2.2-3 条："短肢剪力墙的底部加强部位应按本节 7.2.6 条调整剪力设计值，其他各层一、二、三级时剪力设计值应分别乘以增大系数 1.4、1.2 和 1.1。"

(9)《高规》10.2.11-3 条："与转换构件相连的一、二级转换柱的上端和底层柱下端截面的弯矩组合值应分别乘以增大系数 1.5、1.3，其他层转换柱柱端弯矩设计值应符合本规程第 6.2.1 条的规定。"

(10)《高规》10.2.18 条："部分框支剪力墙结构中，特一、一、二、三级落地剪力墙底部加强部位的弯矩设计值应按墙底截面有地震作用组合的弯矩值乘以增大系数 1.8、1.5、1.3、1.1 采用；其剪力设计值应按本规程第 3.10.5 条、第 7.2.6 条的规定进行调整。"

(11)《高规》3.10.2-2 条："特一级框架柱柱端弯矩增大系数、柱端剪力增大系数应增大 20%。"

(12)《高规》3.10.3-1 条："特一级框架梁梁端剪力增大系数应增大 20%。"

(13)《高规》3.10.4-2 条："特一级框支柱底层柱下端及与转换层相连的柱上端的弯矩增大系数取 1.8，其余层柱端弯矩增大系数应增大 20%；柱端剪力增大系数应增大 20%。"

(14)《高规》3.10.5-1 条："特一级剪力墙、筒体墙底部加强部位的弯矩设计值应乘以 1.1 的增大系数，其他部位的弯矩设计值应乘以 1.3 的增大系数；底部加强部位的剪力设计值，应按考虑地震作用组合的剪力计算值的 1.9 倍采用，其他部位的剪力设计值，应按考虑地震作用组合的剪力计算值的 1.4 倍采用。"

(15)《高规》3.10.5-5 条："特一级连梁的要求同一级。"

(16)《混凝土规范》11.7.8 规定："配置有对角斜筋的连梁 η_{vb} 取 1.0。"

3. 柱节点核芯区设计内力调整

(1)《混凝土规范》11.6.2 条对节点剪力增大系数作了规定："对于框架结构，一级取 1.50，二级取 1.35，三级取 1.20；对于其他结构中的框架，一级取 1.35，二级取 1.20，三级取 1.10。"

（2）《抗震规范》8.2.5 条对钢框架节点处的抗震承载力验算作了规定，其中强柱系数，一级取 1.15，二级取 1.10，三级取 1.05。

（3）《异形柱规程》5.3.5 条对核心区剪力增大作了规定："对二、三、四级抗震等级分别取 1.2、1.1、1.0。"

（4）《型钢规程》7.1.1 条对节点核芯区的规定。

4. 柱冲切验算时设计内力调整

《抗震规范》6.6.3-3 条规定："板柱节点应进行冲切承载力的抗震验算，应计入不平衡弯矩引起的冲切，节点处地震作用组合的不平衡弯矩引起的冲切反力设计值应乘以增大系数，一、二、三级板柱的增大系数可分别取 1.7、1.5、1.3。"

5. 其他抗震验算内容

《高规》7.2.12 条对一级抗震时剪力墙的施工缝验算作了规定。

六、抗震构造措施的抗震等级的基本指定

一般情况下各构件抗震构造措施的抗震等级同抗震措施的抗震等级，但是对于抗震构造措施的抗震等级与抗震等级不同的情况，可在计算参数的地震信息中调整，如图 2.15.4 所示。

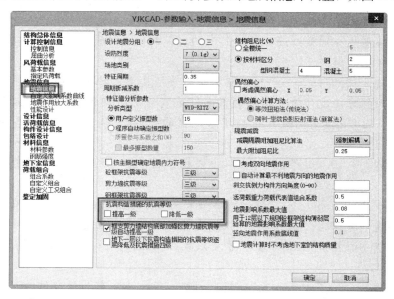

图 2.15.4　抗震构造措施抗震等级设置

《抗震规范》3.3.2（强制条文）："建筑场地为 I 类时，对甲、乙类的建筑应允许仍按本地区抗震设防烈度的要求采取抗震构造措施；对丙类的建筑应允许按本地区抗震设防烈度降低一度的要求采取抗震构造措施，但抗震设防烈度为 6 度时仍应按本地区抗震设防烈度的要求采取抗震构造措施。"

《抗震规范》3.3.3："建筑场地为 III、IV 类时，对设计基本地震加速度为 0.15g 和 0.30g 的地区，除本规范另有规定外，宜分别按抗震设防烈度 8 度（0.20g）和 9 度（0.40g）时各抗震设防类别建筑的要求采取抗震构造措施。"

由于规范提到的这几种调整都是整体增加或降低一级，所以软件设置了增加一级和降

低一级两个选项。

　　如果建筑场地为Ⅰ类、设防烈度满足如上《抗震规范》3.3.3，软件会自动勾选抗震构造措施的"降低一级"；如果建筑场地为Ⅲ、Ⅳ类、设防烈度满足《抗震规范》3.3.3条件，软件会自动勾选抗震构造措施的"提高一级"。

七、软件对抗震构造措施抗震等级自动调整的内容

　　如果用户勾选参数"地下一层以下抗震构造措施的抗震等级逐层降低及抗震措施四级"，软件对地下1层的抗震措施和抗震构造措施不变，对地下2层起抗震构造措施的抗震等级逐层降低一级，但不低于四级。对地下2层起的抗震措施取为四级。

　　《高规》9.1.11-2："当框架部分分配的地震剪力标准值的最大值小于结构底部总地震剪力标准值的10%时，各层框架部分承担的地震剪力标准值应增大到结构底部总地震剪力标准值的15%；此时，各层核心筒墙体的地震剪力标准值宜乘以增大系数1.1，但可不大于结构底部总地震剪力标准值，墙体的抗震构造措施应按抗震等级提高一级后采用，已为特一级的可不再提高。"满足该条时，软件自动提高核心筒墙体抗震构造措施抗震等级。

八、对抗震构造措施的抗震等级的人工个别调整修改的方式

　　软件在计算前处理设置了对构件抗震构造措施的抗震等级人工修改的菜单，可由用户分别对各单构件抗震构造措施的抗震等级进行人工指定，如图2.15.5所示。

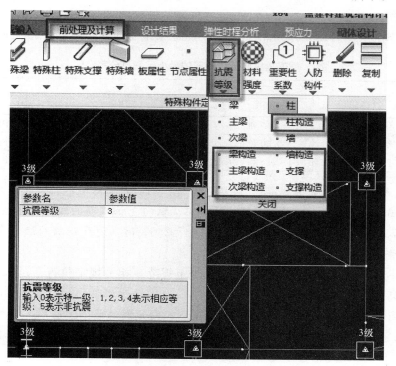

图2.15.5　抗震构造措施抗震等级手工指定菜单

九、抗震构造措施的抗震等级对设计的主要影响

下面整理的内容主要针对软件中【设计结果】菜单下输出的图形和文本内容，施工图的细节在这里暂未整理。主要内容如下：

1. 框架梁端混凝土受压区高度规定

《抗震规范》6.3.3-1条规定："梁端计入受压钢筋的混凝土受压区高度和有效高度之比，一级不应大于0.25，二、三级不应大于0.35。"

关于该条，软件自动执行，如果受压区高度超限，则软件通过增加受压钢筋方式来处理。

2. 框架梁端受压钢筋规定

《抗震规范》6.3.3-2条规定："梁端截面的底面和顶面纵向钢筋配筋量的比值，除按计算确定外，一级不应小于0.5，二、三级不应小于0.3。"

关于该条，软件提供相关参数设置，默认勾选，如图2.15.6所示。

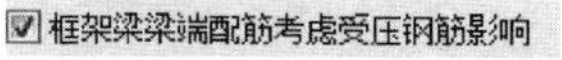

☑框架梁梁端配筋考虑受压钢筋影响

图 2.15.6 框架梁梁端配筋考虑受压钢筋影响

3. 梁最小、最大配筋率

非抗震时，构件最小配筋率按照《混凝土规范》8.5.1条执行。抗震时执行内容如下：

（1）纵筋

《混凝土规范》表11.3.6-1和《高规》对框架梁最小配筋率做了规定，见表2.15.1。

框架梁纵向受拉钢筋的最小配筋百分率   表 2.15.1

抗震等级	梁中位置	
	支座	跨中
一级	0.40 和 $80f_t/f_y$ 中的较大值	0.30 和 $65f_t/f_y$ 中的较大值
二级	0.30 和 $65f_t/f_y$ 中的较大值	0.25 和 $55f_t/f_y$ 中的较大值
三、四级	0.25 和 $55f_t/f_y$ 中的较大值	0.20 和 $45f_t/f_y$ 中的较大值

《混凝土规范》11.3.7条规定："梁端纵向受拉钢筋的配筋率不宜大于2.5%。"

《高规》6.3.3-1条规定："抗震设计时，梁端纵向受拉钢筋的配筋率不宜大于2.5%，不应大于2.75%；当梁端受拉钢筋的配筋率大于2.5%时，受压钢筋的配筋率不应小于受拉钢筋的一半。"

对于最小配筋率的要求，软件按照《混凝土规范》相关规定执行；对于最大配筋率，软件按照《高规》6.3.3-1条规定执行。

《高规》10.2.7-1条规定："转换梁上、下部纵向钢筋的最小配筋率，非抗震设计时均不应小于0.30%；抗震设计时，特一、一、和二级分别不应小于0.60%、0.50%和0.40%。"

对于转换梁，软件按照《高规》10.2.7-1条规定执行。

《高规》11.4.2-2 条规定："型钢混凝土梁的最小配筋率不宜小于 0.30%。"

对于型钢混凝土梁的最小配筋率，软件按照《高规》11.4.2-2 条规定执行。

（2）箍筋

《混凝土规范》11.3.9 条规定："沿梁全长箍筋的面积配筋率 ρ_{sv} 应符合下列规定："

一级抗震等级

$$\rho_{sv} \geqslant 0.30 \frac{f_t}{f_{yv}} \tag{11.3.9-1}$$

二级抗震等级

$$\rho_{sv} \geqslant 0.28 \frac{f_t}{f_{yv}} \tag{11.3.9-2}$$

三、四级抗震等级

$$\rho_{sv} \geqslant 0.26 \frac{f_t}{f_{yv}} \tag{11.3.9-3}$$

对于混凝土梁，软件按照上述规定执行。

《高规》10.2.7-2 条规定："加密区箍筋的最小面积配筋率，非抗震设计时不应小于 $0.9f_t/f_{yv}$；抗震设计时，特一、一和二级分别不应小于 $1.3f_t/f_{yv}$、$1.2f_t/f_{yv}$ 和 $1.1 f_t/f_{yv}$。"

对于转换梁，软件按照《高规》10.2.7-2 条规定执行。

《高规》11.4.3-1 条规定："型钢混凝土梁箍筋的最小面积配筋率应符合本规程第 6.3.4 条第 4 款和第 6.3.5 条第 1 款的规定，且不应小于 0.15%。"

对于型钢混凝土梁，软件按照《高规》11.4.3-1 条规定执行。

4. 柱最小、最大配筋率

（1）纵筋

《抗震规范》6.3.7-1 条规定："柱纵向受力钢筋的最小总配筋率应按表 6.3.7-1 采用，同时每一侧配筋率不应小于 0.2%；对建造于Ⅳ类场地且较高的高层建筑，最小总配筋率应增加 0.1%。"见表 2.15.2。

柱截面纵向钢筋的最小总配筋率（百分率）　　　　　表 2.15.2

类别	抗震等级			
	一	二	三	四
中柱和边柱	0.9 (1.0)	0.7 (0.8)	0.6 (0.7)	0.5 (0.6)
角柱、框支柱	1.1	0.9	0.8	0.7

《抗震规范》6.3.7-1 注：

1　表中括号内数值用于框架结构的柱；

2　钢筋强度标准值小于 400MPa 时，表中数值应增加 0.1，钢筋强度标准值为 400MPa 时，表中数值应增加 0.05；

3　混凝土强度等级高于 C60 时，上述数值应相应增加 0.1。

《抗震规范》6.3.8-3 条规定："柱总配筋率不应大于 5%。"

对于混凝土柱的最小配筋率，软件按照《抗震规范》表 6.3.7-1 执行，并根据注释的要求调整最小配筋率；对于最大配筋率，抗震时不超过 5%。

《异形柱规程》6.2.5条规定："异形柱中全部纵向受力钢筋的配筋百分率不应小于表6.2.5规定的数值，且按柱全截面面积计算的柱肢各肢端纵向受力钢筋的配筋百分率不应小于0.2；建于Ⅳ类场地且高于28m的框架，全部纵向受力钢筋的最小配筋百分率应按表6.2.5中的数值增加0.1采用。"

《异形柱规程》6.2.6条规定："异形柱全部纵向受力钢筋的配筋率，非抗震设计时不应大于4%；抗震设计时不应大于3%。"

对于异形柱，软件按照《异形柱规程》6.2.5条、6.2.6条规定执行。

《高规》11.4.5-4条规定："型钢混凝土柱的纵向钢筋最小配筋率不宜小于0.8%。"

对于型钢混凝土柱的最小配筋率，软件执行《高规》11.4.5-4条规定。

（2）箍筋

《抗震规范》表6.3.9对柱最小配箍特征值取值做了规定，箍筋形式、抗震等级、轴压比相关，目前软件默认取箍筋形式为"普通箍、复合箍"。

《抗震规范》6.3.9-3的第3）项规定："剪跨比不大于2的柱宜采用复合螺旋箍或井字复合箍，其体积配箍率不应小于1.2%，9度一级时不应小于1.5%。"

对于混凝土柱，软件执行上述规定。

《高规》10.2.10-3条规定："抗震设计时，转换柱的箍筋配箍特征值应比普通框架柱要求的数值增加0.02采用，且箍筋体积配箍率不应小于1.5%。"

对于转换柱，软件执行《高规》10.2.10-3条规定。

《高规》11.4.6-4条规定："抗震设计时，柱箍筋的直径和间距应符合表11.4.6的规定，加密区箍筋最小体积配箍率尚应符合式（11.4.6）的要求，非加密区箍筋最小体积配箍率不应小于加密区箍筋最小体积配箍率的一半；对剪跨比不大于2的柱，其箍筋体积配箍率尚不应小于1.0%，9度抗震设计时尚不应小于1.3%。"

对于型钢混凝土柱的最小体积配箍率，软件按照《高规》11.4.6-4条规定执行。

对于混凝土异形柱，软件按照《异形柱规程》表6.2.9条执行。

（3）节点核芯区箍筋

《抗震规范》6.3.10条规定："框架节点核芯区箍筋的最大间距和最小直径宜按本规范第6.3.7采用；一、二、三级框架节点核芯区配箍特征值分别不宜小于0.12、0.10和0.08且体积配箍率分别，不宜小于0.6%、0.5%和0.4%。"

《异形柱规程》6.3.6-2条规定："抗震设计时，节点核心区箍筋最大间距和最小直径宜按本规程表6.2.10采用。对二、三和四级抗震等级，节点核心区配箍特征值分别不宜小于0.10、0.08和0.06，且体积配箍率分别不宜小于0.8%、0.6%和0.5%。"

《型钢规程》7.2.1条规定："型钢混凝土框架节点核心区的箍筋最大间距、最小直径宜按本规程表6.2.1-1采用，对一、二、三级抗震等级的框架节点核心区，其箍筋最小体积配筋率分别不宜小于0.6%、0.5%、0.4%。"

软件执行上述规定。

5. 墙水平、竖向分布筋最小配筋率

《抗震规范》6.4.3条规定：

1 一、二、三级抗震墙的竖向和横向分布钢筋最小配筋率均不应小于0.25%，四级抗震墙分布钢筋最小配筋率不应小于0.20%。

注：高度小于 24m 且剪压比很小的四级抗震墙，其竖向分布筋的最小配筋率应允许按 0.15％ 采用。

2　部分框支抗震墙结构的落地抗震墙底部加强部位，竖向和横向分布钢筋配筋率均不应小于 0.3％。

《抗震规范》6.5.2 条关于框架-抗震墙结构的规定："抗震墙的竖向和横向分布钢筋，配筋率均不应小于 0.25％。"

《高规》7.2.17 条规定："剪力墙竖向和水平分布钢筋的配筋率，一、二、三级时均不应小于 0.25％，四级和非抗震设计时均不应小于 0.20％。"

《高规》8.2.1 条规定："框架-剪力墙结构、板柱-剪力墙结构中，剪力墙的竖向、水平分布钢筋的配筋率，抗震设计时均不应小于 0.25％，非抗震设计时均不应小于 0.20％。"

《高规》9.2.2-1 条关于框架-核心筒结构的规定："抗震设计时，核心筒墙体底部加强部位主要墙体的水平和竖向分布钢筋的配筋率均不宜小于 0.30％。"

《高规》10.2.19 条规定："部分框支剪力墙结构中，剪力墙底部加强部位墙体的水平和竖向分布钢筋的最小配筋率，抗震设计时不应小于 0.3％，非抗震设计时不应小于 0.25％。"

《高规》12.2.5 条规定："高层建筑地下室外墙设计应满足水土压力及地面荷载侧压作用下承载力要求，其竖向和水平分布钢筋应双层双向布置，间距不宜大于 150mm，配筋率不宜小于 0.3％。"

对于剪力墙，软件根据结构类型，按照上述规定执行。

6. 柱轴压比规定

《抗震规范》6.3.6 条规定："柱轴压比不宜超过表 6.3.6 的规定；建造于 Ⅳ 类场地且较高的高层建筑，柱轴压比限值应适当减小。"

（1）轴压比对应轴力设计值的取值

《抗震规范》6.3.6 条注 1："轴压比指柱组合的轴压力设计值与柱的全截面面积和混凝土轴心抗压强度设计值乘积之比值；对本规范规定不进行地震作用计算的结构，可取无地震作用组合的轴力设计值计算。"

软件按照该条执行，计算地震作用时，只取地震组合下的轴力设计值的最大值；不计算地震作用时，取非地震组合下的轴力设计值，如果勾选"非抗震时按重力荷载代表值计算柱轴压比"，则按重力荷载代表值计算。

（2）轴压比限值

软件首先根据结构类型、抗震等级查表获得基本数值，见表 2.15.3。

柱轴压比限值　　　　　　　　　　　　　　　　　　表 2.15.3

结构体系	抗震等级			
	一级	二级	三级	四级
框架结构	0.65	0.75	0.85	0.90
框架-剪力墙结构、筒体结构 板柱-剪力墙结构	0.75	0.85	0.90	0.95
部分框支剪力墙结构	0.60	0.70	—	

然后按照下述规则对限值进行调整：

1）勾选了"框架柱的轴压比限值按框架结构采用"，则按框架结构查表；

2）当混凝土强度等级为 C65～C70 时，轴压比限值应比表中数值降低 0.05；当混凝土强度等级为 C75～C80 时，轴压比限值应比表中数值降低 0.10；

3）剪跨比不大于 2 的柱，轴压比限值降低 0.05；剪跨比小于 1.5 的柱，轴压比限值降低 0.1；

4）建造于 IV 类场地且较高的高层建筑，柱轴压比限值降低 0.05；

5）加强层及其相邻层的框架柱，轴压比限值应按其他楼层框架柱的数值减小 0.05；

6）提供了轴压比限值是否按框架结构类型取值参数；

7）在前处理设置了柱轴压比限值增减量的柱，限值加上输入的增减量。

软件关于 IV 类场较高建筑的判断规则为：异形柱框架结构高度超过 28m，或者框架结构高度超过 40m，或者非框架结构高度超过 60m。

对于混凝土异形柱，软件按照《异形柱规程》表 6.2.2 条执行。

对于型钢混凝土柱，当选择按照《型钢规程》设计时，软件按照《高规》表 11.4.4 取值；当选择按照《钢骨规程》设计时，软件按照《钢骨规程》表 6.3.12 取值。

对于矩形钢管混凝土柱，软件按照《高规》表 11.4.10 取值。

对于钢管混凝土叠合柱，按照《叠合柱规程》的规定，轴压比限值按对应的混凝土柱取值。

对于钢柱，软件按照《高钢规》6.3.3 条规定，轴压比限值取 0.6。

7. 墙轴压比规定

《抗震规范》6.4.2 条规定："一、二、三级抗震墙在重力荷载代表值作用下墙肢的轴压比，一级时，9 度不宜大于 0.4，7、8 度不宜大于 0.5；二、三级时不宜大于 0.6。"

《高规》7.2.2-2 条规定："一、二、三级短肢剪力墙的轴压比，分别不宜大于 0.45、0.50、0.55，一字形截面短肢剪力墙的轴压比限值应相应减少 0.1。"

《高规》表 7.2.13 注："墙肢轴压比是指重力荷载代表值作用下墙肢承受的轴压力设计值与墙肢的全截面面积和混凝土轴心抗压强度设计值乘积之比值。"

软件除了提供单墙肢轴压比计算结果外，还提供组合轴压比计算结果，并且按照组合轴压比计算结果判断墙肢轴压比是否超限，后续边缘构件设计时也采用组合轴压比判断边缘构件类型。

第三章 专题详解

第一节 复杂空间模型的输入和计算

一、空间结构菜单的作用是什么

按照楼层模型逐层建模的方式，适用于大多数建筑结构，或者适用于建筑结构的绝大部分。但是像空间网架、桁架、特殊的建筑造型等，用逐层建模方式建不出来。对于高层建筑，也常有部分楼层布置复杂，如桁架转换层、顶部大空间层等，它们用逐层建模方式建模也很困难。

YJK【模型荷载输入】中的【空间结构】菜单就是用来完成复杂结构模型的建模输入的。

除了逐层输入方式以外，建模软件还提供了空间模型的输入方式。和主菜单的【轴线网格】、【构件布置】、【楼板布置】、【荷载输入】、【楼层组装】并列，最后是【空间结构】菜单，如图 3.1.1 所示。

图 3.1.1 空间结构菜单

空间模型的特点是输入空间网格线并在其上布置构件和荷载。逐层建模时输入的轴线只能在水平面上进行，空间网格线则可以在空间的任意方向绘制。对于不易按照楼层模型输入的复杂空间模型，可以按照空间模型方式输入。

平面建模时输入的轴线为红色，空间建模菜单输入的空间网格线为黄绿色，这样可以区分开来，突出空间网格的特点。

可以导入已有的用 AutoCAD 建立的空间网格，导入的网格也以黄绿色显示。

在【空间结构】菜单中布置的构件和荷载，只能布置在黄绿色的空间网格线上，而不能布置在参照的平面楼层网格上。

在目前的空间模型中，设置了柱、斜杆和梁构件的布置，没有设置楼板布置和墙、墙上洞口的布置。荷载方面设置了恒、活荷载的输入，每种荷载设置了梁间荷载和节点荷载的输入。

软件提供【蒙皮导荷】菜单可进行作用在空间结构上的荷载的自动导算，导算的荷载工况包括恒载、活载、自重、＋X 风、－X 风、＋Y 风、－Y 风共 7 种荷载类型。蒙皮是沿着杆件或者墙面边界形成一个面，在该面上赋值面荷载，软件将该面荷载导算的过程称为蒙皮导荷。

如果给蒙皮赋予材料、厚度属性，蒙皮面本身可以当作结构构件，它可以按壳单元参与全楼有限元计算，并得出蒙皮各单元的内力和配筋。由于软件对蒙皮的生成很灵活方便，因此可通过蒙皮结构构件表现各种复杂的墙、板造型。

二、把空间结构建模嵌入在普通的楼层建模方式中的好处是什么

建模程序以逐层建模方式为主，同时提供空间建模方式，并使二者密切结合。这是因为设置了复杂空间结构的建筑工程，其大部分仍设置了楼层，对楼层部分按照逐层建模方式效率高得多，完全依靠空间建模方式建模的实际工程很少。

有的软件系统另外设置了单独的空间建模模块，但这样的模块以三维操作为主，操作方式和楼层方式差别太大，需要另外学习。由于一般建筑结构中的复杂空间结构只占很小部分，大部分仍属常规楼层模型，把楼层模型用三维操作建模显然效率太低。因此这样单独的空间建模模块很难普及应用。

用户应在逐层建模操作完成并楼层组装后，再操作【空间结构】菜单补充输入空间模型部分。为了空间模型的定位，空间建模宜以已有的楼层模型为参照，空间建模是在已有的楼层模型上补充输入。

对于没有普通楼层的纯空间结构，软件也可以输入，需要注意楼层组装对话框右下角的"与基础相连构件的最大底标高（m）"参数对于空间层也适用。

三、空间建模的"参照楼层"作用是什么

除了完全没有设置平面楼层的建筑，一般的空间建模时，应首先选择参照的楼层。参照的楼层可以是一个楼层，比如需在顶层设置空间桁架时就选择顶层作为参照的楼层；还可以选择多个楼层，如需在某几个楼层之间搭建空间模型。可以看出，参照楼层确定了空间结构的空间定位。

空间网格线输入时，可在参照楼层上捕捉或参照定位，参照楼层上的轴线网格可作为空间网格线的捕捉对象或者参照对象。参照楼层上的构件只起显示参照作用，不能作为捕捉对象。由于经过全楼组装后的自然层的空间位置已经确定，这样输入的空间网格也随之确定。当楼层组装修改后，自然层空间位置随之发生变化，但由于空间模型中的坐标是绝对位置（包含 Z 向坐标），因此不会随楼层组装表而变化。因此可以看出，参照楼层的主要作用是把输入的空间结构在三维模型中准确定位。

空间模型还可以建在已有楼层的内部，比如古建的大屋顶，可将大屋顶的柱和屋面梁部分作为普通的楼层建模，将屋顶下的多重檩架部分按照空间模型输入，软件计算时可将多重檩架作为屋顶层的子结构自动连接处理。类似这类形式的还有层顶的桁架结构。如果同时在多个楼层布置了桁架，可在多个已有楼层将空间模型同时输入，软件可将布置在多个楼层的桁架作为各个楼层的子结构自动连接处理。

导入已有的空间网格时，也应首先选择参照的自然楼层，将导入的模型用鼠标动态移

动并布置到已有的楼层上。

四、空间轴线输入要点

1. 三维网格轴线

空间建模的核心是输入三维的网格轴线。软件设置了【节点】、【直线】两个菜单，输入空间的节点和线。

按照楼层输入方式时，输入的点、线等图素只限于水平面上。【空间结构】菜单下的操作取消了这一限制，可以随意绘制空间任意的点、线。因此，空间点的坐标输入是三维的，需要输入它的 X、Y、Z 的三个值。比如输入空间直线时，其第一点确定后，第二点的定位需要输入相对于第一点的 X、Y、Z 方向的三个值。

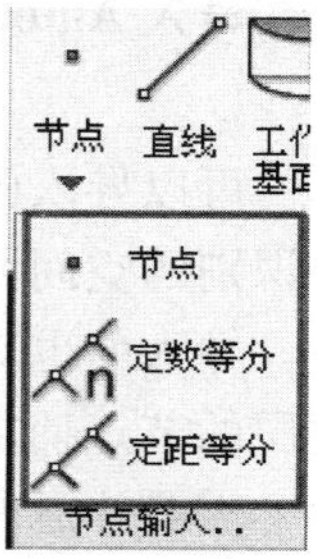

绘制出的空间线将以黄绿色显示，以便和平面楼层的红色网格线区别开来。绘出的空间线将在互相相交处自动打断成分段的网格和节点。

节点输入菜单有三项：【节点】、【定数等分】、【定距等分】，如图 3.1.2。

【节点】：直接输入空间节点，可以连续输入。

【定数等分】：在一条已有的空间直线上等分输入节点，等分数量由用户输入。

图 3.1.2 节点菜单

【定距等分】：在一条已有的空间直线上按照用户输入的距离输入节点。

2. 工作基面的应用

工作基面是绘制空间线的重要工具。当需要绘制的图素位于空间某一平面内时，可以将这一平面事先定义为工作基面，随后绘制图素的操作将锁定在工作基面内进行。这样用户可以像绘制二维图素一样方便地绘制三维图素。在工作基面内，将基面法向锁定，鼠标只能在基面内绘制，绘制的方式、使用的各种工具和在普通平面上同样。

由于大部分的空间线是处在某一平面内的，如空间桁架的杆件处在 X-Z 或 Y-Z 的竖向平面内，可以将某一 X-Z 或 Y-Z 的竖向平面定义成工作基面，再在上面绘制桁架轴线就很方便了。

定义工作基面的操作是：

（1）逆时针方向选择已有的空间三个点确定工作基面；

（2）选择基面的原点；

（3）定义基面的 X 轴方向。

定义工作基面完成后，将在工作基面的原点处出现一个较小的坐标轴。随后的绘制图素的操作将锁定在该工作基面内，直到点取【取消工作基面】菜单。

五、空间建模中的构件输入和荷载输入

在空间建模中，构件截面定义、荷载定义是和楼层建模统一的，输入方式类似。软件设置了布置柱、斜杆、梁的菜单，没有设置墙和楼板的布置菜单。

可以在空间网格上布置柱、斜杆和梁构件。定义柱、斜杆和梁截面的方式和前面的楼层建模时相同。布置斜杆和梁时，没有设置偏心的内容。软件将空间布置的杆件按照其截面宽向下的整体坐标考虑。

原来的斜杆布置，设置了按照"节点"的布置方式和按照"网格"的布置方式。在空间建模下布置斜杆时，软件隐含按照"网格"方式布置。

柱只能在垂直的轴线上布置，布置时可输入柱相对于节点的偏心和转角，其偏心值和转角值都是相对于整体坐标系的数值。

荷载分为恒荷载、活荷载的输入，每种荷载下设置了"梁"和"节点"两种荷载的输入。

六、导入 AutoCAD 轴网

可以导入已有的在 AutoCAD 中建立的空间轴网。软件将 AutoCAD 轴线转化成本软件识别的空间网格线，并定位到已输入的楼层上。这是空间模型的辅助输入方式之一。

导入前也应选择参照的楼层，操作时用鼠标动态拖动转化好的空间网格，使其和参照楼层的节点捕捉定位。

需要注意原有 AutoCAD 图画图的长度单位，在 YJK 输入的单位应是 mm，如果 AutoCAD 图的单位是 m，应将转图对话框上的比例设置为 1000。

七、导到楼层菜单的作用

软件自动将【空间结构】菜单建立的模型放到最后一个自然层，但是当空间结构同时分布在多个自然层时，分布在各层的构件对各层的楼层指标计算都是有影响的，在结构计算时把这些构件放到最后一个自然层，可能导致楼层相关的各项指标计算不合理。

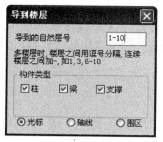

图 3.1.3 导到楼层

【导到楼层】菜单的作用，是把空间建模的杆件、荷载导到普通楼层中，这常常是为了结构计算中楼层指标的正确计算，如图 3.1.3 所示。

对空间结构进行导到楼层的操作时，可以在对话框中同时输入多个需要导到的自然层号，各楼层号之间用逗号分开。对于连续的楼层可输入起始层号和终止层号，并在其间加"-"，例如输入 1，3，6-10，表示将选择的构件根据标高分别导到 1、3、6、7、8、9、10 层中。

空间结构的杆件归到某一自然层的原则是，杆件的某一端或者两端节点的标高处在该自然层范围内，框选需要导到楼层的空间结构杆件时，软件按照这样的规则将空间杆件分别导到不同的自然层中，同时从空间层删除。如果构件标高不在要求的楼层范围内，则构件留在空间模型中不变。

当有些复杂空间结构构件布置在普通楼层上，用标准层平面建模方式不易输入时，可将这样的构件用空间建模方式输入，然后再用【导到楼层】菜单将它们转到普通楼层。

八、导到空间菜单的作用

YJK 在【构件布置】菜单下设置了【导到空间】菜单，它的作用是把普通楼层中已经布置好的杆件、荷载导到空间结构中去，正好和【空间结构】菜单下的【导到楼层】菜单的作用相反。

【导到空间】菜单不能把墙、楼板及其上布置的荷载导出到空间菜单。

【导到空间】菜单的用处主要有两点：

1. 复杂结构标准层的修改

对于结构复杂的普通标准层一般是依靠【空间结构】菜单建模，再导到普通楼层中的。如果对复杂结构部分需要进行修改，使用普通楼层的菜单进行修改会很不方便。因此可把它们先导回到【空间结构】菜单下，用空间三维方式修改后，还可以再导回普通楼层。

2. 普通标准层的合并与拆分

对普通标准层建模并组装好的楼层，如果需要对标准层进行合并或者拆分的操作，可以把它们先导到【空间结构】菜单下，在楼层组装表中删除原来的标准层，建立新的合并或拆分后的标准层，并进行楼层组装，最后参照新的标准层，把空间结构中的内容再导回普通层，相关杆件就会自动合并到新的标准层中，从而实现杆件在新标准层中的合并或者拆分。

九、弹性连接操作要点

模型中包含大跨空间结构时，常需要对大跨结构的支座设置弹性连接。这里的弹性连接指的是可以滑动的支座形式，因为大跨结构必须考虑它实际存在的支座滑动才能满足实际要求。

YJK 提供了三种设置弹性连接的方式。

1. 两点约束

这是常用的约束设置方式，指定同标准层平面内两点间的约束关系，点【两点约束】菜单弹出对 6 个自由度的控制对话框，如图 3.1.4 所示，对话框设置的是铰接、约束 X、Z 方向平动、对 Y 方向设置 2000kN/m 刚度的滑动连接。

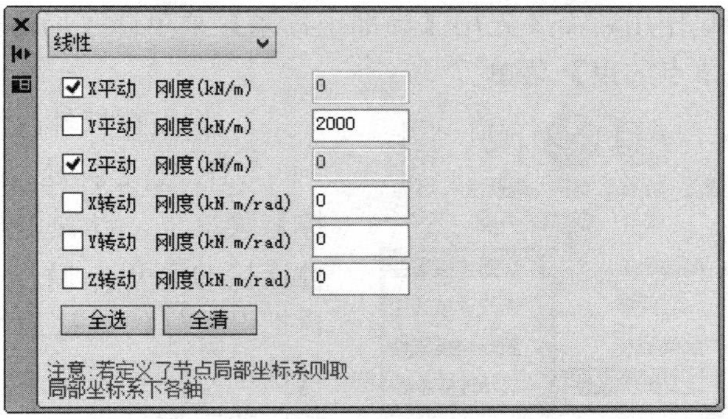

图 3.1.4　两点约束定义

　　人工设置的对 6 个自由度的不同约束是施加到两个节点之间有一定间距的空隙上。由于必须是分开的两个节点，因此对于工程中有节点上设置了滑动支座等情况，需要对于支座连接的两部分构件进行人为的拆分，建立距离相近的节点并分别布置构件，然后再指定该两点间的约束关系。

　　特殊构件定义和计算简图中均以绿色表示被约束节点，红色表示约束的主节点，绿线表示两节点间存在约束关系，并且附有文字标注。

　　一般通用有限元软件均采用两点约束方式设置弹性连接，但是这种方式必须在建模中对约束位置输入分开的两个节点，给模型输入造成额外的工程量，并大大增加了建模的复杂程度，因此会使用的人很少。

　　通用有限元的建模方式为空间方式，YJK 对于空间结构层的两点约束操作方式与通用有限元软件相同，但是在 YJK 的普通标准层中，节点都是位于楼层平面上的，两点约束只能加在层顶位置分开的两个节点上，不能在层顶和层底之间设置两点约束，因此更减少了两点约束的应用。

　　对于两点约束的坐标系，当连接属性为线性时，取决于在【节点属性】-【局部坐标系】中定义的局部坐标系，当未定义局部坐标系时则默认为全局坐标系；当连接属性为"线性"以外的其他属性时，则局部坐标系 1 轴为由从节点指向主节点的连线方向，2 轴为垂直 1 轴向上方向，3 轴方向按 1 轴→2 轴的右手螺旋定则确定。

　　2. 单点约束

　　【单点约束】是 YJK 独有的特色菜单，它是针对柱底下的约束设置（也可在支撑底下设置）。软件自动在柱底和下层节点之间设置约束，不用再人为在约束处设置分离的两个节点，简化了操作。因此，对于柱下、支撑下的弹性连接用单点约束设置更方便。需注意的是，【单点约束】目前不支持在多根构件交汇的节点进行设置。

　　对于单点约束的坐标系，当连接属性为线性时，与两点约束方式一致，取决于【节点属性】-【局部坐标系】中定义的局部坐标系，当未定义局部坐标系时则默认为全局坐标系；当连接属性为"线性"以外的其他属性时，默认 1 轴为竖直向上，2 轴为全局坐标系 Y 轴，当定义了节点局部坐标系时，则以局部坐标系的 Y 轴作为 2 轴方向。

　　根据上述规则，对于垂直的柱或者垂直的支撑杆件来说，柱底的滑动可以不受约束地实现，但是对于倾斜的支撑杆件来说，由于在斜撑垂直的方向上常常受到下层平面的约束，因此对于斜杆底部非水平面内的滑动支座，默认的局部坐标系方向可能不适用，这里设置的滑动支座不能起作用，需要先用【局部坐标系】菜单修改局部坐标系到滑动支座的水平位置，才可用【单点约束】菜单。

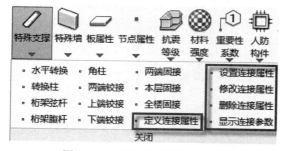

图 3.1.5　支撑定义为弹性连接

　　3. 将支撑杆件改为弹性连接

　　YJK 在【前处理及计算】-【特殊支撑】菜单下，设置了可将支撑杆件改为弹性连接的菜单，操作是先定义连接属性，再把设置好的连接属性布置到相应的斜杆杆件上，如图 3.1.5 所示。软件将自动把相应的支撑杆件改为弹性连接，它的作用和加在支撑两端点之间的两点约束相同。

点【定义连接属性】菜单弹出对话框，如图 3.1.6 所示，连接属性包括"线性"、"阻尼器"、"塑性单元"、"隔震支座"、"间隙"5 个选项。对于空间结构的滑动支座，在这里应选择"线性"项，并给 6 个自由度赋值。

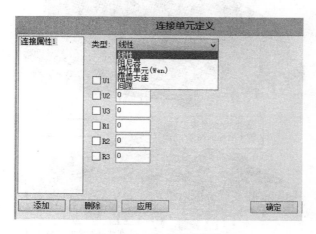

图 3.1.6　定义连接属性

对于按斜杆方式定义的连接属性，其坐标系则固定为该杆件的局部坐标系，即：1 轴为由斜杆较高端指向斜杆较低端的连线方向，2 轴为垂直 1 轴向上方向，3 轴方向按 1 轴→2 轴的右手螺旋定则确定。

这种将支撑改为弹性连接的方式是 YJK 的特色，它使弹性连接的设置变得既方便，适应性又强。首先因为支撑的输入在 YJK 的建模中非常方便，另外由于约束加在支撑两端节点之间，这样设置的滑动支座不会受到约束，滑动在非水平方向也可以实现。

因此对于滑动支座的设置来说，可以归纳出最方便的方法为：对于柱或者垂直的斜杆用单点约束设置，对于倾斜的斜杆使用将支撑改为弹性连接的方式设置。

十、空间结构应用之一：屋顶空间结构

对于大跨屋盖结构，《抗震规范》10.2.7 条："计算模型应计入屋盖结构与下部结构的协同作用。"但是传统软件难以处理空间复杂结构，用户常把空间屋盖结构用虚梁或者一般梁近似模拟，难以达到设计要求。

YJK 支持用户把大跨屋顶结构和下部楼层结构一起建模和计算，对大跨屋顶结构通过直接输入或者导入的方式建模，并和下部楼层结构组装在一起。在计算前处理，可在大跨屋顶结构的支座处设置滑动支座等形式的弹性连接。

根据用户提供的传统软件模型和中庭屋面、入口大堂的 AutoCAD 三维轴线图，按照要求在 YJK 里面通过导入 CAD 图形方式实现普通层建模与空间建模相结合并进行计算。

如图 3.1.7 所示的用户工程，原来在屋面网架处布置普通梁来模拟屋盖结构。

我们用 YJK 先删除屋顶中庭处布置的大梁，然后把用户提供的中庭屋面、入口大堂的 AutoCAD 三维轴线图导入，设置支座轴线后布置到相应楼层上，如图 3.1.8 所示。

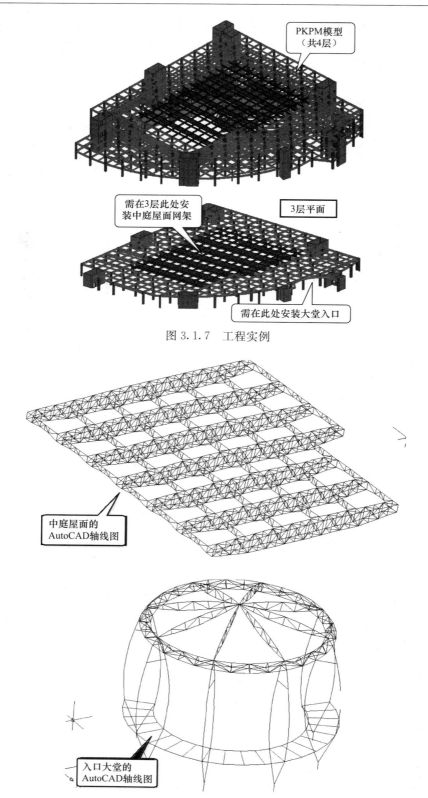

图 3.1.7　工程实例

图 3.1.8　空间结构布置图

网架杆件尺寸须由用户确定，定义斜杆并进行布置。

图 3.1.9 为新的结构模型。

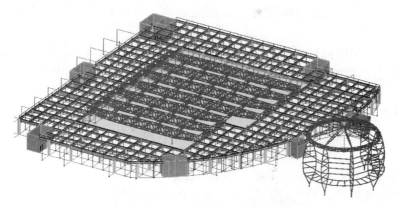

图 3.1.9 空间结构组装后效果

十一、空间结构应用之二：复杂结构形式的普通楼层

利用【空间结构】菜单，可以大大扩充普通楼层的形式，对包含任意复杂结构形式的普通楼层建模，从而适应复杂多样的结构形式的设计需要。

1. 复杂标准层例 1

该高层建筑 113 层，第 112 层（也是 112 标准层）结构复杂，有大量斜杆、层间梁。该楼层建模必须依靠【空间结构】菜单才能完成，如图 3.1.10 所示。

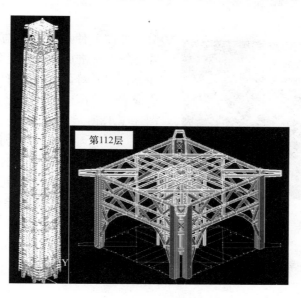

图 3.1.10 带复杂结构高层建筑

对于这样的楼层，虽然依靠【空间结构】菜单可以全部完成该层的建模，但是更有效率的操作是普通层建模和空间菜单建模的结合使用，因为该标准层中大部分构件是横平竖

直的构件，对于这类横平竖直的构件按普通楼层的建模方式就可以输入。因此该层的建模分为如下3步进行：

（1）对该楼层中可用普通楼层建模方便完成的部分，先用普通楼层方式输入，如图3.1.11所示；

（2）进入【空间结构】菜单，以该普通楼层为参照楼层，输入斜杆、层间梁等内容；

（3）使用【导到楼层】菜单，将【空间结构】菜单输入的内容导回到普通楼层。

2. 复杂标准层例2

该工程共2层，第2层（也是2标准层）结构复杂，其平面桁架部分由斜杆、层间梁组成，如图3.1.12所示。该楼层建模应采用普通层和【空间结构】菜单相结合方式才能完成。

通过观察可以看出，第2标准层虽然形式复杂，但该层大部分构件组成了一个坡屋面结构。对于坡屋面部分，用普通楼层的建模方法就可以输入。仅对坡屋顶下面的桁架部

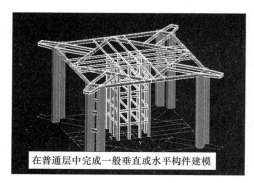

图 3.1.11　在普通层中输入常规构件

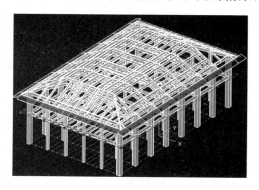

图 3.1.12　带桁架工程实例

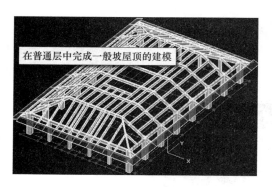

图 3.1.13　在普通层中输入常规构件

分，才需要使用【空间结构】菜单进行输入。对于第2标准层，我们也分为如下的3步完成建模：（1）对该楼层中可用普通楼层建模方便完成的部分，先用普通楼层方式输入，如图3.1.13所示；

（2）进入【空间结构】菜单，以该普通楼层为参照楼层，输入桁架部分等内容；

（3）使用【导到楼层】菜单，将【空间结构】菜单输入的内容导回到普通楼层，如图3.1.14所示。

十二、空间结构应用常见问题

1. 没有设置支座

如图3.1.15，该模型中，网架没有设置支座，直接搭在下部楼层上。

在【空间结构】下生成的网架没有设置支座，如图3.1.16所示。

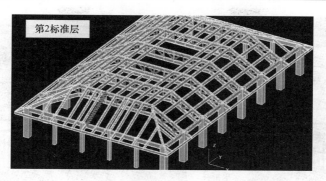

图 3.1.14　将空间层构件导回到普通层后效果

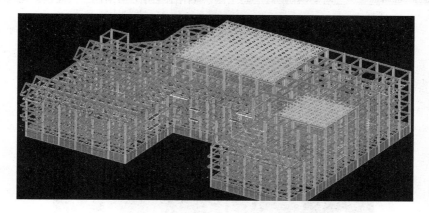

图 3.1.15　带网架复杂工程

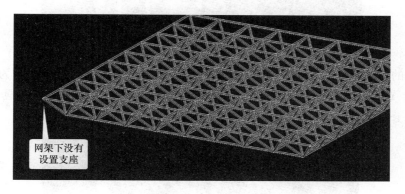

图 3.1.16　网架模型

　　网架和下部楼层之间拼接连接时，直接放置到下层柱上，网架杆件和梁杆件重合在一起，如图 3.1.17 所示。

　　这样建模的问题是：网架结构和下部的支承结构连接关系混乱，并且不能设置网架的弹性支座。

　　2. 斜杆铰接造成局部震动

　　工程模型如图 3.1.18 所示，计算后出现大量局部震动，用户的问题是增加大量计算振型个数仍改善有效。

图 3.1.17　网架构件与普通构件重叠

图 3.1.18　带复杂网架结构工程实例

该模型的网架部分从 SAP2000 转过来，在 SAP2000 计算时网架杆件间为固接，但转到 YJK 后，YJK 隐含设置的斜杆杆件都为铰接，铰接连接产生大量刚度薄弱环节，如图 3.1.19、图 3.1.20 所示。

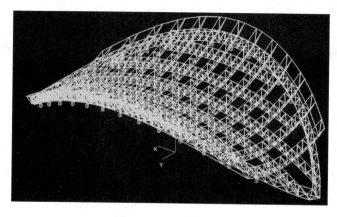

图 3.1.19　网架部分

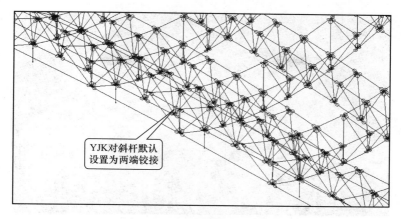

图 3.1.20 网架部分计算模型

计算振型数取 30 个，振型参与质量系数才百分之几，远不能满足要求，如图 3.1.21 所示。

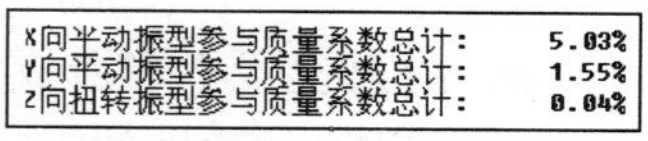

对该空间层网架改为固接连接，在该层下点取【本层固接】菜单，如图 3.1.22，重新计算就正常了。

X向平动振型参与质量系数总计: 5.03%
Y向平动振型参与质量系数总计: 1.55%
Z向扭转振型参与质量系数总计: 0.84%

图 3.1.21 有效质量系数

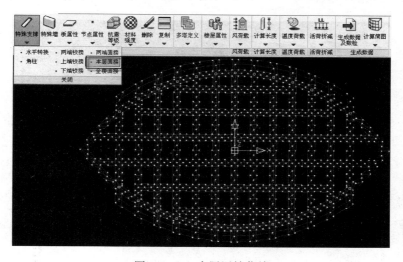

图 3.1.22 本层固结菜单

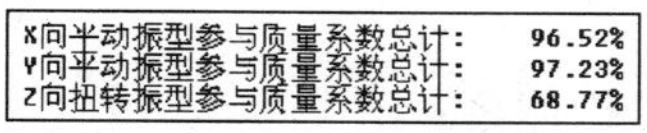

X向平动振型参与质量系数总计: 96.52%
Y向平动振型参与质量系数总计: 97.23%
Z向扭转振型参与质量系数总计: 68.77%

图 3.1.23 有效质量系数

计算振型个数还是 30 个，质量参与系数达到 96%，如图 3.1.23 所示。YJK1.6.2.2 及以后版本将空间层中输入的钢支撑两端默认为固接。

3. 施工次序错误造成计算不下去

采用施工模拟 3 计算时，必须注意施工次序是否正确，因为空间楼层被自动放到最后一个自然层，如果连接空间层的楼层号和它不连续就可能计算出错。

如图 3.1.24 所示工程，普通楼层有 4 层，空间网架和第 3 层相连，但是空间结构本身处在第 5 层，当采用施工模拟 3 计算时，由于 5 层和 3 层不连续就可能造成计算出错。

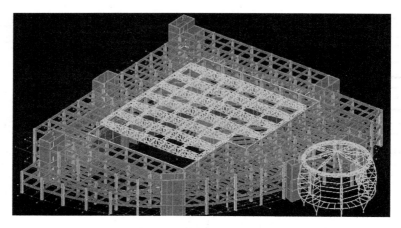

图 3.1.24　复杂结构工程实例

4. 约束设置不当造成机构

设置节点的弹性约束时必须确保不能造成机构的结构形式，机构将导致计算不能通过。

图 3.1.25 所示桁架，桁架之间没有纵向连系，如果对每个桁架支座都设置为铰接，在桁架之间的方向将形成机构，导致计算不能通过。

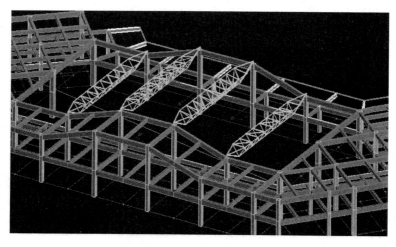

图 3.1.25　带桁架工程实例

解决的方法有两个，采用其中一个即可计算通过：

（1）在桁架之间补充设置连系杆件，以形成完整的屋面结构体系；

（2）对每个桁架只在一端设置铰接，另一端为固接。

5. 桁架之间缺乏纵向连系

上例即为桁架之间缺乏纵向连系的实例，由于不能生成完整的屋面体系，将造成误差很大。而且当设置节点的弹性约束时，这样的布置极易形成机构导致计算不能通过。

6. 空间结构支座和下面楼层位置偏差

由于空间建模网格位置不准确，导致空间结构的支座和下面楼层出现位置偏差而连系不上，导致支座悬空而计算不正确。

本例从实体显示模型看，好像桁架支座和下层柱连接没有问题，如图 3.1.26 所示。但是切换到单线图下放大查看支座，可以看出支座斜杆与下层柱之间存在明显的偏差，如图 3.1.27 所示，由于连接不上将导致支座悬空的后果。

图 3.1.26　空间结构支座和下面楼层位置偏差

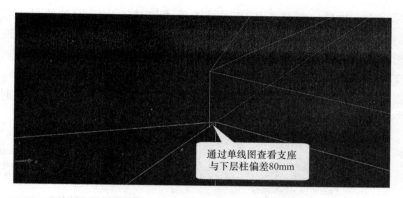

图 3.1.27　单线图显示

解决的方案是：使用【平移节点】菜单，移动支座斜杆的下节点，使之和下层柱的节点相连，如图 3.1.28 所示。

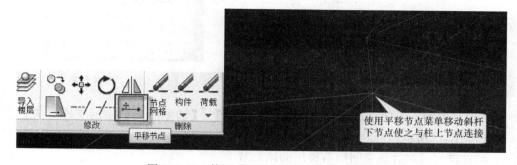

图 3.1.28　使用【平移节点】菜单修改模型

计算完后，可以通过在各荷载工况下的位移动画查看空间结构和下部结构的连接状况，如果有未连接部位，该处必然出现较大位移变形。如图 3.1.29、图 3.1.30 所示。

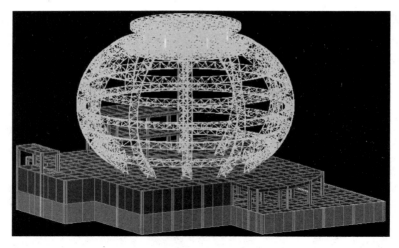

图 3.1.29 修改后模型

7. 设置支座

空间层模型中，构件底部是否嵌固，同样受"与基础相连构件的最大底标高（m）"参数的影响。若空间层中有应该嵌固的部位在此标高之上，可以通过调整该标高数值解决。也可以通过【前处理及计算】-【特殊构件定义】-【节点属性】-【支座设置】菜单，将空间层中交互指定支座节点，如图 3.1.31 所示。

若该标高超过了空间结构，则有可能在空间结构中生成多余的约束，此时只能通过调整标高数值至空间层以下解决此问题。

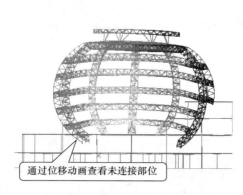

图 3.1.30 位移动画

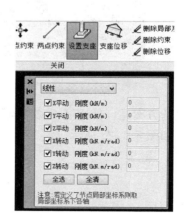

图 3.1.31 设置支座

计算模型中的支座信息，可以通过【计算模型】-【轴测简图】中的支座开关进行查看，如图 3.1.32 所示。

8. 软件没有自动计算空间模型楼层的风荷载

YJK 把【空间结构】菜单建模部分自动放在最后一个自然层，但是软件对这个楼层没有像对其他普通楼层那样自动生成风荷载，因为空间层体型多变复杂，软件目前还不能自动算出这层的风荷载，因此对这层的风荷载必须人工补充输入。

图 3.1.32　支座显示

图 3.1.33 所示结构由空间建模的楼层和下部的普通楼层组成，从二者分开的图可以看出空间层占的部分很大，空间层对风荷载的受荷面积最大，整体结构分析必须认真考虑空间结构部分承受的风荷载。

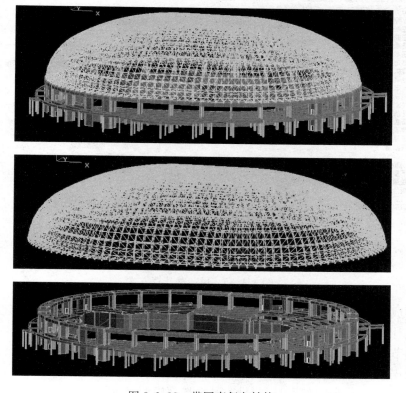

图 3.1.33　带网壳复杂结构

补充空间层风荷载的方式最常用的就是在蒙皮上施加风荷载并进行蒙皮导荷，即按照风荷计算的要求在空间结构外表面生成蒙皮，输入作用在蒙皮上的风压或者体型系数，由软件自动导算风荷载。对风荷载应分别输入＋X、－X、＋Y、－Y 向四组风荷载。

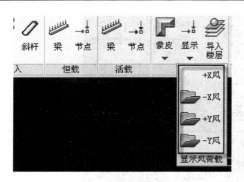

图 3.1.34　导算后风荷载查看

风荷载导荷按照精细风（或称为特殊风）计算方式要求的格式生成＋X 风、－X 风、＋Y 风、－Y 风的节点风荷载，它们可在【空间结构】-【显示】菜单下查看，如图 3.1.34 所示。

在后面的荷载删除菜单下可对蒙皮导荷形成的风荷载删除。在空间结构菜单下，只能对风荷载查看或者删除，不能直接输入。

由蒙皮导荷生成的节点荷载是专门记录的，这样每次导荷菜单的操作，都会替换原有的导荷结果，重新生成传导节点上的荷载，这样避免造成节点荷载的重复叠加。

在【计算参数】-【结构总体信息】参数中，对风荷载计算信息应采用"精细计算方式"，如图 3.1.35，因为"精细计算方式"是把风荷载加载到每层的最外围的各节点上，而"一般计算方式"是把整层风荷载加载到楼板形心或内部弹性节点上。

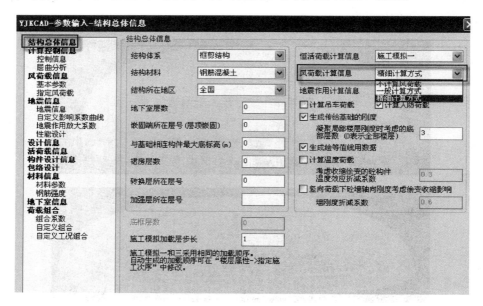

图 3.1.35　风荷载计算方式

这里形成的风荷载在【前处理及计算】-【风荷载】菜单下也可以查询修改。

软件在计算前处理中首先按照精细风荷载方式生成各层各部位的风荷载，再读取蒙皮导荷生成的节点风荷载，并在相应节点替换原有值。前处理生成的精细风荷载是全楼完整的数据，蒙皮导荷生成的风荷载可以是局部的，换句话说局部的蒙皮导荷不会造成风荷载的遗漏统计，因此，蒙皮导荷可以只针对某个局部模型进行操作，在局部模型上得到更准确的风荷载。

9. 空间层屋顶没有楼板

有的用户把混凝土坡屋顶楼盖用【空间结构】菜单建立，对屋面恒活荷载用蒙皮导荷生成节点荷载。但是，这样建立的模型没有楼板，在结构计算模型中没有一般坡屋顶中的弹性膜，没有弹性膜对坡屋顶上的梁影响很大，对该楼层刚度影响也很大。

对于不方便用普通层建模的复杂坡屋顶，可在【空间结构】菜单下建模，然后可使用【导到楼层】菜单将它们导到普通的楼层，这样空间建模方式只是一种过渡建模的手段，最终回归到普通楼层。在普通楼层下坡屋顶可以生成房间楼板，有了楼板可自动实现楼板恒、活荷载的导算，不必用空间层的蒙皮导荷。

另外，YJK 软件对于蒙皮也可以设置材料属性，并按照弹性板进行计算，这时就不必导回到普通楼层进行后续操作了，详见"蒙皮导荷和蒙皮结构"。

第二节　蒙皮导荷和蒙皮结构

在建模的【空间结构】菜单下设置了【蒙皮】菜单，如图 3.2.1 所示，蒙皮有两个作用：一是导荷功能，二是赋予材料属性后本身可成为结构构件。

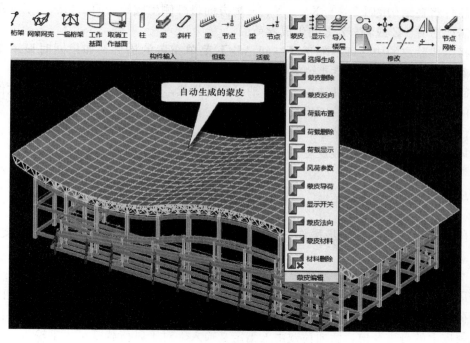

图 3.2.1　蒙皮菜单

一、蒙皮的生成

蒙皮是在迎着荷载的方向上自动生成的导荷面。软件在迎着荷载的一侧，自动沿着结构的最外侧生成导荷面。

生成蒙皮的操作是点取【蒙皮生成】菜单，用户用鼠标选定需要设置蒙皮的结构杆件，再给出蒙皮（或者荷载）的方向，软件自动沿着给定结构的最外侧生成导荷面。

蒙皮生成的原理是软件自动寻找每一组共面的构件，并以每一组共面杆件为边界生成蒙皮。软件在用户选择的蒙皮方向上投影，当最外侧蒙皮遮挡了里侧的构件时，如果的构件全部被遮挡，则该组构件将不会生成蒙皮；如果的构件仅部分被遮挡，则该组构件仍可生成蒙皮。

图 3.2.2　蒙皮方向

软件提供的蒙皮方向是固定的 6 种：＋Z、－Z、＋X、－X、＋Y、－Y，每次选择生成蒙皮的构件后，弹出的荷载方向选择见图 3.2.2，每次可选 1 个方向，也可同时选择多个方向。

比如需要对某空间网架进行导荷，当进行竖向的恒、活荷载导荷时，可以选择－Z 方向，即向下的方向，选择网架相关构件后软件将在网架最上面生成蒙皮；对于网架下弦部分作用荷载，可以选择＋Z 方向，选择网架相关构件后软件将在网架最下面生成蒙皮。

为了风荷载的导荷，导荷方向常需要选择＋X、－X、＋Y、－Y 方向，选择相关结构构件后软件将在结构的＋X、－X、＋Y、－Y 方向最外侧生成导荷面。当然为了屋顶风的导算也需要沿着＋Z 或者－Z 方向生成导荷面。

选择生成蒙皮的构件可不限于【空间结构】菜单布置的构件，如果同时显示参照楼层，则参照的普通楼层的构件也可被选择生成蒙皮。

最简单的情况是如果全部结构需要自动导算风荷载，则可把全部结构框选，软件自动在结构的最上面及沿着结构的四周最外侧生成蒙皮。

软件提供【蒙皮删除】菜单。如果自动生成的蒙皮不满足要求，可以将其删除，再手工选定局部相关构件补充生成蒙皮。只要选择一批共面的杆件后软件就可生成蒙皮。

二、蒙皮导荷

利用蒙皮导算荷载分两步操作：第一步是定义面荷载，第二步是运行【蒙皮导荷】菜单。

1. 蒙皮荷载定义

利用蒙皮可进行自重、恒载、活载、＋X 向风、－X 向风、＋Y 向风、－Y 向风共 7 种类型荷载的导算。

对蒙皮上的自重及恒、活面荷载由人工定义输入。对于风荷载既可人工输入，也可输入风荷载基本风压和体型系数等由软件自动导算。

蒙皮上自重面荷载，指的是每平方米蒙皮的重量，软件按蒙皮的实际面积计算，按竖向向下荷载分配到周边节点。生成导算自重面荷载的蒙皮时一般应选择－Z 方向。

对蒙皮面上荷载的导荷方式，软件提供两种：投影面方向和法向方向。

对蒙皮上的恒、活面荷载，一般可选择按投影面方向计算，软件按竖向荷载计算并按蒙皮的竖向投影面计算荷载总值并分配到周边节点。生成导算恒、活向下的面荷载的蒙皮时一般应选择－Z 方向，在这样的蒙皮上输入恒、活面荷载的正值即可。如果选择了＋Z 方向生成的蒙皮则应输入荷载的负值。

对蒙皮上的恒、活面荷载也可选择按法线方向导荷，此时软件按蒙皮的法向确定荷载方向，按蒙皮全部面积计算总荷载，并分配到周边节点。恒、活面荷载的正负号决定于蒙皮的法向方向，而法向方向取决于蒙皮生成时选择的荷载方向。

　　对蒙皮上的风荷载，导荷方式一般应选择法线方向，此时软件按蒙皮的法向确定荷载方向，按蒙皮全部面积计算总荷载，并分配到周边节点。四个风荷载工况＋X 向风、－X 向风、＋Y 向风、－Y 向风的概念就是作用在整体坐标系的＋X 向、－X 向、＋Y 向、－Y 向的风荷载。输入每一种风荷载工况时，需要分别对结构的迎风面、背风面、侧风面输入不同的系数，并注意根据蒙皮的法向方向输入风荷载的正负号。

　　人工输入面荷载使用【荷载布置】菜单，分为定义面荷载和布置面荷载两步进行，定义好的各种面荷载进入面荷载列表，选择某种面荷载后可进行布置操作，如图 3.2.3 所示。

图 3.2.3　荷载定义

　　定义面荷载需输入工况类型、荷载值、导荷方式。工况类型分为恒载、活载、＋X 风、－X 风、＋Y 风、－Y 风、自重 7 种。导荷方式分为投影面方向和法向方向两种。

　　对于风荷载，从荷载输入框中可以看出，软件既可以输入蒙皮上的风荷载面荷载值，也可以输入风荷载体型系数，如图 3.2.4 所示。当输入风荷载体型系数时，还需在风荷载参数下输入风荷载的基本风压、风振参数等，软件将根据每块蒙皮最高点的高度自动考虑高度修正系数，并计算出每块蒙皮上的风荷载面荷载值。

　　2. 风荷载参数

　　如果需要自动生成作用在各块蒙皮上的风荷载，还需要用户在【风荷参数】菜单下填写风荷载的基本参数，对话框如图 3.2.5 所示。

图 3.2.4　风荷载定义　　　　　　　图 3.2.5　风荷载参数设置

3. 蒙皮自动导荷

蒙皮导荷就是将导荷面上的均布面荷载导算到蒙皮面周边的节点上，生成的都是节点荷载。点取【蒙皮导荷】菜单进行各种荷载的自动导算。

蒙皮导荷按照 3 种方式进行：对蒙皮自重采用固定的方式，即沿法向投影计算重量，再沿竖向投影面方向导算到周边节点；对恒、活荷载一般采用沿竖向的投影面方式导算；对风荷载一般采用沿着面的法向方向导算。

软件对蒙皮导荷生成的各工况节点荷载专门记录，比如在前面荷载菜单下输入的节点恒载和节点活载和蒙皮导荷生成的节点恒载和节点活载分别记录，这样保持在蒙皮导荷下的恒、活荷载修改不会影响其他菜单输入的恒、活荷载。

输入蒙皮面荷载后，重复操作导荷菜单不会造成节点荷载的重复叠加，因为每次导荷后生成的节点荷载总是替换已有的节点荷载。

恒载、活载的导荷将生成恒载的节点荷载和活载的节点荷载，可在恒载或者活载的节点荷载菜单下直接查看。自重导荷生成的节点荷载并入恒载的节点荷载中。参照楼层上生成的恒、活荷载还可以在前面的荷载输入菜单下查看。

可以看出，如果需要对一般楼层的恒活荷载进行更加精细的恒活荷载计算，可以通过对参照楼层选择生成蒙皮的方式进行荷载导算。

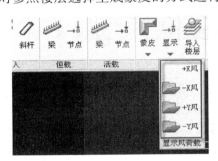

图 3.2.6　风荷载查看

风荷载导荷按照精细风荷载（或称为特殊风）计算方式要求的格式生成＋X 风、－X 风、＋Y 风、－Y 风的节点风荷载，它们可在【空间结构】的【显示】菜单下查看，如图 3.2.6 所示。

在后面的【荷载删除】菜单下可对蒙皮导荷形成的风荷载删除。在空间结构菜单下，只能对风荷载查看或者删除，不能直接输入。

这里形成的风荷载在前处理的【风荷载】菜单下也可以查询修改。注意在计算参数中必须选择"精细风"计算方式。

软件在计算前处理中首先按照精细风荷载方式生成各层各部位的风荷载，再读取这里生成的节点风荷载，并在相应节点替换原有值。前处理生成的精细风荷载是全楼完整的数据，蒙皮导荷生成的风荷载可以是局部的，换句话说局部的蒙皮导荷不会造成风荷载的遗漏统计，因此，蒙皮导荷可以只针对某个局部模型进行操作，在局部模型上得到更准确的风荷载。

4. 蒙皮的方向和加载方向

蒙皮的法向是对着荷载方向（即生成蒙皮的方向）的，即和荷载方向相反。如对于竖直向下的恒、活荷载在生成蒙皮时应选择－Z 荷载方向，－Z 方向生成蒙皮的法向将向上；又比如＋X 向风荷载在生成蒙皮时应选择＋X 荷载方向，＋X 方向生成蒙皮的法向将向左（－X 方向）。

软件提供【蒙皮法向】菜单专门用来显示蒙皮的法向，在每个蒙皮面上画出一个指示法向方向的小箭头。软件将在蒙皮的正法向方向标注用户输入的蒙皮荷载信息，如果蒙皮的法向相反了，可通过菜单【蒙皮反向】将其纠正。

加在蒙皮上的荷载方向的规定是：荷载与蒙皮法向相反时为正，相同时为负。例如，加在-Z荷载方向生成的蒙皮法向向上，竖直向下的恒活荷载应为正值；加在+Z荷载方向生成的蒙皮法向向下，竖直向下的恒活荷载应为负值；加在+X荷载方向上生成的蒙皮法向向左，+X向风荷载应为正值；加在-X荷载方向上生成的蒙皮，+X向风荷载应为负值。

5. 蒙皮导荷可以分批进行

蒙皮可用来进行恒载、活载、自重、+X风、-X风、+Y风、-Y风共7种荷载类型的导算，简单情况下可以同时输入并一次完成所有荷载工况的导荷，更多的情况下是分批进行，即每次生成蒙皮的操作仅仅针对某一种荷载类型。不同的荷载工况可以使用不同的蒙皮，因此导算完成某种荷载工况的蒙皮可以删除。

在每个荷载工况下可以分批选择不同的荷载方向，比如对+X向风导荷时，可以先选择结构左侧的构件并选择+X荷载方向生成左侧的蒙皮，并在左侧蒙皮上输入正值的风荷载系数；再选择结构右侧的构件并选择-X荷载方向生成右侧的蒙皮，并在右侧蒙皮上输入负值的风荷载系数。

蒙皮导荷生成的节点荷载是被单独记录的，即每个节点上可以记录恒、活、+X风、-X风、+Y风、-Y风共6种荷载工况，但每一个工况的数值将随着每一次导荷的操作被更换，而不是叠加。这种管理保证了蒙皮导荷可以反复多次地分批地进行。

6. 孤立的同一组共面杆件应避免生成两块不同法向的蒙皮

对于孤立的同一组共面杆件，生成蒙皮的操作如果使用了正反两个荷载方向，则可能在该组构件上生成了正反两块蒙皮，这两块蒙皮法向相反。操作时不小心就很容易对两块蒙皮输入了同样的荷载，这种情况将造成荷载和相抵消的混乱结果。

同样对处于伸缩缝处的结构应避免生成蒙皮来导算风荷载。

7. 导荷前应对不合理蒙皮编辑修改

在复杂空间结构下自动生成的蒙皮可能存在遗漏，可以人工选择共面杆件进行补充。

应检查是否生成了多余的蒙皮，比如在结构内部是否存在多余蒙皮，避免这些多余蒙皮被赋值导荷，造成荷载多算。

8. 多个参照楼层生成蒙皮必须由不同标准层组成

使用参照楼层生成蒙皮时，所选择的参照楼层必须由不同的结构标准层组成。因为蒙皮导荷生成的节点荷载只能记录在标准层数据上，不能记录在自然层数据上，否则将引起导荷数据的混乱和错误。

三、蒙皮结构

自动生成的蒙皮没有刚度属性，它仅仅是导算荷载的辅助工具。

但是，在蒙皮菜单下设置了【蒙皮材料】子菜单，如图3.2.7，如果对蒙皮设置了材料属性，则蒙皮本身成为结构构件，它具有刚度参与整体结构计算，并可按壳单元给出设计结果。

蒙皮材料设置了蒙皮的厚度、材料类型（混凝土、钢、自定义材料），如果是混凝土材料，还需输入混凝土的强度等级。

图 3.2.7 蒙皮材料

把定义好的材料属性布置到相应的蒙皮上，蒙皮就成为了结构构件。

成为了结构构件的蒙皮用与普通蒙皮不同的颜色显示。

结构计算部分将对构件蒙皮按照壳单元计算和配筋，软件对构件蒙皮自动划分单元，可在【轴测简图】中查看对蒙皮的单元划分效果。原来导算到节点上的蒙皮荷载将自动回归到蒙皮上，成为蒙皮上各个荷载工况的面荷载，软件将按照对弹性板上荷载计算方式的"有限元计算"方式进行结构计算，因为只有这种方式才能得出蒙皮结构构件正确的内力。对于蒙皮周边节点的质量计算，仍使用建模中【蒙皮导荷】的结果，因此蒙皮导荷操作仍然是必需的。另外，无论是空间结构自身的蒙皮，还是在标准层构件上输入的蒙皮（例如夹层板），其施工模拟时的施工次序，均根据该蒙皮周边构件的最高施工次序确定。

在【设计结果】的【等值线】菜单下，可以查看构件蒙皮的内力和配筋计算结果。

对于软件不易生成的楼板（比如层间楼板）或者墙构件（比如复杂斜墙构件），可以将它们用蒙皮生成，赋予材料属性使他们成为结构构件，从而得到这类构件的设计结果。

第三节　斜剪力墙和圆锥筒形剪力墙

一般剪力墙在竖直面上是垂直的，且在墙两端也是上下保持垂直。这里的斜剪力墙，指的是在竖向上墙面不垂直的剪力墙，或者墙面虽然垂直，但是墙的两端节点上下不垂直，或者既在竖向上墙面不垂直，又在墙的两端节点上下不垂直的剪力墙。

一般圆弧剪力墙位于圆弧轴线上，它在竖向是垂直的，且在墙两端也是上下保持垂直线的剪力墙。圆锥筒形剪力墙，指的是位于圆弧轴线上，但是其墙顶和墙底处于同一圆心但不同直径的圆弧轴线，因此它在墙两端的上下连线不是垂直线。这样输入的圆锥筒形剪力墙，可组成一个完整的圆锥筒，或圆锥筒的一部分。

一般结构设计软件只能设计垂直的剪力墙结构，而对斜的剪力墙仅当作通用的壳单元进行力学计算，不能进一步按照剪力墙的要求进行截面配筋设计。

YJK 在建模中提供对斜的剪力墙和锥筒形剪力墙的输入手段，除了在力学计算方面按照通用的壳元计算外，还进行截面配筋设计。

一、斜剪力墙的建模输入

YJK 在建模的【构件布置】下，专门设置了【斜墙】菜单，用来输入斜剪力墙和圆锥筒形剪力墙，如图 3.3.1 所示。斜剪力墙的截面定义和普通剪力墙相同，只是在墙的布置上比普通墙多了 3 个参数，分别是"下端偏轴距离"、"起点外扩距离"、"终点外扩距离"。

当墙下端偏轴距离的值和墙上端偏轴距离不同时，墙面就变成了斜的，如图 3.3.1 中梯井筒的倾斜部分。又如梯井筒的侧壁墙，本身墙面是竖直的，但墙两端为上下斜线，输入方法就是在参数中的起点外扩距离、终点外扩距离输入一定的数值，该墙在立面上成为上下不等边的梯形墙。

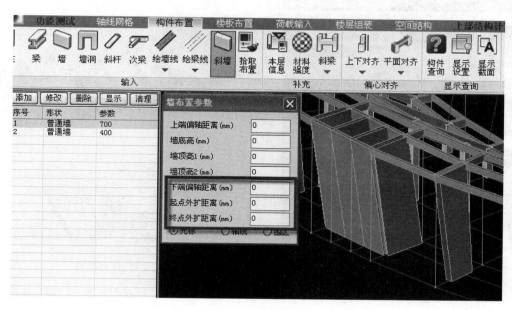

图 3.3.1　斜墙输入

如果在圆弧轴线上输入斜剪力墙，就是输入圆锥筒形剪力墙。对于圆锥筒形墙，参数中的起点外扩距离、终点外扩距离将不再起作用。也就是说，当输入的斜墙位于圆弧轴线时，只能输入下端偏轴距离，而另两个参数不起作用。

二、斜墙可与垂直墙或其他斜墙布置在同一轴线

建模时对于垂直的剪力墙，同一网格上只能布置一片墙，再往其上布置新的墙时，旧的墙自动被替换。YJK 软件对斜墙取消了这样的限制，即在已经布置了斜墙的网格上，可以继续布置垂直墙，或者向另一侧倾斜的斜墙。

实际工程中斜墙常与其他斜墙或直墙布置在同一网格上，比如筒仓结构中的漏斗常是连续多个布置在一起的，如图 3.3.2 所示。

如图 3.3.3 的特种结构形式，在地下室之上的两层结构是下小上大的外扩形状，类似船舱的外形，这两层都是用斜墙建模组成的。

可以看出，本工程的斜墙布置非常复杂，同一轴线上布置双分的两道斜墙的情况很多，计算模型如图 3.3.4所示。

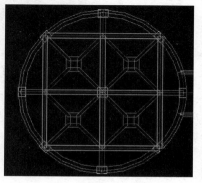

图 3.3.2　漏斗与斜墙

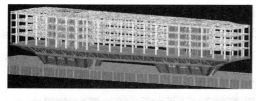

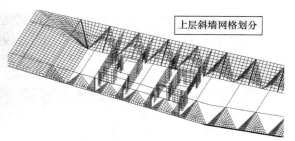

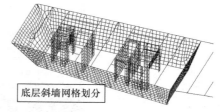

图 3.3.3 带斜墙工程实例   图 3.3.4 计算模型

三、斜墙上的荷载

对于斜墙，软件增加了"斜墙面外梯形荷载（法向）"和"斜墙面外梯形荷载（沿墙）"两种荷载类型，如图 3.3.5、图 3.3.6 所示。因为斜墙常用于漏斗、水池的模型，这样的荷载十分常见。

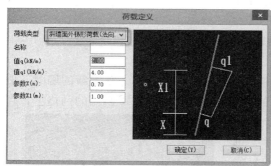

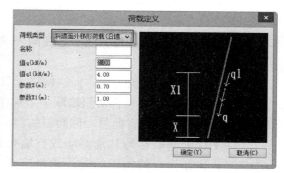

图 3.3.5 斜墙面外荷载-法向   图 3.3.6 斜墙面外荷载-沿墙

用户使用这两种荷载需注意，两种荷载都会产生垂直的荷载分量，但目前软件在地震的质量计算和重力荷载代表值计算中都不统计这种垂直的荷载分量，如果用户需要在抗震计算中考虑这些，可在计算前处理中人工补充节点附加质量。

四、某水塔模型

某水塔图纸和建好的模型，如图 3.3.7、图 3.3.8 所示。

第一层为水塔塔座，用圆弧墙建模，层高 18.850m，如图 3.3.9 所示。由于需要支撑 2 层的内筒，在 1 层顶按内筒的直径做托墙转换梁，再通过十字交叉梁将内筒荷载传到外筒墙体。

2 层是层高仅 500mm 的过渡层，1 层筒直径 2800mm，3 层水池底直径 3400mm，因此 2 层用斜圆锥筒墙建模，可连接 1 层和 3 层的筒墙，如图 3.3.10 所示。

水池水的荷载主要布置在 2 层的楼面上。

3 层为水池下部，斜圆锥筒墙建模。中间部分用弧梁和错层板建立一个圆形水池。布置虚梁是为了对圆锥筒墙切分并在层顶开全房间洞，如图 3.3.11 所示。

在 3 层斜墙上布置水压荷载，按照斜墙的面外梯形荷载（法向）的类型输入，按照水头高度为 3、4 层总高 3950mm 计算，如图 3.3.12 所示。

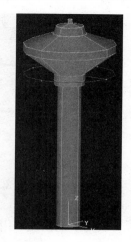

图 3.3.7 水塔

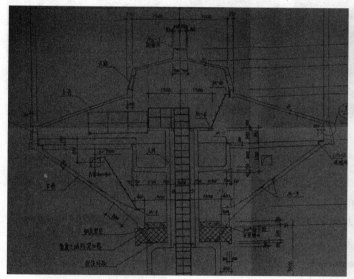

图 3.3.8 水塔图纸

图 3.3.9 水塔 1 层

图 3.3.10 水塔 2 层

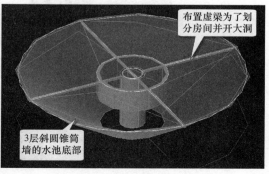

图 3.3.11 水塔 3 层

143

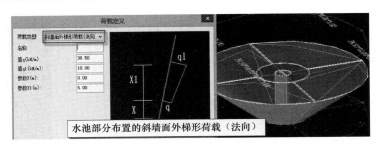

图 3.3.12　水池部分荷载输入

4 层为水池的中间部分，如图 3.3.13 所示，考虑水池对池壁的侧压力也布置了墙的面外梯形荷载。

5 层为水池顶盖，用斜圆锥筒墙建模，如图 3.3.14 所示，上边布置屋面荷载。

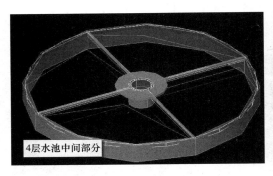

图 3.3.13　水塔 4 层　　　　　　　　　　图 3.3.14　水塔 5 层

6 层也是水池顶盖部分，用了 3 段不同墙高的墙建模生成，下边第 1 段墙底标高－150mm、顶标高－850mm，第 2 段墙底标高 850mm、墙顶标高 500mm，第 3 段墙底标高 1200mm。全层总高 1700mm，如图 3.3.15 所示。

图 3.3.16、图 3.3.17 分别为水池部分在前处理中的计算简图和计算结果中的活荷载应力云图。

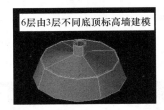

图 3.3.15　水塔 6 层

图 3.3.16　水池荷载简图

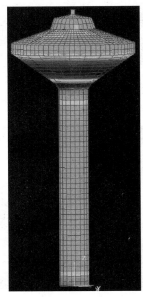

图 3.3.17　水塔内力云图

五、斜墙在筒仓水池中的应用

斜墙在筒仓水池应用较多，YJK提供了对墙的各种类型面外荷载的输入和计算，同时支持斜剪力墙的输入，解决了筒仓水池结构计算的关键环节。

对筒仓水池结构的详细技术条件可参照软件自带的帮助说明（通过F1打开的），或是参考《结构软件难点热点问题应对及设计优化》（中国建筑工业出版社）相关章节。

第四节 斜柱支撑

这里所说的斜柱支撑指的是在建模中按斜杆输入的杆件（简称斜杆）。支撑在实际工程中应用广泛，如斜柱、钢结构中的柱间支撑、屋面支撑，转换层结构中的桁架斜杆，雨棚上面的拉杆、桁架结构、空间结构的上下弦杆和腹杆等。

一、斜柱支撑的建模

斜柱支撑的布置参数有参照的节点、竖向的高度、偏移值、偏心值，如图3.4.1所示。

1. 只依赖节点不依赖网格

柱的定位是在节点上，斜柱的定位是在一个节点或者两个节点上，如果布置在一个节点上，斜柱的另一端就需要输入偏移值才能成为斜柱。

梁构件、墙构件、墙上洞口都是需要一段网格才能布置，而支撑构件不需要网格。

对支撑的两端再输入相对于本标准层的竖向高度，就可把杆件完全定位。

如果布置时两端选择同一个节点，则支撑为垂直的；如果支撑两端标高值相同，则支撑为水平的。

2. 节点偏移和偏心

斜柱的定位既可以使用一个节点也可以使用两个节点。如果布置在一个节点上，斜柱的另一端就需要输入偏移值才能成为斜柱。

图 3.4.1 支撑布置

使用两个节点布置一根斜杆，有时会造成本层平面上的节点过多，多余的节点有时造成设计上的麻烦，如多余的节点打断梁墙杆件会造成过多的短梁短墙。如图3.4.2斜墙内布置了3根斜的型钢柱，每根斜柱如果采用两个节点定位，将在斜墙内生成6个节点，包含6个节点的该斜墙的网格划分非常困难，以至于很难计算通过。改为对每根斜柱布置在1个节点上，另一端输入偏移值，斜墙的单元划分质量很好并可顺利计算，计算模型如图3.4.3所示。

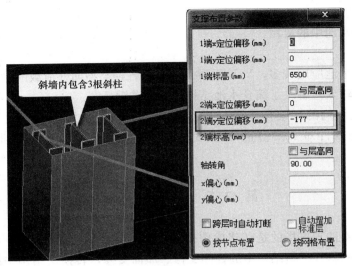

图 3.4.2　支撑偏移

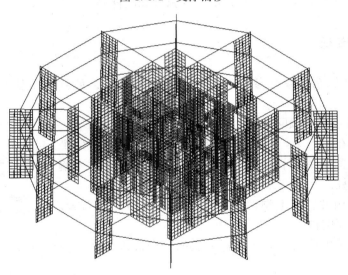

图 3.4.3　计算模型

从 ETABS、MIDAS 等其他结构计算软件转换数据到 YJK 时，对斜杆都是按照一个节点的定位加另一端偏移的方式记录的。

斜杆的偏心指的是在垂直于斜杆轴线的两个互相垂直方向的偏心，这两个互相垂直方向指的是局部坐标系的方向。

斜杆的偏移值两端一般是不同的，而斜杆的偏心两端是相同的。

3. 斜杆跨层时可自动打断

斜杆布置时还有一个重要的选项："跨层时自动打断"。当输入的斜杆跨越一个或者数个楼层时，选此项可将该斜杆（斜柱）在各层层高处自动打断，打断后的斜杆分配到相应的标准层，在该层生成该斜杆布置必需的节点，或与该层其他杆件自动交接。

这种方式特别方便连续数层的斜柱的输入。斜柱跨越数层时困难的是确定每层斜柱节点的坐标位置，逐层分段输入跨层斜柱时需要用户手工计算出每层斜柱上下两个节点的坐标，一旦计算不准将造成上下层斜柱不能正确连接。在使用跨层输入并自动打断方式下，用户可在组装好的多层模型上输入跨层斜柱，并事先只在起始层和终止层确定斜柱的节点。该斜杆输入后斜柱跨越的各层自动生成了斜柱在该层的节点，随后用户可用该节点和其他层构件相连，这样的输入方式既方便又准确。

用户对跨层斜柱的输入应在组装好的多层模型上操作。

对于小于或等于一个层高的斜杆，这选项不起作用。

4.越层斜杆输入时可自动生成新的结构标准层

布置越层支撑时，由于斜撑在各层的分布不同，则越层支撑跨越的各层必然应是不同的标准层。如果越层支撑跨越的模型各层属于同一个标准层，软件可自动增加新的标准层，以适应被楼层打断的斜撑的布置。在斜杆布置对话框中，当勾选参数"跨层时自动打断"时，对参数"自动增加标准层"打钩，如图3.4.4所示。

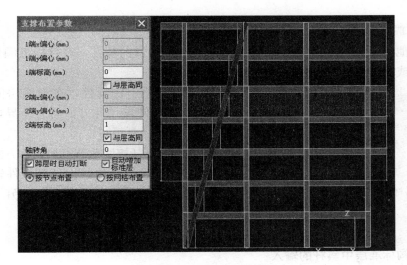

图3.4.4 支撑布置效果图

图3.4.5所示项目，越层支撑输入前有3个结构标准层，楼层组装表如图。输入跨越7层的越层支撑时勾选"跨层时自动打断"和"自动增加标准层"，则该越层支撑输入完后自动增加了4个标准层，总标准层数达到7个。

这样简化了人工事先定义多个标准层的操作。

5.在空间结构菜单中的输入

在【空间结构】菜单下，杆件的定位是空间三维的轴线，因此斜杆的输入变得直观方便，先画出三维轴线（黄色），再在轴线上布置斜杆杆件。

在空间菜单下，还有工作基面、导入

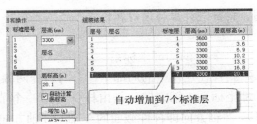

图3.4.5 布置斜撑后楼层组装结果对比

AutoCAD 空间轴线、参数输入桁架、网架等的快速建模方式，因此对于复杂的大量斜杆的空间结构，首选还是在【空间结构】菜单输入，需要时再把他们导回到普通结构标准层。

6. 对斜杆建模要注意的几点

（1）当斜杆的中间部位与其他杆件相交时，软件没有处理这些杆件的连接关系，斜杆只在两个端点与相交杆件连接；

（2）水平或其他倾斜的斜杆不参与房间划分；

（3）目前软件不能在斜杆上布置荷载；

（4）和层上下节点距离过近时将自动归并节点。

二、转换其他结构软件数据到 YJK 时对斜杆的处理

1. 可转成梁和斜杆两种类型杆件

当从其他有限元软件转模型到 YJK 中时，对于倾斜的杆件，软件提供倾角参数，控制转换成梁或柱，如图 3.4.6 所示。

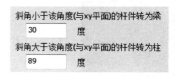

图 3.4.6　与其他软件接口中对倾斜杆件的识别角度方式记录的。

由于 YJK 中对于梁、柱构件，在形成房间、荷载导算、整体指标统计、构件设计等方面均有差异，因此该参数宜根据工程实际情况认真填写。

2. 对转到 YJK 的斜杆按照单节点加偏移方式记录

从 ETABS、MIDAS 等其他结构计算软件转换数据到 YJK 时，对斜杆都是按照一个节点的定位加另一端偏移的方式记录的。

三、复杂结构标准层中斜杆的输入

实际工程中常见由复杂空间结构组成的普通结构标准层，如图 3.4.7 所示，有的楼层跨度大，楼面布置了很多桁架，有的是由斜撑、层间梁组成了复杂的造型。对于这样的复杂楼层，一般应借助【空间结构】菜单建模，然后再用【导到楼层】菜单将它们导到普通的结构标准层。当需要修改这样的楼层结构时，可以使用【导到空间】菜单将它们导到空间结构菜单进行编辑，因为直接使用普通楼层的编辑修改手段编辑复杂斜杆常很困难。这里的具体操作可参见"复杂空间模型的输入和计算"。

四、斜杆的计算与设计属性

1. 斜杆的局部坐标系

斜杆在建模中的局部坐标系与斜杆两端点的定义顺序有关。如图 3.4.8 所示，杆件的局部坐标系 1 轴方向，是由杆件的第一个节点（高节点）指向第二个节点的方向（低节点），2 轴方向即杆件截面的 Y 轴，3 轴方向为杆件截面 X 向，1、2、3 轴构成右手系。斜杆的 X、Y 偏心、转角，均按局部坐标系讨论，其中转角方向绕 1 轴逆时针转动为正。

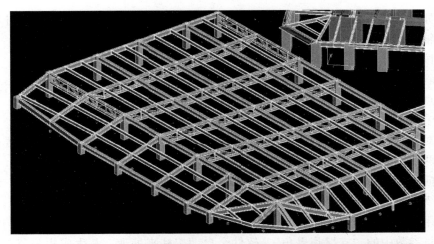

图 3.4.7　带支撑复杂工程

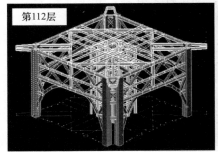

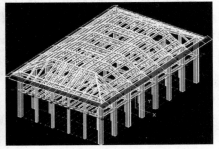

对于斜杆输入为完全竖直的杆件时则比较特殊，杆件 1 轴仍为起点指向终点，杆件 2 轴始终对应全局坐标系 Y 轴，由 1、2 轴确定 3 轴。

另外，当斜杆定义为连接属性时，其局部坐标系与杆件一致，即仍符合上述原则。

2. 斜柱和斜撑

软件中输入的柱要求必须是垂直的，如果与 Z 轴有夹角，则需要按支撑方式输入。为了

图 3.4.8　支撑局部坐标系

在设计上区分斜柱与真正的支撑，软件设置了支撑按斜柱设计临界角（与 Z 轴夹角），如图 3.4.9，默认 20°。与 Z 轴夹角小于该角度的，在整体指标统计与构件设计上，按柱执行。

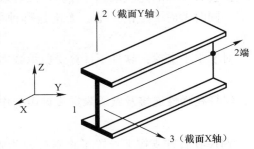

图 3.4.9　支撑临界角

从软件实现上，斜柱执行的内容主要如下：

（1）考虑强柱弱梁调整系数；

（2）参与位移统计，会影响位移比和位移角计算结果；

（3）$0.2V_0$ 调整时，统计到框架中；

（4）倾覆弯矩统计时，斜柱统计到框架中；

149

（5）如果定义了框支柱属性，则进行框支柱地震剪力调整，也执行框支柱的设计弯矩、地震轴力调整规定；

（6）按框架柱方式计算受剪承载力，并投影。

目前斜柱未执行的内容：

无节点核芯区设计。

3. 铰接刚接

软件对于材料为混凝土的斜杆默认两端固接；对于材料为钢的斜杆，布置在空间层时，默认两端固接，布置在普通标准层时，若同时符合截面高、宽均＜700mm 并且支撑与竖直方向夹角超过 20°时默认为两端铰接。

4. 桁架的上下弦杆和腹杆

目前用于钢结构施工图中构件属性的判断。对于用斜杆建立的构件，如果与竖轴的夹角小于计算参数中的"支撑临界角"，软件会自动按柱来处理，并生成相关节点。若对支撑指定了桁架弦杆或桁架腹杆属性，则该构件仍然作为支撑处理。

对于桁架杆件的计算长度系数，软件默认为 1.0，当需考虑钢结构规范中桁架杆件计算长度的相关要求时，需在【计算长度】菜单中手工指定。

5. 斜杆的楼层抗剪承载力计算

软件设有"支撑按柱设计临界角"。

与 Z 轴夹角小于该角度时，按柱方式计算受剪承载力，并投影。

与 Z 轴夹角大于该角度时：对于混凝土支撑，按只考虑钢筋受拉承载力计算和混凝土柱轴心受压承载力计算，二者取小，并投影；对于钢支撑，按只考虑钢支撑受拉承载力和按欧拉公式反算的受压承载力计算，二者取小，并投影；型钢混凝土支撑，与混凝土支撑类似，同时考虑了型钢贡献。无论是哪种材料，软件均考虑了重力荷载代表值下的轴力影响。

对于水平支撑：软件不计算受剪承载力。

五、斜杆在弹性连接及减震隔震设计中的作用

YJK 在特殊支撑下设置了将斜杆改为弹性连接的菜单，如图 3.4.10，定义的弹性连接类型有线性、阻尼器、塑性单元、隔震支座、间隙。将定义好的弹性连接类型布置到某根斜杆上，该斜杆就自动转为弹性连接，弹性连接的局部坐标系即以斜杆方向为右手定则确定，原有的斜杆截面不再起作用。

由于任意形式的斜杆在 YJK 中可以方便地建模，因此这种用斜杆间接地布置弹性连接的方式非常实用。

关于如何用斜杆布置滑动支座等弹性连接，具体可参见"复杂空间模型的输入和计算"。

关于如何用斜杆布置隔震支座、屈曲支撑、阻尼器等减震隔震装置，具体可参见"隔震与减震设计"。

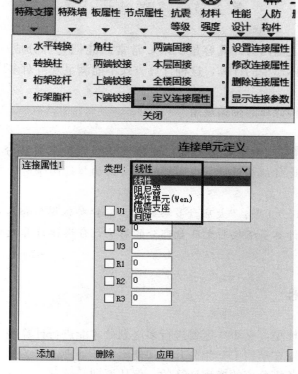

图 3.4.10　支撑定义为弹性连接

六、常见问题

1. 标高错误

对于体育馆等复杂空间结构，很容易在建模时输错斜杆的端点标高，如体育馆、复杂空间结构实例。退出建模菜单时，软件会进行数据检查，如果发现杆件未连接，且标高在与基础相连的最大底标高之上，则提示杆件悬空。

可以通过建模中的单线图方式查看杆件是否连接。

2. 起止点选择错误

由于斜杆是布置在本层的两个节点上，如果平面节点较多，操作时容易选错斜杆的起止点，造成起止点颠倒或布置到其他节点上。如果这些节点上有其他杆件相连，则数据检查不能作出提示。这时可在三维透视状态下查看杆件的空间布置，也可以在楼层组装后，通过【局部楼层】方式查看多层下的杆件连接关系。

3. 越层支撑能否自动识别

目前软件还无法自动识别越层支撑，需要手工在前处理修改计算长度系数。

4. 支撑未验算稳定及轴压比为 0

如果支撑在所有组合下均为受拉，则不验算稳定，同时也不计算轴压比。

第五节　多塔结构计算

对于多塔结构，之前因为计算容量所限，常常只能把它拆分成一个个独立的单塔计算，不能进行合塔整体模型的计算，这种计算方式不能满足规范对多塔结构的设计要求。

一、规范关于多塔结构计算的相关规定

《高规》5.1.14 条："对多塔楼结构，宜按整体模型和各塔楼分开的模型分别计算，并采用较不利的结果进行结构设计。当塔楼的裙房结构超过两跨时，分塔楼模型宜至少附带两跨的裙房结构。"

《广东高规》11.6.3-4 条："大底盘多塔结构，宜按整体模型和各塔楼分开的模型分别计算，整体建模主要计算多塔楼对大底盘部分的影响，分塔楼计算主要验算各塔楼扭转位移比。"

二、多塔定义的必要性

对于合塔的整体模型，是否一定要进行多塔划分才能进行计算呢？

多塔结构的各个塔在结构上互相分开，即便不在前处理定义为多塔结构，结构有限元计算是完全按照实际各塔分离的模型计算的，仅从周期、位移、恒活内力等方面，是否定义多塔其结果是相同的。但是从规范要求的指标计算、风荷载计算等方面要求是需要定义多塔结构的。

多塔定义就把多塔结构的分开的部分明确划分出一个个塔，并顺序编号，在计算与设计时将区分各塔的属性特征进行。

多塔结构在整体计算时，必须首先进行多塔定义的操作。这是因为，对于多塔结构风荷载的自动计算、分塔考虑地震作用的偶然偏心等都必须在多塔定义后才能正确进行。另外，各种计算统计指标是需要按照分塔输出的。

当各塔楼是在同一层中布置的，即共用标准层建模方式建立的多塔结构时，多塔不划分与划分的差别主要有：

1. 风荷载。

不划分多塔时把全层范围当作迎风面计算风荷载计算。软件把两个塔中间的分离空间也当作了迎风面，造成风荷载计算偏大；但是当两个塔排列的方向和风荷载相同时，只能计算其中一个塔的迎风面，又造成计算的风力偏小。

划分多塔后各塔分别作为迎风面计算风荷载。另外，有伸缩缝结构需要作风荷载的遮挡计算，遮挡计算只有在多塔划分后才能进行。

2. 强制刚性板假定下的处理不同。

如果不作多塔划分，则同一层中的多个塔楼被按照同一个刚性板计算；如果进行了多塔划分，则对各个塔楼分别采用刚性楼板假定计算。

3. 地震力偶然偏心的计算，划分后软件分别对各分塔作偶然偏心计算。

4. 层统计参数的分塔分层输出，定义多塔以后，分塔分层输出的层统计参数有：

(1) 位移比和位移角；

(2) 剪重比；

(3) 刚重比；

(4) 层刚度比；

(5) 楼层抗剪承载力比；

(6) 塔楼为框剪结构时，框架部分柱剪力框架柱部分的倾覆弯矩所占比例（依据该输出结果按《抗震规范》6.1.3 条第 1 款确定框架部分的抗震等级）；

(7) 当结构中存在短肢剪力墙时，每塔楼内柱及短肢墙所承受的倾覆弯矩百分比。

5. 软件可自动实现按整体模型和各塔楼分开的模型分别计算。

用户可将全部多塔连在一起整体建模，软件可自动实现按整体模型和各塔楼分开的模型分别计算，并采用较不利的结果进行结构设计。这步工作的前提是要完成多塔定义。

软件可对其中的每个塔按照规范的要求自动切分成单个塔，每个分塔各包含底部模型，切分底部模型的范围是裙房下 45°范围。然后连续地分别进行各塔的单塔计算和全部多塔连在一起的整体计算，最终对各个单塔配筋设计时采用整体计算和各单塔计算的较大值。

对于自动拆分出来的单塔，用户可以在前处理的【计算简图】-【自动分塔示意】中查看拆分后的单塔模型。如果计算模型不合理，可以在【多塔定义】中通过【划分拆分范围】、【删除拆分范围】交互修改。

三、哪些计算内容应在合塔的整体模型中得出

(1) 裙房和大底盘部分

裙房和大底盘部分的设计结果应在合塔的整体模型中得出，正如《广东高规》11.6.3-4 的说明："大底盘多塔结构……整体建模主要计算多塔楼对大底盘部分的影响"；

(2) 基础设计应在合塔的整体模型下进行；

(3) 对合塔模型必须进行多塔划分的计算内容，如上节所述。

四、哪些计算内容应在分塔的模型中得出

周期比应在各个单塔的计算模型中得出。

《高规》10.6.3-4："大底盘多塔结构，可按本规程 5.1.14 条规定的整体和分塔楼计算模型分别验算整体结构和各塔楼结构扭转为主的第一周期与平动为主的第一周期的比值，并应符合本规程第 3.4.5 条的有关要求。"

《广东高规》11.6.3-4："大底盘多塔结构，宜按整体模型和各塔楼分开模型分别计算，整体模型主要计算多塔楼对大底盘结构的影响，分塔楼计算主要验算各塔楼的扭转位移比，并应符合本规程第 3.4.5 条的有关要求。"

从目前合塔的整体模型中，很难计算出各个单塔各自的扭转为主的第一周期与平动为主的第一周期，因此各塔楼的周期比只能在各分塔计算中得出。

五、多塔整体和分塔二者取大的要求是针对塔楼部分的

《高规》5.1.14："对多塔楼结构，宜按整体模型和各塔楼分开的模型分别计算，并采用较不利的结果进行结构设计。"

《广东高规》取消了《高规》这里的"并采用较不利的结果进行结构设计"的提法，《广东高规》改为："多塔楼结构宜按整体模型和各塔楼分开的模型分别计算。当塔楼周边的裙楼超过两跨时，分塔楼模型宜至少附带两跨的裙楼结构。裙楼屋面宜考虑与塔楼相互作用的影响并采取适当的加强措施。"

对于多塔结构的裙楼和大底盘部分，合塔整体模型的计算结果完全可以直接使用，没有必要再与分塔模型比较取大。因此，即便对于《高规》要求的"整体模型和各塔楼分开的模型分别计算，并采用较不利的结果进行结构设计"，也应针对裙楼以上的塔楼进行。

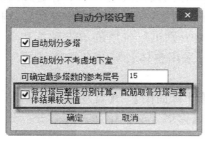

图 3.5.1　多塔自动包络取大参数

多塔包络取大参数设置如图 3.5.1，用户在 YJK 中设置了对多塔结构的自动包络设计时，软件仅对地下室以上的塔楼部分进行包络设计，而对裙楼（不包含塔楼部分）和地下室部分不进行包络设计。

有的用户使用 YJK 对多塔结构的自动包络设计后，在查看各个分塔结果时，常发现分塔的裙楼或裙楼以下部分有的杆件结果异常，导致这种异常的原因是自动分塔的模型存在缺陷，这种缺陷可由人工对自动划分的分塔模型编辑修正。

六、自动定义多塔的原理和参数控制

对于独立多塔和设缝多塔的上部结构，每层的各塔是一个平面多边形，在塔和塔之间完全分开。每个塔的多边形外围由梁或墙围成，而各塔之间没有墙或梁相连。利用这个特点，软件根据各层梁、墙的布置状况，可以自动搜索出由梁、墙组成的各个塔单元的最外围轮廓，这个轮廓线就是各个塔的边界线。为了能够将轮廓线上的杆件明确地包含到塔内，软件将轮廓线进行了适当的外扩，目前外扩了 100mm。通过这种机制就实现了多塔的快速自动划分。

由于在一个塔平面内，可能包含着另外一个或多个与周围杆件不相连的闭合多边形区域，如回字形的平面。对于这种情况，在多塔自动生成时将忽略掉内部闭合多边形，并且将这些内部的封闭区域划分到包含它的区域中，整体作为一个塔。

多塔自动生成时，对于延伸出多塔平面的孤立的墙、梁，只要这些墙、梁与某个塔直接或间接相连，就将它们归入相应的塔内。

平面上常存在未与梁相连，又没有被任何封闭区域包围的孤立柱或孤立的墙，这样的孤立柱或孤立墙通常是结构中的越层构件。软件可根据与之相邻的上下层的杆件信息，找出它们应归属的塔号。

无论是多塔自动生成还是人工定义，都需要注意：软件通过围区的方法定义每个塔的

范围，构件属于某个塔是以其定位节点为准的，所有定位节点都必须属于某一个塔，即不能存在孤立的不属于任何塔的节点，并且每一个节点不能同时属于多个塔，否则，计算会出错。当结构平面构件布置复杂时，可以使用软件提供的【多塔定义】-【立面显示】功能对定义的多塔进行检查，以确保多塔定义准确性。如果模型进行了修改，多塔生成必须重新执行，否则会导致多塔信息错误。

多塔自动定义是根据平面上分离的多边形的数量。实际工程中常见某个塔的上部楼层又分离出 2 个或多个多边形，如顶部设置了多个分离的水箱间、电梯间等。这样的情况不再按照多塔结构计算。为此，软件设置了"可确定最多塔数的参考层号"参数，如图 3.5.2，隐含取裙房或者地下室的上一层为自动确定最多塔数的参考层号，该层号可由用户修改。软件以该层自动划分的塔数作为该结构最终划分的塔数。如果该层以上的某层中又出现了某个塔分离成多个塔的情况，软件仍将这些分离部分当作一个塔来对待。

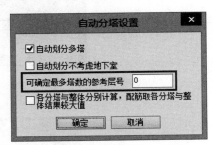

图 3.5.2　可确定最多塔数的参考层号

上面所讲的多塔定义多针对多塔结构按共用标准层方式建模情形。对于按照广义层方式建模的多塔结构，软件会自动进行多塔的划分，但是计算要简单得多。软件中也支持同时存在广义层多塔和普通多塔混合建模的形式，但建模时仍需注意，在楼层组装中每个塔的各层应从低至高连续组装。

七、YJK 在多塔自动划分中的常见问题

1. 各分塔的结构体系、体型不同时的处理

对于已经分好塔的多塔模型，软件支持为每个分塔指定不同的计算参数，包括结构体系、风荷载计算的周期和系数、$0.2V_0$ 调整系数等，如图 3.5.3 所示。

图 3.5.3　分塔参数

另外，软件也可对细分的每个塔的楼层单独指定材料、抗震等级、钢筋类别等信息，该功能可打开【楼层属性】-【材料表】进行指定，也可以通过"构件混凝土等级"系列命令单独在三维模型上进行修改，如图 3.5.4 所示。

2. 存在不想单独分塔的突出结构时的处理

例如当多塔裙房顶部存在电梯机房等小的结构，不想独立分塔计算时，可通过【修改塔号】菜单，将其指定为想归入的附近塔楼的塔号，则软件会自动实现塔楼的合并，如图 3.5.5 所示；或者可以通过【围区增加】菜单，将其直接框入附近塔楼，也可实现同样的效果。

3. 多塔自动生成时提示"某层存在未正确分塔构件……"时的处理

对于平面中存在一些不在封闭的梁墙范围内的墙、柱、斜杆等独立构件，若属于越层的情况，软件会根据该构件在上下楼层中的情况进行一定程度的自动识别；但对于确实完全独立的竖向构件，则软件不会自动判断其塔号，此时在自动生成多塔的过程中，将出现

如图 3.5.6 所示的提示。

图 3.5.4　材料表

图 3.5.5　修改塔号

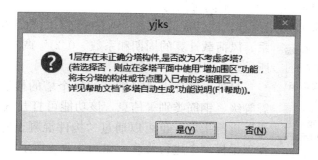

图 3.5.6　未正确划分多塔时的提示

对于此类情况，一般可先选择"否"，让程序继续划分多塔，并记住提示有问题的层号，等自动生成完成后，用【多塔平面】查看相应的楼层，找到标注塔号为 0 的节点，用【围区增加】菜单将其框选，即可归入附近的塔中，如图 3.5.7 所示。

4. 多塔连接关系判断不正确时的处理

多塔生成后，建议使用【多塔立面】查看多塔的连接关系是否正确，也可以通过【三维显示】查看各塔的颜色区分是否正常。如图 3.5.8 所示情况，即表示多塔的连接关系判断可能存在问题，此时对于后续的楼层指标统计，包括风荷载和地震剪力、刚度比、受剪承载力比值等均会造成影响。

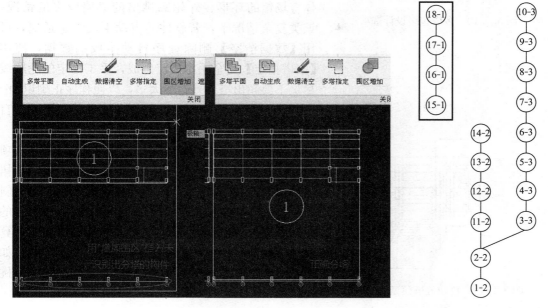

图 3.5.7　围区增加　　　　　　　　　　　　　图 3.5.8　多塔立面

对于多塔连接关系识别不正确，一般情况有：

（1）在楼层组装表中，某塔的各楼层之间标高不连续，即上一层的层底标高≠下层底标高＋下层层高，如图 3.5.9 所示，某些底盘带错层的情况可能存在这种建模方式。底盘局部抬高或降低后，在组装上方塔楼时直接将塔底标高抬高或降低。此时虽然模型中构件可正常连接，但组装表的标高并不连续。该情况宜将组装表设置为连续，上部塔楼的构件底部通过修改底标高的方式与下层衔接。

组装结果

层号	层名	标准层	层高(mm)	层底标高(m)
1		1	3300	0
2		1	3300	3.3
3		3	3300	6.6
4		3	3300	9.9
5		3	3300	13.2
6		3	3300	16.5
7		3	3300	19.8
8		3	3300	23.1
9		3	3300	26.4
10		3	3300	29.7
11		4	3300	6.6
12		4	3300	9.9
13		4	3300	13.2
14	16.5+3.3=19.8≠20.3	4	3300	16.5
15		4	3300	20.3
16		4	3300	23.6
17		4	3300	26.9
18		4	3300	30.2

地下室层数 0　　　与基础相连构件的最大底标高(m) 0.00

图 3.5.9　楼层组装底标高不连续

□ 各分塔与整体分别计算，配筋取各分塔与整体结果较大值

图 3.5.10　多塔包络设计选项

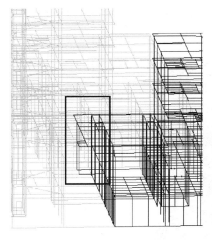

图 3.5.11　自动分塔模型不合理

（2）塔楼平面形状比较特殊，如凹字形、类似体育场馆的环形、外轮廓挑出的梁墙较多的情况，该类复杂情况下，若软件的自动生成无法适应，可用【数据清空】删除程序自动生成的数据，使用【多塔指定】完全手工指定生成，手工指定的轮廓线尽量不要超出塔楼外轮廓太多，以便程序正确识别。

5. 多塔按整体和分塔包络设计时，分塔模型自动划分不合理的处理

当在自动分塔参数中勾选了图 3.5.10 中选项时，软件会自动按 45°扩散角生成各个分塔模型在裙房部分的"相关范围"。但当遇到平面复杂、构件斜交较多、塔楼斜置等复杂情况时，软件自动划分的裙房相关范围不一定合理，从而可能出现整体计算可以通过，但单塔楼计算不能通过的问题。如图 3.5.11 中，出现了分塔模型中 2 层局部结构悬挑的问题。

凡是该类情况，均可以用多塔菜单下的【划分拆分范围】解决。该功能相当于直接指定裙房的"相关范围"，只要指定对应的上塔塔号后，在裙房部分勾勒出相关范围的围区形状即可，如图 3.5.12 所示。

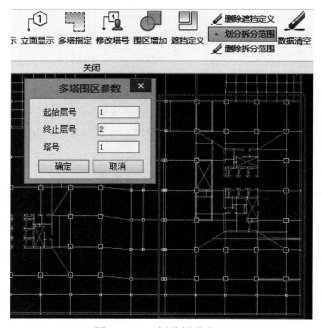

图 3.5.12　划分拆分范围

除了上述的应用外，对于连体结构，也可以使用该功能，实现有连体多塔的分塔整体包络设计功能。在连体及其上部所有楼层，均围出主塔部分范围（忽略连体部分），即可实现此效果。

6. 连体结构的分塔方法

对于连体结构，推荐的建模方式是将连体部位相关的两塔与连体建为同一楼层，相应的在多塔划分时连体及相关两塔为同一塔号，一般软件自动划分的效果如图 3.5.13 所示，连体部位塔号均为 1 号塔。

当软件自动划分的塔号如图图 3.5.13 存在不连续的情况时，可以通过【修改塔号】稍作修改即可。如将原先连体上方右侧塔楼改为 2 塔，再将原先 3 塔改为 1 塔即可。

实际上，无论塔号是否修改为上下一致，只要【立面显示】菜单中多塔的连接关系正常，没有脱开、交错等情况，则对于剪力、剪重比、受剪承载力比、刚度比等楼层指标的统计均能正确进行。但是对于连体模型需要考虑自动进行分塔和整体的包络设计时，则宜尽量确保塔号的一致，并且必须使用前一条目中的【划分拆分范围】功能，在连体及其上部所有楼层围出主塔部分范围，如图 3.5.14 所示。

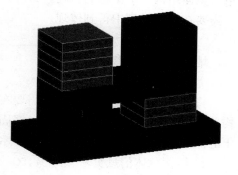

图 3.5.13 多塔划分

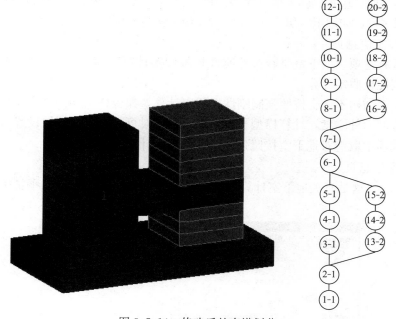

图 3.5.14 修改后的多塔划分

第六节 地下室计算

一、地下室和上部结构整体建模共同计算

一般应将地下室和其上的上部结构各层共同建立完整的计算模型进行计算分析。上部

结构和地下室组成一个受力体系，具有共同的位移场，相互协调变形。共同作用分析可以较准确地得到上部结构对地下室变形的影响，同样也可以较准确地反映地下室结构的变形对上部结构的影响。一般情况下地下室都有侧土约束，因此需要考虑地下室回填土侧向约束对整体结构水平位移的影响。另外，规范对于地下室的很多要求、地下室本身的计算等常需要在整体模型中得到体现。

二、地下室的计算参数

将地下室建入整体模型后，需要在计算参数的几处设置地下室相关的参数：一是在结构总体信息页中设置地下室层数、嵌固端所在层号；二是在地下室信息页填写地下室回填土的侧向约束、侧向水土压力等地下室相关参数。

1. 结构总体信息页

嵌固端所在层号一般和地下室层数相同。但是当地下一层的刚度不够大，不能起到嵌固作用时，可能比地下室层数小。嵌固端所在层号影响底层柱内力调整、嵌固层梁柱配筋调整、刚重比计算等。

在楼层组装时，应正确输入地下室各层的底标高。软件可根据用户输入的地下室层数，给出每层的层名称，如地下1层、地下2层等。这些信息的输入还有助于基础部分的设计。

2. 计算控制信息页

这里设置有选项"地下室是否按照刚性楼板假定计算"，软件隐含将地下室部分的各层按照强制刚性板假定计算。

有的地下室结构不适合按照强制刚性板假定计算，如板柱结构的地下室层，若计算时不能考虑楼板的面外刚度，计算模型与实际不符。此时可将这样的楼层设置为弹性楼板3，并在此处的选项中取消对地下室按照强制刚性板假定计算。

3. 地下室信息页

如图3.6.1，这是有关地下室计算的重要参数，主要填写"土层水平抗力系数的比例系数（m值）"。

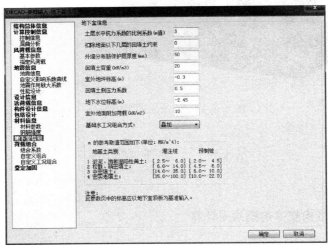

图3.6.1 地下室信息

m 值可按《建筑桩基技术规范》JGJ 94—2008 表 5.7.5 中取值。同时软件在对话框中给出 m 值的常见取值范围。

地下室部分特殊的荷载就是地下室外墙的侧向土、水压力。软件假定侧土压力沿地下室外墙高度方向线性分布。在计算参数的地下室部分输入土、水压力参数。

地下室外墙由软件自动判断，并可由用户补充修改。软件根据定义的侧向土、水压力计算地下室外墙的平面外弯矩。

三、水平荷载的作用

计算软件假定地震加速度作用位置在模型最底部，根据振型分解反应谱法，将地震加速度的作用等效成作用在包括地下室结构的各层楼面处的地震力。

地下室各层地震反应力的大小与地下室的侧向约束相关。当地下室侧向约束越大，地下室结构的水平位移变小，因此地震反应力也会越小，如图 3.6.2 所示。

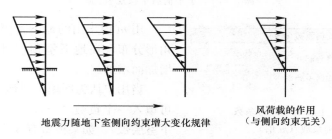

地震力随地下室侧向约束增大变化规律　　　　风荷载的作用（与侧向约束无关）

图 3.6.2　地下室侧向约束对地震力的影响

对于风荷载的计算，软件自动考虑：1. 地下室部分的基本风压为零；2. 在地上部分的风荷载计算中，自动扣除地下室部分的高度，地下室顶板作为风压高度变化系数的起算点。结构在风荷载作用下的反应（位移、内力），也受地下室回填土侧向约束大小的影响。

以图 3.6.3 所示带 5 层地下室工程为例，从各层地震力图和各层风荷载图可见带地下室结构的地震力和风荷载分布特点，如图 3.6.4 所示。

四、回填土对地下室侧向约束的计算

回填土对地下室侧向约束的大小与基坑开挖方式、地下室外侧土质、室外地坪上的荷载等因素相关。

软件采用"土层水平抗力系数的比例系数（m 值）"来考虑回填土对地下室的侧向约束，如图 3.6.5 所示。m 值可按《建筑桩基技术规范》JGJ 94—2008 表 5.7.5 中灌注桩类型的 m 取值。m 的取值范围一般在 2.5～100 之间，在少数情况的中密、密实的沙砾、碎石类土取值可达 100～300。该附加刚度与地下室结构刚度无关，而与土的性质有关，便于用户填写掌握。

图 3.6.3　带 5 层地下室工程实例

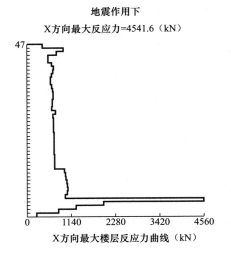

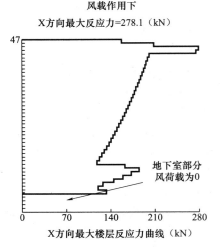

图 3.6.4　水平荷载下楼层外力

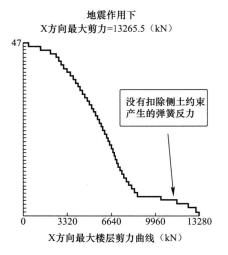

图 3.6.5　土层水平抗力系数的比例系数（*m* 值）

用 *m* 值求出的地下室侧向刚度约束呈三角形分布，在地下室顶层处为 0，并随深度增加而增加。

当用户认为回填土对地下室完全嵌固时，可填入一个负数"－*m*"，（*m* 小于或等于地下室层数），如某模型有 3 层地下室，且填入－3，则 3 层地下室的水平向位移和绕竖轴转角为零，达到侧向嵌固的目的。

要区分的是，这里的嵌固只限制地下室的水平自由度和绕竖轴的扭转自由度，对其他三个自由度没有限制。

对侧向非完全嵌固的情况，可输入一个正的 *m* 值。软件对回填土的侧向约束用附加在地下室的侧向刚度来表示。当约束越大，附加的刚度也越大，结构变形越小。

五、地下室各层地震剪力图可能没有反映地下室侧向约束影响

仍以上面带 5 层地下室工程为例，图 3.6.6 是各层地震剪力图。可见地下室各层的地震剪力从上至下逐渐增大，表现与上部结构相同。从该图可以看出它没有在层地震剪力中扣除地下室受到周边土侧向约束而产生的弹簧反力，因为在土的约束下地下室各层剪力应逐渐减小，越往下，土的约束越大，减少幅度越大。

可在【计算参数】的【设计信息】勾选参数"按竖向构件内力统计层水平荷载剪力"，如图 3.6.7所示，再进行计算后，得到的各层的地震剪力图如

图 3.6.6　没有扣除侧土约束产生的弹簧反力

图 3.6.8 所示。该图中地下室各层的地震剪力往下逐层减少，该图可以反映出地下室侧土约束的效果。

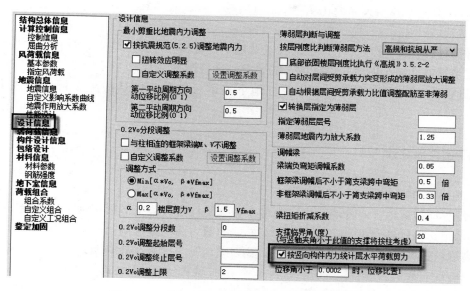

图 3.6.7 按竖向构件内力统计层水平荷载剪力

六、地下室抗震设计

1. 地下室抗震等级

《抗震规范》6.1.3 条："当地下室顶板作为上部结构的嵌固部位时，地下一层的抗震等级应与上部结构相同，地下一层以下抗震构造措施的抗震等级可逐层降低一级，但不应低于四级。地下室中无上部结构的部分，抗震构造措施的抗震等级可根据具体情况采用三级或四级。"

在《抗震规范》6.1.3 条的条文说明中写道："关于地下室的抗震等级……地面以下地震响应逐渐减小，规定地下一层的抗震等级不能降低；而地下一层以下不要求计算地震作用，规定其抗震构造措施的抗震等级可逐层降低。"

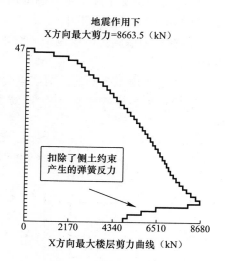

图 3.6.8 扣除了侧土约束产生的弹簧反力

软件对于该条文自动处理，嵌固端所在层号抗震等级不降低，嵌固端所在层号以下的各层的抗震等级和抗震构造措施的抗震等级分别自动设置：对于抗震等级自动设置为四级抗震等级；对于抗震构造措施的抗震等级逐层降低一级，但不低于四级。

2. 抗震构造要求

软件按照《抗震规范》6.1.14 条和《高规》12.2.1 条，自动搜索嵌固端层柱上一层对应柱，并确保不小于对应上一层柱配筋的 1.1 倍，梁端顶底截面钢筋增大 10%。

3. 底层内力调整和剪力墙加强区判断

《抗震规范》6.2.3条："一、二、三、四级框架结构的底层，柱下端截面组合的弯矩设计值，应分别乘以增大系数 1.7、1.5、1.3 和 1.2。底层柱纵向钢筋应按上下端的不利情况配置。"

软件对嵌固端所在层号上一层的柱底及地下室底层柱底截面弯矩设计值，均按规范的"底层柱下端截面组合的弯矩设计值"的要求，进行调整。

在进行最小剪重比调整时，软件把地下室部分扣除，即从地上一层开始放大地震作用。

七、地下室外墙设计

1. 地下室外墙的定义

软件自动搜索地下室外墙，用户也可在特殊构件定义菜单下指定地下室外墙或取消地下室外墙定义。软件对没有定义为地下室外墙的剪力墙不施加侧向土水压力。

《高规》JGJ 3—2010 第 12.2.5 条："高层建筑地下室外墙设计应满足土压力及地面荷载侧压作用下承载力要求，其竖向和水平分布钢筋应双层双向布置，间距不宜大于150mm，配筋率不宜小于 0.3%。"

软件对于定义了地下室外墙的墙段自动按照下节所述的计算方法，并自动将其竖向分布钢筋的配筋率设置为不小于 0.3%，同时在配筋计算时控制其水平分布筋配筋率不小于0.3%。在剪力墙施工图绘制中，对于地下室外墙控制其水平和竖向分布筋的间距不大于150mm。

2. 将剪力墙承受的面外荷载直接加到上部结构整体计算模型计算

图 3.6.9 为水、土压力的计算简图，水、土压力沿楼层高度为梯形（或三角形）分布。

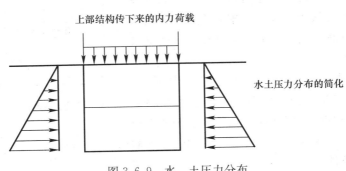

图 3.6.9　水、土压力分布

YJK 的有限元计算可以计算剪力墙承受的面外荷载。因此 YJK 将剪力墙承受的面外荷载直接加到上部结构整体模型计算。这样在上部结构计算中，软件既能考虑这些墙的面外荷载对于整体计算的影响，又能在墙的有限元分析中得出墙的面外弯矩。

在计算简图中，可以查看墙面外荷载的布置情况，并可以看出荷载的分布规律，如图 3.6.10。

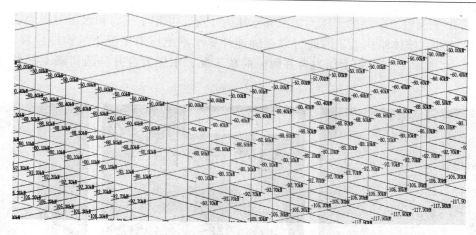

图 3.6.10　水、土压力计算简图

如果在【计算参数】中勾选了"生成绘等值线用数据"，则可在【设计结果】的【等值线】菜单下查看每一片剪力墙在各个荷载工况下的内力等值线图。图 3.6.11 即是地下室外墙在土压力下的面外弯矩等值线图，在它的各个单元节点上可标出弯矩的数值。

3. 在配筋结果文件中对地下室外墙补充输出竖向及水平分布筋的计算结果

在各层配筋结果文件中，如果某墙柱是承受了水土压力或人防荷载的地下室外墙，则在

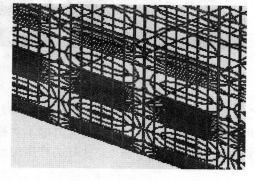

图 3.6.11　水、土压力下等值线图

原有内容之外补充"面外设计结果"，输出了墙的竖向分布钢筋和水平分布钢筋的双侧最大配筋面积，同时给出控制的面外弯矩、轴力和组合号，如图 3.6.12 所示。

```
-------------------------------------------------------
N-WC=16 (I=2000224 J=2000225) B*H*Lwc(m)=0.50*11.00*4.80
aa=550(mm) Nfw=3 Nfw_gz=3 Rcw=60.0 Fy=360 Fyv=360 Fyw=360 Rwv=0.25
混凝土墙 外墙 加强区
livec=1.000
  η mu=1.000   η vu=1.200   η md=1.000   η vd=1.200
 ( 28)M=   -9586.5 U=    6505.6 λ w= 0.141
     Nu=      0.0 Uc=0.12
 (  1)N=   -2462.2 N=  -21387.7 As=       0.0
 ( 28)V=   32797.5 N=  -70330.4 Ash=      300.0 Rsh= 0.30
面外设计结果:
 (  5)M=    -351.0 N=    -1387.4 竖向分布筋每延米双侧最大计算配筋面积: 1278(mm2)
 ( 13)M=    -127.9 N=     -439.1 水平分布筋每延米双侧最大计算配筋面积:  632(mm2)
抗剪承载力: WS_XF=  18993.62  WS_YF=      0.02
-------------------------------------------------------
```

图 3.6.12　墙面外配筋结果输出

八、单侧布置地下室外墙的结构计算

有的工程只在单侧布置了地下室外墙，如一侧靠山，另一侧开敞的地下室情况，如图 3.6.13 所示。有时地下室虽然两侧布置，但布置并不对称。在这些情况下，地下室周边的土、水压力只施加到单侧，这将造成结构的不对称受力。

　　YJK 由于设置了单独的土压力工况和水压力工况，并把土压力和水压力作为墙的面外荷载直接施加到整体结构上，因此可以正确地计算出水土压力工况下的构件位移和内力，如图 3.6.14 所示。YJK 把土压力合并到恒荷载工况、水压力合并到活荷载工况参与荷载组合。

图 3.6.13　单侧布置地下
室外墙模型

图 3.6.14　单侧布置地下室
外墙时的计算简图及变形图

　　传统软件对地下室外墙上的土、水压力荷载仅能在配筋时简化考虑，土、水压力没有加到整体计算模型上。当地下室外墙不对称布置时，特别是在某方向上单边布置时，会导致整体计算中没有考虑土、水压力产生的水平侧移的疏漏。

九、对地下室楼板按照弹性板 6 计算的效果

　　楼板较厚时对梁的设计要考虑梁板共同工作。地下室各层的楼板、特别是地下室顶层的楼板一般较厚，至少 160mm，大于 200mm 也十分常见。

　　结构计算时对楼板较厚（如大于 160mm 时）的板应将其设置为弹性板 3（厚板单元）或者弹性板 6（壳元）计算。这是梁板共同工作的计算模型，可使梁上荷载由板和梁共同承担，从而减少梁的受力和配筋。既节约了材料，又实现强柱弱梁，改善了结构抗震性能。对于地下室顶板、转换层、加强层或承受人防荷载、消防车荷载等情况更需这样设置。

　　1. 可明显减少地下室梁的配筋

　　如图 3.6.15 所示工程地下 1 层顶板承受消防车荷载的楼板 250mm，以前按刚性板计算梁的超筋及抗扭超限很多，现改为按照弹性板 6 计算，旧、新算法结果对比如图 3.6.16 所示。

　　傅学怡《实用高层建筑结构设计》14 章："不考虑实际现浇钢筋混凝土结构中梁、板互相作用的计算模式，其弊端主要有：1）对于单独计算的板，由于忽略支座梁刚度的影响，无法正确反映板块内力的走向，容易留下安全隐患。2）对于梁，由于忽略楼板的翼缘作用，重力荷载下往往高估梁端截面弯矩，其结果不仅仅是造成材料的浪费，更重要的是过高的框架梁支座截面受弯承载力使得水平荷载下梁端形成延性结构的可能性大为减小。"

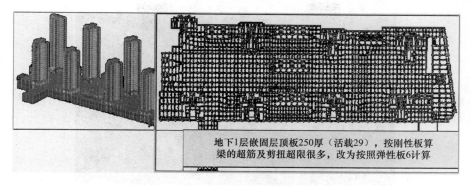

图 3.6.15　地下室顶板按弹 6 计算

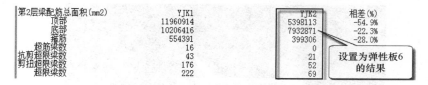

图 3.6.16　地下室顶板按刚性板与按弹 6 计算时梁配筋结果对比

考虑楼板翼缘的作用，可实现强柱弱梁的设计效果，有利于抗震，同时明显降低造价。

另一方面，对按照弹性板 3 或弹性板 6 计算的楼板，应在楼板计算时考虑梁的弹性变形。

2. 减少剪力墙连梁超限

图 3.6.17 为一个高层框架-核心筒模型，地下室层数为 3 层，刚性板，±0 嵌固。

用户问题：地下室地震剪力比预计的大很多，导致连梁（截面高度 700mm）抗剪不足，如图 3.6.18 所示。我们认为由于在 ±0 嵌固，且为刚性板，则上部结构地震剪力应在嵌固处传递给刚性板，地下室连梁不应承受过大的剪力，为何模型中连梁剪力这么大？

经过与其他软件结果对比，连梁剪力大属正常的计算结果。

发生超限的剪力墙连梁位于地下室顶层（结构 3 层），原采用刚性板计算，该层楼板厚度 400mm。我们改为对全层按照弹性板 6 计算。

图 3.6.17　工程实例

按弹性板 6 计算后，原来超限的剪力墙连梁都不再超限，如图 3.6.19 所示。

对比最右侧连梁在两种计算方法下的结果，连梁两端剪力刚性板为 1487kN、-1661kN，弹性板 6 结果为 923kN、-1406kN，弹性板 6 下都有明显的降低，如图 3.6.20 所示。

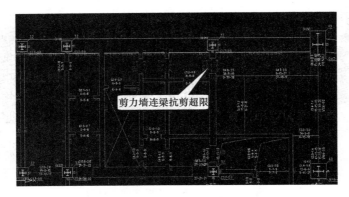

图 3.6.18　按刚性板计算时连梁抗剪超限

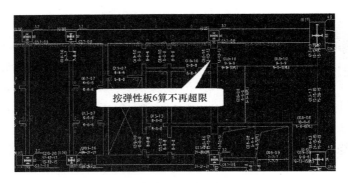

图 3.6.19　按弹 6 计算时连梁抗剪不超限

```
N-WB=27 (I=1000541, J=1000544) B*H(mm)=500*700
Lwb=1.20(m) Cover=25(mm) Nfwb=2 Nfwb_gz=2 Rcwb=60.0 Fy=360 Fyv=360
砼梁 连梁
stif=0.700                                                    刚性板
η v=1.200
            -1-    -2-    -3-    -4-    -5-    -6-    -7-    -8-    -9-
-M(kNm)    -208   -223   -238   -254   -270   -287   -305   -323   -342
LoadCase  ( 14)  ( 14)  ( 14)  ( 14)  ( 14)  ( 14)  ( 14)  ( 14)  ( 10)
Top Ast    1286   1286   1286   1286   1286   1318   1399   1483   1570
% Steel    0.37   0.37   0.37   0.37   0.37   0.40   0.43   0.45   0.48
+M(kNm)       0      0      0      0      0      0      0      0      0
LoadCase  (  0)  (  0)  (  0)  (  0)  (  0)  (  0)  (  0)  (  0)  (  0)
Btm Ast    1286   1286   1286   1286   1286   1318   1399   1483   1570
% Steel    0.37   0.37   0.37   0.37   0.37   0.40   0.43   0.45   0.48
V(kN)      1487   1036    662    289   -180   -457   -830  -1204  -1661
LoadCase  ( 28)  ( 28)  ( 28)  ( 28)  ( 36)  ( 28)  ( 28)  ( 28)  ( 28)
Asv         957    594    294    158    158    158    429    729   1097
Rsv        0.96   0.59   0.29   0.16   0.16   0.16   0.43   0.73   1.10
**位置:1 (组合号:28) 截面不满足抗剪要求 V/b/h0=4.56>1/γre*0.15* β c*fc=4.53
**位置:9 (组合号:28) 截面不满足抗剪要求 V/b/h0=5.09>1/γre*0.15* β c*fc=4.53
```

```
N-WB=27 (I=1000541, J=1000544) B*H(mm)=500*700
Lwb=1.20(m) Cover=25(mm) Nfwb=2 Nfwb_gz=2 Rcwb=60.0 Fy=360 Fyv=360
砼梁 连梁
stif=0.700                                                    弹性板6
η v=1.200
            -1-    -2-    -3-    -4-    -5-    -6-    -7-    -8-    -9-
-M(kNm)     -65    -90   -114   -139   -163   -189   -215   -242   -269
LoadCase  ( 14)  ( 14)  ( 14)  ( 14)  ( 14)  ( 14)  ( 14)  ( 14)  ( 14)
Top Ast    1286   1286   1286   1286   1286   1286   1286   1286   1286
% Steel    0.37   0.37   0.37   0.37   0.37   0.37   0.37   0.37   0.37
+M(kNm)       0      0      0      0      0      0      0      0      0
LoadCase  (  0)  (  0)  (  0)  (  0)  (  0)  (  0)  (  0)  (  0)  (  0)
Btm Ast    1286   1286   1286   1286   1286   1286   1286   1286   1286
% Steel    0.37   0.37   0.37   0.37   0.37   0.37   0.37   0.37   0.37
V(kN)       923    601    331     77   -233   -505   -778  -1052  -1406
LoadCase  ( 28)  ( 28)  ( 28)  ( 28)  ( 28)  ( 28)  ( 28)  ( 28)  ( 28)
Asv         503    244    158    158    158    167    387    607    892
Rsv        0.50   0.24   0.16   0.16   0.16   0.17   0.39   0.61   0.89
```

图 3.6.20　配筋结果对比

3. 减少地下室层中剪力墙超限

图 3.6.21 所示用户工程：地下室为了增加嵌固端的刚度，加设了一些纯地下的单片墙肢。但是计算之后发现，这些单片的墙肢抗剪超筋很厉害，有一些小的墙肢也超筋，如图 3.6.22 所示。经查内力，发现这些墙肢均是由地震和风荷载组合工况控制，地震工况下的墙肢剪力很大。

图 3.6.21　工程实例

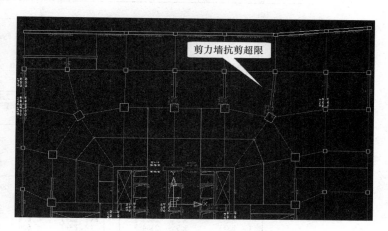

图 3.6.22　按刚性板计算时剪力墙抗剪超限

发生超限的剪力墙位于地下室顶层（结构 3 层），原采用刚性板计算，该层楼板厚度一般为 180mm，超限墙两边为 400mm 厚。我们改为对全层按照弹性板 6 计算。

按弹性板 6 计算后，原来超限的 3 片墙已有 2 片不再超限，如图 3.6.23 所示。

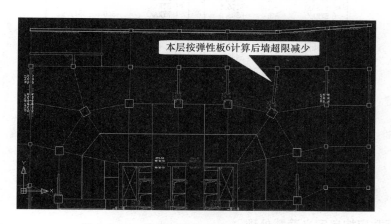

图 3.6.23　按弹 6 计算时剪力墙抗剪不超限

对比两种计算方法的墙的剪力，刚性板为 17752kN，弹性板 6 为 11856kN，降低了 34%，如图 3.6.24 所示。

再对比两种计算方法的各个单工况剪力，可见弹性板 6 计算使地震工况、恒载工况等的剪力大幅降低，如图 3.6.25 所示。

```
N-WC=34 (I=3000413 J=3000195) B*H*Lwc(m)=0.40*7.29*6.60
Cover= 15(mm) aa=364(mm) Nfw=0 Nfw_gz=0 Rcw=60.0 Fy=360 Fyv=360 Fyw=360 Rwv=2.00
砼墙
livec=1.000
η mu=1.300  η vu=1.400  η md=1.300  η vd=1.400                     刚性板
( 31)M=   -7579.2 V=   12680.1  λw= 0.086
        Nu=  -18848.2 Uc=0.20
( 1)M=    -425.0 N=  -19623.6 As=        0.0
( 31)V=   17752.1 N=  -21146.0 Ash=       1125.1 AshCal=      1125.1 Rsh= 1.41
**(组合号:31) 截面不满足抗剪要求 V/b/h0=6.40>1/γre*0.15* β c*fc=4.53       <i
**(组合号:31) 截面不满足抗剪要求 V/b/h0=6.40>1/γre*0.15* β c*fc=4.53       <i
施工缝验算( 39)V=       16553 < Fs=(0.6*fy*Ast+0.8*N)/Rre=        32100 N=   -18418 Ast=
抗剪承载力: WS_XF=   1372.74  WS_YF=  14076.46
```

```
N-WC=34 (I=3000413 J=3000195) B*H*Lwc(m)=0.40*7.29*6.60
Cover= 15(mm) aa=364(mm) Nfw=0 Nfw_gz=0 Rcw=60.0 Fy=360 Fyv=360 Fyw=360 Rwv=2.00
砼墙
livec=1.000
η mu=1.300  η vu=1.400  η md=1.300  η vd=1.400                     弹性板6
( 31)M=    1736.4 V=    8468.6  λw= 0.030
        Nu=  -17712.2 Uc=0.19
( 1)M=   -1455.0 N=  -18672.9 As=        0.0
( 31)V=   11856.1 N=  -19540.1 Ash=        622.9 AshCal=       622.9 Rsh= 0.78
施工缝验算( 38)V=       10785 < Fs=(0.6*fy*Ast+0.8*N)/Rre=        30349 N=   -16557 As
抗剪承载力: WS_XF=    933.71  WS_YF=   9574.49
```

图 3.6.24　配筋结果对比

(iCase)	Shear-X	Shear-Y		(iCase)	Shear-X	Shear-Y
刚性板				**弹性板6**		
*(EX)	3.9	2589.3		*(EX)	7.8	1491.2
(EX)	3.9	5059.0		(EX)	8.7	3153.3
*(EX+)	3.3	2484.9		*(EX+)	6.4	1396.9
(EX+)	3.3	2484.9		(EX+)	6.4	1396.9
*(EX-)	4.4	2694.6		*(EX-)	9.4	1586.8
(EX-)	4.4	2694.6		(EX-)	9.4	1586.8
*(EY)	0.6	5113.2		*(EY)	4.5	3268.7
(EY)	3.4	5566.7		(EY)	8.0	3505.8
*(EY+)	-0.7	4972.8		*(EY+)	5.7	3135.8
(EY+)	-0.7	4972.8		(EY+)	5.7	3135.8
*(EY-)	1.2	5254.2		*(EY-)	4.5	3402.3
(EY-)	1.2	5254.2		(EY-)	4.5	3402.3
*(EXMAX)	-3.9	-2460.2		*(EXMAX)	-7.8	-1432.6
(EXMAX)	-3.9	-5041.1		(EXMAX)	-8.7	-3145.7
*(EXM 45)	2.9	4938.1		*(EXM 45)	6.5	3049.2
(EXM 45)	3.7	5522.7		(EXM 45)	8.4	3450.5
*(EYMAX)	-0.7	-5176.5		*(EYMAX)	-4.5	-3294.9
(EYMAX)	-3.4	-5583.0		(EYMAX)	-8.0	-3512.6
*(EYM 45)	-2.6	2909.3		*(EYM 45)	-6.3	1900.0
(EYM 45)	-3.6	5107.1		(EYM 45)	-8.4	3213.7
*(+WX)	0.5	442.9		*(+WX)	0.6	255.9
(+WX)	0.5	442.9		(+WX)	0.6	255.9
*(-WX)	-0.5	-442.9		*(-WX)	-0.6	-255.9
(-WX)	-0.5	-442.9		(-WX)	-0.6	-255.9
*(+WY)	0.1	1008.9		*(+WY)	0.9	623.9
(+WY)	0.1	1008.9		(+WY)	0.9	623.9
*(-WY)	-0.1	-1008.9		*(-WY)	-0.9	-623.9
(-WY)	-0.1	-1008.9		(-WY)	-0.9	-623.9
*(SOIL)	-0.0	-0.0		*(SOIL)	-0.2	-122.3
(SOIL)	-0.0	-0.0		(SOIL)	-0.2	-122.3
*(DL)	5.7	4066.6		*(DL)	7.2	3091.0
(DL)	5.7	4066.6		(DL)	7.2	3091.0
*(LL)	-17.3	433.0		*(LL)	-18.8	275.1
(LL)	-17.3	433.0		(LL)	-18.8	275.1

图 3.6.25　内力结果对比

十、消防车荷载应按自定义荷载处理

消防车荷载很大，设计时应考虑可能的折减。

《荷载规范》5.1.2 条规定了消防车荷载的折减："设计楼面梁时，对单向板楼盖的次梁和槽形板的纵肋应取 0.8，对单向板楼盖的主梁应取 0.6，对双向板楼盖的梁应取 0.8。"

设计墙、柱时，按实际情况折减；设计基础时可不考虑消防车荷载。

　　另外，地震和消防车荷载同时作用的概率极小，朱炳寅在《高层建筑混凝土结构技术规程应用与分析》P143提到"结构设计中一般可不考虑消防车荷载效应与地震作用效应的组合。"因此，消防车荷载的重力荷载代表值系数可填为0，这样可大大减少地下室的地震作用。反之，如果把消防车荷载按照一般的活荷载输入，软件按照默认的0.5的重力荷载代表值系数计算，会使得重力荷载及地震效应增大很多。

　　YJK的解决方案是把消防车荷载按照自定义荷载工况输入，在自定义工况的属性中人工填入次梁、主梁和墙柱的折减系数，在重力荷载代表值系数中填写0。基础设计时，软件自动过滤消防车荷载。

　　如图3.6.26所示模型的地下室顶板需要考虑消防车荷载，用户使用传统软件将消防车荷载按照一般的活荷载输入，我们在这里将消防车荷载改为自定义工况输入。

　　本工程2层作用大片29kN/m²的活荷载，这是消防车荷载。

　　在这里我们将2层的所有29kN/m²活荷载改为在自定义工况菜单下输入，在自定义工况下，对这样的荷载按照消防车荷载输入，如图3.6.27所示。

图3.6.26　工程实例

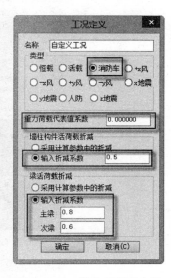

图3.6.27　消防车荷载定义

　　重力荷载代表值系数应填为0，因为地震可不考虑消防车荷载。柱、墙构件活荷载折减系数和楼面梁活荷载折减系数按照荷载规范要求填写。

　　同时，在活荷载菜单下把原来布置29kN/m²的房间的活荷载改为3kN/m²，如图3.6.28、图3.6.29所示。

　　注意在计算参数的自定义工况组合中，应对活荷载组合设置为包络组合，原来的默认组合为叠加组合，由于在2层原来布置消防车荷载的区域被改为布置3kN/m²的普通活荷载，这两种活荷载应为互斥的组合关系，所以应在这里修改默认组合为包络组合，如图3.6.30所示。

图 3.6.28　消防车荷载布置区域

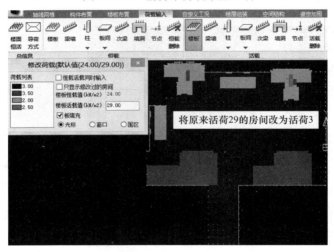

图 3.6.29　修改活荷载数值

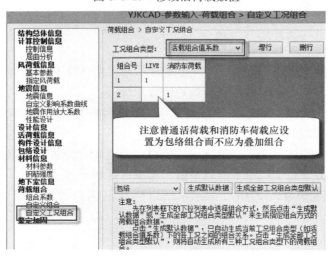

图 3.6.30　消防车荷载组合

把 2 层全层设置为弹性板 6。计算完成后，与原来按普通活荷载输入，且 2 层为弹性板 6 的结果对比。可见 2 层的活载质量大幅减少，1、2 层的地震效应也大幅减少，如图 3.6.31 所示。

对比时间：2015-01-09 14:41:29 YJK1工程路径：D:\E\技术服务\培训\培训例题\王家梁小模型 YJK2工程路径：D:\F\对比\王家梁模型（消防车）				
层号	塔号	对比项目	YJK1	YJK2	相对误差
质量信息					
1	1	恒载质量	14951.1	14951.1	0.00%
		活载质量	2550.6	2550.6	0.00%
		总质量	17501.7	17501.7	0.00%
2	1	恒载质量	40180.6	40180.5	-0.00%
		活载质量	12011.3	1678.0	-86.03%
		总质量	52191.9	41858.5	-19.80%
3	1	恒载质量	927.6	927.6	0.00%
		活载质量	44.9	44.9	0.00%

图 3.6.31　活荷载质量减少

第 1 层柱钢筋明显减少，第 2 层的梁的钢筋明显减少，如图 3.6.32 所示。

YJK1工程路径：D:\F\对比\王家梁模型（弹性板6） YJK2工程路径：D:\F\对比\王家梁模型（消防车）			
第1层柱配筋总面积(mm2)	YJK1	YJK2	相差(%)
主筋	396942	306150	-22.9%
箍筋	60496	50682	-16.2%
节点箍筋	0	0	0.0%
第2层柱配筋总面积(mm2)	YJK1	YJK2	相差(%)
主筋	557874	533517	-4.4%
箍筋	60636	50214	-17.2%
节点箍筋	49504	49504	0.0%
第2层梁配筋总面积(mm2)	YJK1	YJK2	相差(%)
顶部	2711786	2314004	-14.7%
底部	3252431	2758311	-15.2%
箍筋	163633	125299	-23.4%
抗剪超限梁数	6	1	
抗扭超限梁数	32	15	
超限梁数	35	15	
第2层墙柱配筋总面积(mm2)	YJK1	YJK2	相差(%)
As	34569	28070	-18.8%
Ash	58846	58357	-0.8%
稳定超限数	2	2	
超限墙柱数	2	2	
第2层墙梁配筋总面积(mm2)	YJK1	YJK2	相差(%)
顶部	75660	75660	0.0%
底部	75660	75660	0.0%
箍筋	1809	1803	-0.3%

图 3.6.32　梁配筋结果对比

十一、地下室常见结构形式示例

1. 平面规模越来越大

例：地下室采用无梁楼盖与梁板结构混合的结构形式，楼面面积 48389.34m² ，如图 3.6.33 所示。

2. 无梁楼盖楼板

例：地下室采用无梁楼盖的结构形式，楼面面积 24163.65m² ，如图 3.6.34 所示。

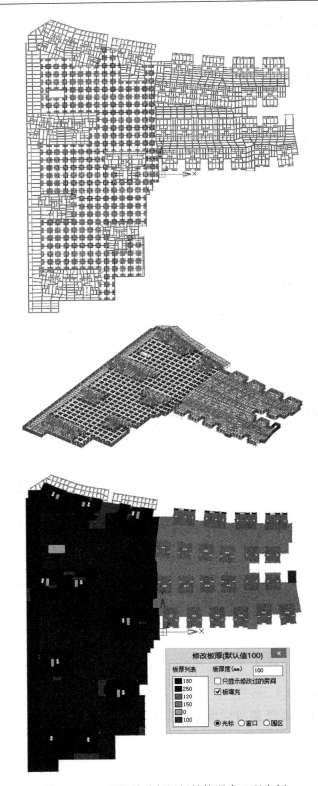

图 3.6.33　无梁楼盖与梁板结构混合工程实例

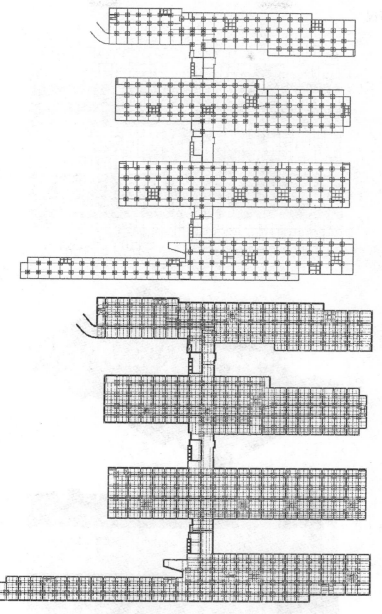

图 3.6.34　无梁楼盖大平面工程实例

3. 现浇空心板楼板

例：地下室采用现浇空心板与梁板结构混合的结构形式，楼面面积 24604.89m² ，如图 3.6.35 所示。

十二、常见问题

1. 半地下室的地下室外墙的土压力能否计算，怎么交互？

可以按墙的面外梯形荷载交互，如图 3.6.36 所示，可在生成数据后的轴测简图查看荷载施加的情况。

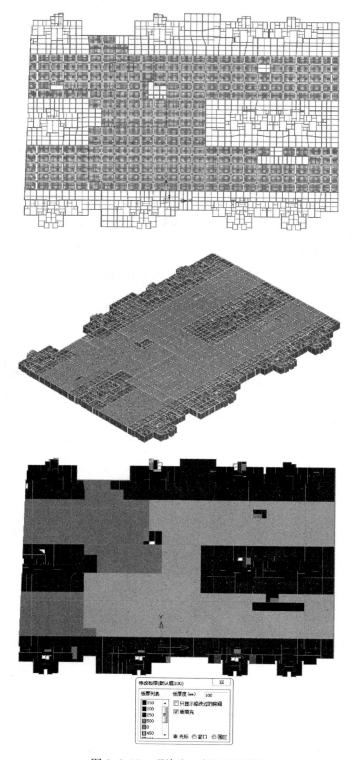

图 3.6.35　现浇空心板工程实例

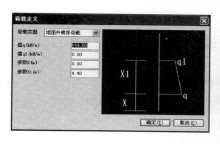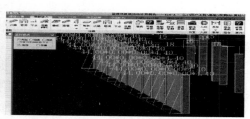

图 3.6.36 墙面外荷载定义与布置

2. 地下室外墙的水土压力是否会"转化"为结构质量？考虑水土压力与否对整体指标是否有影响

水、土压力不会"转化"成质量。不会对整体指标有影响。

3. 局部人防外墙荷载如何施加

前处理有人防构件定义，具有人防属性的外墙才施加人防荷载。对于临空墙，可以在前处理特殊构件定义中交互修改临空墙荷载。

4. 对于地下室，手工指定了弹性板，勾选了"地下室采用强制刚性楼板假定"后，弹性板定义无效

如果勾选了"地下室采用强制刚性楼板假定"，则软件忽略特殊构件定义中指定的弹性板属性。需要注意的是，软件只是取消了弹性板的面内属性（按照面内刚度无限大处理），面外仍保留所定义的弹性板属性。

5. 地库中调幅梁梁端配筋 YJK 与 PKPM 差异

《混凝土规范》5.4.3 条规定："钢筋混凝土梁支座或节点边缘截面的负弯矩调幅幅度不宜大于 25%；弯矩调整后的梁端截面相对受压区高度不应超过 0.35，且不宜小于 0.10。"

由于地库上的覆土较厚，活荷载较大（尤其是考虑消防车后），通常情况下梁配筋由恒、活控制，当抗震等级为四级或非抗震时，该条规定对梁端配筋影响较大，YJK 对于调幅梁按该条执行。

6. 面外荷载下，墙柱面外内力无反弯

软件是真实计算的，只是目前墙柱仅取顶、底两个控制截面，内力简图无法反映中间截面的弯矩，因此看起来是无反弯。这时需要查看等值线中的结果。

7. 外墙抗剪与施工缝验算

由于外墙不开洞，往往墙肢较长，还是按照上部墙体串起来生成一个墙柱进行正截面配筋设计显然不合理，因此软件对于外墙是按节点打断成若干个墙柱分别配筋的，这样的处理对于正截面设计相对合理，但对于斜截面设计及施工缝验算往往会导致一些不合理的结果，如相邻的墙肢水平分布筋结果差异大、一个超限一个不超限等。考虑到这些情况，软件对外墙的抗剪与施工缝验算是串起来作为一个墙肢进行的，这样得到的结果相对合理。

由于软件输出的单工况内力是单个墙肢的，而斜截面抗剪与施工缝验算是串起来后的整个墙肢的，因此由单个构件的单工况内力手算得不出这些设计内力。

第七节　弹性板设计改进及梁的设计优化

在上部结构计算中，软件楼板的计算模型提供刚性板、弹性膜、弹性板3、弹性板6四种计算模型。弹性膜只有面内刚度、无面外刚度；弹性板3只有面外刚度，面内刚度无穷大；弹性板6是壳单元，既有面内刚度又有面外刚度。

一、默认的平板刚性板和斜板弹性膜

1. 默认的平板刚性板

软件自动将同平面的、有厚度的（厚度可以不同）、连续的水平平板合并成一个刚性板块，并采用刚性楼板假定来计算，同一层可以有多个刚性板块。

在前处理的【计算简图】菜单上，勾选"刚性板主从关系"项后，楼板位置出现一张绿色网线，从平面质心发源，通过网线连系同层平板的所有节点。这个网表现的是一种约束，它约束了所有连接的弹性节点，使它们之间没有相对变形，整张网连系的平面只能整体地平动和转动，如图3.7.1所示。通过这种网线表现刚性板是一般通用有限元软件常用的方式。

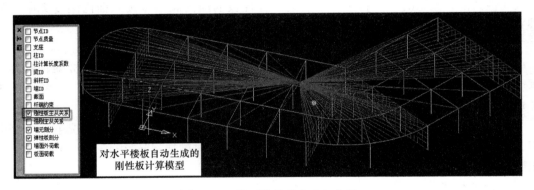

图3.7.1　墙面外荷载定义与布置

可以看出，刚性板的计算模型只是确立了板周边节点的刚性约束关系，并无一个明确的刚性板块存在。刚性楼板的计算模型是楼板平面内刚度无限大，平面外刚度为零。

在采用刚性楼板假定进行整体分析时，每块刚性楼板在水平面内做刚体运动。除刚性板主节点外，其余每个节点的独立自由度只剩下3个，即绕X、Y方向的转角和Z方向位移，而X、Y方向平动以及绕Z方向的转动由主节点自由度确定。

采用上述假设后，结构分析的自由度数目大大减少，使计算过程和计算结果的分析大为简化，并在过去的大多数工程分析中采用而成为传统的设计习惯。

但是，由于假定楼板内的节点没有相对水平位移，也即楼板内的梁等杆件的轴向变形为零，因此无法得出这些构件的轴力。

全房间洞和板厚为零的楼板均不参与生成刚性楼板，软件将忽略在建模中输入的房间内的楼板开洞。

2. 错层楼板生成分开的刚性板

错层结构将在不同的标高处各自生成刚性板块，软件可以自动搜索到不同标高处的楼板，各自形成刚性板块，如图 3.7.2 所示。

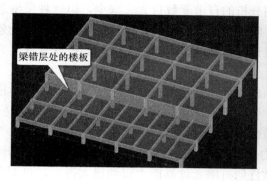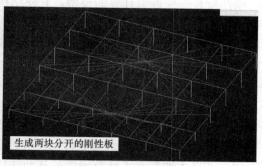

图 3.7.2　错层楼板计算模型

3. 全楼刚性板假定下的计算模型

在全楼刚性板假定参数被勾选时，软件将对同一标高处的刚性板、弹性板和孤立的柱、支撑部分都用刚性板假定约束，但是对于错层结构分开的楼板仍分别设置为不同的刚性板。

对于没有设置弹性板、没有孤立的柱、支撑的平面，全层刚性板假定的计算模型和默认的计算模型是相同的。

4. 对坡屋面板等斜板默认设置为弹性膜

由于坡屋面、斜板等周边梁不在同一标高处，软件不可能用刚性板去约束这些梁，设置弹性膜可以有效地约束这些梁的受力，使梁的计算内力更符合实际的受力状况。没有弹性板约束的这些斜梁的内力配筋结果可能异常地大。

5. 应人工设置弹性板的情况

《高规》3.4.6 条规定："当楼板平面比较狭长、有较大的凹入和开洞而使楼板有较大削弱时，应在设计中考虑楼板削弱产生的不利影响。"第 5.1.5 条进一步规定："当楼板会产生较明显的面内变形时，计算时应考虑楼板的面内变形或对采用楼板面内无限刚性假定计算方法的计算结果进行适当调整。"

对于复杂楼板形状的结构工程，如楼板有效宽度较窄的环形楼面或其他有大开洞楼面、有狭长外伸段楼面、局部变窄产生薄弱连接的楼面、连体结构的狭长连接体楼面等部位，楼板面内刚度有较大削弱且不均匀，楼板的面内变形可能会使楼层内抗侧刚度较小的构件的位移和内力加大（相对刚性楼板假定而言），计算时应考虑楼板面内变形的影响。

有时在梁的设计中需要考虑梁的轴力，当梁的周围都是刚性板时计算将得不出梁的实际轴力，这种情况下这些梁的周围必须设置成考虑板面内变形的弹性楼计算模型。

考虑温度荷载时应将楼板设置为弹性板（弹性膜或者弹性板 6，不能为弹性板 3），否则梁在温度荷载下的伸缩变形将受到刚性板的约束，并使梁产生异常大的轴力导致计算结果不合理。

对于转换层中的梁，在设计中应考虑梁受拉力的情况。为此，用户一般应将转换层全层设置成弹性膜或弹 6。

二、YJK 大大提升的计算能力为弹性板 6 的扩大应用创造了条件

刚性板是一种近似计算的模型，它使结构分析的自由度数目大大减少，但这种模型忽略了楼板本身可以作为结构受力构件的能力，刚性板相当于把楼板只当作约束，而完全忽略了楼板平面外的抗弯承载能力。即便弹性膜计算模型，也把楼板平面外的抗弯承载能力忽略掉了。

弹性板 6 是壳单元，既有面内刚度又有面外刚度，这是最符合楼板实际状况的力学模型，并可发挥楼板的平面外的抗弯承载能力。弹性板 6 比刚性板模型增加计算自由度数 4 倍左右，比弹性膜、弹性板 3 的计算自由度数也增加很多。

YJK 大大提升了结构计算软件的计算能力，把软件支持的自由度数量提高了十几倍或几十倍，并极大地提高了计算速度，从而使软件的有限元计算能力得到很大提升。再配合高质量的有限元划分，为弹性板 6 的普遍应用创造了条件。

三、较厚楼板时应采用弹性板 6 计算

结构计算时对楼板较厚（如大于 150mm 时）的板应将其设置为弹性板 3（厚板单元）或者弹性板 6（壳元）计算，这是梁板共同工作的计算模型，可使梁上荷载由板和梁共同承担，从而减少梁的受力和配筋。既节约了材料，又实现强柱弱梁，改善了结构抗震性能。对于地下室顶板、转换层、加强层或承受人防荷载、消防车荷载等情况更需这样设置。

如图 3.7.3 所示工程地下 1 层顶板承受消防车荷载等楼板 250mm，以前按刚性板计算梁的超筋及抗扭超限很多，现改为按照弹性板 6 计算，旧、新算法结果对比如下：整层梁的顶部钢筋减少 54%，底部钢筋减少 22%，原来的 16 根超限梁都不再超限，如图 3.7.4 所示。

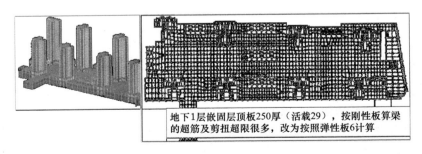

地下1层嵌固层顶板250厚（活载29），按刚性板算梁的超筋及剪扭超限很多，改为按照弹性板6计算

图 3.7.3　地下室顶板按弹 6 计算

第2层梁配筋总面积(mm2)	YJK1	YJK2	相差(%)
顶部	11960914	5398113	-54.9%
底部	10206416	7932871	-22.3%
箍筋	554391	399306	-28.0%
超筋梁数	16	0	
抗剪超限梁数	43	21	
剪扭超限梁数	176	52	
超限梁数	222	69	

设置为弹性板6的结果

图 3.7.4　地下室顶板按刚性板与按弹 6 计算后梁配筋结果对比

考虑楼板翼缘的作用，可实现强梁弱柱的设计效果，有利于抗震，同时明显降低造价。

另一方面，对按照弹性板 3 或弹性板 6 计算的楼板，应在楼板计算时考虑梁的弹性变形。

四、考虑弹性板和梁之间的竖向偏心

1. 计算模型

对于弹性板和梁之间的连接计算，也可以考虑弹性板和梁之间的竖向偏心。YJK 设置参数"弹性板与梁协调时考虑梁向下相对偏移"，如图 3.7.5 所示。勾选此参数后，在计算简图的弹性板单元和梁单元之间也画出红色短线示意它们之间的竖向偏心。

图 3.7.6 为是否考虑梁和弹性板之间的偏心的计算模型对比。

右侧计算模型的抗弯刚度显然比左侧模型大很多，此时楼板对梁的帮助更大。大量工程实例表明，右侧计算模型可使梁的支座弯矩和配筋明显减少。

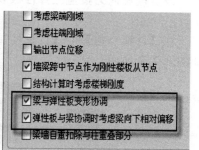

图 3.7.5　弹性板与梁协调时考虑梁向下相对偏移

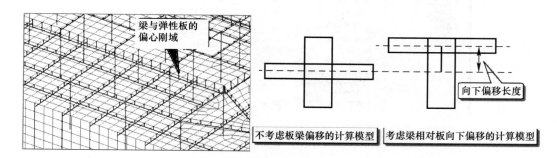

图 3.7.6　弹性板与梁协调时考虑梁向下相对偏移时的计算模型

2. 计算结果主要特点

（1）梁配筋减少显著

傅学怡《实用高层建筑结构设计》14 章介绍了他们做的"重力荷载下钢筋混凝土整浇楼盖工作性能"课题的研究成果，其中特别用实体单元模拟梁、板、柱计算，就是为了表现板和梁实际的位置关系。课题主要结论是："这种计算模型下，梁支座弯矩大幅下降，且存在较大轴压力，可按偏心受压配筋，配筋可大幅度下降（折减系数 50%～70%），这不仅节省钢筋，还利于梁端塑性铰的形成。梁跨中受拉，按偏心受拉配筋，配筋量稍小（80%～90%）。"

（2）用户设置的梁刚度放大系数不再起作用

设置弹性板 6，且考虑梁向下相对偏移后，用户设置的梁的刚度放大系数将不再起作用（放大系数取 1）。

（3）梁按拉弯或者压弯计算配筋

设置弹性板 6，且考虑弹性板和梁之间的竖向偏心时，软件对梁的设计可自动考虑梁的拉、压轴力状况，并按拉弯或者压弯构件计算梁的配筋。

（4）弹性板配筋按拉弯或者压弯配筋

设置弹性板 6，且考虑弹性板和梁之间的竖向偏心时，弹性楼板的配筋不仅考虑弯矩的作用，还考虑板单元受到的拉力或压力的作用，按拉弯或者压弯构件计算板的配筋。

五、设置地震内力按全楼弹性板 6 计算选项

在【计算参数】的【计算控制信息】中设置参数"地震内力按全楼弹性板 6 计算"，如图 3.7.7 所示。

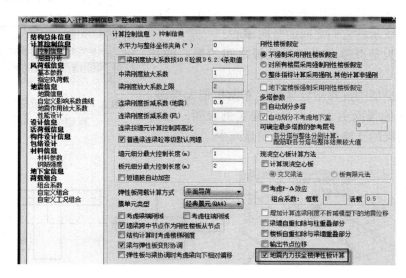

图 3.7.7　地震内力按全楼弹性板 6 计算

用户对恒、活、风等荷载工况计算时，对楼板习惯于按照刚性板、弹性膜的模型计算。这种模型不考虑楼板的抗弯承载能力，由梁承担全部荷载内力，此时的楼板成为一种承载力的安全储备。但是从强柱弱梁的抗震设计要求考虑，这种处理常导致梁配筋过大的不利效果。

勾选此参数，则软件仅对地震作用的构件内力按照全楼弹性板 6 计算，这样地震计算时让楼板和梁共同抵抗地震作用，可以大幅度降低地震作用下梁的支座弯矩，从而可明显降低梁的支座部分的用钢量。

由于对其他荷载工况仍按照以前习惯的设置，保持恒、活、风等其他荷载工况的计算结果不变，这样做既没有降低结构的安全储备，又实现了强柱弱梁、减少梁的钢筋用量等效果。因此，这也是一项有效的设计优化措施。

勾选此参数后，除了地震作用内力计算外，其他计算内容均按照用户当前设置的楼板模型计算。对地震内力计算，软件另外取用全楼所有楼板设置为弹性板 6 的模型，并考虑了弹性板与梁协调时梁向下相对偏移的影响。

六、使用弹性板 3（或 6）直接得出楼板配筋

1. 以前软件弹性板计算的局限

在上部结构计算中，可对楼板设置为弹性板，对弹性板可分别设置为弹性膜、弹性板 3 和弹性板 6。弹性膜仅有面内刚度而面外刚度为 0，弹性板 3 仅有面外刚度而面内刚度为刚性，弹性板 6 既有面内刚度又有面外刚度，相当于标准的壳单元。

对于设置了面外刚度的弹性板，即弹性板 3 和弹性板 6，可以同时计算出布置了恒、活等竖向荷载的弯矩和剪力。

但是，传统软件在计算弹性板 3 或弹性板 6 时，仅考虑了它在结构整体计算分析中的刚度作用，不能对楼板本身进行设计。因为在上部结构的考虑弹性板的计算中，作用在各房间楼板上恒、活面荷载已被导算到了房间周边的梁或者墙上，弹性板上已经没有作用竖向荷载，在计算中起作用的仅是弹性板的面内刚度和面外刚度。在风、地震等水平力作用下，弹性板的内力是对的；但在恒、活荷载下，其内力不符合楼板实际的工作状况而完全不对，因此也得不出弹性楼板本身的配筋计算结果。

如果保持竖向的恒、活荷载仍驻留在弹性板上，则通过弹性板的有限元计算不仅得到板的内力配筋，还和将荷载导算到周边的杆件上，而且这种导算不像以前的楼板导荷方式那样只将板上荷载传给周边的梁和墙，还同时可将荷载传导给柱。我们在后文中称这种楼板导荷方式为"有限元计算"方式。

2. 上部结构计算中同时进行弹性楼板设计的改进

在【计算控制信息】中增加参数"弹性板荷载计算方式"，包含两个选项：平面导荷和有限元计算，如图 3.7.8 所示。

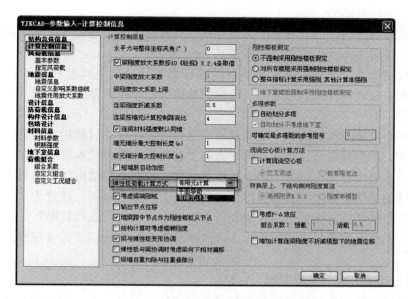

图 3.7.8 弹性板荷载计算方式

平面导荷方式就是以前的处理方式，作用在各房间楼板上恒、活面荷载被导算到了房

间周边的梁或者墙上，在上部结构的考虑弹性板的计算中，弹性板上已经没有作用竖向荷载，起作用的仅是弹性板的面内刚度和面外刚度，因此也得不出弹性楼板本身的配筋计算结果。

有限元方式是在上部结构计算时，恒、活面荷载直接作用在弹性楼板上，不被导算到周边的梁墙上，板上的荷载是通过板的有限元计算才能导算到周边杆件。

选择弹性板荷载有限元方式后，计算简图上可见弹性板上的竖向荷载分布，如图 3.7.9 所示。

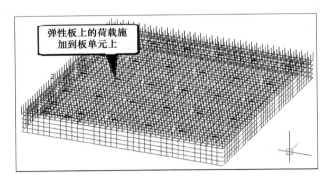

图 3.7.9　有限元方式计算模型

这样的工作方式与第一种方式相比有几个主要变化：

（1）经有限元计算板上荷载不仅传到周边梁墙，部分荷载直接通过板传给柱，换句话说，梁承受的荷载将减少；

（2）平面导荷方式传给周边梁、墙的荷载只有竖向荷载，没有弯矩，而有限元计算方式传给梁、墙的不仅有竖向荷载，还有墙的面外弯矩和梁的扭矩，对于边梁或边墙这种弯矩和扭矩常是不应忽略的；

（3）弹性板既参与了恒、活竖向荷载计算，又参与了风、地震等水平荷载的计算，计算结果可以直接得出弹性板本身的配筋；

（4）和在【板施工图】菜单下的楼板配筋计算相比，这里弹性板的配筋不仅考虑了风、地震等水平荷载的计算，还考虑了结构的整体变形，包括各层的累积变形、墙柱竖向构件的变形等；

（5）对于不仅承受本层荷载，还需承受上层荷载的楼板，只能用这种方式计算，如厚板转换层结构，因为只有经过整体有限元计算上层荷载才能传到本层楼板。

有限元方式适用于无梁楼盖、厚板转换等结构，可在上部结构计算结果中同时得出板的配筋，在【等值线】菜单下查看弹性板的各种内力和配筋结果。注意为了查看等值线结果，在计算参数的结构总体信息中还应勾选参数"生成绘等值线用数据"。

有限元方式仅适用于定义为弹性板 3 或者弹性板 6 的楼板，不适合弹性膜或者刚性板的计算。

3. 边墙、边梁的面外弯矩增加

平面导荷方式传给周边梁墙的荷载只有竖向荷载，没有弯矩。而有限元计算方式传给梁墙的不仅有竖向荷载，还有墙的面外弯矩和梁的扭矩。对于边梁或边墙，这种弯矩和扭矩常是不应忽略的。

图 3.7.10 所示为上有覆土的水池，其顶板为无梁楼盖结构，池壁按剪力墙输入。

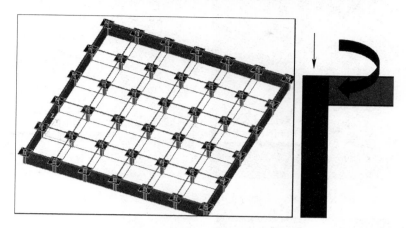

图 3.7.10　边墙、边梁的面外弯矩

对无梁楼盖弹性板按照传统的导荷方式和有限元方式分别计算并对比水池墙的面外弯矩如图 3.7.11 所示。可以看出，有限元方式在本例中可使边墙的面外弯矩增大近一倍，说明在板较厚时这种面外弯矩不应忽略；而传统的导荷方式不能考虑这种面外弯矩，会使得墙肢面外弯矩比实际情况偏小，不利于结构安全。

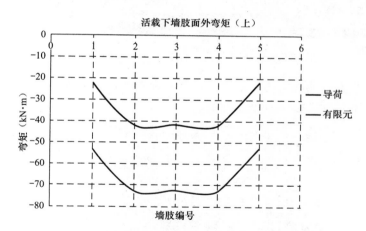

图 3.7.11　平面导荷与有限元计算下墙肢面外弯矩对比

4. 弹性板的配筋计算结果

图 3.7.12 为某无梁楼盖层在平面导荷方式（左）和有限元导荷方式（右）下，弹性板在恒载作用下的 M_{xx} 弯矩，可以看出在平面导荷方式下弹性板的受力不能反映在竖向荷载下的作用效果。

图 3.7.13 为 YJK 计算结果中的弹性板变形图，第一张为平面导荷方式的计算结果，可见最大竖向变形出现在柱之间的梁的位置，板跨中的变形相对小，这显然不符合实际情况。第二张为有限元导荷方式的计算结果，可见板的跨中位置竖向变形最大。

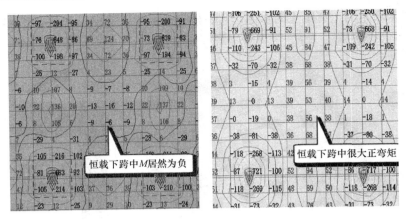

图 3.7.12 平面导荷与有限元计算下楼板内力对比

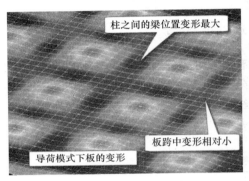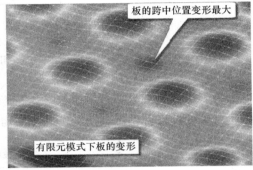

图 3.7.13 平面导荷与有限元计算下楼板变形图

在【设计结果】的【等值线】菜单下，可以查到弹性板的配筋，图 3.7.14 是按照有限元方式计算出的弹性楼板 X 向底部配筋图。

1408	109	0	20	1354	1376	109	0	33	1359
1404	119	0	26	1349	1371	118	0	42	1353
1119	36	0	22	1067	1087	34	0	38	1072
884	265	0	238	844	852	259	0	252	850
803	425	59	49	402	762	768	417	68	65	415	767
804	415	38	321	762	768	407	45	405	767
891	242	0	213	847	855	236	0	229	853
1136		0		1087	1098		0		1083
1455	79	0	1389	1413	74	0	3	1394
1485	131	0	27	1417	1440	124	0	42	1422
1224		0	57	1156	1175	36	0	75	1160

图 3.7.14 等值线中楼板单元配筋图

注意这里对弹性板的计算是三维的计算，不但求出板的弯矩，还可求出板的轴力。当考虑梁板协调工作时，必须按板实际承受的轴力设计，因此这里给出的楼板配筋是按照对每一个单元偏拉或者偏压计算得出的配筋。

5. 考虑楼梯的计算后可给出梯板平台板配筋

上部结构计算中选择考虑楼梯时，软件在作楼梯有限元计算时，楼梯荷载直接加载到各个单元上。软件计算出这些楼梯单元的恒、活、风、地震等工况内力后进行内力组合，最终可给出梯板平台板配筋。

6. 楼板配筋考虑温度荷载时必须采用这种计算模式

板施工图中的楼板配筋不能考虑温度荷载的影响，楼板配筋需要考虑温度荷载的影响时就应按照本节所讲的模式计算，即对楼板设置为弹性板 6（不能设置为弹性板 3），对计算控制信息中的弹性板荷载计算方式选择"有限元计算"。

七、结构错层处梁板的合理计算模型

错层结构非常普遍，合理的建模方式是对错层部分用上节点高来整体控制错层部分的层高，在高低跨衔接处，调整梁一端的高差实现梁的水平放置，如图 3.7.15 所示。

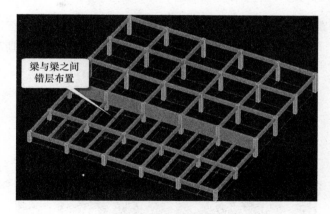

图 3.7.15　错层结构建模

以前软件对错层结构处理的主要缺陷有两个：

（1）将错层高低跨梁梁相交处的梁在计算模型中当作了斜梁计算，如图 3.7.16 所示，斜梁的计算模型会使梁产生不应有的很大轴向力，导致不应有的梁配筋过大或者超筋。

图 3.7.16　错层结构次梁被拉斜

（2）错层处丢失楼板的连接。由于错层处的房间周边梁不能共面，常导致这里楼板不能正常生成。在刚性板计算模型下，刚性板的约束在错层低跨处丢失；在弹性板计算模型下，错层低跨处房间也不能生成弹性楼板，如图 3.7.17 所示。这种楼板约束的丢失常使错层处梁柱结构的内力配筋出现异常。

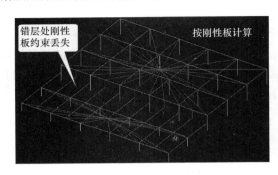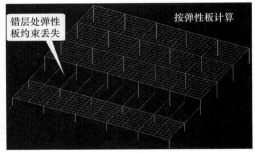

图 3.7.17　错层交接部位计算模型中部分楼板丢失

YJK 的改进是：

（1）错层高低跨梁梁相交处的梁在计算模型中仍保持水平梁的状态，它们之间由刚性连接相连，如图 3.7.18 所示。这种计算模型避免了梁产生不应有的轴力，避免了错层梁配筋过大的异常现象。

图 3.7.18　错层交接部位梁计算模型

（2）采取措施使错层处的楼板不丢失。对建模中错层处自动生成的楼板智能地放置到合理的高度，用户可在自动生成楼板后查看，对个别位置不对的楼板通过输入楼板错层值调整。

在计算简图上可以看出，刚性板模型下错层处的刚性连接连接到错层处的所有杆件，如图 3.7.19 所示，弹性板模型下错层低跨处的房间弹性板不丢失，如图 3.7.20 所示。

这样的计算模型避免了以前常出现的错层处构件内力配筋异常现象。

八、改进不共面斜楼板的弹性板计算

上部结构计算时，软件对于斜的楼板自动按照弹性膜计算，但是一般软件不能考虑不共面的斜楼板，软件不能对不共面的斜板划分单元，而把这样的楼板丢掉，这可能对结构

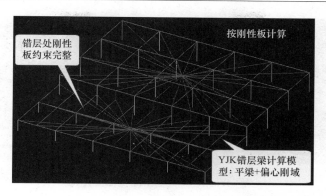

图 3.7.19　错层交接部位刚性板下计算模型

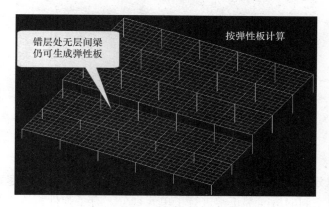

图 3.7.20　错层交接部位弹性板下计算模型

计算造成较大的误差，对于和不共面相连的梁的计算误差也比较大。

　　YJK 可对不共面程度较轻的斜板仍进行单元划分，从而在结构计算时考虑到这样斜板的作用，避免结构计算较大的误差，并改进了与这种不共面板相连的梁的计算结果。

　　图 3.7.21 所示工程，原来的单元划分是指用其他结构计算软件进行的弹性板单元划分，可见有很多房间没有划分单元呈现空洞状态，说明该处的楼板丢失了，如图 3.7.22 所示。丢失的原因是这些房间周边构件不共面。在配筋结果下，可以看到这些丢失了弹性板的房间周边梁的配筋比其他房间大很多，如图 3.7.23 所示。

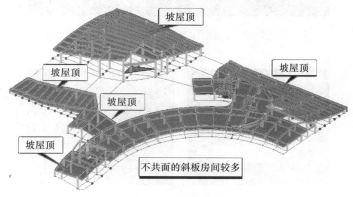

图 3.7.21　不共面板工程实例

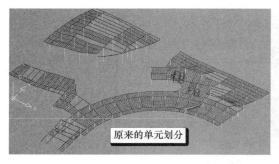

图 3.7.22 不共面房间弹性板丢失

图 3.7.23 不共面房间弹性板丢失下梁配筋结果

改进的单元划分是 YJK 改进的单元划分，YJK 对不共面的斜板尽量用弹性板单元连接，可见原来呈现空洞的房间都正常进行了单元划分。有了弹性板连接的梁的内力和配筋都很正常，如图 3.7.24、图 3.7.25 所示。本工程丢失了弹性板空洞房间梁的配筋增大了 20%～50%。这也说明，对于坡屋面等斜楼板，弹性膜起的作用不可忽略。

图 3.7.24 不共面房间弹性板未丢失下梁配筋结果

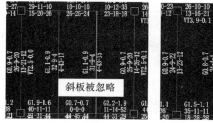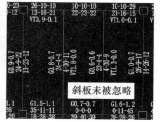

图 3.7.25 不共面房间弹性板丢失与否梁配筋结果

九、使用蒙皮结构补充层间楼板等的计算

在建模的【空间结构】菜单下，用户可以交互操作生成蒙皮。蒙皮有两个作用，一个是对布置在其上的各种荷载工况进行自动导荷，二是蒙皮本身可具有刚度并作为结构构件进行本身的设计计算。如果需要蒙皮的第二种作用，就必须给蒙皮赋值材料属性。

对于软件不能自动生成的楼板，用户可以在建模的【空间结构】菜单下，通过生成蒙皮来手动生成需要的楼板。蒙皮可在空间结构杆件或者参照楼层的杆件上生成，再通过蒙皮材料菜单给他赋值材料属性，如图 3.7.26 所示，软件对赋值了材料属性的蒙皮将自动划分单元并进行有限元计算。

软件对每个结构层只能自动生成一层的楼板，在同一标准层内目前不可能生成重叠的楼板。如图 3.7.27 所示，该层层顶处已经自动生成楼板，而层中间位置由层间梁也形成了封闭的房间，但软件不可能生成由层间梁围成的楼板。

可由人工使用蒙皮补充生成这种层中间位置的楼板。在空间结构菜单下，使用该层作为参照楼层，并用层间梁生成蒙皮，再用蒙皮材料菜单对该蒙皮赋值 150mm 厚度、混凝土材料、C40 强度等级，如图 3.7.28 所示。

图 3.7.26　蒙皮材料

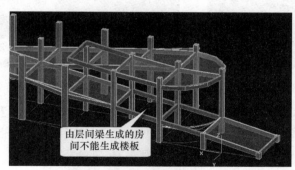

图 3.7.27　层间梁生成的房间不能生成楼板

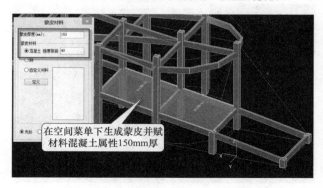

图 3.7.28　用蒙皮生成层间梁围成的房间楼板

十、设置弹性板的局部坐标系

板单元计算结果的内力、配筋方向是按照该板局部坐标系指定的方向输出的。在整体模型有限元分析时，软件对弹性板计算的局部坐标系的取用是：平楼板时按照整体坐标系的 X、Y、Z 方向；斜楼板时取斜板的局部坐标系，按照随机取到的斜板的第一条斜边设定为该斜板 X 坐标的方向。由于这种随机性导致相邻斜板、甚至相同斜度的斜板局部坐标系不同，导致计算结果给出的 X、Y 方向结果和用户预期不同。

图 3.7.29 为一个景观造型，外径 16m，圆环内部放水景，上面设置一平台可以走人，三根柱子支撑。除了柱间和圆环底部设置大梁之外，其余位置均采用虚梁建模搭成与实际相近的空间造型。全楼弹性板 6 计算，并可在计算结果中查看弹性板的等值线配筋结果。

用户问题是：如果用户不去修改软件设置的局部坐标，则在板单元计算结果显示中，三个内力相同的支座处和三个跨中处，每个单元的 X、Y 两向板配筋显示不同，局部坐标系如图 3.7.30 所示。

图 3.7.29 工程实例

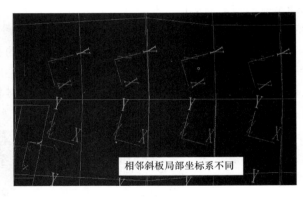

图 3.7.30 弹性板局部坐标系

在【前处理及计算】-【板属性】菜单下，设置了【局部坐标系】菜单，可由用户修改软件默认设置的局部坐标系，如图 3.7.31 所示。X'、Y' 即为局部坐标的方向，一般可

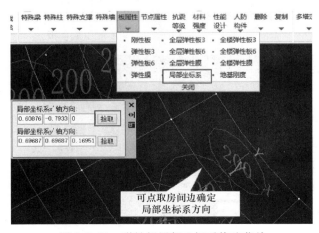

图 3.7.31 弹性板局部坐标系修改菜单

通过对话框上的"拾取"按钮，用鼠标点取图形中的两点来拾取坐标系方向。对于斜板，软件支持切换成三维显示进行操作。其中 Y′ 轴在拾取过程中不要求一定与 X′ 轴垂直，软件会自动进行正交化处理，并根据 X′，Y′ 轴按右手系确定 Z′（板法向）方向。

十一、可对弹性板施加基础弹簧刚度模拟基础筏板

【前处理及计算】下设置了【地基刚度】菜单，可对弹性板设置地基刚度。地基刚度是向上作用的基础弹簧刚度，以楼板房间为单元输入，如图 3.7.32 所示。

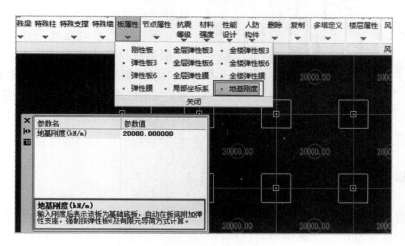

图 3.7.32　前处理地基刚度输入

地基刚度输入对话框上的说明：输入刚度后表示该板为基础底板，自动在板底附加弹性支座，强制按弹性板 6 及有限元导荷方式计算。

有些情况下，用户可将基础筏板当作厚度同筏板的普通楼板输入，筏板上承受的恒、活荷载当作楼板荷载输入，在计算前处理对筏板楼板输入地基刚度，这样就相当于在上部结构模型下直接输入基础模型，使上部结构和基础合在一起分析计算，同时得到上部结构和基础结构的计算结果。这种方法特别适用于水池、隧道等结构的设计，如图 3.7.33 所示。

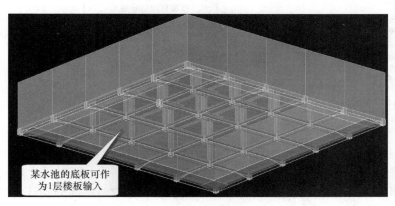

图 3.7.33　某水池工程示例

对于基床反力系数局部有差异情况，可用虚梁将底板分割为不同板块，设置不同的地基刚度；如需模拟桩基，可用柱建模进行模拟，承台、柱墩等构件可按柱帽建模模拟。

注意对这样建立的模型上不应出现底层柱下、墙下的支座。为了不出现支座，可将参数"与基础相连构件的最大底标高"填写为比柱底标高低很多的数值，并不要理会软件给出的"楼层悬空"的警告。

图 3.7.34　地基板土弹簧计算模型

果的方法查看筏板楼板的各项计算结果。

如某水池底板，原来只能当作基础筏板输入，整个水池的设计分为两部分进行，上部结构软件完成池顶池壁的计算，基础软件完成池底的设计。

现在可把水池池底当作 1 层楼板输入（1 层的柱只要不作为支座就不会起作用），将 1 层楼板设置为弹性板 6 并输入地基刚度，如图 3.7.34 所示，计算完成后在【等值线】菜单下用查看一般弹性板有限元结

十二、弹性板 6 对应平面施工图中板有限元算法

楼板本身的配筋计算一般在板施工图中完成，仅考虑了恒、活、人防等竖向荷载。

如果用户在上部结构计算中对某层楼板是按照弹性板 6 计算的，特别是对恒、活等竖向荷载是按照弹性板 6 计算的，也就是说梁的配筋考虑了楼板共同参与的作用，那么对应的在平面施工图中的楼板计算应采用有限元算法，也就是说在板的配筋计算时也应采用有限元壳元计算并考虑梁的弹性变形。

在板施工图的楼板计算参数中，对楼板的计算方法增加了"有限元算法"，如图 3.7.35、图 3.7.36 所示，并设置了"考虑梁弹性变形"选项。对应上部结构计算某层楼板的弹性板 6 计算，该层的楼板配筋应选择"有限元算法"并勾选"考虑梁弹性变形"。

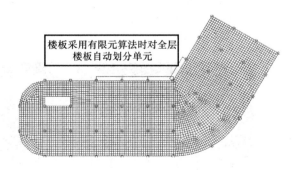

图 3.7.35　板施工图中
楼板计算参数

图 3.7.36　板施工图中有
限元方法时的网格划分

传统软件计算楼板时，仅提供如上参数中的"手册算法"，即对每个房间的楼板分别计算，对于相邻房间的公共支座的弯矩和配筋的取值，是取两房间分别计算的支座弯矩较大值，因此支座配筋常常偏大。实际上，用户应该按照楼板连续的概念计算，考虑不等

跨、不同荷载、不同板厚影响，支座两边应是协调工作、弯矩平衡的结果。早期采用手工计算楼板配筋时，都还按照连续板模式配筋，近十几年电算推广效率高了，但配筋量明显偏大了。

YJK 提供对楼板的全层按照有限元计算的方法。利用 YJK 在有限元计算方面的先进性，软件对全层楼板自动划分单元并求解计算。这种计算使房间之间的楼板保持协调，支座两边弯矩平衡，可以考虑到相邻房间的跨度、板厚、荷载等的不同影响，计算精确合理。特别是可避免对支座两边弯矩人为取大造成的配筋浪费现象，如图 3.7.37 所示。

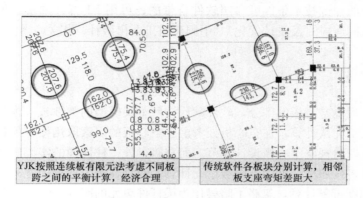

图 3.7.37　有限元方法与手册方法配筋结果对比

以往的软件计算楼板多是假定板的周边支座没有竖向位移，如果支撑板的梁的跨度较大、刚度较弱时，梁的挠度对板计算有较大影响，考虑梁的刚度和实际情况更加符合。YJK 在板施工图中设置参数"考虑梁弹性变形"。有时考虑梁的刚度也会得到更经济合理的楼板配筋结果。

在平面施工图中还设置了参数"取整体计算弹性板配筋结果"，勾选该参数软件将不再按照当前的楼板计算结果，而直接读取上部结构整体计算分析时对楼板按照弹性板 6（或 3）计算得出的各有限元单元的配筋结果。

十三、无梁楼盖

1. 楼板有限元为核心的计算

无梁楼盖结构中的梁一般为虚梁形式，起的作用主要是板带的设置依据，所以无梁楼盖中梁的作用远小于楼板本身的作用。

在 YJK 的上部结构计算中对无梁楼盖应设置为弹性板 6，并勾选弹性板荷载计算方式为"有限元方式"，在平面施工图也必须采用"有限元计算"方式并考虑梁的弹性变形。因此，无梁楼盖结构计算的核心就是楼板的有限元计算。

2. 柱上板带跨中板带的配筋方式

普通楼板的配筋以各个房间的板块为单元进行，而无梁楼盖的配筋以柱上板带和跨中板带为单元进行，因此在 YJK 中专门设置了对柱上板带的自动生成和修改菜单，柱上板带包围的中间净跨部分即为跨中板带。

软件可对柱上板带的弯矩采用积分方式求出，即对板带内各个单元值在板带宽度方向积分，这样求出的柱上板带的弯矩更为合理。对于跨中板带的弯矩软件采用跨中板带内各个单元结果的较大值。

3.柱帽和加腋板

对于柱帽和加腋楼板，结构计算分析中自动以有限元的不同厚度体现，比如柱帽处的板单元厚度为楼板厚度＋柱帽高度，加腋楼板处板单元厚度为楼板厚度＋加腋的厚度等。

软件对柱帽处补充了相关的冲切计算，对加腋楼板房间的裂缝计算考虑了加腋的影响。

对无梁楼盖的详细技术条件可参照软件自带的、可用F1打开的帮助说明，或是《结构软件难点热点问题应对及设计优化》（中国建筑工业出版社）相关章节。

十四、现浇空心板

对于布置了现浇空心板的部分，软件默认按照单层模型的弹性板6模型计算，即按照弹性楼板的有限单元法计算，在空心板处考虑了空心板的因素取用楼板的折算刚度，计算折算刚度的公式取自现浇空心板设计规范。而在暗梁处、柱周围的实心区处按照实心板计算，对于柱帽处，按照变厚度的不同板单元计算。而且在板的计算中把暗梁当作板的一部分，为了避免刚度重复计算，忽略了暗梁作为梁杆件单元的刚度。

软件对每层的现浇空心板按照单层的计算模型计算，只考虑了板上作用恒、活、人防荷载的情况，没有考虑其他荷载工况。单元尺寸采用的默认值是0.5m，比上部结构弹性板的尺寸小很多。

软件对楼板的有限元计算结果积分为肋梁的弯矩，仍是以肋梁为单位输出弯矩和配筋。输出内力和配筋的形式和第一种按照密肋梁计算模式相同。

对现浇空心板结构的详细技术条件可参照软件自带的、可用F1打开的帮助说明，或是《结构软件难点热点问题应对及设计优化》（中国建筑工业出版社）相关章节。

第八节 包 络 设 计

包络设计在这里指的是构件配筋的包络设计，即构件配筋时需要在两个或者多个计算模型中取大值的设计。如下是若干规范要求的取包络设计的例子：

（1）多塔结构按照合塔与分塔模型分别计算并结果选大；

（2）少墙框架结构中框架部分的地震剪力取框架、框剪两种结构计算较大值；

（3）考虑楼梯的计算：其整体内力分析的计算模型应考虑楼梯构件的影响，并宜与不计楼梯构件影响的计算模型进行比较，按最不利内力进行配筋；

（4）抗震性能设计：多遇地震计算和中震（或大震）弹性或中震（或大震）不屈服设计结果取大值设计；

（5）刚性连接的上连体结构，当连接体楼板较弱时，进行带连体的完整模型和不带连体的分塔模型分别计算，然后包络取大。

由此可以看出，完整的结构设计，需要进行多种计算模型的计算，不同杆件在不同计算模型下的反应不同、设计结果不同。包络设计就是结构中的所有杆件在所有可能的计算条件下都应是安全的，因此必须取所有可能的计算条件下的最大值，即取包络的结果。这里讲的多种计算模型，可能是模型拆分的计算，或者考虑某些因素的计算，或者取用不同计算参数或者计算方法的计算等。在实际设计中需要考虑包络设计的情况还远不止这些。

包络设计的过程是个工作量很大、非常繁琐的过程，靠人工做包络设计需要耗费大量工时。在实际的设计实践中，很多规范要求的包络设计，由于人工实现困难而不能得到落实，由此极可能造成安全隐患。即便人工勉强做的包络设计，也需要大量校对工作，否则将不可避免的出现差错。

YJK 依靠全新的编程技术，实现了解决以上各种包络设计问题的解决方案。同时，根据不同包络设计的特点，可以给用户提供两种包络设计模式：自动包络设计模式和半自动包络设计模式，半自动包络设计模式又可称为手动包络设计模式，参数设置如图 3.8.1 所示。

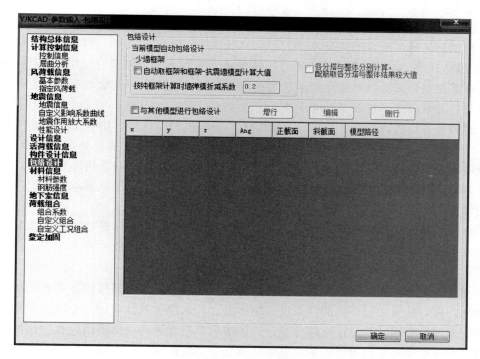

图 3.8.1　包络设计参数

一、自动包络设计

YJK 可对多塔结构和少墙框架结构提供自动包络设计方式。

1. 少墙框架

《抗震规范》6.2.13-4 条规定："设置少量抗震墙的框架结构，其框架部分的地震剪力值，宜采用框架结构模型和框架-抗震墙结构模型二者计算结果的较大值。"

软件提供少墙框架配筋包络设计功能，对应参数有 2 个：

（1）自动取框架和框架-抗震墙模型计算大值

（2）按纯框架计算时墙弹模折减系数

选择"自动取框架和框架-抗震墙模型计算大值"后，软件自动生成不考虑抗震墙的框架模型，生成方法为在原模型基础上对墙弹性模量乘以"按纯框架计算时墙弹模折减系数"，降低墙对整体刚度的贡献来近似考虑纯框架模型。考虑到实际工程中常有梁搭在墙上，为了避免对墙刚度折减过低造成计算模型失真，软件不折减墙轴向刚度。同时考虑到计算分析的需要，不宜将墙弹膜折减系数填得过小。

软件不自动判断模型是否为少墙框架模型，勾选"自动取框架和框架-抗震墙模型计算大值"参数后，软件即进行包络设计。

勾选"自动取框架和框架-抗震墙模型计算大值"后，软件在【设计结果】菜单下提供【少墙】菜单，用来查看软件内部自动生成的近似纯框架模型的计算结果。

2. 多塔取大

《高规》5.1.14条规定："对多塔结构，宜按整体模型和各塔楼分开的模型分别计算，并采用较不利的结果进行结构设计。"

《高规》10.6.3.4条规定："大底盘多塔结构，可按本规程第5.1.14条规定的整体和分塔楼计算模型分别验算整体结构和各塔楼结构扭转为主的第一周期与平动为主的第一周期的比值，并应符合本规程第3.4.5条的有关要求。"

工程师将各塔楼离散开、分别计算称之为"分塔模型"计算，将各个塔楼连同底盘建模成一个整体模型计算称之为"整体模型"计算。这两种计算方式都要采用，缺一不可，因为分塔模型与整体模型有着不同的计算目标或内容，且它们之间互相补充：

（1）对于各个塔的周期比、位移比、剪重比、层间刚度比、层抗剪承载力比等采用分塔模型计算的结果；

（2）对于处于底盘的地下室、裙房部分及基础设计应采用整体模型的计算结果；

（3）对于各个塔楼的构件配筋设计，应采用整体模型和分塔模型两者中较大的结果进行设计。

工程师可将全部多塔连在一起整体建模，软件可自动实现按整体模型和各塔楼分开的模型分别计算，并采用较不利的结果进行结构设计。软件可对其中的每个塔按照规范的要求自动切分成单个塔，然后连续地分别进行各塔的单塔计算和全部多塔连在一起的整体计算，最终对各个单塔配筋设计时采用整体计算和个单塔计算的较大值。

具体操作步骤如下：

（1）参数设置

图3.8.2所示，选择自动划分多塔，划分多塔即定义多塔，这是分塔计算的前提。如果结构复杂不易实现多塔定义的自动进行，也可以在多塔菜单中人工划分多塔。

选择自动划分多塔后应继续填写参数"自动划分多塔的起算层号"。软件隐含取裙房或者地下室的上一层为自动划分多塔的参考层号，该层号可由用户修改。软件以该层自动划分的塔数作为该结构最终划分的塔数。如果该层以上的某层中又出现了某个塔分离成多个塔的情况，软件仍将这些分离部分当作一个塔来对待。

图3.8.2　多塔取大参数设置

选择"各分塔与整体分别计算，配筋取各分塔与整体计算结果较大值"，如图 3.8.2 所示。这样软件将进行各个塔的离散化处理，软件可对其中的每个塔按照规范的要求自动切分成单个塔，每个分塔各包含底部模型，切分底部模型的范围是裙房顶层往下 45°范围。

如果不选择该项，则软件只进行整体模型的计算，不作各塔的拆分，也不做各分塔的分别计算。

（2）分塔模型查看与修改

在【多塔定义】菜单下查看拆分的单塔模型，如图 3.8.3 所示。

如果自动拆分的边界不满足要求或不合理，可以对拆分的单塔模型进行拆分范围的重新定义和修改，如图 3.8.4 所示。

图 3.8.3　分塔模型查看

图 3.8.4　分塔模型交互修改

（3）计算与设计

点取【计算】菜单。此后软件逐个进行各个分塔模型的计算，再进行整体模型的计算，最后对各个塔楼部分的每个构件选取分塔模型和整体模型计算结果的较大值。

软件计算的时间较长，屏幕随时提示正在计算的内容。

（4）查看计算结果

整体计算结果存放在该工程主目录下，各分塔的计算结果存放在该目录的各个分塔的子目录下。软件提供菜单选择查看整体计算结果或者各个分塔的计算结果。

对于各个塔的周期比、位移比、剪重比、层间刚度比、层抗剪承载力比等应查看各分塔模型计算的结果。

对于处于底盘的地下室、裙房部分应查看整体模型的计算结果。

对于各个塔楼的构件配筋设计，需要在整体模型中查看，因为整体模型的计算结果是与分塔模型取大后的。

二、半自动包络设计

这里包络设计的思路是对两个不同子目录下工程的配筋计算结果取大设计，用户可在其中一个子目录下进行包络设计的操作，可以对全楼所有构件按包络设计，也可仅对某些层或者某些构件进行包络设计。

包络设计操作步骤如下：

1. 在两个或多个子目录下完成不同情况的计算

两个工程应是互相可以关联的工程，即可以实现各个构件自动进行对比的工程，如同样的工程采用不同的计算方法计算时，可以先进行第一种方法的计算，然后拷贝整个工程到另一个子目录，再在新的目录下进行另一个计算方法的计算，最后在其中一个子目录下进行包络设计。

2. 包络设计总参数

需要做半自动包络设计时首先在【计算参数】-【包络设计】中勾选"与其他模型进行包络设计"，并输入另一个或几个作为包络设计对象的子目录。

两个对比子目录的工程可以允许平面位置和转角的偏差，如果存在这种偏差可以在"包络工程相对当前工程位置"下输入相对 X、Y、Z 坐标的偏差和转角。

两个目录中的工程，其中一个可以和另一个的一部分对应，比如第一个是多塔的合塔模型，而第二个是其中某一个单塔的模型。

3. 前处理中可设置需做包络设计的楼层

如果只需对个别楼层做包络设计，可在计算前处理的【楼层属性】菜单下补充定义，在楼层属性菜单下设置了【包络设计楼层】菜单，点取后弹出如图 3.8.5 所示楼层列表，从中勾选需要作包络设计的楼层即可。

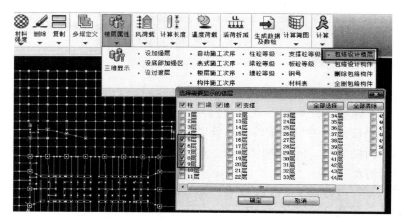

图 3.8.5　指定包络设计楼层

在这里还可对作包络设计的构件分类选择，如在柱、梁、墙、支撑中按照类别指定。

4. 前处理中可设置需做包络设计的构件

可在需做包络设计的楼层上进一步指定需做包络设计的构件，比如结构性能设计中，只需对关键构件按照中震（或大震）不屈服设计。在楼层属性菜单下设置了【包络设计构件】菜单，此时可点开该菜单，鼠标选择需做包络设计的构件即可，如图 3.8.6 所示。

5. 结构计算的操作

如果本工程需要重新进行结构计算，则执行【生成数据＋全部计算】，软件在完成通常的结构计算之后，再进行包络设计。

如果以前进行过上部结构计算，仅需要进行包络设计计算，则可直接点取计算菜单下的【只包络设计】菜单即可，如图 3.8.7 所示。如果重新定义了包络设计楼层、包络实际构件，则需重新生成数据。

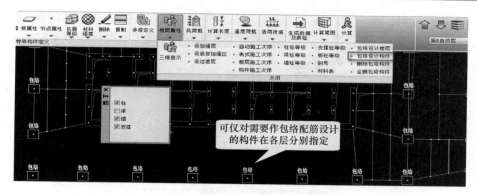

图 3.8.6　指定包络设计构件

　　如果需要重新得到非包络设计的结果，可在计算参数中把包络设计参数中原来的勾选包络设计取消，再直接执行如上计算选项中的【只设计】即可。

　　6. 包络设计结果查看

　　采用包络设计后主要体现在配筋计算结果发生了增大的变化，即某些构件采用的是另一项子目录中的对应构件的配筋计算结果。

图 3.8.7　只包络设计计算菜单

　　执行【配筋简图】菜单时，点取右侧对话框中"显示取大"按钮，如图 3.8.8 所示，当前层的配筋简图中凡是采用了取大的包络设计结果的构件会自动粉色加亮，即粉色加亮的构件说明该构件的配筋采用的是另一项子目录中的对应构件的较大的配筋计算结果。

　　如果没有进行包络设计，显示取大菜单将会变灰。

图 3.8.8　显示取大

　　当两个子目录中的构件不能一一对应时，点取右侧对话框的"显示无对应"按钮，可以加亮显示与另一子目录没有找到对应构件的构件。

　　7. 同时在多个模型间进行包络设计

　　包络设计可同时在多个模型间进行包络设计，计算参数的包络设计部分的设置如图 3.8.9 所示，通过每次"增行"按钮的操作增加设置一个包络设计对象，设置多个对象时，软件对每个构件自动在多个模型间寻找配筋的最大值。

　　可选择仅对构件的正截面或者斜截面进行包络设计，框中数字为 1 时为进行包络设计，为 0 时不进行包络设计。

　　8. 包络设计的对象必须是用 YJK1.4 及以后版本计算过的工程

　　由于包络设计需要读取其他工程专门输出的信息，因此需要 YJK1.4 及以后的软件版本。

三、配筋简图下的钢筋标准层

　　【设计结果】菜单中增加了【标准层配筋】菜单，可人工设置合并楼层的输出，弹出如图 3.8.10 所示对话框，和在施工图菜单下设置钢筋标准层的操作方式相同。

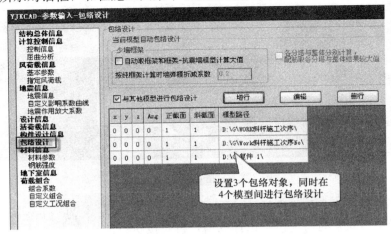

图 3.8.9　与其他工程包络取大

图 3.8.10　钢筋标准层设置

　　使用该功能，工程师可以直接获得各楼层取大后的按配筋简图方式显示的配筋结果，对于习惯对照配筋简图绘制施工图的工程师很有帮助。

　　需要注意的是，在本菜单中进行的钢筋标准层配筋取大操作不影响原配筋结果，取大后的配筋简图只能在本菜单下查看，切换到其他菜单后，显示的是原计算结果。

四、工程对比

　　软件在【设计结果】菜单下提供了【工程对比】菜单，可以对比两个工程的配筋结果，如图 3.8.11 所示，并可以按文本或图形方式输出对比结果，并提供了一系列辅助功能，详细介绍如下：

　　1. 文本方式

　　文本方式的对比内容分三个层次：

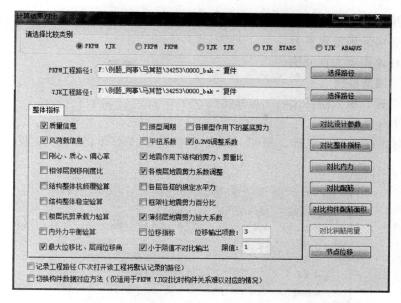

图 3.8.11　工程对比对话框

（1）计算参数

（2）整体指标

（3）构件设计

工程师在使用时可以按照上面的次序进行对比。比如要先对比计算参数，如果参数设置不同，则后续的计算结果将直接受影响，因而对比结果将无参考意义；如果整体指标有差异，比如层地震剪力，则后续的构件配筋可以先不对比。只有将整体指标的差异原因找出，才宜进行后续的构件设计结果对比。

（1）计算参数

主要为对比 wmass.out 文件输出的控制参数设置是否一致。

（2）整体指标

主要为对比计算结果的整体指标的差别，主要包括以下内容：

- 质量信息
- 风荷载信息
- 刚心、质心、偏心率
- 相邻层侧移刚度比
- 薄弱层地震剪力放大系数
- 结构整体抗倾覆验算信息
- 结构整体稳定验算
- 楼层抗剪承载力验算
- 内外力平衡验算（仅对 YJK 输出）
- 振型周期、平扭系数
- 各振型作用下的基底剪力
- 地震作用下结构的剪力、剪重比

- 各楼层地震剪力系数调整
- 各层各塔的规定水平力
- 框架柱地震剪力百分比
- $0.2V_0$ 调整系数
- 位移指标、最大位移比层间位移角

（3）构件内力

主要为对比柱、梁、支撑、墙梁、墙柱在各荷载工况下的内力差别，如图 3.8.12 所示。

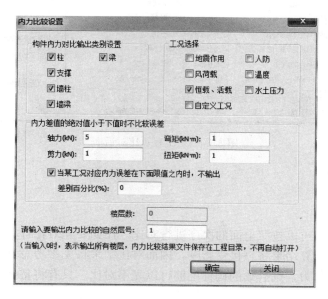

图 3.8.12　对比构件内力对话框

内力差值的绝对值不小于下面数值时不比较误差：此时误差对应项为空，不输出百分比，过滤输出两个较小值的相差百分比很大的情况。

当某工况对应内力误差在限制之内时不输出：此时若对应的构件各内力均在控制误差范围内，该工况内力比较不输出，方便浏览差别较大部分。

（4）单构件配筋

主要为对比柱、梁、支撑、墙梁、墙柱 wpj.out 文件输出的配筋差别，如图 3.8.13 所示。

（5）按构件类型进行配筋量统计对比

主要为对比混凝土构件（柱、梁、支撑、墙梁、墙柱、边缘构件）截面计算配筋面积的差别，如图 3.8.14 所示。

2. 图形方式

与文本方式比较，图形方式更直观，因而更受工程师的欢迎，如图 3.8.15 所示。

首先需设定对比对象工程所在的子目录，如果对比工程和本工程之间存在平面位置和转角的偏差，可以在"原点在本工程中的位置"下输入相对 X、Y、Z 坐标的偏差和转角。

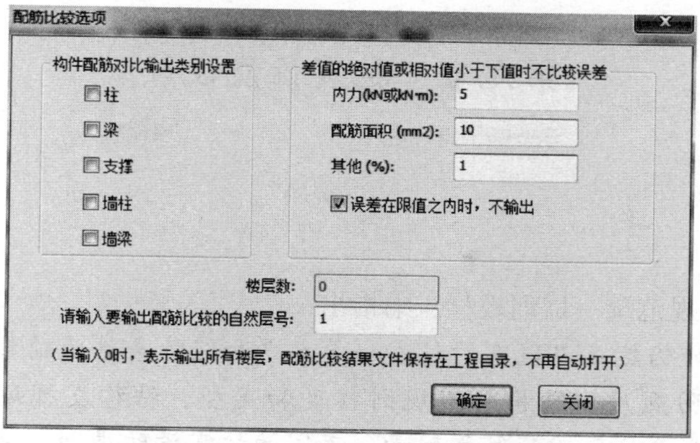

图 3.8.13　对比构件配筋对话框

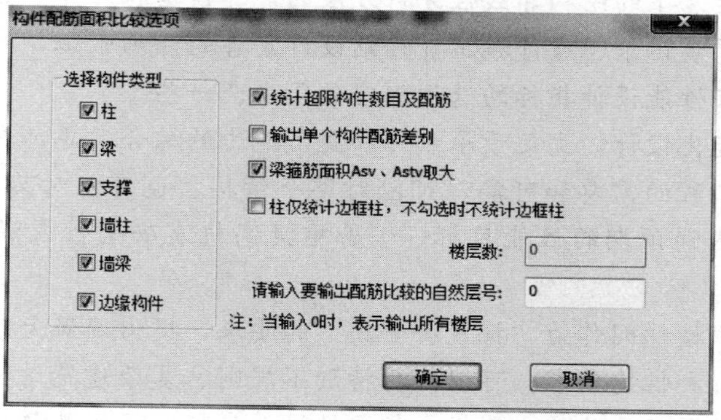

图 3.8.14　对比构件配筋量对话框

对比内容可以选择 3 种：

（1）混凝土构件配筋和钢构件应力比

（2）轴压比

（3）超限信息

对比结果可以两种方式显示：

（1）软件采用不同颜色显示对比的差别，如在对比控制选项中输入"绝对差值"为 2，即 $2cm^2$，则当比对比工程大 $2cm^2$ 以上时，该构件粉红色加亮，当比对比工程小 $2cm^2$ 以上时，该构件绿色加亮。

（2）直接把对应构件的配筋量标注在旁边，即每根构件既标注本工程计算结果，又同时标注对比工程的计算结果。如上图中的某根梁构件，括号中数值是对比工程对应构件的计算值。由于它们之间的差别大于 $2cm^2$（比对比工程大于 $2cm^2$ 以上），数值以粉红色显示。

配筋简图自动对比的对象必须是用 YJK1.4 及以后版本计算过的工程。

图 3.8.15　图形对比
对话框

第九节　抗震性能设计

一、规范规定

《建筑抗震设计规范统一培训教材》中指出：

抗震性能化设计仍然是以现有的抗震科学水平和经济条件为前提的，一般需要综合考虑使用功能、设防烈度、结构的不规则程度和类型、结构发挥延性变形的能力、造价、震后的各种损失及修复难度等等因素。不同的抗震设防类别，其性能设计要求也有所不同。

鉴于目前强烈地震下的结构非线性分析方法的计算模型和计算参数的选用尚存在不少经验因素，缺少从强震记录、设计施工资料到设计震害的详细验证，对结构性能的判断难以十分准确，因此在性能设计指标的选用中宜偏于安全一些。

建筑的抗震性能化设计，立足于承载力和变形能力的综合考虑，具有很强的针对性和灵活性。针对具体工程的需要和可能，可以对整个结构、也可以对某些部位或关键构件，灵活运用各种措施达到预期的性能目标——着重提高抗震安全性或满足使用功能的专门要求。

例如，可以根据楼梯间作为"抗震安全岛"的要求，提出确保大震下楼梯间具有安全避难通道的具体目标和性能要求；可以针对特别不规则、复杂建筑结构的具体情况，对抗侧力结构的水平构件和竖向构件分别提出相应的性能目标，提高其整体或关键部位的抗震安全性；对于地震时需要连续工作的机电设备，其相关部位的层间位移需满足设备运行所需的层间位移限值的专门要求；其他情况，可对震后的残余变形提出满足设施检修后运行的位移要求，也可提出大震后可修复运行的位移要求。建筑构件采用与结构构件柔性连接，只要可靠拉结并留有足够的间隙，如玻璃幕墙与钢框之间预留变形缝隙，震害经验表明，幕墙在结构总体安全时可以满足大震后继续使用的要求。还可以提高结构在罕遇地震下的层间位移控制值，如国外对抗震设防类别高的建筑，其弹塑性层间位移角比普通建筑的规定值减少 20%～50%。

《抗震规范》附录 M 对结构抗震性能设计的不同要求作了规定，分别给出在设防烈度地震、罕遇地震时，按照设计值和标准值进行计算的相关公式。

《高规》3.11 节最先提出结构抗震性能设计分为 1、2、3、4、5 五个性能水准，并对每一个性能设计水准规定了具体的计算公式和方法。

《广东高规》3.11 节对《高规》的五个性能设计水准给出了更明确的计算公式，比如《广东高规》规定了不同性能水准下的构件重要性系数及承载力利用系数，特别是《广东高规》对第 3、第 4、第 5 性能设计水准不再像《高规》那样提出"应进行弹塑性计算分析"的要求，明确了可按线弹性有限元计算出的内力位移进行性能设计的公式，这些规定便于软件实现，使软件可以直接利用线弹性有限元结果进行性能设计。

《上海抗规》附录 L 对抗震性能化设计作了规定。

二、软件实现

抗震性能设计的计算参数如图 3.9.1 所示。

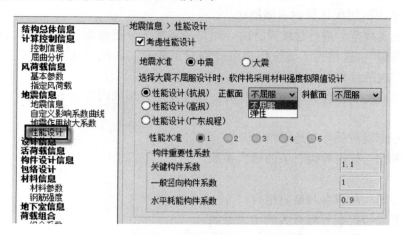

图 3.9.1　性能设计对话框

1. 性能设计包括中震、大震两种地震水准

如果用户在地震信息中勾选"考虑性能设计"参数，就意味着当前的设计计算需要按照中震或者大震的要求进行。

勾选性能设计参数后首先需要在中震和大震这两个地震水准项中选择，如图 3.9.2 所示。中震、大震对应着《抗震规范》中设防地震、罕遇地震的概念。

图 3.9.2　地震水准

用户勾选中震或大震后，软件将自动按照《抗震规范》设防地震或罕遇地震规定的地震影响系数最大值调整参数 α_{max}。

软件提供按规范选择性能设计计算的方法，包括《抗规》、《高规》、《广东高规》。

无论按何种规范进行性能设计，均不考虑地震效应和风效应的组合，不考虑与抗震等级有关的内力调整系数。

2. 按《抗震规范》的性能设计

《抗震规范》M. 1.2-2："结构构件承载力按不考虑地震作用效应调整的设计值复核时，应采用不计入风荷载效应的基本组合，并按下式验算……"

《抗震规范》M. 1.2-3："结构构件承载力按标准值复核时，应采用不计入风荷载效应的地震作用效应标准组合，并按下式验算……"

《抗震规范》M. 1.2-4："结构构件按极限承载力复核时，应采用不计入风荷载效应的地震作用效应标准组合，并按下式验算……"

这里提到了承载力计算三个不同层次的计算方式，对应设计值和基本组合、标准值和标准组合、极限值和标准组合。

对应这三个不同层次的计算，软件提供了"弹性"、"不屈服"两个选项，中震或大震

"弹性"大致对应《抗震规范》M.1.2-2按设计值和基本组合的承载力计算;中震"不屈服"大致对应《抗震规范》M.1.2-3按标准值和标准组合的承载力计算。大震"不屈服"大致对应《抗震规范》M.1.2-4按极限值和标准组合的承载力计算。

这里的参数"弹性"、"不屈服"的叫法是多年来在超限审查中专家对《抗震规范》M.1.2中三个不同层次计算的习惯提法。

在按《抗震规范》进行性能设计时,用户还需要区分正截面、斜截面,分别选择"弹性"或"不屈服",这是为了适应用户可分别对正截面、斜截面选择《抗震规范》M.1.2中三个不同层次的计算。

选择中震或大震弹性、不屈服设计时,软件自动处理的内容如下:

弹性:

(1) 不考虑风荷载参与地震组合;

(2) 不考虑与抗震等级有关的增大系数。

不屈服:

(1) 不考虑风荷载参与地震组合;

(2) 不考虑与抗震等级有关的增大系数;

(3) 不考虑荷载分项系数;

(4) 不考虑承载力抗震调整系数;

(5) 材料强度:中震时为标准值,大震时为极限值。

3. 按《广东高规》的性能设计

《广东高规》3.11节对结构的抗震性能设计给出了4个性能目标及每个性能目标下不同地震水准对应的性能水准。与《高规》不同的是,《广东高规》规定了不同性能水准下的构件重要性系数及承载力利用系数,更便于软件实现。

《广东高规》3.11.3:结构在小震作用下应满足弹性设计要求,结构构件的承载力和变形应符合本规程的有关规定。不同抗震性能水准的结构设计在中、大震作用下可按下列规定进行:

1 第1性能水准的结构在中震作用下,全部结构构件的抗震承载力宜符合下式要求:

$$S_{\text{GEk}} + \eta(S_{\text{Ehk}}^{*} + 0.4S_{\text{Evk}}^{*}) \leqslant \xi R_{\text{k}} \tag{3.11.3-1}$$

式中:R_{k}——材料强度标准值计算的构件承载力;

$\quad\quad \xi$——承载力利用系数,压、剪取0.6,弯、拉取0.69;

S_{Ehk}^{*}、S_{Evk}^{*}——分别为水平和竖向中震作用计算的构件内力标准值,不需乘以与抗震等级有关的增大系数;

$\quad\quad \eta$——构件重要性系数,关键构件可取$\eta=1.05\sim1.15$,一般构件可取$\eta=1.0$,水平耗能构件可取$\eta=0.7\sim0.9$。

2 第2性能水准的结构在中震作用下,结构构件的抗震承载力宜符合式(3.11.3-1)的要求,式中承载力利用系数ξ,压、剪取0.67;弯、拉取0.77。

第2性能水准的结构在大震作用下,结构构件的抗震承载力宜符合式(3.11.3-2)的要求:

$$S_{\text{GEk}} + \eta(S_{\text{Ehk}}^{**} + 0.4S_{\text{Evk}}^{**}) \leqslant \xi R_{\text{k}} \tag{3.11.3-2}$$

式中:R_{k}——材料强度标准值计算的构件承载力;

S_{GEk}、S_{Evk}^{**} ——分别为水平和竖向大震作用计算的构件内力标准值，不需乘以与抗震等级有关的增大系数；

　　　　ξ ——承载力利用系数，压、剪取 0.83，弯、拉取 1.0；

　　3　第 3 性能水准的结构在中震作用下，结构构件的抗震承载力宜符合式（3.11.3-1）要求，承载力利用系数 ξ，压、剪取 0.74；弯、拉取 0.87；大震作用下，竖向构件的受剪截面宜满足式（3.11.3-3）。

$$V_{GEk} + \eta V_{Ek}^{**} \leqslant \zeta f_{ck} bh0$$

式中：V_{GEk} ——重力荷载代表值作用下的构件剪力标准值；

　　　　V_{Ek}^{**} ——大震作用下的构件剪力标准值，不需乘以与抗震等级有关的增大系数；

　　　　ζ ——剪压比，取 $\zeta = 0.133$。

　　4　第 4 性能水准的结构在中震作用下，结构构件的抗震承载力宜符合式（3.11.3-1）的要求，承载力利用系数 ξ，压、剪取 0.83；弯、拉取 1.0。在大震作用下，竖向构件的受剪截面宜满足式（3.11.3-3），取 $\zeta = 0.15$。

　　5　第 5 性能水准的结构在大震作用下，竖向构件的受剪截面宜满足式（3.11.3-3），取 $\zeta = 0.167$。

　　从以上条文可以看出，《广东高规》明确了可按线弹性有限元计算出的内力位移进行性能设计的公式，这些规定便于软件实现，使软件可以直接利用线弹性有限元结果进行性能设计。

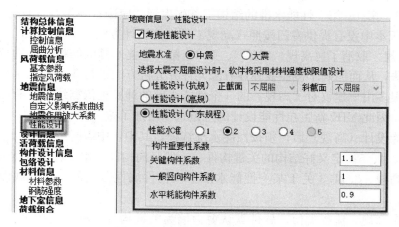

图 3.9.3　《广东高规》性能设计

　　勾选"性能设计（广东规程）"后，须按性能水准选择，如图 3.9.3 所示。其中，中震时可选 1、2、3、4，大震时可选 2、3、4、5。其中，构件重要性系数可以在参数中设置，并可在特殊构件定义中交互修改，软件根据输入的构件重要性系数及性能水准自动按照规范规定的相关计算公式计算。

　　构件区分关键构件、一般竖向构件和水平耗能构件，三类构件用构件重要性系数加以区分。软件默认剪力墙为关键构件，柱、支撑为一般竖向构件，梁为水平耗能构件。如果实际设计的构件与默认不符，用户可在【前处理及计算】的【重要性系数】中修改单构件的重要性系数，软件在计算前处理设置了【重要性系数】菜单，可对梁、柱、墙柱、墙梁、支撑按单构件分别设置重要性系数，如图 3.9.4 所示，就是配合《广东高规》的需

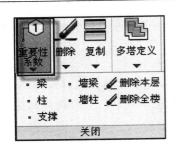

图 3.9.4 《广东高规》构件
重要性系数设置菜单

要。重要性系数菜单仅当采用《广东高规》进行性能设计时起作用。

按照《广东高规》进行性能设计时，荷载效应均采用标准组合，材料强度以标准值为基准，对于《广东高规》公式3.11.3 中的承载力利用系数 ξ、竖向构件剪压比 ζ，选择不同性能水准的软件具体实现如下：

中震性能 1：承载力利用系数 ξ，压、剪取 0.6，拉、弯取 0.69；

中震性能 2：承载力利用系数 ξ，压、剪取 0.67，拉、弯取 0.77；

中震性能 3：承载力利用系数 ξ，压、剪取 0.74，拉、弯取 0.87；

中震性能 4：承载力利用系数 ξ，压、剪取 0.83，拉、弯取 1.0；

大震性能 2：承载力利用系数 ξ，压、剪取 0.83，拉、弯取 1.0；

大震性能 3：竖向构件剪压比 ζ 取 0.133；

大震性能 4：竖向构件剪压比 ζ 取 0.15；

大震性能 5：竖向构件剪压比 ζ 取 0.167。

4. 按《高规》的性能设计

《高规》首次提出了可按 5 个性能设计水准设计的具体方法，但是在《高规》3.11.3 条中，对第 3、第 4、第 5 性能水准的结构都首先提到"应进行弹塑性计算分析"，因此在 YJK 的早期版本中没有提供专门按照《高规》的性能设计方法。

《广东高规》取消了《高规》对第 3、第 4、第 5 性能水准的结构"应进行弹塑性计算分析"的提法，从而明确了按照线弹性有限元计算分析方法进行 5 个性能水准性能设计的公式，同时很多用户建议对《高规》的 5 个性能水准的计算也依据线弹性有限元分析方法的内力结果，因此 YJK 新版在性能设计的规范选项增加了按《高规》计算。

勾选性能设计（高规）后，须按性能水准选择，其中，中震时可选 1、2、3、4，大震时可选 2、3、4、5。定义好结构的关键构件、一般竖向构件、水平耗能构件属性后，软件自动按照《高规》3.11.3 关于某一性能水准下按构件属性分类的正、斜截面的相关公式和规定执行。

和《广东高规》流程类似，软件默认剪力墙为关键构件，柱、支撑为一般竖向构件，梁为水平耗能构件。如果实际设计的构件属性与默认不符，用户可在【前处理及计算】的相关菜单中修改构件的性能设计属性。

三、性能设计相关的前处理及计算

1. 特殊构件定义

如果选择按《高规》进行抗震性能设计，则可以在特殊构件定义中指定构件重要性类别，分为耗能构件、一般竖向构件、关键构件，软件根据构件类别自动生成默认值，工程师可仅针对所关心的关键部分进行查改。

如果选择按《广东高规》进行抗震性能设计，则可以在特殊构件定义中交互修改构件重要性系数，软件根据构件类别自动生成默认值，工程师可仅针对所关心的关键部分进行查改。

2. 荷载组合

由于同一性能水准下构件的正截面、斜截面设计可能存在差别，软件区分了正截面设计、斜截面设计时的荷载组合。如果正截面、斜截面设计时的荷载组合不同，则工程师可在构件信息文本中分别查看正截面、斜截面设计时的荷载组合。

对于钢构件、钢管混凝土构件，软件不区分正截面、斜截面设计的荷载组合，均按斜截面设计要求进行荷载组合。

无论按何种规范进行性能设计，均不考虑地震效应和风效应的组合，不考虑与抗震等级有关的内力调整系数。

3. 不同地震水准下的性能设计

目前软件一次计算所包含的性能设计内容均为同一地震水准下，规范中关于性能目标的规定是包含小、中、大震（即多遇地震、设防烈度地震、罕遇地震）等不同地震水准下的性能水准要求的。对此，工程师可采用软件提供的包络设计功能实现，将工程复制成 3 份，分别对应小、中、大震的计算结果，然后根据工程实际情况指定需要包络设计的构件，进行包络设计即可。

4. 性能设计时标准内力的调整处理

对于剪重比、薄弱层、$0.2V_0$ 调整等需要参数设置的调整项目，软件将仍然按用户设置的相关参数进行，例如，用户已经在参数中设置了剪重比自动调整、薄弱层自动放大调整、$0.2V_0$ 调整等项目，软件在进行性能设计时仍进行这些调整，不会因为进行了性能设计而不再执行相关的参数，因此用户应在性能设计计算时，取消原来对多遇地震计算设置的相关调整选项。

对于框支柱地震内力调整等不需要参数控制而由软件自动进行调整的内容，软件自动取消调整。

5. 性能设计常见问题

哪些参数需要手工修改？

剪重比、薄弱层、$0.2V_0$ 调整等提供参数选项的内容需要手工修改。

第十节 鉴定加固

一、主要功能特点

（1）支持混凝土结构的鉴定与加固设计。

（2）将待鉴定、加固房屋的全楼模型和荷载输入，各层构件的材料强度等级和钢筋强度按实际测定值输入。

（3）软件按照 2009 年最新发布实施的《建筑抗震鉴定标准》GB 50023—2009、《建筑抗震加固技术规程》JGJ 116—2009 编制。

软件可按照《建筑抗震鉴定标准》GB 50023—2009 对加固前模型按第二级鉴定要求

作鉴定评估计算，并可按照选定标准对加固后的模型进行加固效果是否符合加固要求的鉴定评估计算。

（4）软件根据《建筑抗震加固技术规程》JGJ 116—2009 和《混凝土结构加固设计规范》GB 50367—2013，对混凝土构件可提供如下加固方法进行建筑加固设计：增大截面加固法、置换混凝土加固法、外粘型钢加固法、粘贴纤维复合材加固法、粘贴钢板加固法、钢绞线网-聚合物砂浆面层加固法。

（5）软件提供加固布置平面图。

（6）软件提供四种鉴定或加固设计标准供用户选择：

1）《建筑抗震鉴定标准》GB 50023—2009：A类（适用后续使用年限30年建筑）；

2）1989系列规范：B类（适用后续使用年限40年建筑）；

3）2001系列规范：C类（适用后续使用年限50年建筑），按2001系列规范采用设计内力调整系数；

4）2010系列规范：C类（适用后续使用年限50年建筑），按2010系列规范采用设计内力调整系数。

用户可根据建筑建造的年代、经济等条件选择。

（7）根据《四川省建筑抗震鉴定与加固技术规程》的相关要求，对于地震后修复的震损建筑加固后进行承载力验算时，原结构部分的承载力可以考虑折减，此折减系数可由用户指定。

（8）柱、梁的实配钢筋的录入

柱、梁的实配钢筋需要在【柱施工图】和【梁施工图】中完成，也就是说，需要先进行一次结构计算，然后到【柱施工图】中输入柱实配钢筋，再到【梁施工图】中输入梁实配钢筋，然后返回前处理，设置好鉴定加固相关参数，再重新进行计算。

如果在计算参数中勾选"自动计算并生成加固前钢筋"，则软件根据结构计算的梁柱配筋面积自动按照施工图的自动选筋方法生成实配钢筋，这样的结果可能与实际的实配钢筋有出入，但可免去繁琐的钢筋输入过程。

（9）对于用户输入实配钢筋的构件（梁、柱），当按加固设计所选用的标准计算时，软件将计算相应的加固方案的计算面积，并与用户设置的加固方案的计算面积做比较，如果现计算面积大于原设置的面积，软件会给出验算不满足要求的提示。

（10）软件在【模型荷载输入】模块中增加【鉴定加固】菜单，在【前处理及计算】的【计算参数】中增加【鉴定加固】选项卡，在【设计结果】中增加【鉴定加固】菜单。

（11）无论是在鉴定阶段还是加固设计阶段，软件都同时完成两方面的计算。一是按照《建筑抗震鉴定标准》GB 50023—2009进行第二级抗震鉴定计算，给出楼层综合抗震能力指数；二是按照抗震设计系列规范进行抗震承载力验算、截面配筋设计计算。当用户在如上第6项所述的标准中选择"《建筑抗震鉴定标准》GB 50023—2009"时，软件对抗震承载力验算、截面配筋设计计算等同于按照1989系列建筑结构设计规范计算，但是对承载力抗震调整系数的折减系数可以由用户修改。

按照有关规范或标准的要求，对B类建筑和C类建筑应将承载力验算的结果当作结构鉴定和加固设计的主要依据。

在鉴定阶段和加固设计阶段的区别是：鉴定阶段是以没有输入加固方案信息的原有建

筑为计算对象，加固设计阶段是以输入了加固方案之后的建筑模型为对象，给出加固构件设计的计算结果。

二、建模中增加【鉴定加固】菜单项

在【模型荷载输入】中增加二级菜单【鉴定加固】，如图 3.10.1 所示。

图 3.10.1　建模中鉴定加固二级菜单

鉴定加固下设菜单 5 项，如图 3.10.2 所示。

1. 柱加固

对柱加固的做法提供 5 种，分别为增大截面法、置换混凝土法、外包钢加固法、外贴钢板法、外贴纤维复合材料法，如图 3.10.3 所示。

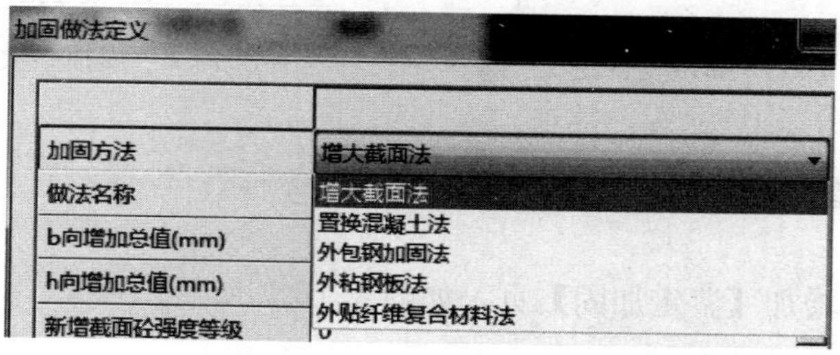

图 3.10.2　鉴定加固子菜单

图 3.10.3　柱加固做法定义

2. 梁加固

对梁加固的做法提供 6 种，分别为增大截面法、置换混凝土法、外包钢加固法、外贴钢板法、外贴纤维复合材料法、钢绞线加固法，如图 3.10.4 所示。

图 3.10.4　梁加固做法定义

3. 新增构件

【新增构件】菜单用来指定新增构件的属性，如图 3.10.5 所示。因为新增构件的材料强度取值与原有构件不同，这里对构件设置新增构件的属性。为了便于指定，弹出新增构件的构件类型首先供用户选择，再用鼠标在平面上指定。

4. 震损系数

【震损系数】菜单，根据《四川省建筑抗震鉴定与加固技术规程》的条文 3.2.6 相关要求，对于地震后修复的震损建筑加固后进行承载力验算时，原结构部分的承载力可以考虑折减，此折减系数可由用户按构件（柱、梁、墙）指定，如图 3.10.6 所示。

5. 删除

【删除】菜单用来删除如上各菜单对构件设置的信息。

图 3.10.5　新增构件定义

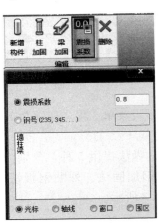

图 3.10.6　震损系数指定

三、计算参数中的鉴定加固页

【计算参数】中增加【鉴定加固】页，如图 3.10.7 所示。

图 3.10.7　鉴定加固计算参数

无论是鉴定还是加固，都需在计算参数的鉴定加固页勾选参数"鉴定加固"。同时，无论是鉴定还是加固，本页的其他参数一般都应填写。

1. 鉴定标准

（1）《建筑抗震鉴定标准》GB 50023—2009：A 类（适用后续使用年限 30 年建筑）；

（2）1989 系列规范：B 类（适用后续使用年限 40 年建筑）；

（3）2001 系列规范：C 类（适用后续使用年限 50 年建筑），按 2001 系列规范采用设计内力调整系数；

（4）2010 系列规范：C 类（适用后续使用年限 50 年建筑），按 2010 系列规范采用设计内力调整系数。

2. 体系、局部影响系数

A 类钢筋混凝土建筑体系影响系数按《建筑抗震鉴定标准》6.2.12 条规定输入，A 类钢筋混凝土建筑局部影响系数按《建筑抗震鉴定标准》6.2.13 条规定输入。

B 类钢筋混凝土建筑体系影响系数按《建筑抗震鉴定标准》6.3.13 条规定输入。

3. 自动计算并生成加固前钢筋

软件提供了按照现行规范关于施工图绘图及构造的相关规定生成实配钢筋选项，这样的结果可能与实际的实配钢筋有出入，准确的方法是根据原有施工图录入加固前钢筋。

4. 承载力抗震调整系数的折减系数

《建筑抗震鉴定标准》3.0.5 条规定，A 类建筑抗震鉴定时，钢筋混凝土构件应按现行国家标准《建筑抗震设计规范》GB 50011 承载力抗震调整系数值的 0.85 倍采用。

如果满足该条规定，工程师可以手工修改该参数。

四、鉴定加固的计算结果输出

如果进行鉴定计算，计算结果中将输出鉴定计算的各种结果；如果进行加固设计计算，计算结果中将既包括鉴定计算的内容，又包括加固设计的内容。

鉴定计算和加固计算的结果都包括有两大方面的内容：综合抗震能力指数计算结果和混凝土承载力计算结果。综合抗震能力指数计算是按照《建筑抗震鉴定标准》GB 50023—2009，作第二级鉴定计算的结果。混凝土承载力计算是指按照抗震设计系列规范，对混凝土结构作抗震承载力计算的结果。加固计算中无论是综合抗震能力指数计算结果，还是混凝土承载力计算结果都是考虑了加固设计方案作用之后的计算结果。

1. 鉴定加固菜单

在【计算参数】中勾选了"鉴定加固"参数，并完成全部计算后，在【设计结果】菜单中将自动出现【鉴定加固】菜单，如图 3.10.8 所示。

图 3.10.8　设计结果中鉴定加固菜单

鉴定加固菜单的右侧菜单输出三项内容：加固做法、抗剪承载力、原有钢筋。

加固做法项将在简图上直接标注柱构件、梁构件的加固做法描述，如图 3.10.9 所示。

抗剪承载力项将在简图上显示每根柱子的两个方向的抗剪承载力，对于加固构件是考虑了加固后的 X、Y 方向抗剪承载力。图下标注了楼层综合抗震能力指数和楼层屈服强度系数，如图 3.10.10 所示。

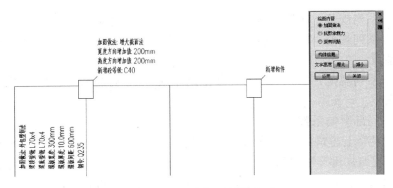

图 3.10.9　鉴定加固结果查看

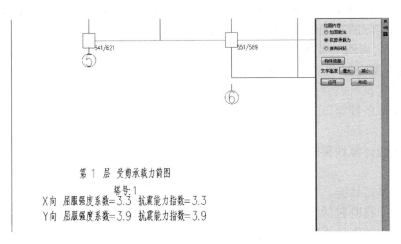

图 3.10.10　鉴定加固结果查看

原有钢筋项可查看梁柱的原有实配钢筋。

2. 综合抗震能力指数的文本输出

对于鉴定的结果也可在文本中查看，在结构信息文件（wmass.out）可以看到各个楼层的楼层屈服强度系数和综合抗震能力指数，如图 3.10.11 所示，并给出了体系影响系数和局部影响系数以便用户核对。按照《建筑抗震鉴定标准》GB 50023—2009 原则，把各个楼层所有构件抗剪承载力相加而得到各个楼层现有受剪承载力，这样可以得到空间结构的楼层抗剪承载力，根据公式 $\xi_y = V_y/V_e$ 可求得空间结构的各个楼层屈服强度系数，其中楼层的弹性地震剪力按照现行《建筑抗震设计规范》规定的方法计算所的，然后根据用户定义的考虑加固有利作用后的影响系数（包括体系影响系数和局部影响系数）由公式 $\beta = \psi_1\psi_2\xi_y$ 求得空间结构楼层抗震能力指数，此时，楼层现有受剪承载力计算中已考虑加固部分的承载贡献，且弹性地震剪力的计算亦考虑了构件加固后刚度以及重力荷载代表值的变化。

3. 柱梁抗剪承载力查看

在各层配筋文件文本中可以查看各种加固方案下抗剪承载力说明，如下为柱的五种加固方案的结果说明：

```
********************************************************
                    楼层抗震能力指数
********************************************************
Fat1_X,Fat1_Y: 表示X、Y向体系影响系数
Fat2_X,Fat2_Y: 表示X、Y向局部影响系数
Sflr_X,Sflr_Y(kN): 表示X向楼层弹性地震剪力
Bflr_X,Bflr_Y(kN): 表示X向楼层受剪承载力
Ratio_BSX,Ratio_BSY: 表示X、Y向楼层受剪强度系数
Beita_X,Beita_Y: 表示X、Y向楼层综合抗震能力指数

层号  塔号   Fat1_X   Fat2_X      Sflr_X       Bflr_X    Ratio_BSX   Beita_X
 3    1     1.00     1.00      21979.1      12410.9     0.56       0.56
 2    1     1.00     1.00      33382.6      15410.6     0.46       0.46
 1    1     1.00     1.00      41478.0      15507.1     0.37       0.37

层号  塔号   Fat1_Y   Fat2_Y      Sflr_Y       Bflr_Y    Ratio_BSY   Beita_Y
 3    1     1.00     1.00      23553.6      13783.6     0.59       0.59
 2    1     1.00     1.00      35429.2      18114.1     0.51       0.51
 1    1     1.00     1.00      43355.8      19464.9     0.45       0.45
```

图 3.10.11 楼层抗震能力指数文本输出

（1）柱增大截面法

如图 3.10.12 所示，其中截面尺寸是加固前的，Ast0 是按增大截面后所需的新增钢筋配筋，Ast 则为按增大截面后并考虑最小配筋率后的新增配筋面积，该计算钢筋面积已经考虑了柱原有实配钢筋的作用。受剪承载力的计算是加上新增钢筋后的承载力。在该方法中最后还提示了用户构件在未加固时的截面尺寸以及原有的钢筋面积。通常增大截面法会增加足够的钢筋来满足承载力，只有出现超筋时才会不满足要求。另外，Asv 显示的箍筋也是需要新增的箍筋面积。

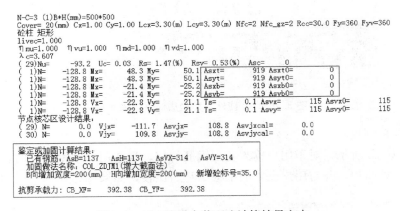

```
N-C=3 (1)B*H(mm)=500*500
Cover= 20(mm) Cx=1.00 Cy=1.00 Lcx=3.30(m) Lcy=3.30(m) Nfc=2 Nfc_gz=2 Rcc=30.0 Fy=360 Fyv=360
砼柱 矩形
livec=1.000
η mu=1.000  η vu=1.000  η md=1.000  η vd=1.000
λ c=3.607
( 29)Nu=     -93.2  Uc= 0.03  Rs= 1.47(%)  Rsv= 0.53(%)  Asc=       0
( 1)N=  -128.8 Mx=     48.3 My=     50.1 Asxt=       919 Asxt0=        0
( 1)N=  -128.8 Mx=     48.3 My=     50.1 Asyt=       919 Asyt0=        0
( 1)N=  -128.8 Mx=    -21.4 My=    -25.2 Asxb=       919 Asxb0=        0
( 1)N=  -128.8 Mx=    -21.4 My=    -25.2 Asvb=       919 Asvb0=        0
( 1)N=  -128.8 Vx=    -22.8 Vy=     21.1 Ts=        0.1 Asvx=       115 Asvx0=      115
( 1)N=  -128.8 Vx=    -22.8 Vy=     21.1 Ts=        0.1 Asvy=       115 Asvy0=      115
节点核芯区设计结果:
( 29) N=     0.0 Vjx=    -111.7 Asvjx=      108.8 Asvjxcal=       0.0
( 30) N=     0.0 Vjy=     109.8 Asvjy=      108.8 Asvjycal=       0.0

鉴定或加固计算结果:
   已有钢筋: AsB=1137  AsH=1137  AsVX=314  AsVY=314
   加固做法名称: COL_ZDJM1(增大截面法)
   B向增加宽度=200(mm) H向增加宽度=200(mm)  新增砼标号=35.0

   抗剪承载力: CB_XF=    392.38  CB_YF=    392.38
```

图 3.10.12 柱增大截面法计算结果文本

（2）柱置换混凝土法

如图 3.10.13 所示，对于用户输入实配钢筋的柱，当选用置换混凝土法时，软件将计算相应的计算置换深度，并与用户设置的置换深度作比较，如果现计算的置换深度大于原设置的置换深度，软件会给出验算不满足要求的提示，如现计算的置换深度小于原设置的置换深度，软件会给出验算满足要求的提示。

（3）柱外包型钢法

如图 3.10.14 所示，对于用户输入实配钢筋的柱，当选用外包型钢法时，软件将计算相应的型钢计算面积，并与用户设置的型钢面积做比较，如果现计算的型钢面积大于原设置的型钢面积，软件会给出验算不满足要求的提示，如现计算的型钢面积小于原设置的型钢面积，软件会给出验算满足要求的提示。

```
N-C=6 (1)B*H(mm)=500*500
Cover= 20(mm) Cx=1.00 Cy=1.00 Lcx=3.30(m) Lcy=3.30(m) Nfc=2 Nfc_gz=2 Rcc=30.0 Fy=360 Fyv=360
砼柱 矩形
livec=1.000
η mu=1.000    η vu= 1.000    η md=1.000    η vd=1.000
λ c=3.607
( 30)Nu=    -163.7  Uc= 0.05  Rs= 0.80(%)  Rsv= 0.53(%)    Asc=      0
(  1)N=    -230.4 Mx=      82.9 My=       0.4 Asxt=       500 Asxt0=         0
(  1)N=    -230.4 Mx=      82.9 My=       0.4 Asyt=       500 Asyt0=         0
(  1)N=    -230.4 Mx=     -38.2 My=      -1.6 Asxb=       500 Asxb0=         0
(  1)N=    -230.4 Mx=     -38.2 My=      -1.6 Asyb=       500 Asyb0=         0
(  1)N=    -230.4 Vx=      -0.6 Vy=      36.7 Ts=       0.1 Asvx=            115 Asvx0=         115
(  1)N=    -230.4 Vx=      -0.6 Vy=      36.7 Ts=       0.1 Asvy=            115 Asvy0=         115
节点核芯区设计结果:
( 29) N=       0.0  Vjx=     -30.2  Asvjx=     108.8  Asvjxcal=       0.0
( 30) N=       0.0  Vjy=     176.8  Asvjy=     108.8  Asvjycal=       0.0
┌─────────────────────────────────────────────────────────┐
│鉴定或加固计算结果:                                          │
│  已有钢筋, AsB=616    AsH=616    AsVX=314    AsVY=314        │
│  加固做法名称: COL_ZHHNT(置换混凝土法)                       │
│  B向置换深度=100(mm)   H向置换深度=100(mm)   置换砼标号=30.0   │
│  B向计算置换深度小于输入值 0(mm)<100(mm)                      │
│  H向计算置换深度小于输入值 0(mm)<100(mm)                      │
└─────────────────────────────────────────────────────────┘
抗剪承载力: CB_XF=    103.51   CB_YF=     103.51
```

图 3.10.13   柱置换混凝土法计算结果文本

```
N-C=9 (1)B*H(mm)=500*500
Cover= 20(mm) Cx=1.00 Cy=1.00 Lcx=3.30(m) Lcy=3.30(m) Nfc=2 Nfc_gz=2 Rcc=30.0 Fy=360 Fyv=360
砼柱 矩形
livec=1.000
η mu=1.000    η vu= 1.000    η md=1.000    η vd=1.000
λ c=3.607
( 28)Nu=     -94.3  Uc= 0.03  Rs= 0.80(%)  Rsv= 0.53(%)    Asc=      0
(  1)N=    -130.3 Mx=      53.1 My=     -52.0 Asxt=       500 Asxt0=         0
(  1)N=    -130.3 Mx=      53.1 My=     -52.0 Asyt=       500 Asyt0=         0
(  1)N=    -130.3 Mx=     -23.6 My=      22.2 Asxb=       500 Asxb0=         0
(  1)N=    -130.3 Mx=     -23.6 My=      22.2 Asyb=       500 Asyb0=         0
(  1)N=    -130.3 Vx=      22.5 Vy=      23.2 Ts=       0.1 Asvx=            115 Asvx0=         115
(  1)N=    -130.3 Vx=      22.5 Vy=      23.2 Ts=       0.1 Asvy=            115 Asvy0=         115
节点核芯区设计结果:
( 28) N=       0.0  Vjx=     115.8  Asvjx=     108.8  Asvjxcal=       0.0
( 30) N=       0.0  Vjy=     108.8  Asvjy=     108.8  Asvjycal=       0.0
┌─────────────────────────────────────────────────────────┐
│鉴定或加固计算结果:                                          │
│  已有钢筋, AsB=616    AsH=616    AsVX=314    AsVY=314        │
│  加固做法名称: COL_WBXG1(外包型钢法)                          │
│  型钢:L100x6   柱侧缀板(宽度*厚度*间距):50*4*300(mm)   钢号:235 │
│  B边型钢计算面积小于输入值 0(mm2)<2386(mm2)                   │
│  H边型钢计算面积小于输入值 0(mm2)<2386(mm2)                   │
└─────────────────────────────────────────────────────────┘
抗剪承载力: CB_XF=     279.27   CB_YF=     279.27
```

图 3.10.14   柱外包型钢法计算结果文本

（4）柱外粘钢板法

如图 3.10.15 所示，对于用户输入实配钢筋的柱，当选用外粘钢板法时，软件将计算相应的钢板计算面积，并与用户设置的钢板面积做比较，如果现计算的钢板面积大于原设

```
N-C=2 (1)B*H(mm)=500*500
Cover= 20(mm) Cx=1.00 Cy=1.00 Lcx=3.30(m) Lcy=3.30(m) Nfc=2 Nfc_gz=2 Rcc=30.0 Fy=360 Fyv=360
砼柱 矩形
livec=1.000
η mu=1.000    η vu= 1.000    η md=1.000    η vd=1.000
λ c=3.607
( 29)Nu=    -164.1  Uc= 0.05  Rs= 0.80(%)  Rsv= 0.53(%)    Asc=      0
(  1)N=    -230.2 Mx=      -2.3 My=      81.5 Asxt=       500 Asxt0=         0
(  1)N=    -230.2 Mx=      -2.3 My=      81.5 Asyt=       500 Asyt0=         0
(  1)N=    -230.2 Mx=       2.7 My=     -39.7 Asxb=       500 Asxb0=         0
(  1)N=    -230.2 Mx=       2.7 My=     -39.7 Asyb=       500 Asyb0=         0
(  1)N=    -230.2 Vx=     -36.7 Vy=      -1.5 Ts=       0.1 Asvx=            115 Asvx0=         115
(  1)N=    -230.2 Vx=     -36.7 Vy=      -1.5 Ts=       0.1 Asvy=            115 Asvy0=         115
节点核芯区设计结果:
( 29) N=       0.0  Vjx=    -177.1  Asvjx=     108.8  Asvjxcal=       0.0
( 31) N=       0.0  Vjy=     -36.1  Asvjy=     108.8  Asvjycal=       0.0
┌─────────────────────────────────────────────────────────┐
│鉴定或加固计算结果:                                          │
│  已有钢筋, AsB=616    AsH=616    AsVX=314    AsVY=314        │
│  加固做法名称: COL_WTGB1(外粘钢板法)                          │
│  B边钢板宽度:300(mm)   H边钢板宽度:400(mm)   厚度:10(mm)  钢号:235 │
│  B边钢板计算面积小于输入值 0(mm2)<3000(mm2)                   │
│  H边钢板计算面积小于输入值 0(mm2)<4000(mm2)                   │
└─────────────────────────────────────────────────────────┘
抗剪承载力: CB_XF=     136.09   CB_YF=     127.87
```

图 3.10.15   柱外粘钢板法计算结果文本

置的钢板面积，软件会给出验算不满足要求的提示，如现计算的钢板面积小于原设置的钢板面积，软件会给出验算满足要求的提示。

（5）柱外粘纤维法

如图 3.10.16 所示，对于用户输入实配钢筋的柱，当选用外粘纤维法时，软件将计算相应的纤维计算面积，并与用户设置的纤维面积做比较，如果现计算的纤维面积大于原设置的纤维面积，软件会给出验算不满足要求的提示，如现计算的纤维面积小于原设置的纤维面积，软件会给出验算满足要求的提示。

```
N-C=5 (1)B*H(mm)=500*500
Cover= 20(mm) Cx=1.00 Cy=1.00 Lcx=3.30(m) Lcy=3.30(m) Nfc=2 Nfc_gz=2 Rcc=30.0 Fy=360 Fyv=360
砼柱 矩形
livec=1.000
η mu=1.000  η vu=1.000  η md=1.000  η vd=1.000
λ c=3.607
( 28)Nu=     -300.6  Uc= 0.08  Rs= 0.80(%)  Rsv= 0.53(%)  Asc=     0
( 1)N=    -429.0 Mx=     -2.0 My=     -0.2 Asxt=     500 Asxt0=         0
( 1)N=    -429.0 Mx=     -2.0 My=     -0.2 Asyt=     500 Asyt0=         0
( 1)N=    -429.0 Mx=      2.1 My=     -0.9 Asxb=     500 Asxb0=         0
( 1)N=    -429.0 Mx=      2.1 My=     -0.9 Asyb=     500 Asyb0=         0
( 1)N=    -429.0 Vx=     -0.2 Vy=     -1.3 Ts=      0.1 Asvx=     115 Asvx0=       115
( 1)N=    -429.0 Vx=     -0.2 Vy=     -1.3 Ts=      0.1 Asvy          115 Asvy0=       115
节点核芯区设计结果：
( 29) N=      0.0 Vjx=    -29.2 Asvjx=    108.8 Asvjxcal=      0.0
( 31) N=      0.0 Vjy=    -25.4 Asvjy=    108.8 Asvjycal=      0.0
```

```
鉴定或加固计算结果：
   已有钢筋：AsB=616    AsH=616    AsVX=314    AsVY=314
   加固做法名称：COL_WTXWFHCL1(外贴纤维复合材料法)
   B边宽度：300(mm)  H边宽度：400(mm)  复合材料层数*单层厚度：3*0.100(mm)
   B边纤维复合材料计算面积小于输入值 0(mm2)<90(mm2)
   H边纤维复合材料计算面积小于输入值 0(mm2)<120(mm2)
   抗剪纤维复合材料计算面积小于输入值 0(mm2)<15(mm2)
```

```
抗剪承载力：CB_XF=    216.77  CB_YF=    193.84
```

图 3.10.16 柱外粘纤维法计算结果文本

梁配筋结果的输出与柱配筋结果的输出相类似，如图 3.10.17 所示。对于用户输入实配钢筋的梁，当选用某加固方法（如外粘型钢）时，软件将计算相应加固方法（如外粘型钢）计算面积，并与用户设置的（如外粘型钢）面积做比较，如果现计算的面积大于原设置的面积，软件会给出验算不满足要求的提示，如现计算的面积小于原设置的面积，软件会给出验算满足要求的提示。

```
N-B=9 (I=1000004, J=1000005)(1)B*H(mm)=300*500 按T形梁设计(900*100)
Lb=6.00(m) Cover= 20(mm) Nfb=2 Nfb_gz=2 Rcb=30.0 Fy=360 Fyv=360
砼梁 框架梁 调幅梁 矩形
livec=1.000  stif=1.000  tf=0.850  nj=0.400
η v=1.000
                -1-     -2-     -3-     -4-     -5-     -6-     -7-     -8-     -9-
-M(kNm)        -71      -9       0       0       0       0       0     -36    -108
LoadCase      ( 9)    ( 29)   ( 0)    ( 0)    ( 0)    ( 0)    ( 0)    ( 8)    ( 8)
Top Ast        450     375       0       0       0       0       0     375     450
% Steel       0.00    0.00    0.00    0.00    0.00    0.00    0.00    0.00    0.00
+M(kNm)          0      34      62      82      90      82      62      34       0
LoadCase      ( 0)    ( 0)    ( 0)    ( 0)    ( 0)    ( 0)    ( 0)    ( 0)    ( 0)
Btm Ast        450     375     384     508     554     508     384     375     450
% Steel       0.00    0.25    0.28    0.37    0.40    0.37    0.28    0.25    0.00
V(kN)           86      78      59      31      -7     -45     -74     -92    -101
LoadCase      ( 1)    ( 1)    ( 9)    ( 9)    ( 8)    ( 8)    ( 1)    ( 1)    ( 1)
Asv             33      33      33      33      33      33      33      33      33
Rsv           0.11    0.11    0.11    0.11    0.11    0.11    0.11    0.11    0.11
非加密区箍筋面积: 33
```

```
鉴定或加固计算结果：
   已有钢筋：AsUpL=556    AsUpR=710    AsDw=556    AsV=101
   加固做法名称：BEAM_WBXG1(外包型钢法)
   梁顶型钢：L45x4  梁侧缀板(宽度*厚度*间距):100*4*600(mm)    钢号:235
   梁顶型钢计算面积小于输入值 15(mm2)<698(mm2)
   梁底型钢计算面积小于输入值 76(mm2)<698(mm2)
   梁侧型钢计算面积小于输入值 0(mm2)<400(mm2)
```

图 3.10.17 梁外包型钢法计算结果文本

4. 超限信息

如果出现了超限和不满足的构件时，可以在超限信息文件（wgcpj.out）里查看。

5. 加固后薄弱层查看

由于结构局部加固后会改变整个结构体系的刚度，影响其动力特性而使得产生薄弱层，用户应查看薄弱层验算结果（wbrc.out）。

用户尚应注意使用增大截面法加固构件时应尽量避免形成剪跨比过小的"短柱粗梁"等。

五、常见问题

1. 如何输入实配钢筋

软件未在建模中提供录入实配钢筋菜单，用户需在施工图模块中录入。如果工程中存在施工图数据，则软件在进行构件鉴定、加固设计时会自动读取施工图已有数据。

2. 如何查询结果是否满足规范要求

可以在【配筋简图】中查看是否有红色显示内容，如果有，则表示有超限项目。如果是鉴定过程，红色显示可能为计算钢筋大于原有钢筋；如果是加固后的构件，则可能是加固做法不满足要求，工程师可以查看单构件信息文本里的详细输出。

也可以查看超限文本 wgcpj.out。

软件提供了原有钢筋配筋简图、柱、墙受剪承载力简图、加固做法简图。

软件同时在 wmass.out 中输出楼层综合抗震能力指数。

第十一节　隔震与减震设计

一、消能减震

YJK 的振型分解反应谱法和时程分析方法都支持消能减震结构的设计计算。

1. 规范要求

这里讲的是多遇地震下，结构弹性阶段的消能减震设计。

《抗震规范》12.3.1："消能减震设计时，应根据多遇地震下的预期减震要求及罕遇地震下的预期结构位移控制要求，设置适当的消能部件。消能部件可由消能器及斜撑、墙体、梁等支承部件组成。消能器可采用速度相关型、位移相关型或其他类型。"

《抗震规范》12.3.3："消能减震设计计算分析，应符合下列规定：

1　当主体结构基本处于弹性工作状态时，可采用线性分析方法做简化估算，并根据结构的变形特征和高度等，按本规范 5.1 节的规定分别采用底部剪力法、振型分解反应谱法和时程分析法……

消能减震结构的自振周期应根据消能减震结构的总刚度确定。总刚度应为结构总刚度和消能部件有效刚度的总和。

消能减震结构的总阻尼比应为结构阻尼比和消能部件附加给结构的有效阻尼比的总

和……"

YJK 首先提供振型分解反应谱法计算方法计算消能减震结构，振型分解反应谱法是目前大部分减震工程应用的方法，ETABS 也提供这种计算。

2. 消能减震设计过程

在 YJK 中设置消能减震的方法主要有两种：第一种是建模时在需要设置消能器的位置布置斜撑，该斜撑的布置是临时性的，它在计算前处理被消能器取代。第二种是在计算前处理中通过设置单点约束、两点约束的方式布置。

（1）设置消能减震的第一种方式

建模时在需要设置消能器的位置布置斜撑，该斜撑的布置是临时性的，它在计算前处理被消能器取代，如图 3.11.1 所示。

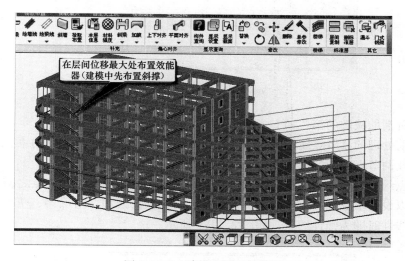

图 3.11.1　建模中用支撑模拟

在【前处理及计算】的【特殊支撑】下对支撑定义成消能减震单元。特殊支撑下有设置减震单元的系列菜单，可对斜杆定义为消能减震单元，输入消能减震单元的线性特性（有效刚度，有效阻尼）与非线性特性（刚度，阻尼，阻尼指数），如图 3.11.2 所示。

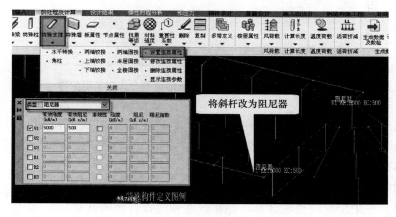

图 3.11.2　前处理将支撑定义为阻尼器

图 3.11.3　计算模型选项

对话框右侧的非线性参数用于时程分析计算。

斜杆【设置连接属性】菜单下对话框的选项除了阻尼器还有塑性单元和隔震支座，如图 3.11.3、图 3.11.4 所示。塑性单元用于屈曲支撑。隔震支座选项用于将竖直的斜杆改为隔震支座。

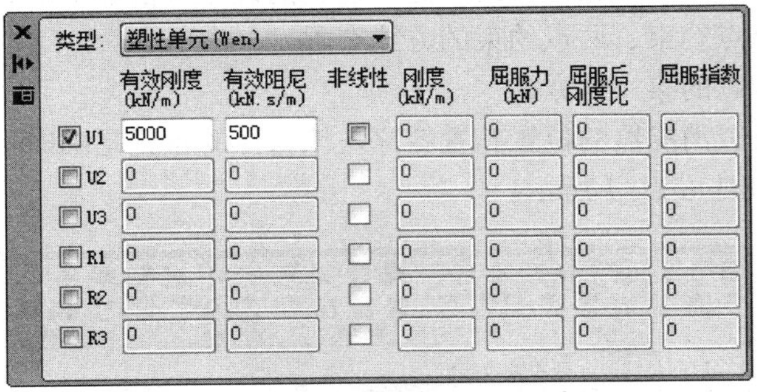

图 3.11.4　计算参数

（2）设置消能减震的第二种方式

还可在前处理的【节点属性】菜单下设置消能器，在那里通过两点约束、单点约束等方式来设置任两节点之间的消能减震属性。

在【两点约束】、【单点约束】和【设置支座】菜单下除了可以在节点之间设置弹簧刚度外，还可以设置阻尼和隔震，它们都设置了 4 种选项：线型、阻尼器、塑性单元、隔震支座，选择线性时即为弹性约束，如图 3.11.5 所示。

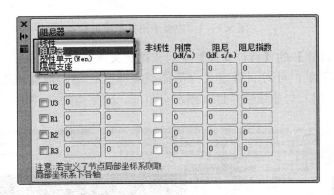

图 3.11.5　通过两点约束、单点约束等方式定义阻尼器

选择阻尼器、速度线性相关型消能器、速度非线性相关型消能器时弹出对话框如图 3.11.6 所示，是为设置减震装置的相关参数，相当于可在节点之间设置减震装置，以便让软件计算出附加阻尼。

软件对消能器附加给结构的有效阻尼比和有效刚度按《抗震规范》12.3.4 相关公式计算。本计算方法用于反应谱法计算，比非线性和时程计算方法稳定、实用、可靠、简便快速。YJK 也提供时程分析方法计算消能减震结构。

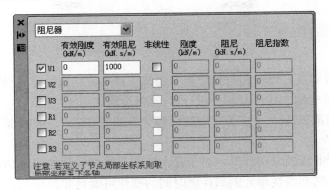

图 3.11.6 阻尼器参数设置

3. 附加给结构的有效阻尼比计算

消能器附加给结构的有效阻尼比和有效刚度按《抗震规范》12.3.4 相关公式计算。可计算速度线性相关型消能器，非线性黏滞消能器（《广东高规》提供），位移相关型与速度非线性相关型消能器。

4. 与 ETABS 对比分析

ETABS 仅能采用强行解耦法在振型分解反应谱法中，计算消能部件附加给结构的有效阻尼比。按《抗震规范》12.3.4-2，强行解耦法用于消能部件在结构上分布均匀，且附加给结构的有效阻尼比小于 20% 时。

图 3.11.7 为某工程阻尼系数设置 3000N·s/mm，分别用 YJK 和 ETABS 计算并进行结果对比，见表 3.11.1。

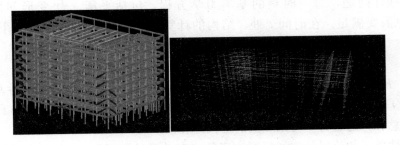

图 3.11.7 工程实例

与 ETABS 结果对比　　　　　　　　　　　　　　　　　表 3.11.1

	无减震原始结构		减震后结构	
	YJK	ETABS	YJK	ETABS
第 8 层	185.9	185.74	152.0	154.13
第 7 层	499.1	498.58	407.9	413.74
第 6 层	801.2	800.38	654.8	664.18
第 5 层	1082.2	1080.5	883.95	896.65
第 4 层	1333.4	1331.9	1090	1104.85
第 3 层	1550.2	1548.3	1266	1284.4
第 2 层	1726.6	1724.1	1410	1430.7
第 1 层	1856.7	1854.4	1517	1538.05

二、隔震

YJK 的振型分解反应谱法和时程分析方法都支持隔震结构的设计计算。

1. 提供隔震结构的非线性时程分析计算—FNA 算法

按照《抗震规范》12.2.2 中关于隔震结构计算的规定，"一般情况下，宜采用时程分析方法进行计算。"

隔震计算属于非线性分析计算，对于存在局部非线性构件的建筑结构需要进行非线性动力时程分析。虽然非线性单元的属性随时间的变化可能是非线性的，或结构某一方面随时间的变化是非线性的，但是对于每个时刻结构系统的经典力学平衡方程仍然是成立的。因此传统的非线性求解方法仍然是通过每一个时程积分时刻的平衡方程进行求解。

求解平衡方程的非线性模态积分求解方法是在每个荷载增量步形成完整的平衡方程并进行求解，也就是通常所说的"蛮力方法"。这种方法每个时间步长对全部结构系统重新形成刚度矩阵，并在每个时间增量内要求通过迭代来满足平衡要求，因此即使是规模不大的结构也需要耗费大量的时间来计算。

YJK 软件的非线性时程分析计算采用了一种高效的分析计算方法—Fast Nonlinear Analysis Method（快速非线性分析方法），简称为 FNA 方法。这种方法与在 SAP2000 中提供的相同。

FNA 算法计算原理如下：

基本平衡方程：

对于非线性问题，每一时刻的基本力学方程，包括平衡、力-变形和协调等要求，FNA 算法也需要满足。在时间 t 处，结构的计算机模型精确的力平衡有下列矩阵可表示为：

$$M\ddot{u}(t) + C\dot{u}(t) + Ku(t) + R_{NL}(t) = R(t)$$

M，C，K 分别为质量矩阵、阻尼矩阵、刚度矩阵，K 忽略了非线性单元的刚度。$\ddot{u}(t)$，$\dot{u}(t)$，$u(t)$ 与 $R(t)$：节点加速度、速度、位移和外部荷载。$R_{NL}(t)$：来源于非线性单元力总和，通过每个时刻点上的迭代计算出来的。

在非线性单元的位置处添加任意刚度的"有效弹性单元"，来考虑非线性单元在线性荷载工况的属性。在平衡方程两侧加上有效弹性力 $K_e u(t)$。

$$M\ddot{u}(t) + C\dot{u}(t) + (K + K_e)u(t) = R(t) - R_{NL}(t) + K_e u(t)$$

$$M\ddot{u}(t) + C\dot{u}(t) + \bar{K}u(t) = \bar{R}(t)$$

其中：$\bar{R}(t) = R(t) - R_{NL}(t) + K_e u(t)$ 是每一时间步的最终外部荷载，必须以内部迭代方式计算得出。

非线性模态方程形成：

对于质量矩阵和刚度矩阵的模态和固有频率可通过特征值分析或 Ritz Vector 分析计算得出。利用模态间的垂直正交性可将上述运动平衡方程转换为以下模态坐标系的运动方程：

$$\ddot{Y}(t) + \Lambda\dot{Y}(t) + \Omega^2 Y(t) = F(t)$$

其中外部线性及非线性模态力：$F(t)=\Phi^{\mathrm{T}}\bar{R}(t)=\Phi^{\mathrm{T}}(R(t)-R_{\mathrm{NL}}(t)+K_{\mathrm{e}}u(t))$

非线性模态力：$F_{\mathrm{NL}}(t)=\Phi^{\mathrm{T}}R_{\mathrm{NL}}(t)=B^{\mathrm{T}}f(t)$

有效弹性力：$F(t)_{\mathrm{e}}=\Phi^{\mathrm{T}}K_{\mathrm{e}}u(t)=\Phi^{\mathrm{T}}b^{\mathrm{T}}k_{\mathrm{e}}bu(t)=B^{\mathrm{T}}k_{\mathrm{e}}d(t)$

因为 $u(t)=\Phi Y(t)$，非线性单元中的变形可按模态坐标直接表示为：

$$d(t)=bu(t)=BY(t),B=b\Phi$$

其中：B 为单元变形-模态坐标变换矩阵。

模态方程求解：

为了在各反复迭代过程中对非线性单元的内力进行修正，需要该微分方程式数值分析的解。对于模态方程的求解，YJK 采用了基于梯形积分的方式求解每一步的平衡方程。在微小时间步长的前提下，梯形积分的分析速度与准确性与更精确的辛普森积分接近。

FNA 计算总体流程：

首先根据前一阶段的分析结果假设当前阶段模态的一般化位移和速度，并以此为基础计算当前阶段的非线性模态力和弹性力。接着利用该结果再计算当前阶段模态的一般化位移和速度，并将之组合来计算非线性连接单元的变形和变形的变化率。反复进行非线性力与弹性力的计算以及在此为基础的对模态的一般化位移和速度的计算过程，直到收敛误差处于容许范围内即停止该时间步的迭代。FNA 算法总体流程图如图 3.11.8 所示。

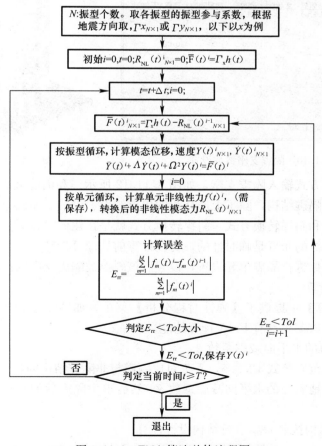

图 3.11.8 FNA 算法总体流程图

2. 在计算前处理进行隔震设置

在计算前处理的【节点属性】菜单下，可通过【单点约束】或【设置支座】两个菜单进行隔震支座相关信息的设置，如图 3.11.9 所示。

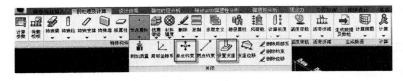

图 3.11.9　通过单点约束或设置支座设置隔震支座

选择隔震时弹出对话框如图 3.11.10 所示，是为设置隔震装置的相关参数。

在底层支座处设置隔震装置时，可在【设置支座】菜单下设置，在结构中间楼层设置隔震装置时，应采用【单点约束】菜单设置。

以某高层隔震建筑为例进行说明，如图 3.11.11 所示。

图 3.11.10　隔震支座参数设置　　　　　　图 3.11.11　工程实例

通过单点约束方式输入隔震支座，如图 3.11.12 所示。和消能减震的设置相同，YJK 支持多种方式设置隔震结构，除了上面介绍的单点约束、设置支座的菜单方式之外，还可使用两点约束菜单和斜撑转换方式。斜撑转换方式就是在建模时在需要设置隔震支座的位置布置斜撑，该斜撑的布置是临时性的，再在计算前处理【特殊支撑】下使用【设置连接属性】菜单，对斜撑进行隔震单元设置，设置后该斜撑被隔震支座取代。

3. 时程分析计算

【前处理及计算】中提供了【弹性时程分析】菜单，如图 3.11.13 所示，操作同普通的时程分析计算，该菜单具有 FNA 计算功能。

4. 求出地震力的水平向减震系数 β

按照《抗震规范》公式 12.2.5，人工对比隔震与非隔震结构的各层地震剪力及倾覆力矩等结果，计算出地震力的水平向减震系数 β，然后求出隔震后的水平地震影响系数最大值 $\alpha_{max1} = \beta \alpha_{max} / \psi$。

5. 对非隔震结构按照 α_{max1} 进行结构设计计算

按照当地设防烈度，不考虑隔震效应，将隔震后的水平地震影响系数最大值 α_{max1} 填入地震计算参数的"地震影响系数最大值"项，完成最终结构设计计算，如图 3.11.14 所示。

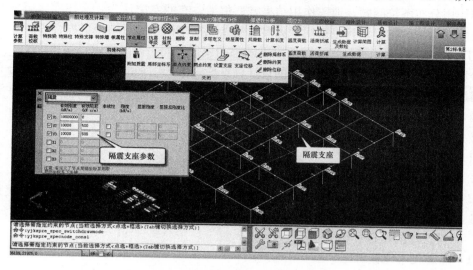

图 3.11.12　隔震支座定义与布置

图 3.11.13　弹性时程分析菜单

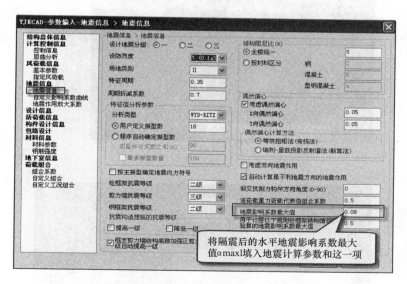

图 3.11.14　修改地震影响系数最大值

6. 也可用振型反应谱法计算隔震结构

可根据 FNA 时程分析结果，进一步调整隔震支座属性，用振型分解反应谱法直接进行隔震结构的设计计算。

由于采用非隔震模型进行计算存在水平地震作用近似为倒三角形与隔震结构的实际水平地震作用分布不符问题，地震作用结果普遍偏大，有的专家认为，采用实际隔震结构模型进行反应谱法的抗震设计也适用于大多数复杂隔震结构，有时结果更加合理。

YJK 软件隔震结构模型含有同等隔震效果的模拟单元，同时提供了适用于隔震单元的振型分解反应谱法直接进行隔震结构的设计计算使得上部结构的地震作用沿竖向分布更加符合情况。且按照该模型计算无需计算 α_{max1} 即可完成上部结构计算与设计。使设计流程更加简便，快捷，高效。

振型分解反应谱法计算隔震结构的操作步骤可为：

（1）输入隔震信息后的第一次振型分解反应谱法计算；

（2）时程分析 FNA 法计算，得出与第一步计算结果对比的各层地震放大系数；

（3）第二次振型分解反应谱法计算，并在地震信息中导入时程分析结果的各层地震放大系数，该计算结果作为最终结果。

7. 隔震支座的位移和轴力

（1）隔震支座位移对比

《抗震规范》12.2.7 条规定："隔震结构应该采取不阻碍隔震层在罕遇地震下发生大变形的构造措施。上部结构的周边应设置竖向隔离缝，缝宽不宜小于隔震橡胶支座在罕遇地震下的最大水平位移的 1.2 倍且不小于 200mm。对于两相邻隔震结构，其缝宽取最大水平位移值之和，且不小于 400mm。"

图 3.11.15、图 3.11.16 为某实例隔震层各工况下位移和 ETABS 的对比。

图 3.11.15　隔震支座位移查看

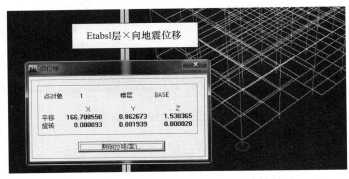

图 3.11.16　ETABS 隔震支座位移计算结果

在【设计结果】的【位移】菜单下，右侧对话框设置了专门的"约束位移"按钮，用来专门显示设置了弹性约束的节点的相对位移值（X、Y、Z 三个方向的相对位移值），如图 3.11.17 所示，弹性约束包括使用单点约束、两点约束、斜撑转为约束的情况。

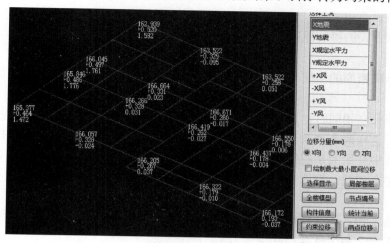

图 3.11.17　位移图中的约束位移结果查看

（2）隔震支座的轴力验算

《抗震规范》12.2.4 条规定："隔震橡胶支座在罕遇地震的水平和竖向地震同时作用下，拉应力不应大于 1MPa。"

隔震支座承受的轴力，可在【设计结果】菜单的【偏拉验算】菜单下查看，如图 3.11.18 所示。【偏拉验算】菜单给出该层柱、墙、支撑等竖向构件的底部截面可能承受的最大拉力，在右侧菜单可以选择基本组合或标准组合的计算结果，还可选择组合中可包含的基本恒、活组合、风荷载参与的组合、地震组合。简图上只对出现拉力的构件标注，标注的内容有：$N/(1000 \times f_t \times A)$、$N$、组合号，式中 N 为轴拉力。当拉应力大于混凝土抗拉强度 f_t 时数字显示红色。

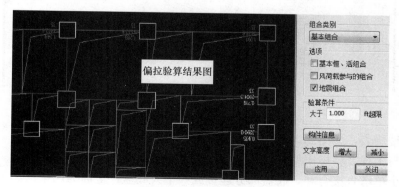

图 3.11.18　偏拉验算

第十二节　工 程 拼 装

使用工程拼装功能，可以将已经输入完成的一个或几个工程拼装到一起，这种方式对于简化模型输入操作、大型工程的多人协同建模都很有意义。

工程拼装功能可以实现模型数据的完整拼装。软件支持两种拼装方式：

(1) 合并顶标高相同的楼层；

(2) 楼层表叠加。

两种拼装方式的拼装原则如下：

一、合并顶标高相同的楼层

按楼层顶标高相同时，该两层拼接为一层的原则进行拼装，拼装出的楼层将形成一个新的标准层。这样两个被拼装的结构，不一定限于必须从第一层开始往上拼装的对应顺序，可以对空中开始的楼层拼装。多塔结构拼装时，可对多塔的对应层合并，这种拼装方式要求各塔层高相同，简称"合并层"方式。

例 1

两个单塔工程，层高相同，一层的层底标高相同，工程 1 为两个标准层共组装为 10 个自然层；工程 2 两个标准层共组装为 13 个自然层。

工程 1 楼层表，如图 3.12.1 所示。

图 3.12.1　工程 1 楼层表

工程 2 楼层表，如图 3.12.2 所示。

工程 1 与工程 2 整楼模型，如图 3.12.3 所示。

将这两个单塔直接合并，底盘部分连接成一个大底盘，上面为两个塔。

拼装过程：

(1) 打开工程 1，切换到【楼层组装】-【工程拼装】，打开工程拼装对话框，如图 3.12.4 所示。

(2) 在拼装对话框中设置被拼装工程的基点后，点　，如图 3.12.5 所示。

图 3.12.2　工程 2 楼层表

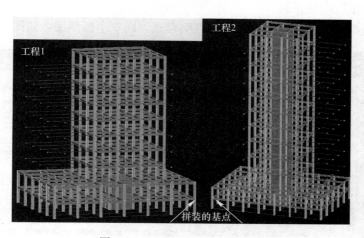

图 3.12.3　工程 1、2 全楼模型

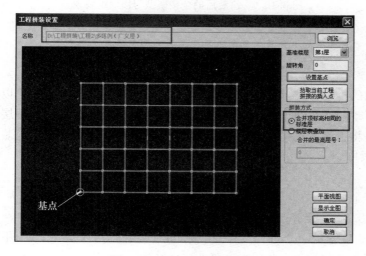

图 3.12.4　工程拼装对话框

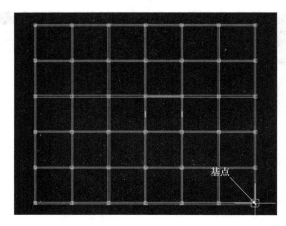

图 3.12.5　拾取基点

以上两个基点即为工程 1 与工程 2 整楼模型上标示的基点。

（3）点"确定"完成拼装

拼装后层高相同的楼层所在的标准层自动合并为同一个标准层，如图 3.12.6 所示。

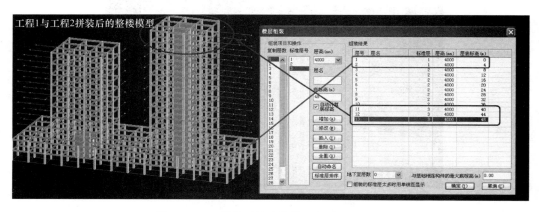

图 3.12.6　拼装后的全楼模型与楼层组装表

二、楼层表叠加

楼层表叠加的拼装方式得益于广义楼层方式的建模。这种拼装方式可以将工程 B 中的楼层布置原封不动的拼装到工程 A 中，包括工程 B 的标准层信息和各楼层的层底标高参数。实质上就是将工程 B 的各标准层模型追加到工程 A 中，并将楼层组装表也添加到工程 A 的楼层表末尾。

例 2

工程 1：两个标准层组装为带一个大底盘的单塔，其中大底盘为 2 层，层高为 4000mm，如图 3.12.7 所示。

工程 2：不带底盘的一个塔，只有一个标准层，层高为 6000mm，如图 3.12.8 所示。

这两个工程要拼装为一个共用大底盘的多塔结构。

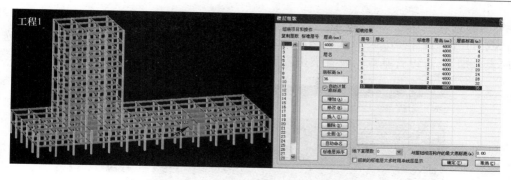

图 3.12.7　工程 1 全楼模型与楼层组装表

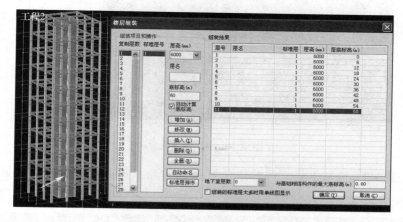

图 3.12.8　工程 2 全楼模型与楼层组装表

对于这种多塔结构的拼装使用楼层表叠加方式时，每一个塔的楼层保持其分塔时的上下楼层关系，组装完某一塔后，再组装另一个塔，各塔之间的顺序是一种串联方式。而此时各塔之间的层高、标高均不受约束，可以不同。

拼装步骤：

（1）打开工程 2，修改第一层的底标高为 8m（工程 2 的第一层将要拼装到工程 1 的大底盘上面，即层底标高与工程 1 的第 3 层层底标高相同），如图 3.12.9 所示。

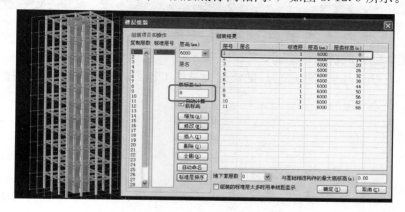

图 3.12.9　修改工程 2 楼层组装表底标高

确定后保存工程 2 并退出。

（2）打开工程 1，切换到【楼层组装】-【工程拼装】。打开工程拼装对话框，选择"楼层表叠加"，点设置基点，设置被拼装工程的基点，如图 3.12.10 所示。

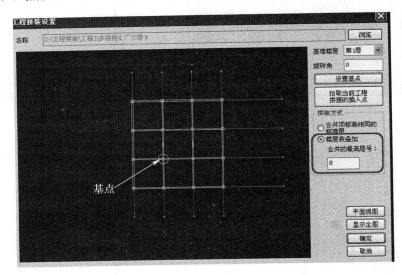

图 3.12.10　设置基点

（3）点 ![按钮] ，选与拼装工程基点位置相同的点（核心筒）为基点，如图 3.12.11 所示。

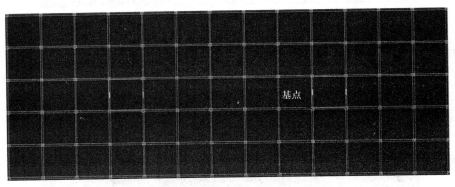

图 3.12.11　选择基点

点"确定"后完成拼装，如图 3.12.12 所示。

可以看出，以上两个工程拼装后的楼层表是把工程 2 的楼层表叠加到工程 1 的楼层表后面，形成广义层多塔。

三、二者合用

例 3

工程 1：两个标准层组装为带一个大底盘的单塔，其中大底盘为 2 层，层高为 4000mm，如图 3.12.13 所示。

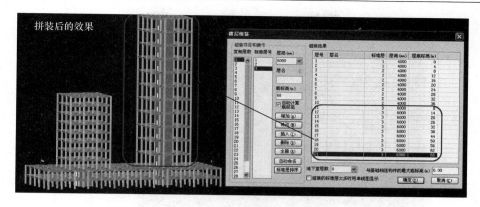

图 3.12.12　拼装后的模型

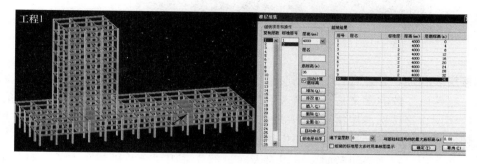

图 3.12.13　工程 1 全楼模型与楼层组装表

工程 2：两层大底盘，底盘层高与结构与工程 1 完全相同。大底盘上的单塔层高为 6000mm，如图 3.12.14 所示。

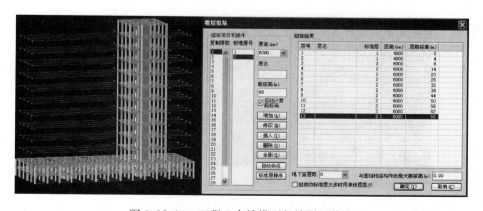

图 3.12.14　工程 2 全楼模型与楼层组装表

工程 1 与工程 2 有相同的大底盘，底盘上的塔层高不同。拼装过程如下：

（1）打开工程 1，切换到【楼层组装】-【工程拼装】，弹出工程拼装对话框，如图 3.12.15 所示。

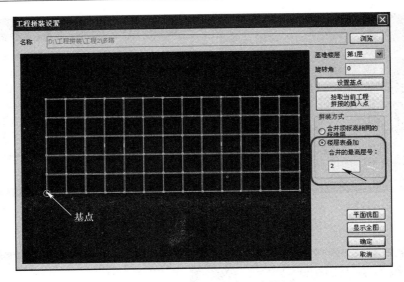

图 3.12.15　设置合并的最高楼层

选楼层表叠加，并在合并的最高层号中填 2（即共用的大底盘层数）。

注： 该参数的含义是：若输入了此参数，假设输入值为 2，则对于工程 2 的 1～2 层以下的楼层直接按标准层拼装的方式拼装到工程 1 的 1～2 层上，生成新的标准层，而对于工程 2 的 3 层以上的楼层，则使用楼层表叠加的方式拼装。

其主要作用是，多塔拼装时，可以对大底盘部分采用"合并拼装"方式，对其上各塔采用楼层表叠加的方式，即"广义楼层"的拼装方式。从而达到分块建模，统一拼装的效果。

（2）设置拼装工程的基点后点选与拼装工程基点位置相同的点为基点即可，如图 3.12.16 所示。

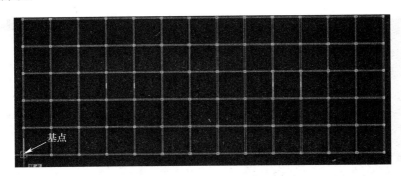

图 3.12.16　设置合基点

（3）点"确定"完成工程拼装，拼装后的效果如图 3.12.17 所示。

四、注意事项

（1）工程拼装前先用同一个版本的 YJK 软件将要拼装的两个工程分别打开一下并进行一下模型检查，修改模型错误保存退出；

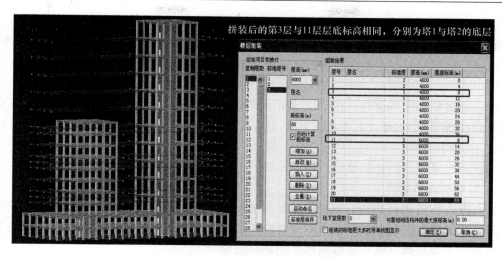

图 3.12.17　拼装后的全楼模型

（2）将准备拼装的工程保存一个备份；

（3）拼装完成后运行一下"全楼形成网点"。

第十三节　模 型 检 查

一、建模退出时的模型检查

软件在退出建模菜单时，会对整楼模型与荷载布置可能存在的不合理之处进行检查和提示，从而帮助工程师建立对后面的设计计算更稳定合理的模型。

如果建模有错，软件提供出错提示列表，出错列表左侧为出错所在标准层号，对于非标准层相关出错信息放在其他栏目内，如构件截面定义的错误就放在其他栏目内。

单击列表左侧的出错标准层号，列表右侧给出该标准层的出错项目列表，同时软件切换到该标准层平面。用户单击列表中的某个出错项目后，软件将把出错位置放大，把出错构件加亮，并在出错构件上标出列表中提示的 ID 号，因此用户将很容易查到出错的位置。

进一步确认提示的构件连接关系问题可以通过"单线模型"显示查找，或者将模型裁剪到出错位置附近的局部模型进一步查找。

模型数检常见的检查内容有：

1. 墙洞超出本层墙高

墙洞超出本层墙高的部分将在计算时忽略掉。

2. 两节点间网格数量超过 1 段

比如一段直线加上一段圆弧。这在某些忽略弧形的情况下会造成所包围的区域异常。这样的网格如果用在基础布置中，将不能用围区方式生成筏板。

3. 柱悬空或重叠

柱下方无构件支承并且不在底层，不是和基础相连，没有设置成支座。有时虽然下层对应位置布置了柱，但是下层柱顶和本层柱底在高度上重叠或不相接，造成的原因常是下层节点输入了上节点高，或本层柱输入了底标高造成。

有时软件提示了柱悬空，但看到的该上下层柱截面是重叠的，造成这种现象的原因是上下相邻层柱所在的节点不在同一位置，虽然看起来上下柱截面是重叠的，但是节点之间距离超出50mm。

可以通过单线模型查看，在单线模型下构件用单线显示且不显示偏心，因此能够更清晰地看到构件本层之间、上下层之间的联系。此时对于这种柱悬空情况细看一定是分离的。

可以通过【节点归并】菜单，指定该处的上下层节点向指定层的该节点归并。

4. 墙悬空或重叠

墙下方无构件支承并且不在底层，未和基础相连，没有设置成支座。有时虽然下层对应位置布置了墙，但是下层墙顶和本层墙底在高度上重叠或不相接，造成的原因常是下层节点输入了上节点高，或本层墙输入了底标高造成。

当墙搭在了下层的布置有墙或梁网格线上，但在下层搭接处没有节点，此时可通过【节点下传】菜单，指定该悬空墙两端节点下传，在下层支撑墙处生成节点即可。

5. 梁悬空

梁系没有竖向杆件支承从而悬空（飘梁）。有时互相连接的若干梁悬空也会都给它们悬空提示。这些情况将造成计算中断。

6. 楼层悬空

楼层组装时，楼层的底标高输的不对，例如广义楼层组装时，因为底标高输入有误等原因造成该层悬空。

7. ±0以上楼层输入了人防荷载

人防荷载只能布置在地下室层，如没有设置地下室层数却又输入了人防荷载将会给出此提示。

8. 构件截面定义检查

用户定义的截面不合理，这些不合理常造成计算出错或者计算异常。提示常见的不合理现象有：

截面尺寸为0，如矩形某边长为0，墙厚为0等；这将造成0截面杆件使计算出错。

钢与混凝土组合截面：内部型钢尺寸超出外包矩形；内部钢结构各段尺寸互相重叠或为0；整个截面的材料定义不应定义为钢材料，而应定义为混凝土等。

9. 荷载超出杆件范围

是对荷载定义和输入的检查，梁、墙上交互输入荷载作用部位超出了构件范围，计算时不允许这种状况，将把超出杆件范围的荷载忽略掉。

10. 弧网格超出180°

超出180°的梁或墙，其围取的房间信息可能判断错误，并且后续部分求弧网格角度的软件有可能基于此假设。

11. 悬挑梁检查

出错处常是主、次梁输入时未能捕捉上造成不相连的情况；大截面柱时，梁的节点没有布置到柱所在节点的另外节点，但节点间没有梁连接等情况；斜梁悬挑的数检，常是误输了梁的一端标高，造成和另一端不能连接。

12. 柱与下层柱未直接连接

上下层柱的截面相连，但是不在同一个 X、Y 坐标的节点上，下层这两个节点之间有梁杆件相连。如果下层这两个节点之间没有杆件相连，将提示柱悬空。

13. 墙与下层墙未直接连接

上下层墙的截面相连，但是相应的网格线不在同一条直线上，墙不是左右两端节点与下层墙相连，可能只有一个点相连。

14. 下层柱重叠的检查

提示为柱悬空。

15. 梁在楼层间布置的检查

对于层间梁，一般不应布置到本楼层范围以外，特别是不应布置到本层的底层地面位置，那样会形成和下层的刚性板连接而出错；除非是顶层，层间梁不应输入到本层层高以上位置，而应输到上一层（但对于斜梁，可允许其一个节点布置到本层范围以外）。

16. 梁墙偏心过大

当梁或墙设置了相对于网格线的偏心时，其梁（墙）中心线和网格线之间不应再存在节点，如果存在节点常造成荷载导算或结构计算的异常。这种节点有时是上面相邻楼层的柱或墙的节点下传造成的。

二、生成计算模型时的数据检查

软件在执行【生成数据及数检】菜单时，将对生成的计算模型进行数检并提示结果。由于是针对计算模型的数检，因此数检内容与建模中的数检有所区别。以下进行进一步介绍。

1. 数检提示的查看

（1）文本方式

生成数据后将会出现数检提示对话框，指出模型中可能存在问题，点击"查看"按钮即可打开数检结果的文本提示，如图 3.13.1 所示。

数检报告格式（图 3.13.2）及说明如下：

图 3.13.1　计算数检提示对话框

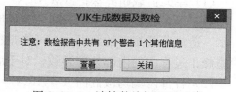

```
0:03:20.02 [WARN] 梁单元荷载超界保护(1000109:1层41号，(65564,922,-100)-(68114,922,-100))
0:03:20.02 [WARN] 梁单元荷载超界保护(1000109:1层41号，(65564,922,-100)-(68114,922,-100))
0:03:20.07 [WARN] 梁单元悬臂(2000136:2层79号，(78914,18272,4450)-(80214,18372,4450))
0:03:20.07 [WARN] 梁单元悬臂(3000136:3层79号，(78914,18272,8950)-(80114,18372,8950))
0:03:20.07 [WARN] 梁单元悬臂(4000217:4层160号，(78914,18272,14350)-(80114,18372,14350))
0:03:20.07 [WARN] 梁单元悬臂(5000146:5层72号，(61514,-78,17350)-(61514,947,17350))
0:03:20.07 [WARN] 梁单元悬臂(5000185:5层98号，(50714,-1728,17350)-(50714,-1478,17350))
```

图 3.13.2　数检报告

① 数检提示等级见中括号内标记，其中 INFO 表示为提示性问题，一般可不处理；WARN 为警告性提示，表示该处可能引起计算结果的失真，若在计算设计结果中发现有异常，可参照此处的提示查找建模或计算模型的问题；ERRO 表示该问题很可能引起计算异常甚至中断，此类问题应尽量消除。

② 在提示问题的后面会附上相关节点、构件的计算模型 ID。如图 3.13.2 第一行的

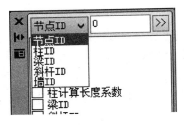

图 3.13.3　节点构件的查询定位

1000109，即表示该梁的计算模型 ID，该 ID 在计算结果的中间文件和设计结果的构件信息中均有对应输出。另外，在观察计算模型轴测简图时，显示控制列表中也提供了节点构件的查询定位功能。如图 3.13.3 所示，先选择需要查找的构件类型，输入构件 ID 后，点击最右侧的"≫"按钮，即可在图形中定位出相关构件，对于节点需要先打开节点 ID 的显示方可进行查询。

③ 计算模型 ID 后附带了该节点构件对应与建模中的自然层号及编号。如图 3.13.2 第一行的"1 层 41 号"表示第 1 自然层 41 号梁，根据提示可返回建模中，切换至 1 自然层对应的标准层，运行 showgjbh 命令进行搜索定位。

④ 提示最后为构件节点的坐标，单位为 mm，供辅助定位参考。

（2）列表方式

对于大部分与具体构件相关的数检提示，也可使用列表方式查看定位，具体菜单位置为【模型荷载输入】-【楼层组装】-【计算数检】，如图 3.13.4 所示。在弹出的列表中双击条目，即可在图形中自动定位置相关构件，方便对数检结果进行核查，如图 3.13.5 所示。

图 3.13.4　计算数检菜单　　　　图 3.13.5　计算数检详细信息

2. 常见数检提示

（1）单元荷载超界保护（WARN）

对于梁、柱、墙，当荷载的分布长度有部分超出杆件范围时，该部分被舍去，并进行提示。造成荷载超界的原因，有可能是建模中荷载超界，但也有部分情况是在软件的计算模型修正过程中的内部处理导致，对于后者，由于误差较小，一般可以不处理该提示。

（2）杆件两端均被嵌固（WARN）

该提示一般出现在结构的底部，当"与基础相连最大构件底标高"超出了部分构件的两端节点时，有个别情况可能将构件两端均自动识别为支座，而对于上部结构整体分析，接基础的支座默认完全嵌固，因而造成这段杆件计算不出内力。此情况一般对结构其他部位的分析没有影响。

（3）节点关联构件均为铰接（ERRO）

该提示多出现在斜撑、次梁交点等位置。当节点关联构件均为铰接时，相当于该节点没有任何转动约束，在有限元分析中将出现矩阵奇异造成计算中止，因此该情况应至少保留一根杆件的杆端不设置铰接。

相关提示：空间层节点关联斜杆均为铰接，自动修正其中一端为固接。

对于空间层，由于常用于输入空间的桁架、网架、网壳等结构，当用户对所有空间层的杆件均设置为两端铰接时，会出现大量的节点没有转动约束，为了避免计算错误，程序对空间层自动进行了修正，并对修正位置进行提示。

（4）构件悬空（ERRO）

计算数检中的悬空提示有别于建模数检中的悬空，建模数检中的悬空主要指本层梁没有支座，或本层竖向构件在下层没有依托，而计算模型数检中悬空则是根据构件两端是否有其他构件约束来判断的，也就是说若计算模型中提示悬空，则表示该构件为悬浮状态，在荷载作用下位移为无穷大，因此该提示必须处理。

（5）构件悬臂（WARN）

相对于上述的构件悬空状态，若杆件一端有约束，一端无约束时则会提示为悬臂杆件，一般悬臂杆件不会造成计算无法进行，但有可能产生局部振动，或者悬臂是由于建模输入的失误造成的，此时可参考此条提示。

（6）悬臂构件单侧铰（ERRO）

当悬臂构件一端为铰接时，则该杆件可绕一端自由转动，相当于缺少约束，会造成计算中止。

（7）杆件重合合并（WARN）

杆件重合在实际工程中是不存在的，一般来说出现这种情况可能是由于建模中的失误或者是某些变通处理引起，由于部分计算程序的内部要求，一般该情况在计算模型中会进行合并，在一个位置仅保留一根杆件。

（8）虚梁定义为转换梁（WARN）

该提示一般出现在部分框支剪力墙结构的转换层。转换梁在某些情况下可用虚梁设置为刚性板变通处理梁托墙的复杂情况，如图 3.13.6 所示，而该提示一般是在特殊构件定义中指定托墙转换梁时，误将虚梁刚性杆定义为托墙转换梁引起，根据提示将虚梁的转换梁属性去掉即可。

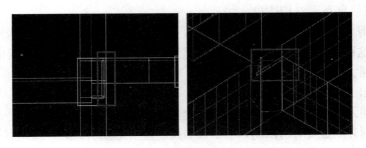

图 3.13.6　虚梁定义为转换梁

（9）托墙转换梁一端未与柱正确连接（WARN）

当转换梁在柱内被打断时，指定转换梁时可能忽略了柱内的短段。在未指定转换梁的情况下，软件默认将柱内短梁处理为刚性连接，因此会出现图 3.13.7 的效果，相当于转换梁通过上下两根刚性杆与柱相连，大体上能保持协调关系。但此情况下仍建议将柱内部分亦定义为转换梁，使壳元部分直接与柱衔接，计算模型更为合理。

（10）墙元形状不规则，建议检查墙在上下层对位关系（ERRO）

一般该提示出现于墙体上下层角点坐标、偏心或洞口定位点距离有偏差的情况，部分情况可能只相差 50mm，正好在程序默认的归并尺寸附近，调整为上下两层对齐基本可解决此类提示。

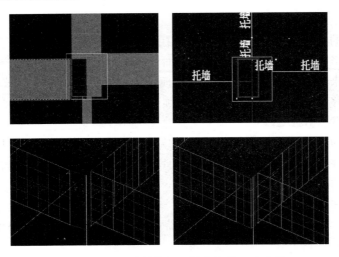

图 3.13.7　托墙转换梁一端未与柱正确连接

（11）墙元细分不正确（ERRO）

墙元细分不正确情况较上述情况影响更为严重，通常会引起计算中止问题。一般是墙内部单元形状异常或丢失所致，在斜顶墙或个别转换层偏心情况较为复杂时可能出现，找出出问题的墙体后，一般可通过调整上下轴线，或在适当位置补充节点解决，规则的墙体形状和轴网布置一般不会出现此类问题。

（12）超单元出口节点重合忽略（INFO）

此情况为程序内部处理上的信息提示，一般如果不伴随上述两项错误提示时，可进行试算，计算通过一般没有严重影响。

（13）墙柱信息有误（ERRO）

墙柱是对剪力墙进行配筋设计时的单位，该提示出现时表示相关的墙所在的墙柱没有任何的单元，这种异常一般需要对工程进行具体的分析，查看是否有建模的异常或者模型数据的内部异常。

（14）墙元出口节点超限（ERRO）

对于按超单元计算的墙元，出口节点的个数在程序内部有一定的限制，进而对单片墙体的长度和单元划分的粒度有所限制，由于长墙在建模中是很明显的，因此有该提示时直接将长墙分段输入，或者提高单元划分的尺寸，即可解决此类问题，否则计算可能无法完成。

（15）弹性板出口节点过多忽略（WARN）

该问题原因与墙元类似，但由于弹性板的忽略一般不会引起结构计算中止问题，因此此时程序自动将提示的弹性板忽略，相当于板刚度丢失。对于此类提示，可通过增加虚梁手工将大板划分成两块或多块小板解决。

第十四节　不进行地震计算或非抗震设计的软件应用

本文讨论两种情况：

第一种是 6 度抗震设防区但不需进行地震作用计算的情况，即《抗规》5.1.6-1："6 度时的建筑（不规则建筑及建造于Ⅳ类场地上较高的高层建筑除外），以及生土房屋和木结构房屋等，应符合有关的抗震措施要求，但应允许不进行截面抗震验算。"这种情况下，不进行地震作用计算，但需要采用抗震构造措施进行构件设计。

　　第二种是完全的非抗震区的情况，它连 6 度设防区都不属于，这种设计情况下，既不进行地震作用计算，又不需要对构件采用抗震构造措施设计，即对构件的抗震等级信息设置为"非抗震"。

一、6 度抗震设防区但不需进行地震作用计算

　　这里所述为：当在计算参数的结构总体信息中对"地震作用计算信息"选择"不计算地震作用"的情况，如图 3.14.1 所示。

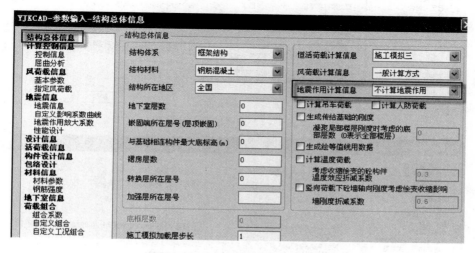

图 3.14.1　地震作用计算选项

（一）自动联动不起作用的其他参数

　　在结构总体信息中选择不计算地震作用后，若干相关计算参数将自动变灰不起作用，避免用户再花费无用功去填写。主要有地震信息和设计信息页下的相关参数。

　　1. 地震信息

　　地震信息变化如图 3.14.2 所示，关于地震计算的相关参数都变灰，保留了构件的抗震等级设置，因为在不计算地震作用时，也有需要按照抗震构造措施进行设计的情况，如《抗规》5.1.6-1："6 度时的建筑（不规则建筑及建造于Ⅳ类场地上较高的高层建筑除外），以及生土房屋和木结构房屋等，应符合有关的抗震措施要求，但应允许不进行截面抗震验算。"

　　同样，在地震信息项下的其他 3 页也将不起作用，即自定义影响系数曲线、地震作用放大系数、性能设计页将不起作用。

　　2. 设计信息

　　变灰的内容有：最小剪重比地震内力调整、薄弱层判断与调整、$0.2V_0$ 分段调整的相关参数，如图 3.14.3 所示。

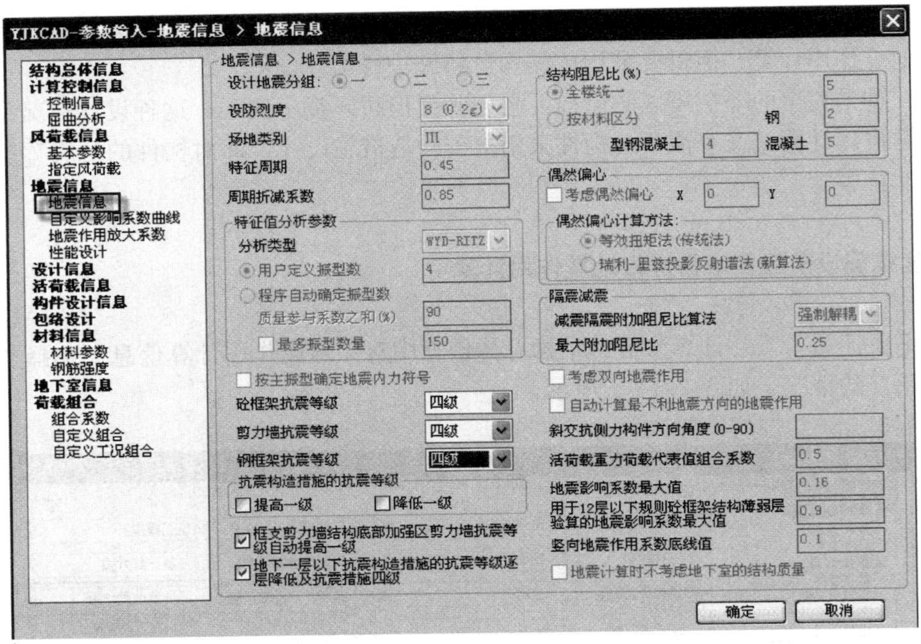

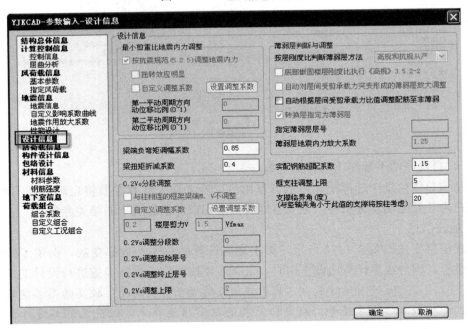

图 3.14.2　地震信息对话框

图 3.14.3　设计信息对话框

（二）计算结果的变化及应忽略的若干内容

1. 有关地震作用工况的内容不再出现

在位移、内力的结果文件和图形输出中将不会再出现地震作用工况相关的内容。

2. 计算结果中应忽略的若干内容

在各项计算结果文件中，软件按照统一的格式和内容输出，没有区分是否进行了地震作用计算。当没有进行地震作用计算时，很多与地震计算有关的内容仍然输出，用户应忽略这部分的输出，以避免引起混乱。

（1）wmass.out 中可忽略的内容

整体稳定计算：采用风荷载的计算结果。

整体抗倾覆验算：不计算地震作用时，地震下的计算结果输出 0。

楼层受剪承载力。

（2）wzq.out 中可忽略的内容

不计算地震作用时，wzq.out 中的内容或是为空，或是为 0。

风荷载计算需要周期值，但目前软件是否计算自振周期与是否计算地震作用相关，如果想得到自振周期，可以先选择计算地震作用。

（3）wdisp.out 中可忽略的内容

目前规范关于位移比的计算是基于地震作用的规定水平力上的，不计算地震作用，则没有规定水平力结果，软件只输出风荷载下的位移。

（4）wv02q.out 中可忽略的内容

不计算地震作用时，wv02q.out 中与地震相关的的内容或是为空，或是为 0。对于框架倾覆弯矩统计，只输出风荷载下计算结果，供参考。

（三）当抗震等级设置为四级以上时

在地震计算参数中，对各类构件的抗震等级设置为 1～4 级与设置为"非抗震"，对计算结果的影响是很大的，主要影响到构件的设计结果和施工图设计，体现在配筋计算结果文件和构件信息中的结果。

这里所述的是当抗震等级设置为 1～4 级时的情况，在设置抗震等级为 1～4 级的情况下，各类构件的设计结果与进行了地震作用计算的情况基本相同，但也有若干区别。

1. 轴压比计算

《抗规》第 6.3.6 条注 1："轴压比指柱组合的轴压力设计值与柱的全截面面积和混凝土轴心抗压强度设计值乘积之比值；对本规范规定不进行地震计算的结构，可取无地震作用组合的轴力设计值计算。"

对剪力墙按照重力荷载代表值计算轴压比，公式是：$1.2\times(1.0\times$恒载$+0.5\times$活载$)$，而无地震作用计算时也按照同样公式进行。

2. 不计算地震对施工图设计没有影响

施工图设计主要受抗震等级的影响。

二、完全的非抗震区设计

本节所述是完全的非抗震区的情况，它连 6 度设防区都不属于，这种设计情况下，既不进行地震作用计算，又不需要对构件采用抗震构造措施设计，即对构件的抗震等级信息设置为"非抗震"。因此，在计算参数中，首先在结构总体信息页的"地震作用计算信息"中选择"不计算地震作用"，如图 3.14.4 所示，再在地震信息页中对"砼框架抗震等级"、"剪力墙抗震等级"、"钢框架抗震等级"选择"非抗震"，如图 3.14.5 所示。

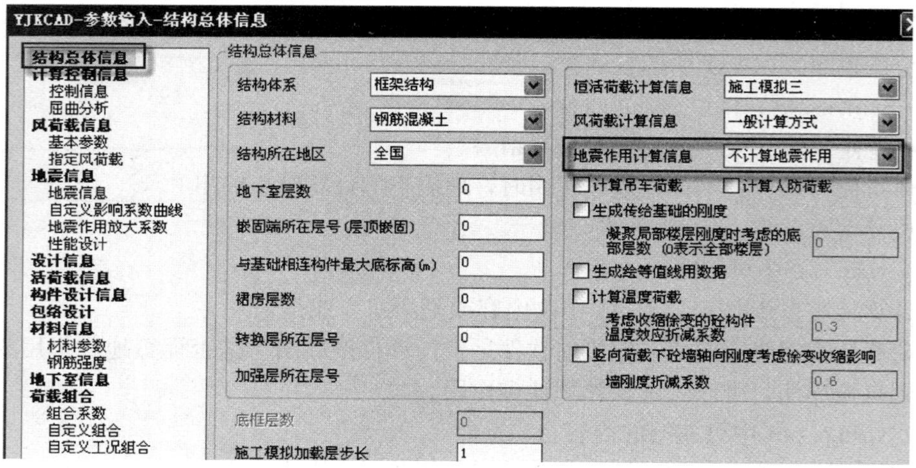

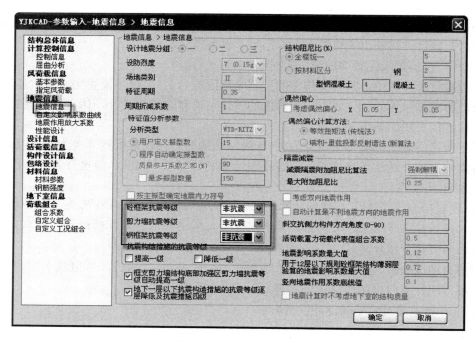

图 3.14.4　地震作用计算选项

图 3.14.5　抗震等级选项

下面所述为在这样的不考虑地震设计的情况下，计算和设计结果的特点。

为了说明问题，在如下各类表中同时列出抗震等级为 0～4 级的相应要求进行对比。

（一）对构件计算结果最大和最小配筋率的影响

1. 梁

根据《混凝土规范》表 8.5.1、表 11.3.6-1 及《高规》3.10.3 条，软件中框架梁受拉钢筋最小配筋率按表 3.14.1 取值。

框架梁受拉钢筋的最小配筋百分率（％）　　　　表 3.14.1

抗震等级	梁中位置	
	支座	跨中
特一级、一级	0.4 和 $80f_t/f_y$ 中的较大值	0.3 和 $65f_t/f_y$ 中的较大值
二级	0.3 和 $65f_t/f_y$ 中的较大值	0.25 和 $55f_t/f_y$ 中的较大值
三、四级	0.25 和 $55f_t/f_y$ 中的较大值	0.2 和 $45f_t/f_y$ 中的较大值
非抗震	0.2 和 $45f_t/f_y$ 中的较大值	

当梁处于大偏心受拉状态时，根据《混凝土规范》表 8.5.1 注 3，软件取受压钢筋最小配筋率为 0.2％；当梁处于小偏心受拉状态时，梁两侧钢筋均按受拉钢筋考虑构造钢筋。

根据《高规》10.2.7 条，软件中框支梁上、下部纵向钢筋的最小配筋率按表 3.14.2 取值。

框支梁单侧纵筋最小配筋百分率（％）　　　　表 3.14.2

抗震等级	梁中位置	
	支座	跨中
特一级	0.6	
一级	0.5	
二级	0.4	
三、四级	0.35	
非抗震	0.3	

根据《高规》6.3.3 条，框架梁受拉钢筋的最大配筋率按表 3.14.3 取值。

框架梁受拉钢筋最大配筋百分率（％）　　　　表 3.14.3

抗震等级	梁中位置	
	支座	跨中
抗震	2.75	4
非抗震	4	

根据《混凝土规范》9.2.9 条第 3 款、11.3.9 条及《高规》3.10.3 条、10.2.7 条第 2 款，软件中框架梁、框支梁箍筋最小配筋率按表 3.14.4 取值。

框架梁、框支梁箍筋最小配筋率　　　　表 3.14.4

	特一级	一级	二级	三、四级	非抗震
框架梁	$0.33\dfrac{f_t}{f_{yv}}$	$0.3\dfrac{f_t}{f_{yv}}$	$0.28\dfrac{f_t}{f_{yv}}$	$0.26\dfrac{f_t}{f_{yv}}$	$0.24\dfrac{f_t}{f_{yv}}$
框支梁	$1.3\dfrac{f_t}{f_{yv}}$	$1.2\dfrac{f_t}{f_{yv}}$	$1.1\dfrac{f_t}{f_{yv}}$	$1.0\dfrac{f_t}{f_{yv}}$	$0.9\dfrac{f_t}{f_{yv}}$

另外，当非地震组合存在扭矩时，箍筋的最小配筋率尚不小于 $0.28f_t/f_{yv}$，受扭纵筋的最小配筋率

$$\rho_{tl,\min} = 0.6\sqrt{\frac{T}{Vb}}\frac{f_t}{f_y}$$

当 $T/(Vb)>2.0$ 时，取 $T/(Vb)=2.0$。

2. 柱

根据《混凝土规范》11.4.12 条、《高规》3.10.2 条、3.10.4 条及 6.4.3 条，软件中柱全部纵向钢筋最小配筋率按表 3.14.5 取值。

柱全部纵向钢筋最小配筋百分率（%）　　　　　　表 3.14.5

柱 类 型	抗 震 等 级					
	特一级	一级	二级	三级	四级	非抗震
中柱、边柱	1.3 (1.4)	0.9 (1.0)	0.7 (0.8)	0.6 (0.7)	0.5 (0.6)	0.5
角柱	1.5	1.1	0.9	0.8	0.7	0.5
框支柱	1.5	1.1	0.9	0.8	0.7	0.7

注：1. 表中括号内数值用于框架结构的柱；
2. 采用 335MPa 级、400MPa 级纵向受力钢筋时，应分别按表中数值增加 0.1 和 0.05 采用；
3. 当混凝土强度等级为 C60 以上时，应按表中数值加 0.1 采用；
4. 对Ⅳ类场地上较高的高层建筑（框架结构 40m，其他结构 60m），表中数值增加 0.1 采用。

根据《高规》6.4.4 条、10.2.11 条，软件中柱全部纵向钢筋最大配筋率按表 3.14.6 取值。

柱全部纵向钢筋最大配筋百分率（%）　　　　　　表 3.14.6

抗震等级	框架柱	框支柱
抗震	5	4
非抗震	6	5

根据《异形柱规程》6.2.5 条，软件中异形柱全部纵向钢筋最小配筋率按表 3.14.7 取值。

异形柱全部纵向受力钢筋最小配筋百分率（%）　　　　　　表 3.14.7

柱 类 型	抗 震 等 级					
	特一级	一级	二级	三级	四级	非抗震
中柱、边柱	1.4 (1.5)	1.0 (1.1)	0.8 (0.9)	0.8 (0.9)	0.8 (0.9)	0.8
角柱	1.6	1.2	1.0	0.9 (1.0)	0.8 (0.9)	0.8

注：1. 表中括号内数值用于框架结构的柱；
2. 采用 400MPa 级、500MPa 级纵向受力钢筋时，应分别按表中数值减小 0.05 和 0.1 采用，但调整后的数值不小于 0.8；
3. 当混凝土强度等级为 C60 以上时，应按表中数值加 0.1 采用；
4. 对Ⅳ类场地上较高的高层建筑（28m），表中数值增加 0.1 采用。

根据《混凝土异形柱结构技术规程》6.2.5 条，软件中异形柱全部纵向钢筋最大配筋率非抗震设计取 4%，抗震设计取 3%。

对于矩形、圆形截面柱，软件根据《混凝土规范》11.4.17 条、《高规》3.10.2 条及 3.10.4 条确定框架柱、框支柱箍筋最小体积配箍率；对于异形截面柱，除符合上述规定外，尚不小于按《混凝土异形柱结构技术规程》6.2.9 条确定的体积配箍率。需要指出的是，在按轴压比确定最小配箍特征值时，软件一般采用地震作用组合的轴压比，但是对于不计算地震作用但采取抗震构造措施的结构，软件采用非地震作用组合的轴压比确定最小配箍特征值。

3. 剪力墙连梁

根据《高规》7.2.24条，软件中对跨高比 $l/h_b\leqslant1.5$ 的连梁受拉钢筋最小配筋率按表3.14.8取值。

跨高比不大于 1.5 的连梁受拉钢筋最小配筋百分率（%）　　　　表 3.14.8

抗震等级	跨高比 l/h_b	
	$l/h_b\leqslant0.5$	$0.5<l/h_b\leqslant1.5$
抗震	0.2 和 $45f_t/f_y$ 中的较大值	0.25 和 $55f_t/f_y$ 中的较大值
非抗震	0.2	

对于跨高比 $l/h_b>1.5$ 的连梁，其受拉钢筋最小配筋率根据《混凝土规范》表 11.3.6-1 按支座确定。

根据《高规》7.2.25条，软件中连梁受拉钢筋最大配筋率按表3.14.9取值。

连梁受拉钢筋最大配筋百分率（%）　　　　表 3.14.9

抗震等级	跨高比 l/h_b			
	$l/h_b\leqslant1.0$	$1.0<l/h_b\leqslant2.0$	$2.0<l/h_b\leqslant2.5$	$2.5<l/h_b<5$
抗震	0.6	1.2	1.5	2.5
非抗震	2.5			

根据《高规》7.2.22条及《混凝土规范》11.7.10条，软件中连梁受剪最小截面尺寸要求如下：

非地震组合、人防组合

$$V\leqslant0.25\beta_c f_c bh_0$$

地震组合

普通箍筋连梁

跨高比大于 2.5 时　　　　$V\leqslant\dfrac{1}{\gamma_{RE}}(0.2\beta_c f_c bh_0)$

跨高比不大于 2.5 时　　　　$V\leqslant\dfrac{1}{\gamma_{RE}}(0.15\beta_c f_c bh_0)$

交叉斜筋连梁、对角斜筋连梁、对角暗撑连梁

$$V\leqslant\dfrac{1}{\gamma_{RE}}(0.25\beta_c f_c bh_0)$$

当受剪截面尺寸超出限值时，软件就会给予相应提示。

软件中连梁箍筋最小配筋率按表3.14.10取值。

连梁箍筋最小配筋率　　　　表 3.14.10

抗震等级	特一级	一级	二级	三、四级	非抗震
配筋率	$0.3\dfrac{f_t}{f_{yv}}$	$0.3\dfrac{f_t}{f_{yv}}$	$0.28\dfrac{f_t}{f_{yv}}$	$0.26\dfrac{f_t}{f_{yv}}$	$0.24\dfrac{f_t}{f_{yv}}$

4. 剪力墙墙肢

软件根据《混凝土规范》11.7.19条及《高规》3.10.5条确定的剪力墙构造边缘构件

阴影范围纵筋最小配筋量按表 3.14.11 取值。

构造边缘构件阴影范围纵筋最小配筋量　　表 3.14.11

抗震等级	底部加强部位	其他部位
特一级	$0.012A_c$，$6\phi16$	$0.012A_c$，$6\phi14$
一级	$0.01A_c$，$6\phi16$	$0.008A_c$，$6\phi14$
二级	$0.008A_c$，$6\phi14$	$0.006A_c$，$6\phi12$
三级	$0.006A_c$，$6\phi12$	$0.005A_c$，$4\phi12$
四级	$0.005A_c$，$4\phi12$	$0.004A_c$，$4\phi12$
非抗震	$4\phi12$	$4\phi12$

当墙肢为短肢剪力墙时，软件将《高规》7.2.2 条规定的墙肢全部纵向钢筋最小配筋率等效为边缘构件纵筋最小配筋率。

对于边缘构件阴影范围纵筋最大配筋率，软件取值与框架柱一致，及非抗震取 6%，抗震取 5%。当边缘构件阴影范围纵筋配筋率超限时，软件也会给出相应提示。

根据《混凝土规范》9.4.4 条、11.7.14 条及《高规》3.10.5 条，软件中墙肢水平分布钢筋最小配筋率按表 3.14.12 取值。

剪力墙水平分布钢筋最小配筋百分率（%）　　表 3.14.12

抗震等级	加强部位	一般部位
特一级	0.4	0.35
一级	0.25（框支剪力墙、框架核心筒：0.3）	0.25
二级	0.25（框支剪力墙、框架核心筒：0.3）	0.25
三级	0.25（框支剪力墙、框架核心筒：0.3）	0.25
四级	0.2（框架剪力墙、板柱剪力墙：0.25）（框支剪力墙、框架核心筒：0.3）	0.2（框架剪力墙、板柱剪力墙：0.25）
非抗震	0.2（框支剪力墙：0.25）	0.2

5. 钢梁

工形截面梁受压翼缘宽厚比、腹板高厚比限值分别按表 3.14.13 取值。

工形截面梁受压翼缘宽厚比、腹板高厚比限值　　表 3.14.13

抗震等级	受压翼缘宽厚比限值	腹板高厚比限值
特一级	9	$72-120N_b/(Af)\leqslant60$
一级	9	$72-120N_b/(Af)\leqslant60$
二级	9	$72-100N_b/(Af)\leqslant65$
三级	10	$80-110N_b/(Af)\leqslant70$
四级	11	$85-120N_b/(Af)\leqslant75$
非抗震	15	250

注：除非抗震设计腹板高厚比限值外，表中所列数值适用于 Q235 钢，当采用其他牌号钢材时，应乘以 $\sqrt{235/f_{ay}}$。

对于考虑腹板屈曲的门式钢梁，受压翼缘宽厚比限值为 $15\sqrt{235/f_{ay}}$，腹板高厚比限值为 $250\sqrt{235/f_{ay}}$。

　　箱形截面梁受压翼缘宽厚限值按表 3.14.14 取值，其腹板高厚比限值与工形梁取值一致。

箱形截面梁受压翼缘宽厚比限值 表 3.14.14

抗震等级	受压翼缘宽厚比限值
特一级	30
一级	30
二级	30
三级	32
四级	36
非抗震	40

　　注：表中所列数值适用于 Q235 钢，当采用其他牌号钢材时，应乘以 $\sqrt{235/f_{ay}}$。

6. 钢柱

　　工形截面柱受压翼缘宽厚比、腹板高厚比限值按表 3.14.15 取值。

工形截面柱受压翼缘宽厚比、腹板高厚比限值 表 3.14.15

抗震等级	受压翼缘宽厚比限值	腹板高厚比限值
特一级	10	43
一级	10	43
二级	11	45
三级	12	48
四级	13	52
非抗震	按《钢结构规范》5.4.1 条确定	按《钢结构规范》5.4.2 条确定

　　注：除非抗震设计外，表中所列数值适用于 Q235 钢，当采用其他牌号钢材时，应乘以 $\sqrt{235/f_{ay}}$。

　　对于考虑腹板屈曲的门式钢柱，受压翼缘宽厚比限值为 $15\sqrt{235/f_{ay}}$，腹板高厚比限值为 $250\sqrt{235/f_{ay}}$。

　　箱形截面柱受压翼缘宽厚比、腹板高厚比限值按表 3.14.16 取值。

箱形截面柱受压翼缘宽厚比、腹板高厚比限值 表 3.14.16

抗震等级	受压翼缘宽厚比限值	腹板高厚比限值
特一级	33	33
一级	33	33
二级	36	36
三级	38	38
四级	40	40
非抗震	40	按《钢结构规范》5.4.2 条确定

　　注：除非抗震设计腹板高厚比限值外，表中所列数值适用于 Q235 钢，当采用其他牌号钢材时，应乘以 $\sqrt{235/f_{ay}}$。

钢柱长细比限值按表 3.14.17 取值。

钢柱长细比限值　　　　　　　　　　　　　　　表 3.14.17

抗震等级	框架	单层厂房	多层厂房
特一级	60	150（ρ>0.2 时取 120）	150（ρ>0.2 时取 125（1−0.8ρ））
一级	60	150（ρ>0.2 时取 120）	150（ρ>0.2 时取 125（1−0.8ρ））
二级	80	150（ρ>0.2 时取 120）	150（ρ>0.2 时取 125（1−0.8ρ））
三级	100	150（ρ>0.2 时取 120）	150（ρ>0.2 时取 125（1−0.8ρ））
四级	120	150（ρ>0.2 时取 120）	150（ρ>0.2 时取 125（1−0.8ρ））
非抗震	150	150	150

注：ρ 为轴压比，当限值不等于 150 时，表中所列数值适用于 Q235 钢，当采用其他牌号钢材时，应乘以 $\sqrt{235/f_{ay}}$。

7. 钢支撑

工形截面中心支撑受压翼缘宽厚比、腹板高厚比限值按表 3.14.18 取值。

工形截面中心支撑受压翼缘宽厚比、腹板高厚比限值　　表 3.14.18

抗震等级	受压翼缘宽厚比限值	腹板高厚比限值
特一级	8	25
一级	8	25
二级	9	26
三级	10	27
四级	13	33
非抗震	按《钢结构规范》5.4.1 条确定	按《钢结构规范》5.4.2 条确定

注：除非抗震设计外，表中所列数值适用于 Q235 钢，当采用其他牌号钢材时，应乘以 $\sqrt{235/f_{ay}}$。

箱形截面中心支撑受压翼缘宽厚比、腹板高厚比限值按表 3.14.19 取值。

箱形截面中心支撑受压翼缘宽厚比、腹板高厚比限值　　表 3.14.19

抗震等级	受压翼缘宽厚比值	腹板高厚比限值
特一级	18	18
一级	18	18
二级	20	20
三级	25	25
四级	30	30
非抗震	40	40

注：表中所列数值适用于 Q235 钢，当采用其他牌号钢材时，应乘以 $\sqrt{235/f_{ay}}$。

圆管截面中心支撑径厚比限值按表 3.14.20 取值。

圆管截面中心支撑径厚比限值　　　　　　　　　表 3.14.20

抗震等级	径厚比限值
特一级	38
一级	38
二级	40
三级	40
四级	42
非抗震	100

注：表中所列数值适用于 Q235 钢，当采用其他牌号钢材时，应乘以 $235/f_{ay}$。

偏心支撑构件的受压翼缘宽厚比、腹板高厚比限值取值与中心支撑构件非抗震设计一致。

支撑构件的长细比限值按表 3.14.21 取值。

支撑长细比限值

表 3.14.21

抗震等级	框架	单层厂房	多层厂房
特一级	120	150	150
一级	120	150	150
二级	120	150	150
三级	120	150	150
四级	120	150	150
非抗震	150	150	150

注：表中所列数值适用于 Q235 钢，当采用其他牌号钢材时，应乘以 $\sqrt{235/f_{ay}}$。

（二）非抗震设计的控制项

在有的计算结果文件中，还可能出现一些与地震作用计算相关的内容，同上节的 6 度设防但不进行地震作用计算的情况一样，可以忽略。

1. 承载力计算

构造上按照《混凝土规范》第 9 章控制。

柱的最小体积配箍率是按照《混凝土规范》9.3.2-1，采用直径 6 钢筋反算出的；梁的最小配箍率是按照《混凝土规范》9.2.9-3 计算得出的。

2. 位移角

按《高规》第 3.7 节水平位移限值和舒适度要求进行控制。

3. 轴压比控制

轴压比是抗震延性设计的要求。对于非抗震，目前软件对于柱，按轴压比不超过 1.05 控制；对于剪力墙没有轴压比控制的要求。

4. 高层建筑的刚重比控制

按《高规》第 5.4 节，按照风荷载计算等效侧向刚度。

5. 抗倾覆计算

按《高规》第 12.1.7 条计算，输出风荷载下的计算结果。

（三）梁施工图

由于非框架梁总是按照非抗震要求设计的，这里主要分析框架梁的非抗震设计特点。

1. 非抗震梁箍筋加密区

按照规范的规定，非抗震梁可以不设置梁端的箍筋加密区。出于节省钢筋用量的考虑，软件在自动选筋时可能会为剪力较大的梁端设置加密区。为非抗震梁配置箍筋加密区时，软件按四级抗震的要求确定箍筋加密区长度，即取 1.5 倍梁高和 500mm 中的较大值。

2. 宽梁的箍筋肢距可以适当放松

非抗震梁仍需执行《混凝土规范》9.2.9 条第 4 款的规定：梁宽度大于 400mm 且一层内纵向受压筋多于 3 根时，或当梁的宽度不大于 400mm 但一层内受压钢筋多于 4 根时应配置复合箍筋。由于纵筋是否为受压筋不好判断，因此软件执行的是折中的缺省方案：宽度不小于 350mm 的梁配置复合箍筋。400mm、500mm 宽或宽度更窄的普通梁，其箍筋肢数一般是由上述条款控制，因此在箍筋肢数方面抗震梁与非抗震梁区别不大。但是对于500mm 或以上宽度的宽梁，由于不需执行《混凝土规范》11.3.8 条关于箍筋肢距的规定，因此一般非抗震梁要比抗震梁的箍筋肢数小些。

3. 最小箍筋直径的要求较为宽松

非抗震梁仍需执行《混凝土规范》9.2.9 条第 2 款的规定：截面高度大于 800mm 的梁，箍筋直径不宜小于 8mm；对截面高度不大于 800mm 的梁，不宜小于 6mm。《混凝土规范》表 11.3.6-2 中规定梁的箍筋最小直径二、三级抗震为 8mm，四级为 6mm。这两条规定是差不多的。但是纵筋配筋率大于 2% 时，非抗震梁不需增大 2mm（《混凝土规范》11.3.6）；使用 C60 以上的高强混凝土时，箍筋直径亦不需按《抗震规范》附录 B.0.3 的要求增加。整体来看，非抗震梁对箍筋直径的要求还是较抗震梁要更为宽松一些。

4. 梁上部跨中筋可以全部使用架立筋

非抗震梁不需要执行《混凝土规范》11.3.7 条的规定，即按构造不需要配置通长的纵向钢筋，跨中只需配置构造所需的架立筋。上述规定只是构造规定，如果计算要求跨中顶面需配置受力筋，软件仍会在跨中按计算配置受力通长负筋。另外，软件提供参数"至少两根通长上筋"，该参数默认值为"仅抗震框架梁"，如图 3.14.6 所示，如果用户选择选项"所有梁"，则软件会为非抗震梁选择通长上筋，如图 3.14.7 所示。

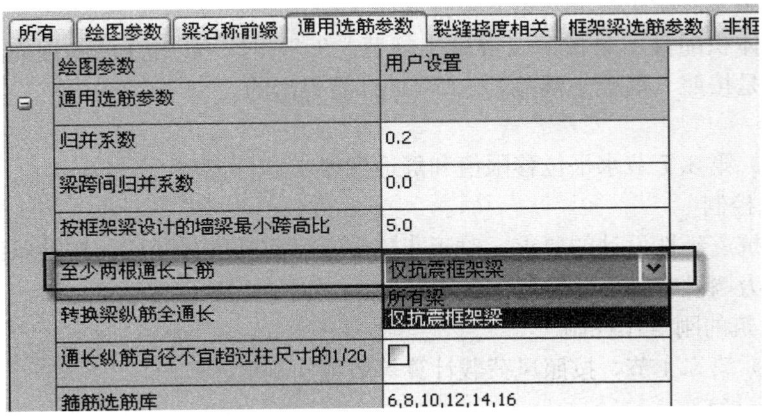

图 3.14.6　通用选筋参数

图 3.14.7　梁通常上筋

5. 纵筋最小直径可以小些

非抗震梁纵筋最小直径执行《混凝土规范》9.2.1 条第 2 款的规定：梁高不小于300mm 时，钢筋直径不小于 10mm；梁高小于 300mm 时，钢筋直径不应小于 8mm。注意软件默认的纵筋选筋库不包含 12mm 以及更小直径的钢筋，欲在自动选筋过程中使用小直径钢筋，需先手工调整纵筋选筋库。

（四）柱施工图

1、可不设置箍筋加密区

由于规范中没有关于非抗震柱设置箍筋加密区的具体要求，因此非抗震柱可不设置箍筋加密区，全长使用 150mm 或 200mm 等较大的箍筋间距。但是构造上仍需注意以下两点：

a. 纵筋使用绑扎搭接方式连接时，在搭接长度范围内应按《混凝土规范》8.4.6 条及 8.3.1 条的要求加密箍筋。

b. 配置螺旋式或焊接环式的柱子如果正截面受压承载力计算中考虑了间接钢筋的作用，则箍筋间距不应大于 80mm 及 $d_{cor}/5$（《混凝土规范》9.3.2.6 条）。

2. 箍筋肢距要求比较宽松

非抗震柱的箍筋肢距不需要满足《混凝土规范》11.4.15 条中关于箍筋肢距的要求，也不需要隔一拉一；只需要按《混凝土规范》9.3.2.4 的要求设置复合箍筋即可。因此非抗震柱一般比同样尺寸的抗震柱箍筋肢数少。

3. 箍筋直径通常更小

非抗震柱箍筋需满足《混凝土规范》9.3.2 的要求，一般最小直径为 6mm，纵筋直径大于 25mm 或纵筋配筋率大于 3％时，最小直径不小于 8mm。这个要求与四级抗震柱的要求差不多：《混凝土规范》表 11.4.12-2 中规定四级抗震柱最小箍筋直径为 6mm，柱根为 8mm。但由于非抗震柱通常设计剪力较小，箍筋由构造控制，加之没有体积配箍率要求，因此非抗震柱的箍筋直径通常比抗震柱要小。

4. 自动选筋的最小直径小些

由于抗震柱有箍筋间距不小于 6d（一级抗震）或 8d（其他抗震等级）的要求（d 为纵筋直径），为避免纵筋直径过小导致产生小于 100 的过密纵筋间距，因此软件在自动选筋时的最小纵筋直径一般选为 16mm（一级抗震）或 14mm（其他抗震等级）。非抗震柱的箍筋间距不需执行上述规定，因此非抗震柱的最小纵筋直径只需满足《混凝土规范》9.3.1.1 的要求，即非抗震柱可以使用直径 12mm 的纵筋。

（五）剪力墙施工图

1. 非抗震墙端部边缘构件构造可放松

规范中没有非抗震墙端部设置边缘构件的规定，但根据《混凝土规范》9.4.8 的规定，非抗震墙端部的钢筋构造仍需加强。具体规定为纵筋不宜小于 4 根 12mm 或 2 根 16mm，且需配置直径不小于 6mm，间距为 250mm 的箍筋或拉筋。这条规定其实可以理解为对非抗震墙边缘构件的构造要求，软件在自动配筋的时候，仍会在非抗震墙端部生成边缘构件，并按上述规定进行选筋。

2. 墙身可以使用直径 8mm 的竖向分布筋

按照《抗震规范》及《混凝土规范》的相关要求，抗震墙竖向分布筋直径不宜小于 10mm。非抗震墙只需满足 9.4.4 的要求，即竖向分布筋直径不宜小于 8mm。需要注意软件的默认选筋库中不包含 8mm 的直径，欲在自动选筋过程中使用 8mm 的竖向分布筋，需要手工在选筋库中加入这种直径。

3. 分布筋间距可适当放松

按照《抗规》6.4.4 条、《高规》7.2.19 条等相关规定，抗震墙的分布筋间距一般不大于 200mm。非抗震墙的分布筋只需满足《混凝土规范》9.4.4 条的规定，间距不大于 300mm 即可。需要注意高层建筑的地下室外墙，其分布筋构造仍需按照《高规》12.2.5 条的规定，间距不宜大于 150mm。

第十五节　弹性动力时程分析

《抗震规范》5.1.2 条规定："对于特别不规则的建筑、甲类建筑和表 5.1.2-1 所列高度范围内的高层建筑，应采用时程分析方法进行多遇地震下的补充计算；当取三组加速度时程曲线输入时，计算结果宜取时程法包络值和振型分解反应谱法的较大值；当取七组及七组以上时程曲线时，计算结果可取时程法的平均值和振型分解反应谱法的较大值。"

在 YJK 软件的弹性动力时程分析模块中，除了使用振型叠加法进行高效准确的弹性时程计算外，软件还从工程设计实际需求出发，研发了一些特色而又便捷的功能。其中包括：数量丰富的天然地震波数据库、人工地震波自动生成、自动筛选满足规范条件的地震波、地震作用放大系数的分层计算、支持隔震、减震结构的快速非线性分析等。

一、振型叠加法简要说明

在 YJK 软件中，采用振型叠加法进行弹性动力时程分析。在结构的弹性动力时程分析中，结构的系统平衡方程一般可表达为：

$$MX''(t) + CX'(t) + KX(t) = -MZ''(t) \tag{1}$$

式中：　　　　　M、C、K——分别为结构的质量、阻尼和刚度矩阵；

$X(t)$、$X'(t)$、$X''(t)$——分别为位移、速度、加速度；

　　　　　　　　$Z''(t)$——地面运动加速度。

从数学上看，方程式（1）代表的是一组常系数的二阶线性微分方程，求解式（1）方程的方法较多，基于工程中高层结构分析与设计的实际需要，YJK 结构分析软件提供了振型叠加法来求解动力微分方程。

首先可以引入变换：

$$X(t) = \Phi U(t) \tag{2}$$

其中 Φ 是振型特征向量 $\Phi_i(i=1, \cdots n)$ 所组成的矩阵，$U(t)$ 为广义位移向量。将式（2）代入式（1），则方程式（2）变换为：

$$U''(t) + \Phi^{T}C\Phi U'(t) + \Omega^2 U(t) = -\Phi^{T}MZ''(t) \tag{3}$$

$$\Omega^2 = \begin{bmatrix} \omega_1^2 & & & 0 \\ & \omega_2^2 & & \\ & & \cdots & \\ 0 & & & \omega_n^2 \end{bmatrix} \tag{4}$$

$$\Phi^{\mathrm{T}}C\Phi = \begin{bmatrix} 2\omega_1\xi_1 & & & 0 \\ & 2\omega_2\xi_2 & & \\ & & \cdots & \\ 0 & & & 2\omega_n\xi_n \end{bmatrix} \tag{5}$$

方程式（3）相当于 n 个互不耦联的单自由度运动方程，如下：

$$\ddot{u}(t) + 2\xi\omega\dot{u}(t) + \omega^2 u(t) = p(t)$$

弹性时程分析即是对该方程进行数值积分。在求解方程的数值积分中，标准的有 Newmark 方法和 Wilson-θ 方法。YJK 在对多种数值积分分析比较的基础上，采用了振动理论中普遍用到的 Duhamel 积分求解含阻尼的二阶运动方程。算法概要描述如下：

一般地，可以得到如下形式的位移响应：

$$u(t) = u(0)a(t) + \dot{u}(0)b(t) + \int_0^t p(\tau)h(t-\tau)\mathrm{d}\tau$$

其中，$u(t)$ 是位移响应，$p(t)$ 是随时间变化的荷载，$h(t-\tau)$ 是 τ 时刻的单位脉冲荷载的响应。

引入 $v(t) = \dfrac{\dot{u}(t) + \xi\omega u(t)}{\omega}$，当 $\xi < 1$ 时，有

$$\binom{u}{v} = \frac{1}{\omega_{\mathrm{D}}}\int_0^t p(\tau)e^{-\xi\omega(t-\tau)}\binom{\sin[\omega_{\mathrm{D}}(t-\tau)]}{\cos[\omega_{\mathrm{D}}(t-\tau)]}\mathrm{d}\tau + e^{-\xi\omega t}\begin{bmatrix} \cos\omega_{\mathrm{D}}t & \sin\omega_{\mathrm{D}}t \\ -\sin\omega_{\mathrm{D}}t & \cos\omega_{\mathrm{D}}t \end{bmatrix}\binom{u_0}{v_0}$$

它可以进一步写成步进的形式：

$$\begin{bmatrix} u_{t+\Delta t} \\ v_{t+\Delta t} \end{bmatrix} = \frac{1}{\omega_{\mathrm{D}}}\int_0^{\Delta t} p(t+\tau)e^{-\xi\omega(\Delta t-\tau)}\binom{\sin[\omega_{\mathrm{D}}(\Delta t-\tau)]}{\cos[\omega_{\mathrm{D}}(\Delta t-\tau)]}\mathrm{d}\tau + e^{-\xi\omega\Delta t}\begin{bmatrix} \cos\omega_{\mathrm{D}}\Delta t & \sin\omega_{\mathrm{D}}\Delta t \\ -\sin\omega_{\mathrm{D}}\Delta t & \cos\omega_{\mathrm{D}}\Delta t \end{bmatrix}\begin{bmatrix} u_t \\ v_t \end{bmatrix}$$

与 Newmark 方法和 Wilson-θ 方法相比，Duhamel 数值积分的优点是可以精确地反映模态的自由振动，没有所谓的数值阻尼与周期伸长，可以进行长程的积分。最后在求解出各个振型响应后按照方程式（2）叠加起来，就得到了系统的弹性时程响应。

二、计算参数与峰值加速度说明

1. 弹性时程分析参数说明

在 YJK 软件菜单栏中选择【弹性时程分析】，点击【计算参数】菜单后程序会弹出弹性时程分析信息对话框，如图 3.15.1 所示，用于设置结构弹性时程分析中所用到的各个参数。

对话框中各参数意义如下：

添加地震波：点击该按钮将弹出地震波选择对话框，具体说明将在下一节中介绍。

删除选中地震波：删除在按钮下方的地震波列表中已选中的地震波。

积分时长：地震波数值积分的时间长度，起始积分时刻默认为 0 时刻。不同的地震波持续时间不同。程序中默认 35 秒积分时长，即可保证所有地震波的最大反应在内，同时节省积分计算时间，如遇持续时间较长的地震波，您可以适当增加积分时长设置。

积分步长：弹性时程数值积分时的积分步长，默认设为 0.02 秒。

结构阻尼比：同前处理地震部分对话框的参数设置，由于地震波的计算结果需要同

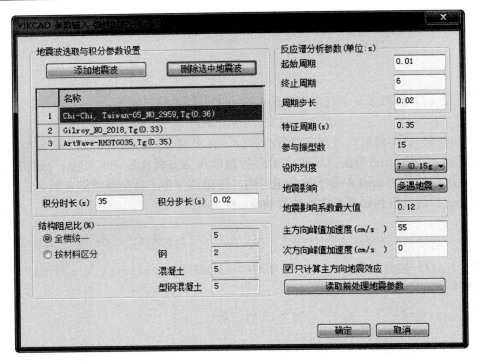

图 3.15.1　弹性时程参数对话框

CQC 法计算结果进行对比，所以这里阻尼比与前处理参数中设置一致，并且不可修改。如需修改，需在前处理参数设置中进行。

反应谱分析参数：弹性时程程序会计算每条地震波的加速度反应谱以用于同《抗震规范》中的规范谱做比较，用于判断规范中关于选取的地震波周期在"统计意义相符"的规定。

起始周期：对地震波进行反应谱分析的最小周期值。

终止周期：对地震波进行反应谱分析的终止周期值，默认同《抗震规范》中的地震影响系数曲线的横坐标最大值。

周期步长：反应谱分析时的前后两周期之间的差值。

特征周期，参与振型数：同前处理地震部分对话框的参数设置，只起提示作用，可在前处理中统一修改。

设防烈度：同抗震规范中的分类，可供选择的取值有 6（0.05g）、7（0.10g）、7（0.15g）、8（0.2g）、8（0.3g）、9（0.4g）。

地震影响：分多遇地震和罕遇地震两个选项。多遇地震对应于 50 年设计基准期超越率 63% 的地震烈度，一般指小震。罕遇地震对应于 50 年设计基准期内超越概率为 2%～3% 的地震烈度，一般指大震。

主（次）方向峰值加速度：建筑所处地区的设计有效峰值加速度。根据选择的地震作用类型和设防烈度取值。程序会根据《抗震规范》表 5.1.2-2 自动对主方向的峰值加速度取值，用户可根据单向或双向地震的需要自行按照 0.85 倍关系设定次方向峰值加速度数值。

地震影响系数最大值：程序根据对话框中的建筑设防烈度与地震影响类型自动按照《抗震规范》表5.1.4-1设定。

只计算主方向地震效应：程序对结构地震波效应的计算结果分为0°与90°两种情况，其中两种情况下又各自有主次两个方向的效应。在后续对弹性时程结果的运用中，次方向的效应一般不会用到。如果勾选该选项，则只计算主方向地震效应，计算时间相比不勾选情况将会大大缩减。

2. 主次方向峰值加速度的补充说明

主次方向的峰值加速度数值为用于计算时的地震波峰值加速的实际值。

不论原始波数据中的峰值如何，计算时均根据参数中的峰值加速度数值对原波进行波形的缩放。

三、内置地震波库与人工合成地震波

在进行动力时程分析设计时，最常见问题是不容易找到满足条件的地震波。YJK软件为此从地震波数据、自动筛选地震波等几方面进行努力来提高设计的效率。

1. 软件内置丰富的天然波数据库

在地震波数据方面，YJK软件首先内置了一个庞大的天然地震波库，其中包含了自1931年以来的近千条实测天然地震波数据，并根据规范进行了特征周期分类和整理，便于直接选取和使用，如图3.15.2所示。

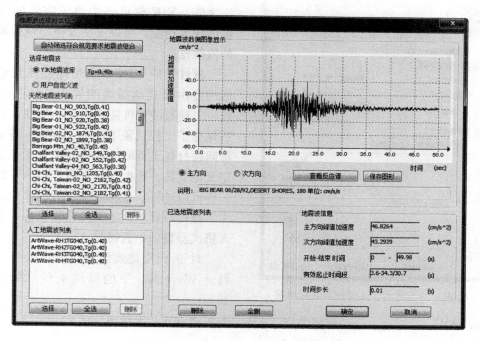

图3.15.2 地震波选择对话框

2. 自动合成人工地震波

根据规范要求，在弹性动力时程计算时还需要一定数量的人工地震波。YJK软件借鉴

国内先进的科研成果，利用谐波叠加方式进行人工地震波的自动合成。软件可根据场地特征、结构参数等自动生成合适地震波，如图 3.15.3 所示。

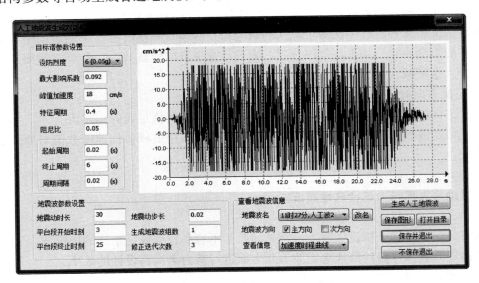

图 3.15.3　人工合成地震波对话框

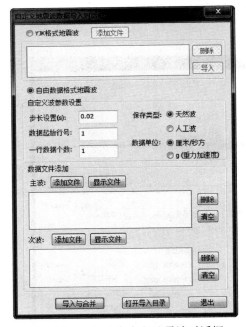

图 3.15.4　导入自定义地震波对话框

3. 导入自定义地震波数据

在内置大量天然波和提供自动合成人工波之外，YJK 软件还提供了完善的用户波数据导入功能，可以灵活方便地使用第三方的波数据。

软件支持 YJK 格式的地震波和更为灵活的自由格式地震波的导入，如图 3.15.4 所示。地震波文件需要为文本文件，导入之后保存于工程目录下的 UserWave 目录，反馈问题打包工程时注意选择包含本目录。自定义地震波波数据导入之后，与内置地震波一样可以进行自主选取或者自动筛选。

自由数据格式地震波比较灵活，填好导入格式参数后，直接导入即可。

对于 YJK 地震波格式，可以参考安装目录 WaveData 下的样例文件。简要说明如下：

C：AW	地震波类型，AW：人工波 NW：天然波
Tg：0.30	特征周期
T：12.86，13.84	时间参数
D：0.02	数据点时刻间隔
PW：	主波数据

$$-1.600000e\text{-}001$$
$$-2.300000e\text{-}001$$
......

SW：　　　　　　次波数据
$$-1.600000e\text{-}001$$
$$-2.300000e\text{-}001$$
......

四、选波与自动筛选地震波

在 YJK 软件中，提供了直观的地震波选择界面和高效的自动筛选最优地震波组合的功能。

1. 地震波选择

在弹性时程分析信息对话框中点击添加地震波按钮后，软件会弹出地震波选择对话框，如图 3.15.5 所示。其中的特征周期数值是程序根据结构所在场地类别与设计地震分组按照《抗震规范》表 5.1.4-2 中的对应关系得出的。

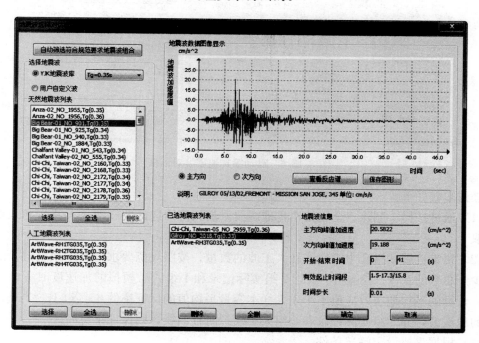

图 3.15.5　地震波选择对话框

选择（或双击地震波）：选择单条地震波加入下方的已选地震波列表中。侧边图示框中会实时显示该地震波曲线。

单击地震波：侧边图示框中会实时显示该地震波曲线，并在右侧显示地震波的基本信息，包括原始的峰值加速度、持续时间、有效起止时间等。

全选：选中全部地震波列表框中的地震波，添加到已选地震波列表中。

删除：删除已选地震波列表中的单条地震波。

全删：删除全部已选地震波列表中的地震波。

自动筛选最优地震波组合：在对实际工程进行弹性时程分析时，如何选取合适的地震波组合以满足规范的要求经常成为关注的问题。本软件提供了自动计算筛选人工波与天然波最优组合的功能辅助设计人员对地震波的选取，详细介绍见后节。

2. 自动筛选最优地震波组合

在地震波选择对话框中点击自动筛选最优地震波组合按钮会弹出如图 3.15.6 所示对话框。

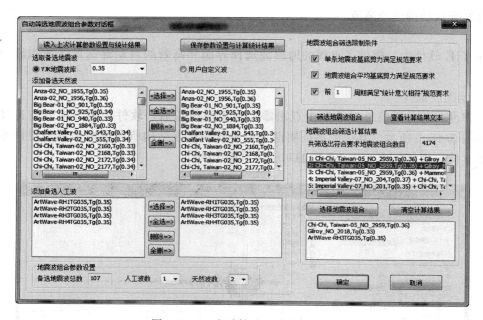

图 3.15.6　自动筛选地震波对话框

操作步骤如下：

（1）通过选择、删除、全删按钮将地震波添加到待筛选的地震波，天然波和人工波分别选取。

（2）指定地震波组合中天然波和人工波的数量。按照规范要求，实际强震记录的数量不应少于总数的 2/3。若选用不少于 2 组实际记录和 1 组人工模拟的加速度时程曲线作为输入，计算的平均地震效应值不小于大样本容量平均值的保证率的 85% 以上。当选用数量较多的地震波，如 5 组实际记录和 2 组人工模拟时程曲线，则保证率更高。

（3）根据需要设定筛选条件。

（4）点击"筛选地震波组合"按钮进行筛选。

筛选结束后，最终满足要求的所有组合结果将在对话框下方的列表框中按最优至次优的顺序显示。列表中的组合可以通过选择地震波组合按钮选择，选中的地震波组合将在下方显示。

根据《建筑抗震设计规范》GB 50011—2010 中的规定，程序遵循地震波组合筛选原则如下：

（1）单条地震波满足限制条件

每条地震波输入的计算结果不会小于65%，不大于135%。

（2）多条地震波组合满足限制条件

①"在统计意义上相符"，即多组时程波的平均地震影响系数曲线与振型分解反应谱法所用的地震影响系数曲线相比，在对应于结构主要振型的周期点上相差不大于20%，即：>80%并<120%。

② 多条地震波计算结果在结构主方向的平均底部剪力一般不小于振型分解反应谱计算结果的80%，不大于120%。

③ 按照平均底部剪力与振型分解反应谱法计算的底部剪力偏差最小的原则对已经满足上述限制的组合再进行排序，默认选出偏差最小的组合作为最优组合。

在搜索过程中，当程序提示未搜索到符合要求的地震组合时，您可适当增加相邻特征周期的可选地震波或者放宽主次方向地震峰值加速度值以满足以上的限制条件。

点击【查看计算结果文件】，可以查看筛选的中间数据，如图 3.15.7 所示。

wavecombin.out - 记事本

文件(F) 编辑(E) 格式(O) 查看(V) 帮助(H)

地震波有效持续时间，基底剪力，周期点谱值统计及地震波组合计算结果统计

主峰值加速度：55 厘米/秒方
次峰值加速度：0 厘米/秒方
人工波条数：1
天然波条数：2

单条地震波基底剪力统计结果

波序号	名称	塔号	X向剪力	比值(%)	Y向剪力	比值(%)	偏差±35%内
	振型分解法	1	4555.289		5728.402		
1	ArtWave-RH1TG035,Tg(0.35)	1	5413.894	118	6112.463	106	是
2	ArtWave-RH2TG035,Tg(0.35)	1	4067.421	89	5884.965	102	是
3	ArtWave-RH3TG035,Tg(0.35)	1	4118.844	90	5156.468	90	是
4	ArtWave-RH4TG035,Tg(0.35)	1	5317.941	116	6013.340	104	是
5	Anza-02_NO_1955,Tg(0.35)	1	2804.716	61	8206.765	143	否
6	Anza-02_NO_1956,Tg(0.36)	1	2908.513	63	6122.007	106	否
7	Big Bear-01_NO_925,Tg(0.34)	1	6166.133	135	7502.286	130	否
8	Big Bear-02_NO_1884,Tg(0.33)	1	6775.239	148	4477.196	78	否
9	Chalfant Valley-01_NO_543,Tg(0.34)	1	6838.089	150	4687.803	81	否
10	Chalfant Valley-02_NO_555,Tg(0.34)	1	5256.363	115	10334.395	180	否
11	Chi-Chi, Taiwan-02_NO_2168,Tg(0.33)	1	3581.705	78	8060.536	140	否
12	Chi-Chi, Taiwan-02_NO_2177,Tg(0.34)	1	3866.030	84	8354.541	145	否
13	Chi-Chi, Taiwan-02_NO_2178,Tg(0.36)	1	4018.167	88	8746.127	152	否
14	Chi-Chi, Taiwan-02_NO_2179,Tg(0.35)	1	4236.685	93	9278.291	161	否
15	Chi-Chi, Taiwan-02_NO_2186,Tg(0.36)	1	6192.771	135	7878.303	137	否
16	Chi-Chi, Taiwan-02_NO_2195,Tg(0.37)	1	6616.795	145	9114.846	159	否
17	Chi-Chi, Taiwan-02_NO_2197,Tg(0.35)	1	4456.589	97	8381.967	146	否
18	Chi-Chi, Taiwan-02_NO_2202,Tg(0.34)	1	5318.491	116	11253.512	196	否
19	Chi-Chi, Taiwan-02_NO_2205,Tg(0.36)	1	7005.162	153	8525.855	148	否
20	Chi-Chi, Taiwan-03_NO_2469,Tg(0.33)	1	3559.266	78	8583.298	149	否
21	Chi-Chi, Taiwan-04_NO_2698,Tg(0.34)	1	6603.429	144	8308.162	145	否
22	Chi-Chi, Taiwan-04_NO_2721,Tg(0.37)	1	6676.155	146	5417.569	94	否
23	Chi-Chi, Taiwan-06_NO_3283,Tg(0.33)	1	4914.649	107	7822.528	136	否
24	Coalinga-01_NO_340,Tg(0.34)	1	6048.188	132	11473.971	200	否
25	Coalinga-02_NO_370,Tg(0.36)	1	7234.149	158	6558.934	114	否
26	Coalinga-02_NO_387,Tg(0.33)	1	8006.401	175	11950.352	208	否
27	Duzce, Turkey_NO_1613,Tg(0.33)	1	4509.384	98	7831.728	136	否
28	Duzce, Turkey_NO_1614,Tg(0.33)	1	4206.856	92	10680.579	186	否
29	Duzce, Turkey_NO_1617,Tg(0.33)	1	2877.616	63	7112.940	124	否
30	Gilroy_NO_2014,Tg(0.34)	1	6783.109	148	6523.917	113	否
31	Gilroy_NO_2042,Tg(0.34)	1	3673.520	80	8189.808	142	否
32	Hector Mine_NO_1770,Tg(0.35)	1	5212.296	114	8217.036	143	否
33	Imperial Valley-06_NO_158,Tg(0.33)	1	5326.496	116	7882.968	137	否
34	Imperial Valley-07_NO_193,Tg(0.37)	1	3955.780	86	3045.658	53	否
35	Kocaeli, Turkey_NO_1165,Tg(0.37)	1	4581.822	100	12565.428	219	否
36	Landers_NO_854,Tg(0.37)	1	9217.352	202	8458.716	147	否
37	Livermore-01_NO_216,Tg(0.36)	1	4772.359	104	9659.999	168	否

图 3.15.7 地震波计算结果文本

五、支持减隔震构件的快速非线性分析

对于存在减震、隔震构件的结构，由于其非线性的特性，不能直接应用振型叠加法进行弹性动力时程计算。

　　由于在上部结构中，常见非线性构件都是结构的局部非线性行为，所以 YJK 软件借鉴 ETABS/SAP2000 的应用，利用快速非线性分析（FNA）方法进行时程计算，即避免了采用直接积分法带来的巨大计算量，同时也保证了较高的计算精度。关于 FNA 的详细技术资料可以参考爱德华·L·威尔逊著《结构静力与动力分析》第四版的相关章节。

第四章 基本构件设计

第一节 内力调整和内力组合

构件设计时用到的是设计内力，整体分析后得到的是基本的单工况内力，由单工况内力至设计内力，需要依次经过单工况内力调整、内力组合、考虑抗震要求的设计内力调整等几个步骤。很多工程师对每个步骤里的调整内容及调整方式不了解，下面将分别介绍这几个步骤里的调整及调整方法。

一、标准内力调整

1. 薄弱层地震内力调整

《抗震规范》3.4.4-2 条规定："平面规则而竖向不规则的建筑，应采用空间结构计算模型，刚度小的楼层的地震剪力应乘以不小于 1.15 的增大系数。"

《高规》3.5.8 条规定："侧向刚度变化、承载力变化、竖向抗侧力构件连续性不符合本规程第 3.5.2、3.5.3、3.5.4 条要求的楼层，其对应于地震作用标准值的剪力应乘以 1.25 的增大系数。"

软件提供"薄弱层地震内力放大系数"参数，由用户确定放大系数，默认为 1.25。

对于薄弱层的判断，软件按照《高规》3.5.2 条执行，区分框架结构和非框架结构，如图 4.1.1 所示。

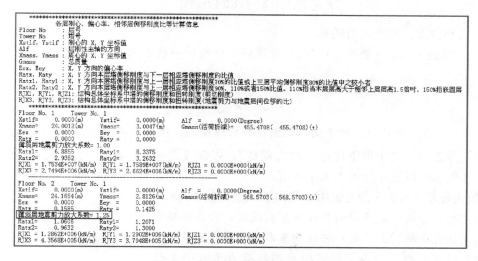

图 4.1.1 薄弱层判断及结果输出

另外，软件还提供手工指定薄弱层层号功能，由用户指定薄弱层层号。对于带转换层的结构，软件提供"转换层指定为薄弱层"选项，由用户确定转换层是否为薄弱层。

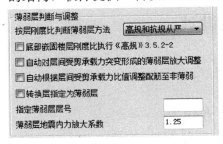

图 4.1.2　自动对层间受剪承载力突变形成的薄弱层放大调整

对于根据楼层受剪承载力判断的薄弱层，由于受剪承载力计算需要配筋结果，因此需先进行一次全楼配筋，然后根据楼层受剪承载力判断后的薄弱层再次进行全楼配筋，对计算效率有影响，因此软件提供"自动对层间受剪承载力突变形成的薄弱层放大调整"参数，如图 4.1.2 所示，勾选该项，则软件自动根据受剪承载力判断出来的薄弱层再次进行全楼配筋设计，如果没有判断出薄弱层则不会再次进行配筋设计。

无论以何种方式确定的薄弱层，软件均按照"薄弱层地震内力放大系数"对地震作用下的标准内力进行放大，如图 4.1.3 所示。

```
       (iCase)  Shear-X  Shear-Y   Axial   Mx-Btm   My-Btm   Mx-Top   My-Top

N-C =1  Node-i=2000001, Node-j=1000001,DL=  4.300(m),Angle= 0.000
*(     DL)    -3.6    -12.9   -197.7   -26.6      7.5     29.0     -7.9
 (     DL)    -3.6    -12.9   -197.7   -26.6      7.5     29.0     -7.9
*(     LL)     0.0      0.0      0.0     0.0     -0.0      0.0     -0.0
 (     LL)     0.0      0.0      0.0     0.0     -0.0      0.0     -0.0
*(    +WX)     2.4     -0.0      4.6     0.1     -5.7      0.1      4.7
 (    +WX)     2.4     -0.0      4.6     0.1     -5.7      0.1      4.7
*(    -WX)    -2.4      0.0     -4.6    -0.1      5.7     -0.1     -4.7
 (    -WX)    -2.4      0.0     -4.6    -0.1      5.7     -0.1     -4.7
*(    +WY)    -0.0      6.9     10.3    18.9      0.1    -10.6     -0.0
 (    +WY)    -0.0      6.9     10.3    18.9      0.1    -10.6     -0.0
*(    -WY)     0.0     -6.9    -10.3   -18.9     -0.1     10.6      0.0
 (    -WY)     0.0     -6.9    -10.3   -18.9     -0.1     10.6      0.0

*(     EX)    26.1      9.6     51.5    25.3    -62.6    -16.5     50.0
 (     EX)    32.7     12.0     64.4    31.6    -78.2    -20.6     62.5
*(     EY)    -2.8     26.0     38.2    71.8      6.7    -41.0     -5.5
 (     EY)    -3.5     32.6     47.8    89.8      8.4    -51.2     -6.9
*(EXM  45)    19.7     21.1     54.9    59.4    -47.2    -31.9     37.6
 (EXM  45)    24.6     26.4     68.6    74.3    -59.0    -39.8     47.0
*(EYM  45)   -17.4     18.0     33.2    47.7     41.7    -30.6    -33.4
 (EYM  45)   -21.8     22.5     41.5    59.6     52.1    -38.2    -41.8
```

图 4.1.3　标准内力调整

2．最小剪重比地震内力调整

《抗震规范》5.2.5 条规定："抗震验算时，结构任一楼层的水平地震剪力应符合下式要求：

$$V_{Eki} > \lambda \sum_{j=i}^{n} G_j$$

其中：λ 为剪力系数，对竖向不规则结构的薄弱层，尚应乘以 1.15 的增大系数。"

软件称之为"最小剪重比地震内力调整"，可在【设计信息】选项卡中设置，如图 4.1.4 所示。

《抗震规范》5.2.5 条文说明中给出了调整方法："若结构基本周期位于设计反应谱的加速度控制段时，则各楼层均需乘以同样大小的增大系数；若结构基本周期位于反应谱的位移控制段时，则各楼层 i 均需按底部的剪力系数的差值 $\triangle\lambda_0$ 增加该层的地震剪力——$\triangle F_{Eki} = \triangle\lambda_0 G_{Ei}$；若结构基本周

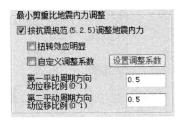

图 4.1.4　剪重比调整参数

期位于反应谱的速度控制段时，则增加值应大于$\triangle\lambda_0 G_{Ei}$，顶部增加值可取动位移作用和加速度作用二者的平均值，中间各层的增加值可近似按线性分布。"

软件进行最小剪重比地震内力调整时，区分 X、Y 方向，并分别取 X、Y 方向的第一平动周期作为该方向调整时的基本周期。软件根据参数设置中的动位移比例系数计算剪重比调整系数。

对于多塔楼结构，软件可以自动识别各塔楼信息，对各塔分别进行最小剪重比调整；对于连体结构，软件在分配连体处楼层地震剪力时，根据与连体相邻下层各塔楼层地震剪力比例分配。

各楼层调整结果可以在 wzq.out 文件中查看，如图 4.1.5 所示。

```
=========各楼层地震剪力系数调整情况 [抗震规范(5.2.5)验算]=========
  层号      塔号      X向调整系数       Y向调整系数
   1         1          1.097            1.000
   2         1          1.092            1.000
   3         1          1.088            1.000
   4         1          1.083            1.000
   5         1          1.079            1.000
   6         1          1.074            1.000
   7         1          1.070            1.000
   8         1          1.066            1.000
   9         1          1.061            1.000
  10         1          1.056            1.000
  11         1          1.050            1.000
  12         1          1.042            1.000
```

图 4.1.5 最小剪重比调整系数

构件内力调整结果可以在"wwnl＊.out"文件中查看，如图 4.1.6 所示。

```
    (iCase)  Shear-X  Shear-Y   Axial    Mx-Btm   My-Btm   Mx-Top   My-Top
N-C =1  Node-i=1000001,Node-j=1,DL= 3.300(m),Angle= 0.000
*(   DL)    -1.1     -2.7    -641.7     -3.4     1.2      5.5     -2.5
 (   DL)    -1.1     -2.7    -641.7     -3.4     1.2      5.5     -2.5
*(   LL)    -0.4     -0.9    -196.5     -1.1     0.4      1.8     -0.8
 (   LL)    -0.4     -0.9    -196.5     -1.1     0.4      1.8     -0.8
*(  +WX)    22.1     -2.9     185.0    -18.2   -38.2     -8.7     34.6
 (  +WX)    22.1     -2.9     185.0    -18.2   -38.2     -8.7     34.6
*(  -WX)   -22.1      2.9    -185.0     18.2    38.2      8.7    -34.6
 (  -WX)   -22.1      2.9    -185.0     18.2    38.2      8.7    -34.6
*(  +WY)    -1.3     68.4     485.8    170.8     3.7    -55.0     -0.6
 (  +WY)    -1.3     68.4     485.8    170.8     3.7    -55.0     -0.6
*(  -WY)     1.3    -68.4    -485.8   -170.8    -3.7     55.0      0.6
 (  -WY)     1.3    -68.4    -485.8   -170.8    -3.7     55.0      0.6
*(   EX)    19.1    -12.0     139.2    -37.4   -33.2     -7.9     29.9
 (   EX)    21.0    -13.2     152.7    -41.0   -36.4     -8.7     32.8
*(   EY)     6.4     34.6     297.6     83.7    10.5    -30.6     10.5
 (   EY)     6.4     34.6     297.6     83.7    10.5    -30.6     10.5
```

图 4.1.6 剪重比调整前后内力对比

3. $0.2V_0$ 地震内力调整

《高规》8.1.4 条对框剪结构的框架部分承担的地震剪力最小值作出了规定，《高规》9.1.11 条对筒体结构框架部分地震剪力作出了规定，《高规》11.1.6 条对混合结构层地震剪力作出了规定；《抗震规范》8.2.3-3 条对钢框架-支撑结构的 $0.25V_0$ 调整作出了规定。

软件提供了 $0.2V_0$ 调整参数设置，如图 4.1.7 所示。

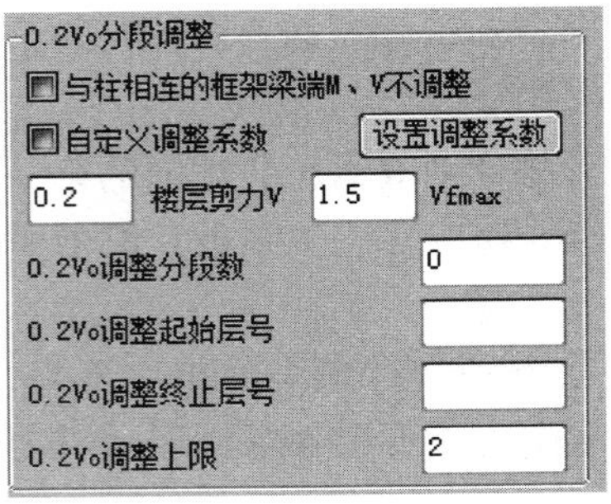

图 4.1.7　0.2V_0 调整参数

如果结构体系为“钢框架-中心支撑结构”或“钢框架-偏心支撑结构”，需要用户手工修改成 0.25V_0 调整；如果结构体系为“框筒结构”或“筒中筒结构”，则软件自动执行《高规》9.1.11-2 条筒体结构的相关规定。

软件进行 0.2V_0 调整时，区分 X、Y 方向，在统计框架部分承担的地震剪力时，软件将按支撑输入，但与 Z 轴夹角小于“支撑临界角”的支撑（斜柱）地震剪力也统计到框架中；对于与剪力墙相连的边框柱，软件将其地震剪力统计到剪力墙中。

在计算框架部分承担的地震剪力时，软件先求出单振型下框架部分承担的地震剪力，然后进行 CQC 组合，底部剪力采用各分段起始层号的层地震剪力，调整结果输出到 wv02q.out 文件中，如图 4.1.8 所示。

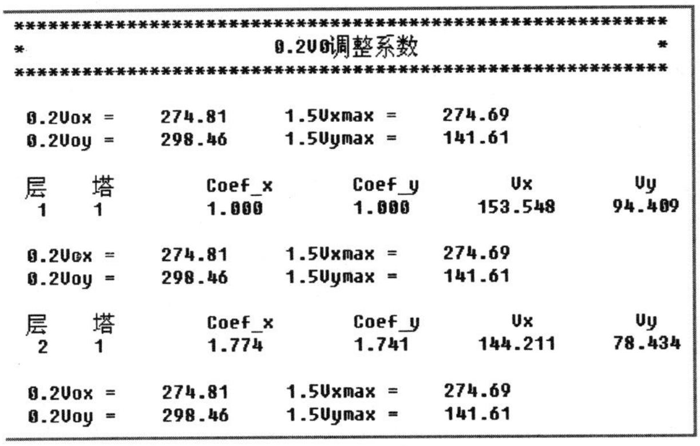

```
************************************************************
*                       0.2V0调整系数                         *
************************************************************

 0.2Vox =     274.81      1.5Vxmax =     274.69
 0.2Voy =     298.46      1.5Vymax =     141.61

 层     塔          Coef_x          Coef_y           Vx          Vy
  1      1          1.000           1.000         153.548     94.409

 0.2Vox =     274.81      1.5Vxmax =     274.69
 0.2Voy =     298.46      1.5Vymax =     141.61

 层     塔          Coef_x          Coef_y           Vx          Vy
  2      1          1.774           1.741         144.211     78.434

 0.2Vox =     274.81      1.5Vxmax =     274.69
 0.2Voy =     298.46      1.5Vymax =     141.61
```

图 4.1.8　0.2V_0 调整系数输出

如果是筒体结构，并且按照《高规》9.1.11-2 条调整了剪力墙地震剪力，则软件同时输出墙剪力调整系数，如图 4.1.9 所示。

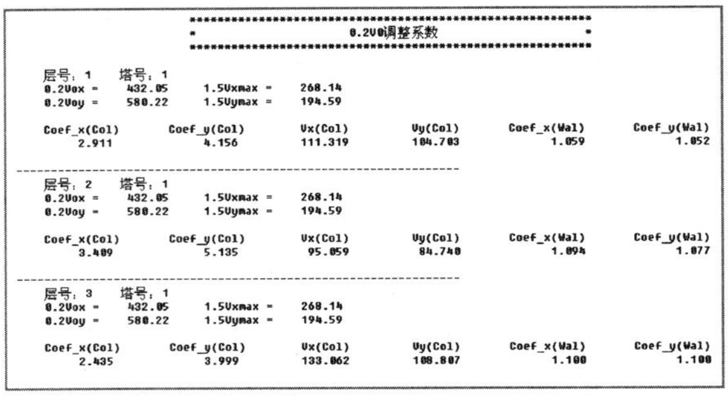

```
                 ************************************************************
                 *                       0.2V0调整系数                         *
                 ************************************************************

  层号: 1     塔号: 1
  0.2Vox =    432.05     1.5Vxmax =    268.14
  0.2Voy =    580.22     1.5Vymax =    194.59

  Coef_x(Col)      Coef_y(Col)      Vx(Col)       Vy(Col)      Coef_x(Wal)      Coef_y(Wal)
       2.911            4.156       111.319       104.703            1.059            1.052
 ------------------------------------------------------------
  层号: 2     塔号: 1
  0.2Vox =    432.05     1.5Vxmax =    268.14
  0.2Voy =    580.22     1.5Vymax =    194.59

  Coef_x(Col)      Coef_y(Col)      Vx(Col)       Vy(Col)      Coef_x(Wal)      Coef_y(Wal)
       3.409            5.135        95.059        84.740            1.094            1.077
 ------------------------------------------------------------
  层号: 3     塔号: 1
  0.2Vox =    432.05     1.5Vxmax =    268.14
  0.2Voy =    580.22     1.5Vymax =    194.59

  Coef_x(Col)      Coef_y(Col)      Vx(Col)       Vy(Col)      Coef_x(Wal)      Coef_y(Wal)
       2.435            3.999       133.062       108.807            1.100            1.100
```

图 4.1.9　筒体结构剪力调整系数输出

当结构中框架较少时，调整系数会很大，软件给出了“0.2V_0 调整上限”参数，作为调整系数最大值。如果用户不想控制上限值，可以在该参数前面加负号或填写一个很大的数。如果调整较大，用户需要确定结构方案是否合理，框架部分成为第二道防线。

4. 部分框支剪力墙结构中框支柱调整

《高规》10.2.7条对部分框支剪力墙结构框支柱承受的水平地震剪力标准值做出了如下规定：

"1 每层框支柱的数目不多于10根时，当底部框支层为1~2层时，每根柱所受的剪力应至少取结构基底剪力的2%；当底部框支层为3层及3层以上时，每根柱所受的剪力应至少取结构基底剪力的3%；

2 每层框支柱的数目多于10根时，当底部框支层为1~2层时，每层框支柱承受剪力之和应取结构基底剪力的20%；当底部框支层为3层及3层以上时，每层框支柱承受剪力之和应取结构基底剪力的30%。"

如果结构体系为"部分框支剪力墙结构"，且在特殊构件定义中指定了框支柱（包括边框柱属性的框支柱），则软件自动根据转换层层号和每层框支柱数量调整框支柱地震剪力。

软件设有"框支柱调整上限"参数，如图4.1.10所示，用来控制调整系数最大值，如果用户不想控制上限值，可以在该参数前面加负号或填写一个很大的数。

框支柱调整上限 ⬜ 5

图 4.1.10 框支柱调整上限

软件会在 wpj∗.out 文件中输出框支柱调整系数，如图4.1.11所示。

```
----------------------------------------        -----
N-C=6  (1)B*H(mm)=700*700
Cover= 30(mm) Cx=1.00 Cy=1.00 Lc=   3.30(m) Nfc=2 Nfc_gz=2 Rcc= 25.0 Fy= 300 Fyv= 210
混凝土柱  框支柱  矩形
livec=1.00  brc=1.25  kzzx=1.08, kzzy=1.06  kzzn=1.30
η mu=1.30   η vu=1.56   η md=1.30   η vd=1.56
( 31) Nu=   -3553.9 Uc= 0.61  Rs= 1.00(%)  Rsv= 1.50(%)  Asc=   254
(  1)N=   -3274.1 Mx=       81.5 My=       -4.9 Asxt=     1479 Asxt0=         0
(  1)N=   -3274.1 Mx=       81.5 My=       -4.9 Asyt=     1479 Asyt0=         0
( 34)N=   -1273.0 Mx=      388.9 My=        1.9 Asxb=     1479 Asxb0=       227
(  1)N=   -3274.1 Mx=      -36.8 My=        2.2 Asyb=     1479 Asyb0=         0
( 28)N=   -2762.9 Vx=      203.1 Vy=      -47.4 Ts=       0.0 Asux=      461 Asux0=         0
( 28)N=   -2762.9 Vx=      203.1 Vy=      -47.4 Ts=       0.0 Asuy=      461 Asuy0=         0
节点核芯区设计结果：
(  1) N=        0.0 Vjx=       -4.0 Asvjx=      174.9
(  1) N=        0.0 Vjy=       -1.3 Asvjy=      174.9

抗剪承载力: CB_XF=     734.67  CB_YF=      734.67
----------------------------------------        -----
```

图 4.1.11 框支柱调整系数输出

5. 水平转换构件地震内力调整

《高规》10.2.4条规定："转换结构构件可采用转换梁、桁架、空腹桁架、箱形结构、斜撑等，非抗震设计和6度抗震设计时可采用厚板，7、8度抗震设计时地下室的转换构件可采用厚板。特一、一、二级转换构件的水平地震作用计算内力应分别乘以增大系数1.9、1.6、1.3；转换构件应按本规程第4.3.2条的规定考虑竖向地震作用。"

由于转换构件并不局限于转换梁，如桁架转换时，构成转换桁架的各构件均是转换构件，因此，软件在特殊构件定义中增加了定义"水平转换构件"功能，由用户指定转换构件，软件对所定义的转换构件均按《高规》10.2.4条进行地震内力调整。调整系数会在 wpj∗.out 文件中按构件输出，如图4.1.12所示。

```
-------------------------------------------------------
N-B=13 (I=1000006, J=1000007)(1)B*H(mm)=400*800
Lb=  6.00(m) Cover= 30(mm) Nfb=2 Nfb_gz=2 Rcb= 25.0 Fy= 300 Fyv= 210
混凝土梁 转换梁 调幅梁  矩形
stif=1.00  brc=1.25  zh=1.30  tf=0.85  nj=0.40
η m=1.00   η v=1.20
                -1-     -2-     -3-     -4-     -5-     -6-     -7-     -8-     -9-
-M(kNm)        -290    -174     -77      0       0      -77    -290
LoadCase      ( 31)   ( 31)   ( 35)   ( 35)   (  0)   ( 34)   ( 34)   ( 30)   ( 30)
Top Ast       1280    1280    1280    1280    1280    1280    1280    1280    1280
% Steel       0.40    0.40    0.40    0.40    0.40    0.40    0.40    0.40    0.40
+M(kNm)        131     130     128      93      96      93     128     130     131
LoadCase      ( 34)   ( 34)   ( 30)   ( 14)   (  1)   ( 15)   ( 31)   ( 35)   ( 35)
Btm Ast       1280    1280    1280    1280    1280    1280    1280    1280    1280
% Steel       0.40    0.40    0.40    0.40    0.40    0.40    0.40    0.40    0.40
Shear          173     148     129     102     -102    -129    -148    -173
LoadCase      ( 31)   ( 31)   ( 31)   ( 31)   ( 30)   ( 30)   ( 30)   ( 30)
Asv            266     266     266     266     266     266     266     266
Rsv           0.67    0.67    0.67    0.67    0.67    0.67    0.67    0.67
-------------------------------------------------------
```

图 4.1.12 水平转换构件调整系数输出

6. 转换柱地震轴力调整

《高规》10.2.11-2 条规定："一、二级转换柱由地震作用产生的轴力应分别乘以增大系数 1.5、1.2，但计算柱轴压比时可不考虑该增大系数。"软件对特殊构件定义中的转换柱地震工况下的轴力按该条调整，同时计算轴压比时不放大。

7. 全楼或分层地震作用放大

软件提供设置全楼或分层地震作用放大系数的参数。对于分层地震作用放大系数，软件还提供直接导入弹性时程分析算出来的放大系数，如图 4.1.13 所示。

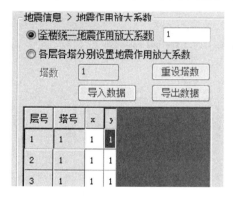

图 4.1.13 全楼或分层地震作用
放大系数参数设置

8. 特殊构件定义中的柱剪力系数

该系数用来指定单个构件的地震工况内力调整系数，软件对所有地震工况下的弯矩、剪力均乘以该放大系数，轴力不乘。

9. 梁弯矩调幅

《高规》5.2.3 条规定："在竖向荷载作用下，可考虑框架梁端塑性变形内力重分布对梁端负弯矩乘以调幅系数进行调幅。"

《混凝土规范》5.4.1 条规定："混凝土连续梁和连续单向板，可采用塑性内力重分布方法进行分析。重力荷载作用下的框架、框架-剪力墙结构中的现浇梁以及双向板等，经弹性分析求得内力后，可对支座或节点弯矩进行适度调幅，并确定相应的跨中弯矩。"

《混凝土规范》5.4.3 条规定："钢筋混凝土梁支座或节点边缘截面的负弯矩调幅幅度不宜大于 25%；弯矩调整后的梁端截面相对受压区高度不应超过 0.35，且不宜小于 0.10。"

《人防规范》4.10.1 条规定："对超静定的钢筋混凝土结构，可按由非弹性变形产生的塑性内力重分布计算内力。"

《钢结构规范》11.1.6 条规定："连续组合梁采用弹性分析计算内力时，考虑塑性发展的内力调幅系数不宜超过 15%。"条文说明中指出："尽管连续组合梁负弯矩区是混凝土受拉而受压，但组合梁具有较好的内力重分布性能，故仍然具有较好的经济效益。负弯矩区可以利用负钢筋和钢梁共同抵抗弯矩，通过弯矩调幅后可使连续组合梁的结构高度进一步减小。试验证明，弯矩调幅系数取 15% 是可行的。"

软件提供梁弯矩调幅系数，默认 0.85，适应一般情况。

软件自动判断调幅梁与不调幅梁，只针对调幅梁进行弯矩调幅。

软件只对竖向荷载进行弯矩调幅，如恒载、活载、人防荷载。对于自定义输入的恒载、活载、人防荷载也进行调幅。

《高规》5.2.3-4 条规定："截面设计时，框架梁跨中截面正弯矩设计值不应小于竖向荷载作用下按简支梁计算的跨中弯矩设计值的 50%。"

《钢筋混凝土连续梁和框架考虑内力重分布设计规程》CECS 51：93 第 3.0.3.3 条规定："弯矩调幅后，各控制截面的弯矩值不宜小于简支弯矩值的 1/3。"

软件提供了框架梁与非框架梁按简支梁弯矩控制计算系数，默认框架梁为 0.5，非框架梁为 0.33，如图 4.1.14 所示。

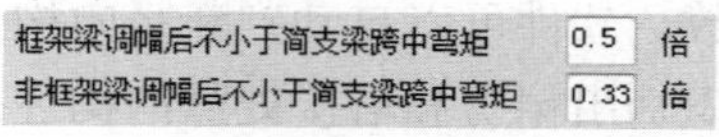

框架梁调幅后不小于简支梁跨中弯矩　0.5　倍
非框架梁调幅后不小于简支梁跨中弯矩　0.33　倍

图 4.1.14　梁调幅后不小于简支梁跨中弯矩系数

10. 梁扭矩折减

《高规》5.2.4 条规定："高层建筑结构楼面梁受扭计算时应考虑现浇楼盖对梁的约束作用。当计算中未考虑现浇楼盖对梁扭转的约束作用时，可对梁的计算扭矩予以折减。梁扭矩折减系数应根据梁周围楼盖的约束情况确定。"

软件提供梁扭矩折减系数，默认 0.4。

软件自动判断梁周围楼板情况，对于开洞或板厚为 0 的情况，扭矩折减系数为 1。

对于圆弧梁，软件默认扭矩折减系数为 1。

11. 梁、柱、墙活荷载折减，梁活荷不利布置

《荷载规范》5.1.2 条规定："设计楼面梁、墙、柱及基础时，本规范表 5.1.1 中楼面活荷载标准值的折减系数取值不应小于下列规定：

（1）设计楼面梁时：

1）第 1（1）项当楼面梁从属面积超过 25m² 时，应取 0.9；

2）第 1（2）～7 项当楼面梁从属面积超过 50m² 时，应取 0.9；

3）第 8 项对单向板楼盖的次梁和槽形板的纵肋应取 0.8，对单向板楼盖的主梁应取 0.6，对双向板楼盖的梁应取 0.8；

4）第 9～13 项应采用与所属房屋类别相同的折减系数。

（2）设计墙、柱和基础时：

1）第 1（1）项应按表 5.1.2 规定采用；

2）第 1（2）～7 项应采用与其楼面梁相同的折减系数；

3）第 8 项的客车，对单向板楼盖应取 0.5，对双向板楼盖和无梁楼盖应取 0.8；

4）第 9～13 项应采用与所属房屋类别相同的折减系数。"

软件提供梁、柱、墙活荷载折减系数设置参数，如图 4.1.15 所示。

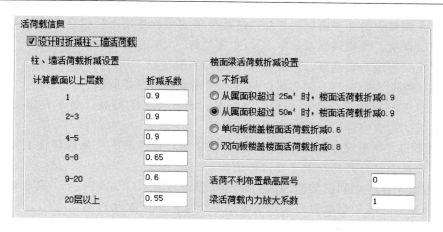

图 4.1.15　活荷载折减参数

对于柱、墙活荷载折减系数，软件可以自动判断竖向构件上方的楼层数，按实际位置计算折减系数，比如软件可以识别出裙房和塔楼处竖向构件折减系数不同的情况。

- 梁活荷折减
- 柱活荷折减
- 支撑活荷折减
- 墙活荷折减

图 4.1.16　单构件活荷载折减修改菜单

软件同时提供单构件修改活荷折减系数菜单，如图 4.1.16 所示，可以进行单构件修改。

《高规》5.1.8 条规定："高层建筑结构内力计算中，当楼面活荷载大于 $4kN/m^2$ 时，应考虑楼面活荷载不利布置引起的结构内力的增大；当整体计算中未考虑楼面活荷载不利布置时，应适当增大楼面梁的计算弯矩。"条文说明中指出："如果活荷载较大，其不利分布对梁弯矩的影响会比较明显，计算时应予考虑。除进行活荷载不利分布的详细计算分析外，也可将未考虑活荷载不利分布计算的框架梁弯矩乘以放大系数予以近似考虑，该放大系数通常可取为 1.1～1.3，活荷载大时可选用较大数值。近似考虑活荷载不利分布影响时，梁正、负弯矩应同时予以放大。"

软件提供梁活荷不利布置相关参数，如图 4.1.17 所示。

填写活荷不利布置最高层号后，低于该层号的楼层均会考虑活荷不利布置，按单层实际模型计算，并给出正、负弯矩包络内力。

图 4.1.17　梁活荷载不利布置设置参数

软件同时提供梁活荷载内力放大系数，用来近似模拟活荷不利布置。

如果同时填写了活荷不利布置最高层号与梁活荷载内力放大系数，则软件仅对满布活荷载工况乘以内力放大系数，设计时与活荷载不利布置工况包络取大。

12. 温度工况对于混凝土构件考虑收缩、徐变的折减

徐培福等编著的《复杂高层建筑结构设计》中对徐变应力松弛给出了如下解释："温差内力来源于温差变形受到约束。对于因变形受到约束产生的内力，对于钢筋混凝土结构当然应考虑混凝土的徐变应力松弛特性。为简化计算，建议将上述弹性计算的温差内力乘以徐变应力松弛系数 0.3，作为实际温差内力标准值进入设计。对于钢结构，则不存在徐变应力松弛，温差内力不能折减。"

软件提供混凝土构件考虑收缩、徐变的折减系数，默认 0.3，如图 4.1.18 所示。

考虑收缩徐变的砼构件温度效应折减系数   0.3

图 4.1.18 混凝土构件考虑收缩、徐变的折减系数

软件按材料判断是否应进行温度效应折减，对于混凝土构件，考虑混凝土收缩、徐变的折减；对于钢构件，不折减；对于型钢混凝土、钢管混凝土等组合构件，目前不考虑折减。

13. 消防车荷载下的主、次梁荷载折减

《荷载规范》5.1.2-1 条第 2）项规定："设计楼面梁时，第 8 项对单向板楼盖的次梁和槽形板的纵肋应取 0.8，对单向板楼盖的主梁应取 0.6，对双向板楼盖的梁应取 0.8。"

《荷载规范》5.1.3 条规定："设计墙、柱时，本规范表 5.1.1 中第 8 项的消防车活荷载可按实际情况考虑；设计基础时可不考虑消防车荷载。常用板跨的消防车活荷载按覆土厚度的折减系数可按附录 B 规定采用。"

软件在自定义工况中单独提供了消防车荷载类型，归属于活荷载。根据《荷载规范》的相关规定，软件自动判断主、次梁，并采用对应的折减系数；对于墙、柱，可自行设置折减系数；基础模块设计时，自动不考虑消防车荷载，如图 4.1.19 所示。

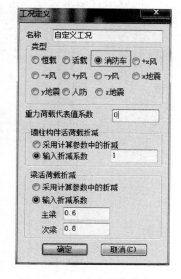

图 4.1.19 消防车荷载定义

注意，考虑到消防车荷载属于临时荷载，一般不考虑消防车荷载参与地震计算，自定义工况中的重力荷载代表值系数宜填 0。

14. 承载力设计时风荷载效应放大

《高规》4.2.2 条规定："对风荷载比较敏感的高层建筑，承载力设计时应按基本风压的 1.1 倍采用。"条文说明中指出："对风荷载是否敏感主要与高层建筑的体型、结构体系和自振特性有关，目前尚无实用的划分标准。一般情况下，对于房屋高度大于 60m 的高层建筑，承载力设计时风荷载计算可按基本风压的 1.1 倍采用；对于房屋高度不超过 60m 的高层建筑，风荷载取值是否提高，可由设计人员根据实际情况确定。本条的规定，对设计使用年限为 50 年和 100 年的高层建筑结构都是适用的。"

由于规范规定只在承载力计算时考虑风荷载效应放大，因此软件提供了单独的参数，并且只在构件设计时考虑，如图 4.1.20 所示。

承载力设计时风荷载效应放大系数   1

图 4.1.20 承载力设计时风荷载效应放大

15. 板柱-剪力墙结构风荷载调整

《高规》8.1.10 条规定："抗风设计时，板柱-剪力墙结构中各层简体或剪力墙应能承担不小于 80% 相应方向该层承担的风荷载作用下的剪力。"

如果结构类型为"板柱-剪力墙"结构，则软件自动执行该条。

二、荷载组合

软件在进行构件设计时，主要使用的是基本组合，在计算混凝土梁弹性挠度时会采用准永久组合，计算钢梁弹性挠度时会采用标准组合。

对于基本组合中的非地震组合，软件主要依据《荷载规范》3.2.3 条执行，分别考虑恒载控制的组合、活载控制的组合，恒载的分项系数当起控制时取 1.35，不利时取 1.2，有利时取 1.0；活荷载和风荷载的分项系数取 1.4；活荷载和风荷载的组合系数分别取 0.7 和 0.6。其他可变荷载的分项系数和组合值系数与活荷载相同。

对于基本组合中的地震组合，软件按照《抗震规范》5.4.1 条执行，当计算竖向地震作用时，软件分别考虑只有水平地震参与的组合、只有竖向地震参与的组合、水平地震为主的组合、竖向地震为主的组合。

对于标准组合，软件按照《荷载规范》3.2.8 条执行。

由于承载力设计时使用的是基本组合，下面详细介绍基本组合的具体细节：

荷载组合结果会在 wpj＊.out 文件中输出，如图 4.1.21 所示。

Ncm	V-D	V-L	+X-W	-X-W	+Y-W	-Y-W	X-E	Y-E	Z-E	R-F	TEM	CRN
1	1.35	0.98	--	--	--	--	--	--	--	--	--	--
2	1.20	1.40	--	--	--	--	--	--	--	--	--	--
3	1.00	1.40	--	--	--	--	--	--	--	--	--	--
4	1.20	--	1.40	--	--	--	--	--	--	--	--	--
5	1.20	--	--	1.40	--	--	--	--	--	--	--	--
6	1.20	--	--	--	1.40	--	--	--	--	--	--	--
7	1.20	--	--	--	--	1.40	--	--	--	--	--	--
8	1.20	1.40	0.84	--	--	--	--	--	--	--	--	--
9	1.20	1.40	--	0.84	--	--	--	--	--	--	--	--
10	1.20	1.40	--	--	0.84	--	--	--	--	--	--	--
11	1.20	1.40	--	--	--	0.84	--	--	--	--	--	--
12	1.20	0.98	1.40	--	--	--	--	--	--	--	--	--
13	1.20	0.98	--	1.40	--	--	--	--	--	--	--	--
14	1.20	0.98	--	--	1.40	--	--	--	--	--	--	--
15	1.20	0.98	--	--	--	1.40	--	--	--	--	--	--
16	1.00	--	1.40	--	--	--	--	--	--	--	--	--
17	1.00	--	--	1.40	--	--	--	--	--	--	--	--
18	1.00	--	--	--	1.40	--	--	--	--	--	--	--
19	1.00	--	--	--	--	1.40	--	--	--	--	--	--
20	1.00	1.40	0.84	--	--	--	--	--	--	--	--	--
21	1.00	1.40	--	0.84	--	--	--	--	--	--	--	--
22	1.00	1.40	--	--	0.84	--	--	--	--	--	--	--
23	1.00	1.40	--	--	--	0.84	--	--	--	--	--	--
24	1.00	0.98	1.40	--	--	--	--	--	--	--	--	--
25	1.00	0.98	--	1.40	--	--	--	--	--	--	--	--
26	1.00	0.98	--	--	1.40	--	--	--	--	--	--	--
27	1.00	0.98	--	--	--	1.40	--	--	--	--	--	--
28	1.20	0.60	--	--	--	--	1.30	--	--	--	--	--
29	1.20	0.60	--	--	--	--	-1.30	--	--	--	--	--
30	1.20	0.60	--	--	--	--	--	1.30	--	--	--	--
31	1.20	0.60	--	--	--	--	--	-1.30	--	--	--	--
32	1.00	0.50	--	--	--	--	1.30	--	--	--	--	--
33	1.00	0.50	--	--	--	--	-1.30	--	--	--	--	--
34	1.00	0.50	--	--	--	--	--	1.30	--	--	--	--
35	1.00	0.50	--	--	--	--	--	-1.30	--	--	--	--

图 4.1.21　荷载组合表

其第一行是各种荷载工况的简写字母，如：

Ncm　V-D　V-L　＋X-W　－X-W　＋Y-W　－Y-W　X-E　Y-E　Z-E　R-F　TEM　CRN

其中：

Ncm：组合号；

V-D：恒载分项系数；

V-L：活载分项系数；

＋X-W、－X-W：分别为 X 正向、负向水平风荷载分项系数；

＋Y-W、－Y-W：分别为 Y 正向、负向水平风荷载分项系数；

X-E：X 向水平地震分项系数；

Y-E：Y 向水平地震分项系数；

Z-E：竖向地震分项系数；

R-F：人防荷载分项系数；

TEM：温度荷载分项系数；

CRN：吊车荷载分项系数。

每一行对应一种组合，前面的组合号就是配筋文件中构件控制设计内力所对应的组合号，每一种组合都输出了各荷载工况的分项系数。

对于可变荷载，软件输出的是分项系数与组合值系数相乘后的结果。

下面具体介绍软件自动生成的组合项目，如果用户选择采用自定义组合，则软件直接采用自定义组合项，不再自行进行荷载组合。

1. 恒＋活

对于仅有恒活荷载参与的组合，软件分别考虑恒载起控制作用、不起控制作用、有利 3 种情况，考虑下面 3 种组合方式：

1.35 恒载 $+\gamma_L \psi_Q \gamma_Q$ 活载

γ_G 恒载 $+\gamma_L \gamma_Q$ 活载

1.0 恒载 $+\gamma_L \gamma_Q$ 活载

其中：γ_G、γ_Q——恒、活荷载分项系数，隐含为规范取值，可由用户输入；

γ_L——活荷载考虑设计使用年限的荷载调整系数，可由用户输入；

ψ_Q——活荷载组合值系数，隐含为规范取值，可由用户输入。

这 3 种组合是软件所必须考虑的组合。

2. 考虑风荷载的组合

对于风荷载，软件分别考虑下述组合：

γ_G 恒载 $+\gamma_W$ 正向风

γ_G 恒载 $+\gamma_W$ 负向风

1.0 恒载 $+\gamma_W$ 正向风

1.0 恒载 $+\gamma_W$ 负向风

γ_G 恒载 $+\gamma_L \gamma_Q$ 活载 $+\psi_W \gamma_W$ 正向风

γ_G 恒载 $+\gamma_L \gamma_Q$ 活载 $+\psi_W \gamma_W$ 负向风

1.0 恒载 $+\gamma_L \gamma_Q$ 活载 $+\psi_W \gamma_W$ 正向风

1.0 恒载 $+\gamma_L \gamma_Q$ 活载 $+\psi_W \gamma_W$ 负向风

γ_G 恒载 $+\gamma_L \psi_Q \gamma_Q$ 活载 $+\gamma_W$ 正向风

γ_G 恒载 $+\gamma_L \psi_Q \gamma_Q$ 活载 $+\gamma_W$ 负向风

1.0 恒载 $+\gamma_L \psi_Q \gamma_Q$ 活载 $+\gamma_W$ 正向风

1.0 恒载 $+\gamma_L \psi_Q \gamma_Q$ 活载 $+\gamma_W$ 负向风

其中：γ_w——风荷载的分项系数，隐含为规范取值，可由用户输入；

ψ_w——风荷载的组合值系数，隐含为规范取值，可由用户输入。

软件分别对 X、Y 向风荷载考虑上述组合，并考虑恒载的有利与不利作用。

3. 考虑地震作用的组合

对于地震组合，软件根据地震作用计算信息确定组合内容，如果考虑了竖向地震作用，则软件分别考虑只有水平地震参与的组合、只有竖向地震参与的组合、水平地震为主的组合，如果勾选了"考虑竖向地震为主的组合"，则软件将增加竖向地震为主的组合。如果勾选了"风荷载参与地震组合"，则地震组合中同时考虑风荷载作用。

（1）风荷载不参与组合时：

① 只有水平地震参与的组合

1.2（恒载＋γ_{EG}活载）$\pm\gamma_{Eh}$水平地震作用

1.0（恒载＋γ_{EG}活载）$\pm\gamma_{Eh}$水平地震作用

② 只有竖向地震参与的组合

1.2（恒载＋γ_{EG}活载）$\pm\gamma_{Eh}$竖向地震作用

1.0（恒载＋γ_{EG}活载）$\pm\gamma_{Eh}$竖向地震作用

③ 水平地震为主的组合

1.2（恒载＋γ_{EG}活载）$\pm\gamma_{Eh}$水平地震作用$\pm\gamma_{Ev}$竖向地震作用

1.0（恒载＋γ_{EG}活载）$\pm\gamma_{Eh}$水平地震作用$\pm\gamma_{Ev}$竖向地震作用

④ 竖向地震为主的组合（根据参数设置确定）

1.2（恒载＋γ_{EG}活载）$\pm\gamma_{Ev}$水平地震作用$\pm\gamma_{Eh}$竖向地震作用

1.0（恒载＋γ_{EG}活载）$\pm\gamma_{Ev}$水平地震作用$\pm\gamma_{Eh}$竖向地震作用

（2）风荷载参与组合时：

① 只有水平地震参与的组合

1.2（恒载＋γ_{EG}活载）＋0.2γ_w 正向风$\pm\gamma_{Eh}$水平地震作用

1.2（恒载＋γ_{EG}活载）＋0.2γ_w 负向风$\pm\gamma_{Eh}$水平地震作用

1.0（恒载＋γ_{EG}活载）＋0.2γ_w 正向风$\pm\gamma_{Eh}$水平地震作用

1.0（恒载＋γ_{EG}活载）＋0.2γ_w 负向风$\pm\gamma_{Eh}$水平地震作用

② 只有竖向地震参与的组合

1.2（恒载＋γ_{EG}活载）$\pm\gamma_{Eh}$竖向地震作用

1.0（恒载＋γ_{EG}活载）$\pm\gamma_{Eh}$竖向地震作用

③ 水平地震为主的组合

1.2（恒载＋γ_{EG}活载）＋0.2γ_w 正向风$\pm\gamma_{Eh}$水平地震作用$\pm\gamma_{Ev}$竖向地震作用

1.2（恒载＋γ_{EG}活载）＋0.2γ_w 负向风$\pm\gamma_{Eh}$水平地震作用$\pm\gamma_{Ev}$竖向地震作用

1.0（恒载＋γ_{EG}活载）＋0.2γ_w 正向风$\pm\gamma_{Eh}$水平地震作用$\pm\gamma_{Ev}$竖向地震作用

1.0（恒载＋γ_{EG}活载）＋0.2γ_w 负向风$\pm\gamma_{Eh}$水平地震作用$\pm\gamma_{Ev}$竖向地震作用

④ 竖向地震为主的组合（根据参数设置确定）

1.2（恒载＋γ_{EG}活载）＋0.2γ_w 正向风$\pm\gamma_{Ev}$水平地震作用$\pm\gamma_{Eh}$竖向地震作用

1.2（恒载＋γ_{EG}活载）＋0.2γ_w 负向风$\pm\gamma_{Ev}$水平地震作用$\pm\gamma_{Eh}$竖向地震作用

1.0（恒载＋γ_{EG}活载）＋0.2γ_w 正向风$\pm\gamma_{Ev}$水平地震作用$\pm\gamma_{Eh}$竖向地震作用

1.0（恒载＋γ_{EG}活载）＋0.2γ_w负向风±γ_{Ev}水平地震作用±γ_{Eh}竖向地震作用

软件分别对 X、Y 向地震考虑上述组合。

4. 考虑吊车荷载的组合

（1）吊车荷载预组合

吊车荷载预组合的基本思路就是在计算每跨吊车荷载作用的过程中，对吊车荷载产生内力按照某种目标进行预组合。对于柱，其预组合目标是轴力最大、轴力最小、弯矩最大、弯矩最小等；对于梁，其预组合目标是各个截面弯矩最大、弯矩最小等。通过各跨吊车荷载的分别作用和组合，把吊车荷载对于柱梁构件的最不利作用通过内力预组合的方式记录下来，再与其他荷载组合。

（2）吊车荷载参与的组合

吊车荷载参与组合的方式与活荷载一致，吊车荷载的分项系数与活荷载一致，组合值系数可在【荷载组合】中设置，软件对所有活荷载参与的组合均作一遍吊车荷载组合，当进行可变荷载为主的组合时，软件分别考虑活荷载起控制及吊车荷载起控制两种情况。

对于有地震作用组合，软件计算重力荷载代表值时，取设计参数中吊车荷载的质量参与系数，如果为 0，表示不参与组合。

5. 考虑温度荷载的组合

对于温度荷载，软件考虑升温与降温两种工况，分别对每种工况循环进行荷载组合。

温度荷载参与组合的方式与活荷载一致，软件对所有活荷载参与的组合均作一遍温度荷载组合，并且温度荷载的分项系数与活荷载一致，组合值系数可在【荷载组合】中设置。

对于有地震作用组合，软件提供单独的地震组合系数。

6. 考虑人防荷载的组合

对于人防荷载，软件考虑 2 种组合：

1.2 恒载＋1.0 人防荷载

1.0 恒载＋1.0 人防荷载

7. 其他组合

除了上述组合，软件对于其他工况参与的组合没有直接在组合中反映，而是在根据荷载组合计算设计内力时，对基本组合进行细分，这样既考虑了其他类型荷载参与组合，又使得基本组合内容简单、清晰。细分组合主要考虑如下几方面：

（1）活荷载不利布置

软件在考虑活荷载不利布置时，把一次性加载方式的活载作为工况"LL"，将分层活荷不利布置形成的梁正负弯矩包络作为工况"LL1"和"LL2"。当组合中有"LL"工况时，软件再分别使用"LL1"和"LL2"参与组合，使得有"LL"参与的组合数变为原来的 3 倍。

如果用户在计算时考虑了活荷载不利布置，并且也输出了"梁活荷载内力放大系数"，则软件只对"LL"乘以放大系数，对于"LL1"和"LL2"不乘以放大系数。

目前软件只考虑了梁的活荷载不利布置，对于柱、墙等未考虑活荷载不利布置，也不乘以活荷载内力放大系数。

（2）偶然偏心

如果在计算时考虑了偶然偏心的影响，软件将对所有地震作用组合再进行正偏心和负偏心地震内力的组合，地震作用组合数变为原来的 3 倍。

（3）多方向地震

如果用户输入了"斜交抗侧力构件附加地震方向角度"，软件会根据用户输入的方向计算地震作用。在荷载组合时，软件再分别对多方向地震作用循环进行荷载组合，求出最不利内力组合。

8. 性能设计

如果计算时选择了按《抗规》进行性能设计，且设计类别为不屈服设计，则软件在荷载组合时将各荷载分项系数设为 1.0，并且不考虑风荷载参与地震组合。对于选择《高规》进行性能设计的情况，软件自动根据性能水准确定采用基本组合或标准组合。

9. 自定义工况组合

对于自定义工况，软件先对同一工况类型的各工况进行一次组合，然后将其代入不同工况类型的基本组合表中。

三、考虑抗震要求的设计内力调整

1. 梁

《抗震规范》和《高规》对抗震设计的梁有强剪弱弯的要求，软件执行规范的相关规定，执行方法是对水平荷载计算得到的剪力乘以放大系数，再与竖向荷载计算得到的剪力进行组合。内力调整系数取值如表 4.1.1 所示。

框架梁、连梁剪力调整系数

表 4.1.1

		9 度		6、7、8 度				
		特一级	一级	特一级	一级	二级	三级	四级
框架梁	框架结构	$1.2 \times C_1$	C_1	$1.2 \times C_1$	C_1	1.2	1.1	1.0
	非框架结构	$1.2 \times C_1$	C_1	1.2×1.3	1.3	1.2	1.1	1.0
连梁		C_1	C_1	1.3	1.3	1.2	1.1	1.0

其中：$C_1 = \max(1.1 \times 1.1 \times 超配系数, 1.3)$

"超配系数"是指在设计参数中输入的"实配钢筋超配系数"。

地下室顶板作为上部结构嵌固端时，《抗震规范》6.1.14-3 条对地下室顶板对应于地上框架柱的梁柱节点做出了规定，并提供了 2 种方案，软件自动按《抗震规范》6.1.14-3 中 2）项执行。

型钢混凝土梁的设计内力调整系数取值与混凝土梁相同，钢梁不调整。

2. 柱、支撑

内力调整系数见表 4.1.2、表 4.1.3。

框架柱、框支柱弯矩调整系数   表 4.1.2

		9度		6、7、8度				
		特一级	一级	特一级	一级	二级	三级	四级
框架结构	普通部位	$1.2 \times C_1$	C_1	$1.2 \times C_1$	C_1	1.5	1.3	1.2
	底层柱底	1.2×1.7	1.7	1.2×1.7	1.7	1.5	1.3	1.2
非框架结构	普通柱	$1.2 \times C_2$	C_2	1.4×1.2	1.4	1.2	1.1	1.1
框支柱	弯矩	1.8	1.5	1.8	1.5	1.3	1.1	1.1
	轴力	1.8	1.5	1.8	1.5	1.2	1.0	1.0

其中：$C_1 = \max$（$1.2 \times 1.1 \times$ 超配系数，1.7）

$C_2 = \max$（$1.2 \times 1.1 \times$ 超配系数，1.4）

当结构类型为异形柱框架或异形柱框剪时，软件按《异形柱规程》取值，二级时取 1.3，三级时取 1.1；对于异形柱框架结构的底层柱底，二级时取 1.4，三级时取 1.2，其他情况取值与普通柱一致。

框架柱、框支柱剪力调整系数   表 4.1.3

		9度		6、7、8度				
		特一级	一级	特一级	一级	二级	三级	四级
框架结构	普通部位	$1.2 \times C_3$	C_3	$1.2 \times C_3$	C_3	1.3	1.2	1.1
	底层柱底	$1.2 \times C_3$	C_3	$1.2 \times C_3$	C_3	1.3	1.2	1.1
非框架结构	普通柱	$1.2 \times C_4$	C_4	1.4×1.2	1.4	1.2	1.1	1.1
	框支柱	$1.2 \times C_4$	C_4	1.4×1.2	1.4	1.2	1.1	1.1

其中：$C_3 = \max$（$1.2 \times 1.1 \times$ 超配系数，1.5）

$C_4 = \max$（$1.2 \times 1.1 \times$ 超配系数，1.4）

最终的剪力调整系数为表 4.1.3 与表 4.1.2 中数值的乘积。

角柱在弯矩、剪力调整系数基础上再乘以 1.1。

对于支撑，如果与 Z 轴夹角小于参数中的临界角度，则按斜柱处理，这时的调整系数与柱相同；如果与 Z 轴夹角大于参数中的临界角度，则不考虑强柱弱梁调整，但考虑强剪弱弯调整。

3. 墙

内力调整系数见表 4.1.4、表 4.1.5。

剪力墙弯矩调整系数   表 4.1.4

		9度		6、7、8度				
		特一级	一级	特一级	一级	二级	三级	四级
底部加强部位	普通墙	1.1	1.0	1.1	1.0	1.0	1.0	1.0
	部分框支剪力墙结构中的落地墙	1.8	1.5	1.8	1.5	1.3	1.1	1.0
非底部加强部位	普通墙	1.3	1.2	1.3	1.2	1.0	1.0	1.0
	短肢剪力墙	1.3	1.2	1.3	1.2	1.0	1.0	1.0

剪力墙剪力调整系数   表 4.1.5

		9度		6、7、8度				
		特一级	一级	特一级	一级	二级	三级	四级
底部加强部位	普通墙	1.9	1.6	1.9	1.6	1.4	1.2	1.0
	部分框支剪力墙结构中的落地墙	1.9	1.6	1.9	1.6	1.4	1.2	1.0
非底部加强部位	普通墙	1.4	1.3	1.4	1.3	1.0	1.0	1.0
	短肢剪力墙	1.4	1.4	1.4	1.4	1.2	1.1	1.0

第二节 构件设计相关说明

一、材料强度取值

1. 混凝土材料

材料强度标准值按照《混凝土规范》4.1.3 条文说明公式计算，数值可能与表中数值稍有差异；材料强度设计值为标准值除以材料分项系数 1.4；材料强度极限值按照《抗震规范》M.1.2 条，取立方强度的 0.88 倍。

如果混凝土强度等级超过 C80，则软件借鉴欧洲规范的相关公式计算。

2. 钢材料

材料强度设计值按照《钢结构规范》3.4.1 取值，材料强度标准值（屈服强度）为设计值乘以材料分项系数，对于 Q235 为 1.087，对于 Q345、Q390、Q420 等为 1.111；材料强度极限值未按照《钢结构规范》3.4.1 条关于最小极限抗拉强度规定取值，目前按标准值×1.25 取值。

3. 型钢、钢管混凝土材料

对于型钢、钢管混凝土中的混凝土，软件按照混凝土材料规则取值；对于钢，按照钢材料规则取值。

4. 钢筋

材料强度标准值（屈服强度）按照《混凝土规范》4.2.2 取值；材料强度设计值为标准值除以材料分项系数，一般为 1.1，对于高强度 500MPa 级钢筋为 1.15；材料强度极限值按照《抗震规范》M.1.2 条，取屈服强度的 1.25 倍。

5. 人防设计

如果考虑人防设计，则软件按照《人防规范》4.2.3 对人防组合下的材料强度自动提高。

6. 性能设计

如果对于不同性能水准按照相关规范规定自动调整材料强度取值，详见专题部分的"抗震能设计"。

7. 增加对 HTRB600、HTRB630 钢筋的选用和设计

YJK 软件根据《热处理带肋高强钢筋混凝土结构技术规程》（苏 JG/T 054—2012），

支持 HTRB600、HTRB630 钢筋的选用及设计。如有需要，用户可在上部结构及基础中设置，如图 4.2.1 所示。

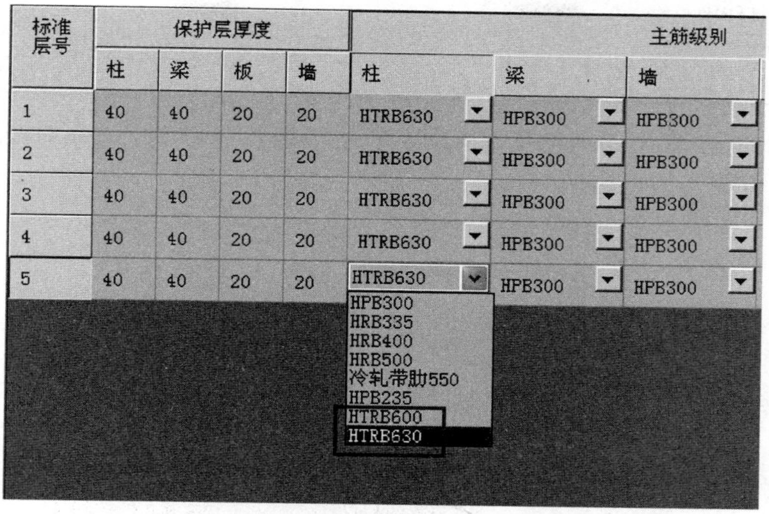

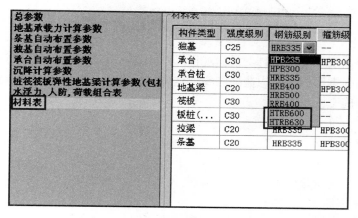

图 4.2.1　上部建模标准层参数增加对 HTRB600、HTRB630 钢筋的选用和设计

图 4.2.2　基础材料表增加对 HTRB600、HTRB630 钢筋的选用和设计

软件根据该规程 4.0.2 条、4.0.3 条确定高强钢筋标准值、设计值如表 4.2.1、表 4.2.2 所示。

热处理带肋高强钢筋的强度、弹性模量、断后伸长率和最大力下的总伸长率限值

表 4.2.1

钢筋牌号	符号	f_{yk} (R_{el}) (N/mm²)	f_{stk} (R_m) (N/mm²)	E_S (N/mm²)	A（%）	δ_{gt} (A_{gt}) （%）
HTRB600 HTRB600E	$\oplus^H$	600	750	2.0×10^5	15.0	7.5 9.0
HTRB630	$\oplus^{HL}$	630	790	2.0×10^5	15.0	7.5

热处理高强钢筋的强度设计值（N/mm²）		表 4.2.2
钢筋牌号	f_y	f_y'
HTRB600 HTRB600E	500	410
HTRB630	500	410

需要指出的是，YJK 软件根据钢筋位置及受力状态，自动执行受压时按照 410MPa 控制钢筋强度，如图 4.2.3 所示。

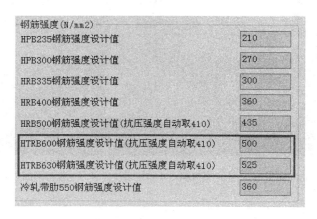

图 4.2.3　高强钢筋受压强度设计值

当高强钢筋用于人防设计时，根据规程 4.0.3 条，其动材料强度提高系数取 1.07。

对于应用高强钢筋构件的构造配筋率，软件按照规程 6.2.1 条控制，同时按照规范符号执行高强钢筋施工图绘制。

二、混凝土梁设计

图 4.2.4 所示为梁设计相关的若干参数。

1. 考虑受压钢筋

钢筋混凝土构件正截面承载力配筋计算时的界限相对受压区高度 ξ_b 按《混凝土规范》6.2.7 条确定；型钢混凝土构件按《型钢规程》设计时，ξ_b 按该规程 5.1.2 条确定。

框架梁端配筋说明：

当效应组合为地震作用组合时，根据《混凝土规范》11.3.1 条："计入纵向受压钢筋的梁端混凝土受压区高度应符合下列要求，

一级抗震等级：$x \leqslant 0.25h_0$

二、三级抗震等级：$x \leqslant 0.35h_0$"

根据《混凝土规范》11.3.6 条第 2 款："框架梁梁端截面的底部和顶部纵向受力钢筋截面面积的比值，除按计算确定外，一级抗震等级不应小于 0.5；二、三级抗震等级不应小于 0.3。"

另外根据《高规》6.3.3 条第 1 款："抗震设计时，梁端受拉钢筋的配筋率不应大于 2.75%，当梁端受拉钢筋的配筋率大于 2.5% 时，受压钢筋的配筋率不应小于受拉钢筋的一半。"

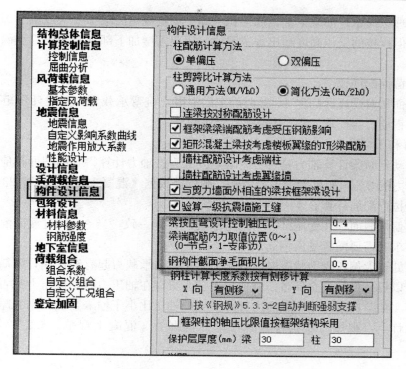

图 4.2.4　与梁设计相关参数

影响框架梁端配筋的参数"框架梁梁端配筋考虑受压钢筋影响",如图 4.2.5 所示,如果勾选此参数(默认勾选),则软件控制混凝土受压区高度一级抗震等级 $x \leqslant 0.25h_0$,二、三级抗震等级 $x \leqslant 0.35h_0$,超出时配置受压钢筋。

图 4.2.5　框架梁两端配筋
考虑受压钢筋影响

这样的配筋方式就不会出现截面受压区高度超限的问题,而且计算的受拉钢筋面积也比未考虑受压钢筋影响的情况偏小,能在一定程度上解决梁端钢筋过于拥挤的问题,所以建议用户点选此项。

当用户不勾选"框架梁梁端配筋考虑受压钢筋影响"时,软件在计算配筋时对 ξ_b 仍按初设值(如 $0.55h_0$)控制,计算出钢筋面积后再取计算配筋的 50% 或 30% 作为受压配筋后验算混凝土受压区高度,当受压区高度超出规范规定的限值时,软件给出提示,如图 4.2.6 所示。

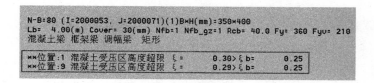

图 4.2.6　受压区高度超限提示

对于该提示,用户可查看梁端输出的实际上下配筋结果,如果梁下部配筋大于梁上部配筋的 50% 或 30%,用户可按实际输出配筋进行截面受压区高度校核,如果满足规范要求就不需处理该提示；如果下部钢筋面积不满足规范规定的最小要求或虽下部钢筋面积满足最小要求但校核的受压高度超出规范限值，用户需增加下部钢筋面积直至满足受压区高度限值要求。

梁中间截面配筋说明：

当取截面相对受压区高度 $\xi=\xi_b$ 时确定的混凝土抗弯承载力大于设计弯矩 M，则不需要配置受压钢筋；否则取 $\xi=\xi_b$ 并需配置受压钢筋。

2. 拉弯和压弯配筋

软件自动判断梁计算轴力是否可忽略，方法为按轴力计算得到的截面拉应力是否大于混凝土拉应力的 2%，如果大于不能忽略，则软件根据《混凝土规范》6.2.23 条按照非对称配筋进行拉弯配筋计算。

由于大偏拉截面存在受压区，与纯弯承载力计算一致，当 $\xi=\xi_b$ 时截面混凝土不能满足承载力要求时需要配置受压钢筋。

当截面处于大偏压受力状态时，轴压力对正截面承载力起有利作用，配筋计算时忽略该轴压比可以提高设计安全储备。软件提供了当梁存在轴压力时，该压力是否忽略的相关选项，如图 4.2.7 所示。如果轴压力计算得到的轴压比小于输入数值，则忽略轴压力，按纯弯构件设计，否则按压弯构件设计，设计依据为《混凝土规范》6.2.17 的对称配筋方法。

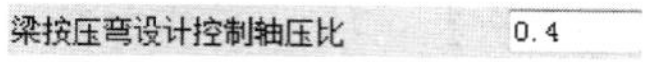

梁按压弯设计控制轴压比　　0.4

图 4.2.7　梁按压弯设计控制轴压比

当受拉钢筋计算配筋率不大于 1% 时软件按照单排钢筋进行承载力配筋计算，否则考虑双排布置受拉钢筋，此时取截面计算高度 $h_0=h-cov-47.5$（mm）（其中 cov 为保护层厚度）来进行承载力配筋计算。

3. 矩形混凝土梁按考虑楼板翼缘的 T 形梁配筋

梁在建模和计算中一般都是按照矩形梁，但是混凝土楼板和梁是现浇在一起的，混凝土楼板可形成梁的翼缘，使梁可按照 T 梁设计，这样可使梁的下部配筋减少。《混凝土规范》5.2.4 指出："宜考虑楼板作为翼缘对梁刚度和承载力的影响"。

YJK 设置了参数"矩形混凝土梁按考虑楼板翼缘的 T 形梁配筋"，如图 4.2.8 所示。一般这样设计可减少梁跨中下部钢筋几个百分点。软件自动考虑的翼缘宽度是梁每侧 3 倍厚度。

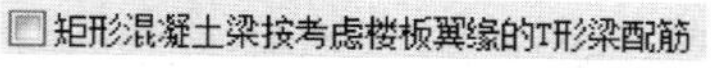

☐ 矩形混凝土梁按考虑楼板翼缘的T形梁配筋

图 4.2.8　矩形混凝土梁按考虑楼板翼缘的 T 形梁配筋

由于截面设计时不考虑混凝土受拉承载力，软件在执行该参数时，判断楼板是否处理受压状态，如果受拉，则不考虑楼板翼缘，仍按矩形截面设计。因此，对于一般的框架梁，该参数对跨中底筋有省材的效果；对于支座配筋一般无影响。

4. 梁配筋计算可考虑支承梁的柱的宽度影响

梁在结构计算中按照梁的全长考虑，即梁两端支座的中到中的长度。梁的弯矩图或弯矩包络图从两端到跨中一般变化梯度较大，特别是支座处的弯矩变化梯度最大。由于支承梁的柱截面尺寸一般都比较大，柱形心处的弯矩最大，靠近柱边处的弯矩将会减少很多。显然梁配筋时采用柱边处的弯矩是非常经济合理的，可以有效地、较大幅度地减少梁的配筋。

但传统软件在梁配筋计算没有考虑支承梁的柱的宽度影响，只能按照柱形心位置配筋，造成配筋过大。

软件设置了参数"梁端配筋内力取值位置（0~1）"，如图4.2.9所示。0即为柱的中心，1即为柱边。如果填0.8就相当于采用0.8倍柱宽处的内力来配筋。

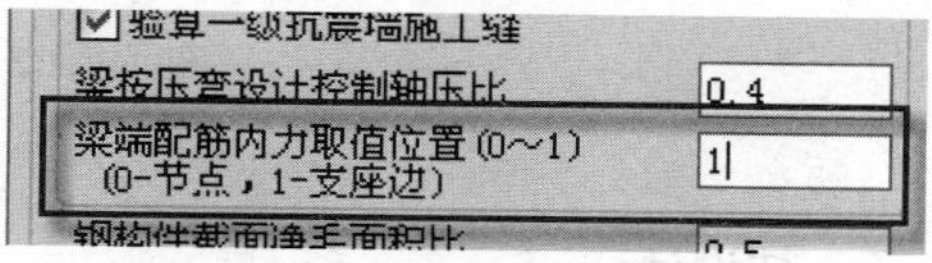

图4.2.9　梁端内力取值位置（0~1）

5. 梁端弯矩调幅

考虑框架梁调幅时，《混凝土规范》5.4.3条规定："钢筋混凝土梁支座或节点边缘截面的负弯矩调幅幅度不宜大于25%；弯矩调整后的梁端截面相对受压区高度不应超过0.35，且不宜小于0.10。"

对于调幅梁，软件对于所有组合调整截面相对界限受压区高度 $\xi_b = 0.35$ 来进行纯弯、拉弯承载力配筋计算。

《高规》5.2.3-4条规定："截面设计时，框架梁跨中截面正弯矩设计值不应小于竖向荷载作用下按简支梁计算的跨中弯矩设计值的50%。"

《连续梁规程》3.0.3.3条规定："弯矩调幅后，各控制截面的弯矩值不宜小于简支弯矩值的1/3。"

软件分别提供了框架梁和非框架梁调幅后不小于简支梁跨中弯矩的倍数参数，框架默认值0.5，非框架梁默认值0.33，如图4.2.10所示。

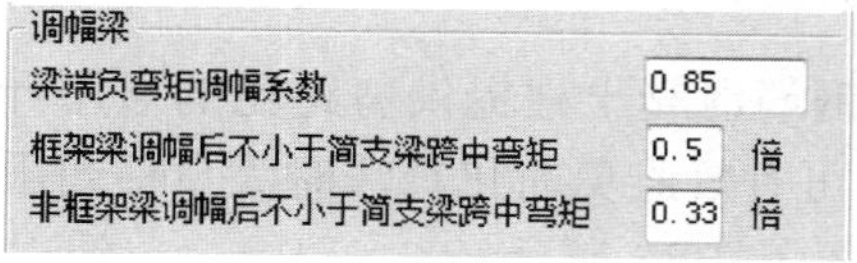

图4.2.10　梁端弯矩调幅提示

6. 对剪力墙平面外相连的梁可按非框架梁设计

框架梁需要按照抗震要求设计，对于非框架梁如果也按照抗震要求设计，则是不必要的浪费。软件对于搭接在框架梁上的次梁，自动设置为抗震等级等于5，即按照非抗震设计。

在框剪结构和剪力墙结构中，存在大量搭接在剪力墙上的梁。传统软件将这类梁也按照框架梁设计，但是实践中大多数设计单位认为这些梁可以按照非框架梁设计。如果用户认识到这点，则须花费大量人力去人工修改，但更多的单位认识不到或工期紧来不及做这些修改，造成大量不必要的浪费。

YJK设置了参数"与剪力墙面外相连的梁按照框架梁设计"，如图4.2.11所示。不勾选此项后软件自动将这类梁按照非框架梁设计。

如图4.2.12所示某井字梁在远端搭在墙上，如果设置框架梁抗震等级为1级，则该井字梁按照现有软件也判断为1级，势必造成较大浪费。在YJK可自动判断为非抗震梁。

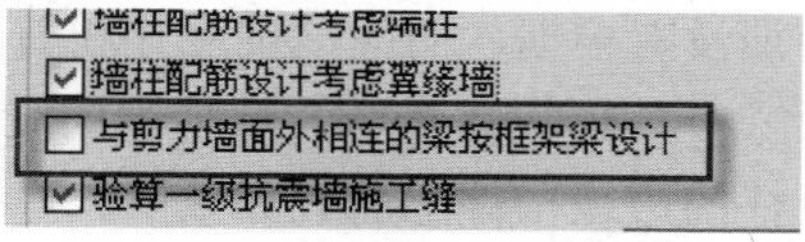

图4.2.11　与剪力墙面外相连的梁按照框架梁设计

285

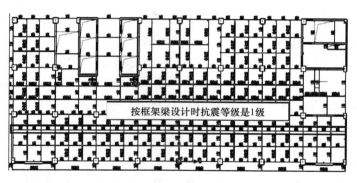

图 4.2.12　按框架梁设计时抗震等级

三、柱设计

1. 提供柱剪跨比的通用计算方法

柱的剪跨比是柱设计中的重要指标，规范对剪跨比小于 2 或小于 1.5 的柱判断为短柱，对短柱的要求比一般柱严格得多。

规范对柱的剪跨比计算规定的通用计算方法是 $M/(Vh_0)$；简化计算方法为 $H_n/(2h_0)$，但规定简化计算方法只能用在"框架结构"中，且柱的反弯点在柱层高范围内时。从两种算法的公式可看出，同样的柱用简化算法的剪跨比值总是比通用算法小。

传统软件原来只提供柱剪跨比的简化算法，首先这种应用超出了"框架结构"的范围，再者实际工程中柱反弯点在柱中情况很少，因此大量按照通用算法算的柱的剪跨比并不属于短柱的结构，按照简化算法却属于短柱。这样的结果常导致在高层建筑中出现大批超限的柱，其实按照规范的通用算法它们中的大部分并不超限，这种粗略算法的结果只能通过加大柱截面尺寸来解决，造成不必要的浪费。

图 4.2.13　柱剪跨比计算方法

现软件提供对钢筋混凝土柱提供剪跨比的通用计算方法 $M/(Vh_0)$，可有效避免简化算法时大量柱超限的不正常现象，如图 4.2.13 所示。

YJK 除了在柱配筋文件输出剪跨比外，还设置专门的柱剪跨比计算简图。

图 4.2.14 为某工程按照柱剪跨比的两种算法的对比。

2. 边框柱

传统软件将边框柱和其所连的剪力墙分别配筋，并将二者配筋相加作为最终边缘构件的配筋。这样的计算方法常使带边框柱边缘构件的配筋量很大。

实际上边框柱和剪力墙现浇在一起协同工作，将边框柱和其所连的剪力墙二者配筋相加没有根据，而应该按照柱和剪力墙合并的组合墙截面进行配筋。

YJK 设置参数"墙柱配筋设计考虑端柱"。大多数工程表明，这样的设计可使带边框柱的边缘构件配筋大大减少。

图 4.2.15 所示某 7.5 度、Ⅲ类场地土设防项目，审图要求解决剪力墙边缘构件超限过多问题，用 YJK 的自动组合墙配筋计算后，边缘构件配筋对比见图右，白色数字为传

统软件边缘构件计算结果，整个结构剪力墙边缘构件配筋降低 15％，没有做结构本身的修改就通过了审图审查。

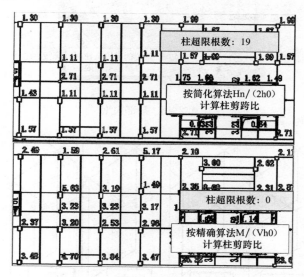

图 4.2.14　剪跨比简图

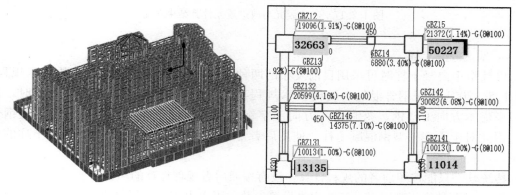

图 4.2.15　工程实例

YJK 还改进了力学有限元计算中带边框柱剪力墙的算法，结构模型中边框柱为杆单元，剪力墙为壳单元，柱墙之间设置单元划分的若干点协调连接。由于传统使用的壳单元在平面内弯曲刚度偏弱，常造成边框柱受力过大、突变等奇异现象，造成边框柱配筋过大。

YJK 提供新的膜单元 NQ6Star，解决了传统壳单元在平面内弯曲刚度偏弱的问题，对边框柱与剪力墙的协调性好，在二者的协同中可使剪力墙承担更多的受力，可以缓解边框柱配筋过大的问题。

如图 4.2.16、图 4.2.17 所示，使用传统的经典膜元某带越层的带边框柱剪力墙抗剪超限，改为使用改进膜元 NQ6star 后不再超限。对比 X 地震下边框柱和剪力墙的剪力，可以看出经典膜元边框柱有剪力突变的异常现象，导致与它相连的剪力墙的剪力过大。改进膜元边框柱受剪力上下均匀，相邻剪力墙剪力正常不再超限。

图 4.2.16　局部模型

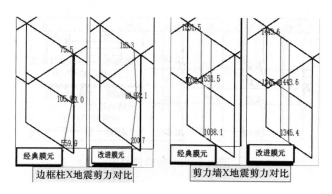

图 4.2.17　经典膜元与改进膜元计算结果对比

3. 型钢混凝土柱

设计型钢混凝土柱时可采用目前发布的两种规程：《型钢混凝土组合结构技术规程》JGJ 138—2001 和《钢骨混凝土结构技术规程》YB 9082—2006。截面配筋设计时，前者只考虑本方向工型钢，忽略另一方向工字钢，后者则每个方向都考虑全部工型钢作用。因此对于十字工型钢混凝土柱，使用后者常可以较大幅度地减少型钢混凝土柱的配筋量。

传统软件只能按照前者的规程计算，没有按照后者规程计算的功能。

YJK 对两种规程都可以计算，提供设置参数，可以由用户选择按照哪一本规程计算。

4. 钢管混凝土叠合柱设计

钢管混凝土叠合柱就是由截面中部钢管混凝土和钢管外钢筋混凝土叠合而成的柱，并在柱截面定义中输入钢管内和钢管不同的混凝土强度等级，这种柱常用于轴压比不满足要求而不能采用更大的截面尺寸时。

在 2013 年发布的上海市《建筑抗震设计规程》（2013）提到：当轴压比不满足表 6.3.6 的规定而不能采用更大截面尺寸的柱时，可采用钢管与混凝土双重组合柱，其轴压比按公式 $\alpha = (N-N_{钢管混凝土})/(A_c f_c)$ 计算，$N_{钢管混凝土}$ 按钢管混凝土规范计算。

建模时对叠合柱可选择按圆形劲性混凝土柱类型定义，如图 4.2.18 所示，并在构件的材料修改菜单中补充输入 2 种混凝土强度等级，在构件材料修改对话框中特别增加了提示"对于叠合柱，以/分隔内外混凝土强度等级/前为外侧混凝土"，如图 4.2.19 所示。

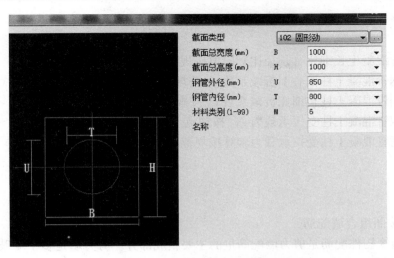

图 4.2.18　钢管混凝土叠合柱定义

软件根据《叠合柱规程》对叠合柱进行了钢管混凝土柱的承载力验算、正截面配筋计算、斜截面配筋计算、轴压比、长细比、钢管径厚比、含管率、套箍指标等验算。

其中，正截面配筋计算、轴压比验算时，轴力按钢管外混凝土承担的轴力取值。

如：

叠合柱中钢管混凝土承受的轴压力设计值：

$$N_{cc} = NE_{cc}A_{cc}(1+1.8\theta)/[E_{co}A_{co} + E_{cc}A_{cc}(1+1.8\theta)]$$

叠合柱中钢管外混凝土承受的轴压力设计值：

$$N_{co} = N - N_{cc}$$

钢管外钢筋混凝土的轴压比限值：

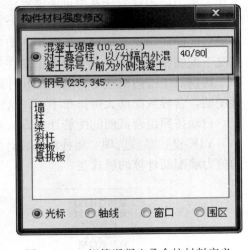

图 4.2.19　钢管混凝土叠合柱材料定义

$$n = N_{co}/(f_{co}A_{co})$$

5. 钢管混凝土柱

软件根据新修编的《钢管混凝土结构技术规范》GB 50936—2014 中的极限平衡理论进行钢管混凝土的受力分析和承载力验算，其主要修改如下：

（1）管壁局部稳定验算按规范 4.1.6 条执行，具体如下

圆钢管混凝土径厚比限值

$$受压 \quad 135\frac{235}{f_y}$$

$$受拉 \quad 177\frac{235}{f_y}$$

矩形钢管混凝土宽厚比限值

$$受压 \quad 60\sqrt{\frac{235}{f_y}}$$

$$受拉 \qquad 135\sqrt{\frac{235}{f_y}}$$

（2）钢管混凝土长细比（长径比）限值按规范表 4.1.7 条执行；

（3）圆钢管混凝土柱偏心率折减系数 φ_e 按规范 6.1.3 条计算；

（4）圆钢管混凝土柱长细比折减系数 φ_l 按规范 6.1.4 条计算；

（5）圆钢管混凝土柱受压承载力 N_u 按规范 6.1.2 条计算；

（6）圆钢管混凝土柱受拉承载力验算按规范 6.1.8 条计算。

四、墙设计

1. 自动按照组合墙配筋

剪力墙边缘构件配筋是剪力墙配筋量的主要组成部分。剪力墙是多个墙肢相连组合工作的，《抗震规范》6.2.13 条和《混规》9.4.3 条都指出：抗震墙应计入腹板和翼墙共同工作、剪力墙承载力计算中可考虑翼缘等。说明规范要求按照墙肢相连的组合截面计算。

但是传统软件计算剪力墙的配筋时是按照每个单肢墙的一字墙分别计算，然后把相交各墙肢的配筋结果叠加作为边缘构件配筋，虽然这种配筋方式编程简单，但是一方面多数情况下配筋结果偏大，另一方面正如许多权威专家多次指出的，有时配筋不够不安全。

特别对于带边框柱剪力墙，现软件是将柱配筋和与柱相连的墙肢配筋相加作为边缘构件配筋，常导致配筋大得排布不下，这完全是计算模型不合理导致的。

自动按照组合截面的配筋计算方法才是合理的计算方法。

YJK 设置参数选项"墙柱配筋设计考虑翼缘墙"，如图 4.2.20 所示。这种方式下软件的剪力墙配筋计算的模式是：

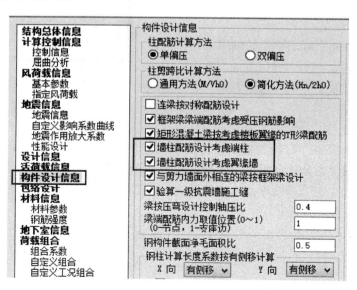

图 4.2.20　组合墙配筋计算参数

每一墙肢计算时自动考虑墙肢两端的部分翼缘共同工作的组合墙配筋，在每一侧取的翼缘伸出部分不大于 4 倍墙厚且不大于腹板长度的一半。当组合墙的翼缘是墙肢的全截面时，软件按照双偏压方式计算配筋。当组合墙的翼缘是墙肢的部分截面时，软件按照不对称配筋方式计算配筋，因为此时如果按照对称配筋计算结果将偏大。

组合墙的计算内力是将各墙段内力向组合截面形心换算得到的，如果端节点布置了边框柱，则组合内力将包含该柱内力。

大量工程实例计算对比表明，对于一般抗震设防的剪力墙结构，采用 YJK 新的配筋方式，对于边缘构件配筋，虽然有的地方增加，但总的配筋量可减少 5%～15%。

对组合墙配筋的详细技术条件可参照软件自带的、可用 F1 打开的帮助说明（鼠标停靠在如上参数即可），或是参考《结构软件难点热点问题应对及设计优化》（中国建筑工业出版社）相关章节。

2. 按照组合截面计算剪力墙的轴压比

当剪力墙的轴压比超限时，常需要加大墙的截面尺寸或提高混凝土强度等级。传统软件对于剪力墙轴压比的计算，也是按照单独墙肢分别计算的，常有互相连接的墙肢轴压比相差较大，有的超限，有的不超限的情况，这与实际不符。

YJK 按照剪力墙的组合截面计算剪力墙的轴压比，和组合截面配筋相似，计算每一墙肢的轴压比时，软件自动考虑其两端的部分翼缘。这样的方法有效避免了相邻墙肢之间轴压比相差过大的现象。

3. 可使墙水平分布筋参与边缘构件的配箍

《高规》第 7.2.15 条明确提出约束边缘构件可以考虑墙水平分布筋："箍筋体积配箍率，可计入箍筋、拉筋以及符合构造要求的水平分布钢筋，计入的水平分布钢筋的体积配箍率不应大于总体积配箍率的 30%。"

YJK 的剪力墙施工图软件提供了参数使约束边缘构件和构造边缘构件均可以考虑墙水平分布筋，软件根据国标图集 11G101-1 给出了剪力墙水平分布筋计入约束边缘构件体积配箍率的做法，要求保证至少每隔一个是采用封闭箍筋，也就是说即使墙身间距和边缘构件箍筋间距相同，也只是每隔一个用墙水平筋替代部分箍筋。这种措施一般可减少边缘构件箍筋用量 20%。

4. 对短墙肢自动单元加密计算

YJK 对于水平向只划分了 1 个单元的较短墙肢，自动增加到 2 个单元，以避免短墙肢计算异常，如图 4.2.21 所示。因为有限元计算时对于水平向只划分了 1 个单元的较短墙肢计算误差很大，常使算出的内力过大或过小。

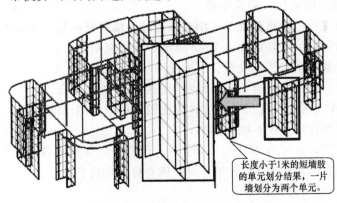

长度小于1米的短墙肢的单元划分结果，一片墙划分为两个单元。

图 4.2.21　短墙肢自动单元加密计算

5. 短肢剪力墙按考虑墙厚和偏心的全长判断

YJK 对短肢剪力墙按考虑墙厚和偏心的全长判断。以前软件只能按墙所在的轴线长度判断是否属于短肢剪力墙，如图 4.2.22 所示某 200mm 厚墙肢按墙所在轴线长 1550mm 判断，长厚比小于 8 属于短肢剪力墙，但是其相交另一墙厚 200mm，按墙肢全长 1650mm 判断长厚比大于 8，就不属于短肢剪力墙。

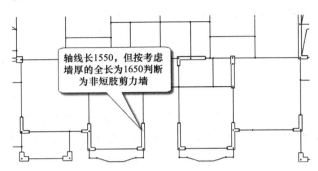

轴线长1550，但按考虑墙厚的全长为1650判断为非短肢剪力墙

图 4.2.22　短肢剪力墙的判断按考虑墙厚和偏心的全长

因此，按照考虑墙厚和偏心的全长进行短肢剪力墙的判断可避免误判为短肢墙造成的配筋过大现象。

6. 端部配置型钢的墙肢

（1）正截面设计

选用《型钢规程》时，软件根据该规程 8.1.1 条进行承载力计算；选用《钢骨规程》时，软件根据该规程 6.4.9 条进行承载力计算。

端部配置型钢墙肢的边缘构件阴影范围纵筋构造配筋与普通混凝土墙肢取值一致。

（2）斜截面设计

选用《型钢规程》时，软件按照该规程 8.1.3 条进行墙肢受剪最小截面尺寸验算；选用《钢骨规程》时，软件按照该规程 6.4.12 条进行墙肢受剪最小截面尺寸验算。

软件按照《型钢规程》8.1.4 条、8.1.6 条或《钢骨规程》6.4.10 条、6.4.12 条及 6.4.13 条进行承载力配筋计算。

端部配置型钢墙肢的水平分布钢筋最小配筋率与普通混凝土墙肢取值一致。

7. 设计结果增加墙的偏拉验算菜单

设计结果增加【偏拉验算】菜单，用来查看柱、墙等竖向构件在各种组合下的受拉情况，并标注查出的受拉构件，如图 4.2.23 所示，查找规则如下：

（1）可以查看基本组合、标准组合下的受力状态；

（2）可以选择一般恒活组合、风荷载参与的组合、地震组合；

（3）根据 N/A 与混凝土受拉强度设计值比较，可以输出比值系数；

（4）如果所有组合均受压，则不输出；

（5）输出 3 个数，分别为 $N/(f_t \cdot A)$、N、组合号，在简图名称下方有说明；

（6）当比值系数 $N/(f_t \cdot A)$ 大于 1 时，所有标注用红色显示。

8. 双肢墙

在【前处理及计算】的【特殊墙】菜单下，增加【双肢墙】菜单，由用户指定某些墙为双肢墙，屏幕上对双肢墙用淡黄色显示。

图 4.2.23 偏拉验算

对于双肢墙，软件按《高规》7.2.4 条，配筋计算时将地震组合中受压时墙柱的弯矩设计值和剪力设计值乘以增大系数 1.25。

用户可先在【偏拉验算】菜单下判断是否需要设置双肢墙，再回到前处理用【双肢墙】菜单人工指定前面查找出的双肢墙。

9. 钢板墙

可在墙定义中将墙材料定义为钢，就形成了纯钢板墙，软件在后续的处理中按纯钢板墙计算该剪力墙，例如用于钢筒仓、钢漏斗的整体计算分析。

10. 剪力墙施工缝超限时给出需要补充的钢筋

当剪力墙施工缝验算超限时，软件给出满足施工缝验算要求需要补充的钢筋用量。

在配筋简图中，剪力墙配筋标注将在下面增加一行数字，即为需要补充的钢筋量，如图 4.2.24 所示。

图 4.2.24 剪力墙施工缝超限时给出需要补充的钢筋

在配筋计算结果文件 wpj∗.out 中同时增加 Astneed 变量输出，表示的也是需要补充的钢筋用量。

补充的钢筋用量为该段墙柱总的补充量，可以用来加在该墙柱的分布钢筋或边缘构件上。

软件对需要进行施工缝验算的剪力墙，不管其施工缝验算是否超限，其计算结果均在 wpj.out 文件中输出。

11. 墙柱计算高度的人工指定

软件默认剪力墙墙柱的计算长度同层高，如果用户需要修改这样的计算长度，可在计算长度设置中可以修改墙柱的计算高度，如图 4.2.25 所示，修改后的高度在墙柱的配筋设计和稳定验算中起作用。

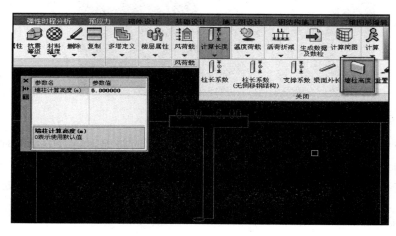

图 4.2.25　墙柱高度交互指定

12. 布置了墙面外荷载的剪力墙

软件对承受了面外荷载的剪力墙，增加输出了墙在轴力、弯矩作用下墙的水平、竖向分布筋的计算结果，如图 4.2.26 所示。对于筒仓筒体、水池池壁等类的剪力墙结构，墙的分布钢筋是设计结果主要关注的受力钢筋。

```
-------------------------------------------------------------
N-WC=16 (I=2000224 J=2000225) B*H*Lwc(m)=0.50*11.00*4.80
aa=550(mm) Nfw=3 Nfw_gz=3 Rcw=60.0 Fy=360 Fyv=360 Fyw=360 Rwv=0.25
混凝土墙 外墙 加强区
livec=1.000
η mu=1.000   η vu=1.200   η md=1.000   η vd=1.200
( 28)M=   -9586.5 V=    6505.6 λ w= 0.141
     Nu=       0.0 Uc=0.12
(  1)M=   -2462.2 N=  -21387.7 As=        0.0
( 28)V=   32797.5 N=  -70330.4 Ash=     300.0 Rsh= 0.30
面外设计结果:
(  5)M=    -351.0 N=   -1387.4 竖向分布筋每延米双侧最大计算配筋面积: 1278(mm2)
( 13)M=    -127.9 N=    -439.1 水平分布筋每延米双侧最大计算配筋面积:  632(mm2)
抗剪承载力: WS_XF=  10993.62   WS_YF=       0.02
```

图 4.2.26　墙面外配筋结果文本输出

五、剪力墙连梁

剪力墙连梁设计时，有两个常见问题：

（1）连梁的建模方式有两种：墙上开洞方式和普通梁输入方式，在跨高比较小时，两种方式计算结果差距较大；且按普通梁方式输入有时并不合理；

（2）连梁易发生抗剪超限。

YJK 的改进方面是：

1. 对普通梁方式输入的跨高比较小的连梁自动按照壳元计算

《广东高规》5.1.4："连梁可用杆单元或壳单元模拟，当连梁的跨高比小于 2 时，宜用壳单元模拟。"

软件对"普通梁方式"输入的连梁，软件将跨高比较小的梁自动划分单元并按照"壳元"计算。这种处理方式保证了两种输入方式计算结果的一致性。

可在计算参数"连梁按墙元计算控制跨高比"中，控制普通梁连梁转为壳元计算的跨高比，软件隐含值为 4，如图 4.2.27 所示。

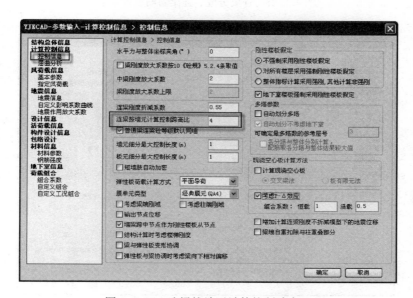

图 4.2.27　连梁按墙元计算控制跨高比

2. 可对连梁按分缝连梁或者配置交叉斜筋设计

《抗震规范》6.4.7："跨高比较小的高连梁，可设水平缝形成双连梁、多连梁或采取其他加强受剪承载力的构造。"

设置连梁分缝是解决连梁超限的有效措施。

《混凝土规范》11.7.10："对于一、二级抗震等级的连梁，当跨高比不大于 2.5 时，除普通箍筋外，宜另配置斜向交叉钢筋。"

这种配筋方式较普通方式大幅提高了连梁的抗剪能力，从而有效地减少超筋现象。

软件在计算前处理的【特殊墙】下设置了【连梁分缝】、【交叉配筋】、【对角暗撑】、【对角斜筋】菜单，如图 4.2.28 所示。

3. 连梁材料强度默认同墙

在计算控制参数页上增加参数"连梁材料强度默认同墙"，如图 4.2.29 所示。勾选此参数对按照普通梁输入的剪力墙连梁的混凝土材料按照墙的材料强度等级取用，而不是按照普通梁的。

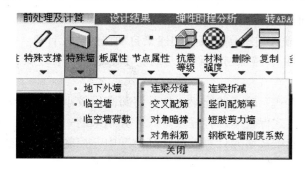

图 4.2.28　连梁分缝、连梁斜筋设置菜单

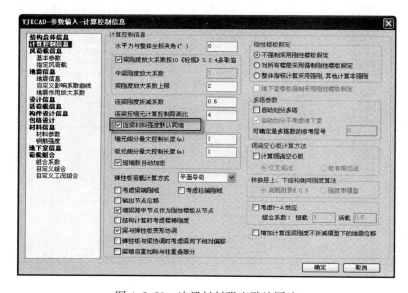

图 4.2.29　连梁材料强度默认同墙

第三节　剪力墙边缘构件设计

《高规》7.2.14：“剪力墙两端及洞口两侧应设置边缘构件，并符合下列规定：1　一、二、三级剪力墙底层墙肢底截面的轴压比大于表 7.2.14 的规定值时，以及部分框支结构的剪力墙，应在底部加强部位及相邻的上一层设置约束边缘构件，约束边缘构件应符合本规程 7.2.15 条的规定；2　除本条第一款所列部位外，剪力墙应按本规程第 7.2.16 条设置构造边缘构件。”

一、边缘构件的自动生成过程

1. 配筋简图和边缘构件图

对边缘构件配筋，软件分为两步进行：第一步是对组成边缘构件的各个墙肢分别按直线墙段配筋，第二部是组合各直线段配筋并生成边缘构件配筋。

　　软件在计算剪力墙纵筋时，采用将各种形状的剪力墙分解为一个个直线墙段，对各直线墙段按单向偏心受力构件计算配筋，输出直线墙段单侧端部暗柱的计算配筋，如图4.3.1（a）所示。

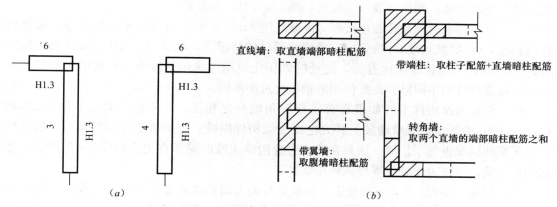

图4.3.1　配筋简图中分段配筋方法及边缘构件配筋原则
(a) 配筋简图；(b) 边缘构件主筋叠加原则

　　软件对于剪力墙配筋结果的表示提供两张简图，一张是配筋简图中对于各个直线剪力墙段的配筋结果，另一张是边缘构件配筋结果（图4.3.1）。值得注意的是：直线剪力墙段的暗柱主筋给出的是计算值，如果计算值为0则输出0，并不考虑构造要求；而边缘构件简图中的配筋结果则同时考虑了钢筋计算值和构造值，也即二者当中取大。这是因为边缘构件的形状常为T形、L形、边框柱形等，软件需要考虑节点周围存在多个墙肢的情况，即构造配筋要根据T形、L形、边框柱形等多肢组合在一起的截面确定，而计算配筋时只考虑单个墙肢。因此，剪力墙的配筋结果以边缘构件简图为准，直线剪力墙段的配筋图仅供校核之用。

　　当各单个直线墙配筋率超过5%时，软件给出该墙的超筋信息。5%的限值不是规范明确的规定，只是一个参考的经验值。

　　在边缘构件配筋图中，钢筋的标注区分为两种颜色显示，白色时表示该边缘构件是构造配筋控制，黄色时表示该边缘构件是计算配筋控制。

　　2. 边缘构件生成规则

　　边缘构件实际是墙柱端部的配筋加强部位。当多个墙柱相交时，一个边缘构件可能是由多个墙柱的端部加强部位组合而成。软件按上述思路生成边缘构件：首先确定每个墙柱端部的加强区长度（软件将墙肢端部的加强部位称为边缘构件主肢），然后将这些加强区组合起来生成边缘构件。边缘构件生成的具体过程如下：

　　读入计算模型墙柱布置信息及各墙柱的轴压比，此处读入的是组合轴压比。

　　在每个墙柱端部生成一个边缘构件主肢，并在必要的地方形成边缘构件副肢，各边缘构件肢的生成规则如下：

　　（1）首先由墙柱位置、抗震等级及读入的底层墙柱轴压比确定应该在端部生成构造边缘构件主肢还是约束边缘构件主肢。位于底部加强区及其上一层的墙肢，如果对应的底层底截面墙肢轴压比大于《抗震规范》表6.4.5-1的墙肢，其端部生成约束边缘构件主肢；其他情况，墙肢端部生成构造边缘构件主肢。

（2）对于构造边缘构件主肢，按《混规》图 11.7.19 的规定确定主肢长度。对于非正交的墙肢，软件根据规范的要求做了扩展。如果两墙肢端部相交且夹角在 45°到 135°之间，则按转角墙（《混规》图 11.7.19.d）处理。如果一个墙肢端部两侧均有夹角在 45°到 135°之间的其他剪力墙，则按翼墙（《混规》图 11.7.19.c）处理。

（3）对于约束边缘构件肢，按照《混规》图 11.7.8 及表 11.7.8 确定肢长度。边缘构件肢长度 L_c 由墙肢长度 h_w 决定。有翼墙或端柱的情况下，h_w 与 L_c 均从翼墙或端柱的外皮起算。L_c 还与墙肢轴压比有关，此处的轴压比使用边缘构件肢所在墙肢的轴压比，位于同一边缘构件的不同肢，此处使用的轴压比可能不同。

（4）约束边缘构件主肢如果有翼墙或转角墙与之相连，还需按《混规》图 11.7.18（c）或（d）的要求在翼墙墙肢上补充生成边缘构件副肢。与构造边缘构件类似，软件也对非正交的情况进行了扩展。如果在约束边缘构件主肢的端部有相交角度在 45°到 135°之间剪力墙，则认为此处是翼墙或转角墙。

（5）根据《高规》7.1.6 的规定，如果梁与剪力墙面外相交，则软件会在墙与梁相交的部位生成暗柱，此暗柱长度取墙与梁的边线交点再向左右各延伸一个墙宽。墙与梁的夹角在 45°到 135°之间时，认为是面外相交。

所有边缘构件主肢生成后，将符合主肢合并条件的肢合并起来生成边缘构件。主肢合并条件为两主肢阴影区有重叠部分或阴影区距离小于 300mm（此数值可在参数对话框中修改）。对于两个约束边缘构件肢，如果 $\lambda/2$ 区有重叠，但是阴影区距离较远不能合并，则软件会将重叠的 $\lambda/2$ 区合并成一个，合并后的 $\lambda/2$ 区的配箍特征值取数值较大的一个。

边缘构件生成之后，将按照平法图集 11G101-1 的相关要求进行命名和编号。边缘构件名称的首字母代表边缘构件的性质，Y 为约束边缘构件，G 为构造边缘构件。边缘构件中只要有一个主肢是约束边缘构件，则整个边缘构件就是约束边缘构件；否则是构造边缘构件。其后的两个字母统一为 BZ，不再根据形状区分 YZ（翼柱）、JZ（角柱）、AZ（暗柱）或 DZ（端柱）。边缘构件的简称之后跟着此边缘构件的编号，软件对同一自然层的全部边缘构件统一进行编号，不区分边缘构件的性质和形状。

3. 边缘构件配筋设计

边缘构件配筋包括纵向钢筋和箍筋两个部分。纵筋应按计算面积和构造面积取大进行设计，箍筋则主要由构造控制。

纵筋计算面积：对于剪力墙墙柱，软件按偏心受压构件计算端部需要的纵向钢筋面积。软件认为纵向分布钢筋沿墙长方向均匀布置，且截面两端对称配筋，按《混规》6.2.19 提供的公式计算两端的计算面积。边缘构件的纵向钢筋计算面积为属于此边缘构件的全部边缘构件主肢的计算配筋面积之和。边缘构件中包含有边框柱时，计算面积中还要加上边框柱的计算纵筋面积。

纵筋构造面积：对于普通构造边缘构件，构造纵筋面积按《抗震规范》表 6.4.5-2 获得。对于普通约束边缘构件，构造纵筋面积按《抗震规范》表 6.4.5-3 获得。根据《高规》3.10.5-3，特一级抗震的约束边缘构件纵筋最小构造配筋率为 1.4%，特一级抗震的构造边缘构件最小构造配筋率为 1.2%。这些由软件自动执行。

根据《高规》7.2.16-4，对于连体结构、错层结构以及 B 级高度建筑中的剪力墙，其构造边缘构件的构造配筋率应比普通构造边缘构件提高 0.1%。为此，软件设置了参数：

剪力墙构造边缘构件的设计执行《高规》7.2.16-4，由用户控制是否执行。执行该选项将使构造边缘构件配筋量提高。

　　箍筋构造：按《抗震规范》表 6.4.5-2，普通构造边缘构件的箍筋构造由最小直径和最大间距控制。特一级的构造边缘构件箍筋构造同一级。约束边缘构件的箍筋构造由配箍特征值控制，具体请参见《抗震规范》表 6.4.5-3。计算配箍特征值 λ_v 时需要用到轴压比，软件中此轴压比为约束边缘构件中各墙肢轴压比的面积加权平均（$\lambda = \Sigma(\lambda_i A_i)/\Sigma A_i$，其中 λ_i 为墙柱轴压比，A_i 为墙柱面积）。根据《高规》3.10.5-3，特一级约束边缘构件配箍特征值按一级抗震增大 20% 取用，即轴压比 $\leqslant 0.2$ 时取 0.144，>0.2 时取 0.24。

　　根据高规 7.2.16-4，对于连体结构、错层结构以及 B 级高度建筑中的剪力墙，其构造边缘构件的箍筋除需满足上述构造要求外，还需保证配箍特征值不小于 0.1。和上面的纵筋构造一样，此条由用户选择执行。

　　《高规》7.2.14-3 规定："B 级高度建筑的剪力墙宜在约束边缘构件层与构造边缘构件层间设置 1~2 层过渡层，过渡层边缘构件的箍筋配置可低于约束边缘构件的要求，但应高于构造边缘构件的要求"。过渡层由用户指定，软件实现是采用底部加强区的构造边缘构件基本箍筋构造作为过渡层的构造。

　　4. 边缘构件结果输出

　　软件使用图形方式输出边缘构件的配筋结果。输出的内容包括边缘构件名称、尺寸、纵筋的计算配筋面积、纵筋的构造配筋面积、箍筋的最小体积配箍率、箍筋最小直径和最大间距。

　　（1）构件名称按照平法标准图 11G101-1 给定的规则命名，它由边缘构件类型代号和边缘构件序号组成。

　　对于边缘构件代号：用若干字符标示该边缘构件属性，第一个字母用"Y"表示约束边缘构件，用"G"表示构造边缘构件；第二、第三个字符统一为 BZ，后跟边缘构件在自然层中的编号。

　　（2）对边缘构件的尺寸，给出从墙肢外皮到阴影区边界的长度。如果约束边缘构件存在 $\lambda/2$ 区，还会标出 $\lambda/2$ 区的长度。

二、影响边缘构件设计的参数

　　在【计算参数】的【构件设计信息】也设置了若干有关边缘构件的参数，如图 4.3.2 所示。

　　1. 剪力墙构造边缘构件的设计执行《高规》7.2.16-4

　　《高规》7.2.16-4 条对抗震设计时，连体结构、错层结构及 B 级高度高层建筑结构中剪力墙（筒体）构造边缘构件的最小配筋作出了规定。该选项用来控制剪力墙构造边缘构件是否按照《高规》7.2.16-4 条执行。执行该选项将使构造边缘构件配筋量提高。

　　2. 底部加强区全部设为约束边缘构件

　　勾选此选项时，所有在底部加强区的边缘构件均按约束边缘构件的构造处理，不进行底截面轴压比的判断。此选项略为保守，但方便设计和施工。02 版《高规》有与此类似的规定。出于设计简便和旧规范延续性的考虑，软件中设置此选项。此选项默认不勾选。

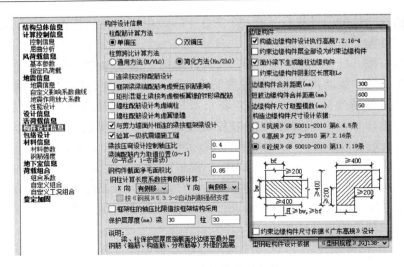

图 4.3.2　边缘构件控制参数

3. 面外梁下生成暗柱边缘构件

勾选此选项时，软件在剪力墙面外梁下的位置设置暗柱。暗柱的尺寸及配筋构造均按《高规》7.1.6 的规定执行。软件并未考虑面外梁是否与墙刚接，只要勾选此项，所有墙面外梁下一律生成暗柱。当面外梁均与墙铰接时，可不勾选此选项，此时梁下墙的配筋做法需要设计人员另行说明。

4. 约束边缘构件阴影区长度取 L_c

勾选此选项时，整个约束边缘构件均为阴影区，不设 $\lambda/2$ 区。默认情况下，约束边缘构件的范围包括阴影区与 $\lambda/2$ 区两部分。作为边缘构件与墙身的过渡区，$\lambda/2$ 区的构造设计需要考虑的因素较多，图面表达也较复杂。施工人员经常会就 $\lambda/2$ 区的设计细节提出比较多的问题。为了简化设计和施工过程，有些设计人员会将约束边缘构件全部设为阴影区，不设置 $\lambda/2$ 区。软件提供此选项，以便满足这部分用户的需求。

5. 边缘构件合并距离

如果相邻边缘构件阴影区距离小于该参数，则软件将相邻边缘构件合并。

6. 短肢墙边缘构件合并距离

由于规范对短肢剪力墙的最小配筋率的要求要高得多，短肢墙边缘构件配筋很大常放不下。将距离较近的边缘构件合并可使配筋分布更加合理。为此设此参数，软件隐含设置值比普通墙高一倍，为 600mm。

三、若干特殊情况的处理

1. 按组合墙设计时的边缘构件

组合墙有两种情况：（1）按不对称配筋方式计算的组合墙；（2）按双偏压配筋方式计算的组合墙。

（1）按不对称配筋方式计算的组合墙

这时软件的输出格式与直线墙段时稍有不同，为分别输出腹板墙两端暗柱的计算配筋面积，之所以按照不对称配筋方式计算，是为了使得两端暗柱计算配筋之和最小。不对称配筋时，也是假定暗柱配筋分布在腹板墙两端，因此生成边缘构件时，仍可按直线墙段方式看待配筋结果，按直线墙段方式生成边缘构件配筋。

（2）按双偏压配筋方式计算的组合墙

由于双偏压配筋实际上是个验算过程，计算中已定好各个钢筋位置，因此生成边缘构件配筋时宜尽量与双偏压配筋时的钢筋位置一致。

配筋简图中输出的方式与直线墙段时稍有不同，为分别输出腹板墙两端暗柱的计算配筋面积。考虑到双偏压配筋时的纵筋、分布筋位置与实际施工图的差异，软件在生成边缘构件配筋时，会根据实际生成的边缘构件尺寸与计算配筋时的尺寸比较。如果边缘构件尺寸大，则还叠加所包含的分布筋面积。

2. 按柱配筋计算的剪力墙的边缘构件

对于长宽比小于 4 的剪力墙，软件按照柱的形式设计配筋。其计算出的配筋面积理应只配置在墙肢两端，否则不安全。但考虑到边缘构件实配钢筋常采用周边均匀布置等综合因素，YJK 软件在统计边缘构件配筋面积时除了计算所得配筋面积，还计及沿墙长方向布置的竖向分布钢筋。因此边缘构件的纵筋计算面积要大于配筋简图中输出的墙柱两端配筋面积之和。

3. 带边框柱剪力墙的边缘构件

（1）按组合墙配筋

边框柱在配筋计算时已经作为组合墙的翼缘，是配筋截面的一部分。如果边框柱仅与一个方向的墙肢相连，考虑到墙配筋时通常仅考虑面内弯矩作用，面外按轴压配筋验算，软件在生成边缘构件配筋面积时，取组合墙暗柱计算配筋面积和边框柱自身计算配筋面积的大值作为边缘构件计算配筋面积；如果边框柱两个方向均与墙肢相连，则软件直接叠加两个方向该处暗柱计算配筋面积作为边缘构件计算配筋面积，不再与边框柱自身配筋取大。

（2）不按组合墙配筋

软件叠加该处相交的墙肢暗柱计算配筋面积和边框柱计算配筋面积作为边缘构件计算配筋面积。

边缘构件箍筋面积按构造要求配筋，不考虑边框柱箍筋计算结果。

4. 短肢剪力墙的边缘构件

如果考虑按组合墙配筋，那么软件默认对短肢剪力墙按双偏压方式配筋，边缘构件配筋面积取值规则与前述双偏压配筋方式相同；如果不按组合墙配筋，则软件叠加该处相交的墙肢暗柱计算配筋面积和边框柱计算配筋面积作为边缘构件计算配筋面积。

需要注意的是，规范对于短肢剪力墙有全截面最小配筋率要求，如果用户没有手工修改过竖向分布筋配筋率，则软件有可能根据全截面最小配筋率要求，将不足的钢筋面积叠加到边缘构件中，使得边缘构件配筋面积较大。

5. 带型钢暗柱、型钢混凝土边框柱的边缘构件

（1）按组合墙配筋

由于《型钢规程》或《钢骨规程》中关于带型钢暗柱、型钢混凝土端柱的配筋公式都是基于两端均有端柱且端柱尺寸相同的情况，因此，对于其他情况，软件处理规则如下：

1）两端均有型钢暗柱、型钢混凝土端柱时，按照《型钢规程》或《钢骨规程》相关配筋公式计算配筋面积。如果两端型钢尺寸不同，软件取型钢面积较小值进行计算。

2）仅一端带型钢暗柱、型钢混凝土端柱时，软件在计算配筋时，不考虑型钢贡献，在配筋结果输出时，有型钢端的钢筋面积会扣除按强度设计值换算的型钢贡献。

（2）不按组合墙配筋

软件叠加该处相交的墙肢暗柱计算配筋面积和边框柱计算配筋面积作为边缘构件计算配筋面积。

6. 与墙斜交的梁下暗柱

软件提供选项，是否生成梁下暗柱。如果勾选，则软件按照《高规》7.1.6 的要求生成梁下暗柱，配筋按构造要求配置。

需要注意的是，目前软件没有按照内力计算暗柱配筋。

第四节　构件截面设计常见问题

一、通用

1. 构件局部坐标系

（1）对于梁、柱、支撑这三类构件，局部坐标系方向可查看截面定义时的显示，如果是双轴对称截面，截面定义中的水平方向为 X 轴、竖直方向为 Y 轴；如果不是，则以水平轴逆时针旋转遇到的第一个主形心惯性轴为 X 轴，垂直方向为 Y 轴；

（2）墙局部坐标系的约定，可以把墙看成是截面高宽比很大的矩形截面，因此，沿墙截面高度方向为 Y 轴，顺时针转 90° 为 X 轴。

（3）为了适应结构设计习惯，轴力均是受拉为正，受压为负；对于梁弯矩 M_x，以顶部受拉为负。

（4）对于截面位置，梁是从起点向终点方向看，柱、支撑，墙是从上向下看。

2. 钢构件强度验算结果与手算不一致

软件在强度验算时要考虑净毛截面比。

3. 柱、墙的抗剪承载力如何计算的？小于剪力设计值为何未显示超限？

二者计算公式及参数取值有差异。抗剪承载力按照《鉴定标准》附录 C 的受弯公式和受剪公式二者取小计算，由于柱抗震时有强剪弱弯调整，因此一般是受弯公式控制；而剪力设计值主要用来计算抗剪钢筋，大致对应《鉴定标准》附录 C 的受剪公式。另外，公式中的部分参数取值不同，如轴力设计值、材料强度等，也会导致二者数值不同。

4. 人防组合时，材料强度提高系数与手算不一致

《人防规范》4.10.5 条规定："当按等效静荷载法分析得出的内力，进行墙、柱受压构件正截面受弯承载力验算时，混凝土及砌体的轴心抗压动力强度设计值应乘以折减系数 0.8。"

《人防规范》4.10.6 条规定："当按等效静荷载法分析得出的内力，进行梁、柱斜截面承载力验算时，混凝土及砌体的轴心抗压动力强度设计值应乘以折减系数 0.8。"

最终的材料强度提高要综合考虑材料强度提高与折减。

5. 自动根据受剪承载力比值调整配筋至非薄弱会导致柱、墙配筋较大

该参数适合原来不满足要求但差异不大的情况，如 0.8＞原来的比值＞0.7。如果原来的比值很小，则有可能导致配筋放大较多，配筋结果不合理，这时需要调整结构平、立面布置来解决。

6. 嵌固层梁、柱配筋构造处理

软件按照《抗震规范》6.1.14 第 3 款第 2）项规定处理："柱截面每侧的纵向钢筋面积应大于地上一层对应柱每侧纵向钢筋面积的 1.1 倍；同时梁端顶面和底面的纵向钢筋面积均应比计算增大 10% 以上"。对框架柱按不小于对应地上一层框架柱配筋 1.1 倍处理，框架梁端配筋增大 1.1 倍。

对于边框柱，因施工图设计时一般作为剪力墙边缘构件的一部分，考虑到《抗震规范》6.1.14 第 4 款规定："地下一层抗震墙墙肢端部边缘构件纵向钢筋的截面面积，不应少于地上一层对应墙肢端部边缘构件纵向钢筋的截面面积。"软件按不小于对应地上一层柱配筋处理。

7. 设计结果中的钢筋层归并，是否可以跨越标准层归并

可以，软件按坐标进行对位，有对应关系的，取各楼层的大值；没有对应关系的，取本层计算结果。

8. 如果建筑结构重要性系数安全等级为一级，软件能否把在持久设计状况和短暂设计状况重要性系数 1.1 和地震状况下 1.0，一个模型自动包络设计

（1）结构重要性系数 1.1 需要工程师在前处理中进行手工设置；

（2）YJK 在计算地震工况时，结构重要性系数自动匹配规范，按 1.0 取值；

（3）如果结构重要性系数已经设置为 1.1 的情况下，最终数据结果已经是"包络"结果。

9. 对于地震工况，调整后的内力不等于调整前的数值乘以调整系数

这时看下是否勾选双向地震，软件输出的调整前内力是单向地震的，调整后的内力包含双向地震计算。

10. 由构件信息中的单工况内力得不出设计内力

查看是否存在下述情况：

（1）如果是非地震组合，查看是否结构重要性系数不为 1；

（2）如果有风荷载参与组合，查看是否承载力设计时风荷载效应放大系数不为 1；

（3）如果参数中设置了多模型包络设计（多塔配筋取大、少墙框架配筋取大、与其他工程配筋取大等），个别构件是对方工程计算结果大，则使用当前工程内力结果校核不出对应的设计内力；

（4）如果是边框柱，注意柱顶、底轴力、剪力可能不同，建议查看三维内力图；

（5）如果是非垂直支撑，软件将自重平均分配给两端节点，使得恒载下支撑顶、底截面轴力不同，建议查看三维内力图。

11. 连梁斜筋输出的是全部的还是单肢的

对于按框架梁输入的连梁，或是开洞方式形成的连梁，均可以定义斜筋方式。软件按照《混凝土规范》11.7.10 计算，输出结果为单肢斜筋面积，总斜筋面积为输出结果乘

以 2。

12. 实心截面钢构件不验算

软件目前对于实心截面不进行设计，因此也不输出应力比结果。如果实际是实心截面，可以通过圆环截面、箱形截面定义，将内径改小或壁厚增大来模拟。

13. 为什么 YJK 和 PKPM 调整前的地震内力差异大

在排除掉由于计算模型引起的差异后，一个重要的原因是 YJK 调整前内力是未经任何调整的，PKPM 是进行了双向地震计算后的。

14. 构件信息显示主筋强度为 400，而实际用的是 HRB400 钢筋

通常是选择了性能设计所致，如中震不屈服设计，这时软件输出钢筋强度标准值。

15. 使用参数中的包络设计功能，与其他工程包络取大无效

如果与其他工程包络取大，软件要求构件坐标严格对位，包括所在楼层的层高、构件标高、构件节点水平坐标等。

如果两个工程的楼层组装表不同，但对应楼层的层标高、层高相同，也可以包络取大。

16. 参数中填写的超配系数对配筋简图无影响

超配系数只是在计算某些项目时临时考虑，如地震组合下的设计内力调整系数计算、柱、墙受剪承载力、墙施工缝验算等，配筋简图的结果不会乘以该超配系数。

17. 钢材强度设计值是否根据厚度确定

目前软件对于钢材强度设计值按照《钢结构规范》表 3.4.1 取值，与厚度相关。这里的钢材包含型钢混凝土、钢管混凝土截面中的钢材。

18. 中震弹性设计时，抗震等级分别为 1 级和 4 级，框架梁端支座钢筋为何不同

框架梁端受压钢筋影响所致，不同抗震等级下，框架梁端受压、受拉钢筋比例有不同的规定，进而对受拉钢筋计算结果有影响。

19. 多层人防时，软件如何处理

对于梁，软件按各自楼层的人防模型计算；对于柱、墙，软件按上面各层传来的轴力较大值进行配筋计算，详见第一章"人防荷载计算"。

二、梁

1. 人防设计时跨中顶筋计算值大

人防设计时，梁跨中上筋有时计算结果很大，一个重要的原因是人防设计时，规范有延性比要求，一般按 3 控制，当跨中底筋配筋率大于 1.5% 时，按照《人防规范》4.10.3 公式反算，界限受压区高度约为 0.167，这时软件一般通过增加受压钢筋来确保受压区高度不超限，此时跨中上筋计算结果有时很大。

2. 嵌固层梁弯矩包络不同

对于嵌固层的框架梁端，规范有构造从严的要求，YJK 为配筋面积放大 1.1 处理，传统软件为弯矩设计值放大 1.3 处理。

3. 框架梁调幅时取简支梁设计内力 50% 计算配筋

(1) 如果主梁被次梁打断，如图 4.4.1 所示，则软件按主梁梁跨计算简支梁内力。

（2）软件判断是否为调幅梁，不调幅梁不按该条处理。

（3）软件区分框架梁与非框架梁，并放开比例系数，如图 4.4.2 所示。

（4）如果简支梁的设计内力控制配筋，则输出对应组合号为 0。

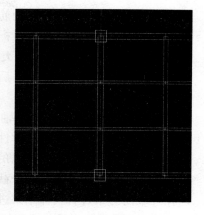

图 4.4.1　主梁被次梁打断

4. 梁正截面配筋时，采用同一组合下的弯矩、轴力

YJK 在正截面设计时，对于轴力不可忽略的情况，软件将采用全组合的方式，即按照每个组合下对应的弯矩、轴力，按照拉弯或压弯配筋方式计算。

5. 梁斜截面配筋时，采用同一组合下的剪力、扭矩、轴力

YJK 在斜截面设计时，对于轴力、扭矩不可忽略的情况，软件将采用全组合的方式，即按照每个组合下对应的剪力、轴力、扭矩计算配筋。

| 框架梁调幅后不小于简支梁跨中弯矩 | 0.5 | 倍 |
| 非框架梁调幅后不小于简支梁跨中弯矩 | 0.33 | 倍 |

图 4.4.2　梁调幅后不小于简
支梁跨中弯矩系数

6. 梁配筋简图未出现 1000 配筋

YJK 在计算梁纵筋面积时，取消了按梁截面计算的极限受弯承载力与弯矩设计值的比较，直接调用配筋公式，因此不会出现传统软件的 1000 配筋提示。这时可通过查看配筋率是否超限来判断。

7. 钢梁无板时，YJK 考虑 M_x、M_y

软件按照钢梁与楼板相连的情况分别进行验算：

（1）无楼板相连，按独立梁处理，这时考虑 N、M_x、M_y，验算强度、整体稳定、局部稳定、抗剪强度；

（2）与楼板相连，但楼板设置了弹 6、弹膜等考虑面内变形的属性，这时考虑 N、M_x，验算强度按《钢结构规范》4.2.1、4.2.4 判断是否需要验算整体稳定。

8. 配筋简图中梁输出 PL 什么含义，是否需要特殊处理

如果梁计算结果中存在轴力，则软件自动考虑轴力对梁配筋计算的影响。如果控制配筋的组合为轴拉力和弯矩共同作用，则输出 PL 标志，表示该梁为偏拉受力。由于配筋计算已经考虑轴力影响，配筋结果不需做特殊处理，直接使用即可。

9. 梁弯矩、剪力包络图中数值与目标组合中的最大值对不上

软件输出的梁弯矩、剪力包络图是指控制配筋的内力设计值，不一定是所有组合中的剪力绝对值最大。

如果不是最大，则主要有如下几种可能：

（1）由于规范对于地震组合下要考虑承载力抗震调整系数，对于人防组合下要考虑材料强度提高，因此单从组合内力看为绝对值最大的情况，在考虑相应的调整后，计算出来的配筋面积不一定最大；

（2）如果定义了弹性板，则梁斜截面配筋要综合考虑剪力、轴力的影响，如果有扭矩，则综合考虑剪力、轴力、扭矩的影响，这时控制配筋的内力数值也不一定是绝对值最大。

10. 勾选了"按 T 形梁配筋",如果是上翻梁的情况,如何处理

软件会考虑梁与板的相对标高,如果是上翻梁,则按矩形截面配筋。

11. 同时考虑中梁刚度放大系数和"按 T 形梁配筋",是否存在重复计算问题

不存在,前者影响刚度,后者仅在配筋计算时起作用。严格来说,同时勾选才体现计算模型与配筋模型的一致性。

12. 构件信息中,单工况轴力均为负数,为何配筋验算的时候轴力组合值出现正值

此情况一般出现在梁与弹性板相连的情况。梁与弹性板相连时候,梁跨中每段轴力均不相同。在单工况结果中输出的为绝对值最大轴力对应的数值(带正负号)。而在配筋验算输出的文本中,则是按每个截面分别输出。从而两处可能出现正负号不一致的情况,可以在三维内力中查看具体结果进行验证。

13. 考虑弹性板后,梁配筋减小

这里主要指考虑弹性板面外刚度的模型,如弹 6、弹 3。考虑板面外刚度后,弹性板分担了一部分荷载,导致梁内力减小,进而配筋减小。

14. YJK 与 PKPM 考虑 T 形梁配筋差异

PKPM 选 T 形梁以后,会在计算模型中将矩形截面变为 T 形截面计算,刚度系数强制取 1,相当于梁按 T 形截面建模。

YJK 中梁始终是矩形,对应的选项仍是:(1)中梁刚度系数;(2)梁配筋时考虑楼板作为受压区翼缘。

以上两种处理虽然都是考虑楼板的作用,但结果并不完全相同。

15. 地库中调幅梁梁端配筋 YJK 与 PKPM 差异

《混凝土规范》5.4.3 条规定:"钢筋混凝土梁支座或节点边缘截面的负弯矩调幅幅度不宜大于 25%;弯矩调整后的梁端截面相对受压区高度不应超过 0.35,且不宜小于 0.10。"

由于地库上的覆土较厚,活荷载较大(尤其是考虑消防车后),通常情况下梁配筋由恒、活控制,当抗震等级为四级或非抗震时,该条规定对梁端配筋影响较大,YJK 对于调幅梁按该条执行。

16. 配筋简图中的箍筋是否包含抗扭箍筋,纵筋是否包含抗扭纵筋

配筋简图中的箍筋已经包含了抗扭箍筋,是总的箍筋面积,同时要注意周边箍筋面积要满足软件输出的抗扭单肢箍筋面积。

配筋简图中的纵筋未包含抗扭纵筋,施工图设计时需要将抗扭纵筋考虑进去,目前软件进行梁施工图设计时,先按构造要求配置腰筋,如果这时的腰筋面积小于抗扭纵筋,则抗扭纵筋多出的部分均分到顶、底截面的纵筋中。

17. 悬挑构件下部钢筋与上部钢筋一样大

如果有轴压力且不被忽略,则软件按压弯构件配筋,这时采用对称配筋方式,使得顶底配筋相同。

18. 空间层斜梁对称,挠度不对称

软件对于普通标准层的梁、墙有方向约定,在建模中水平布置的方向为从左至右,竖直布置的方向为从下至上,绘图时也按照该规则。

对于空间层,没有这样的约定,可能导致梁的方向相反,绘图结果也相反,看起来不

对称。这时可以修改下建模方式，或者导回普通楼层设计都可以解决。

19. 钢梁两端铰接后，简图中应力比第一个数为 0

一般情况下为组合梁所致，组合梁输出格式与普通钢梁不同，可通过查看构件信息确认。

20. 梁最大配筋率超过 2.75% 没显示超限

规范关于梁最大配筋率要求是在梁端，软件仅对梁端截面按 2.75% 判断是否超限。对于跨中截面，目前按经验值 4% 判断是否超限。

21. 框支梁配筋差异大

主要体现在如下几方面：

(1) 计算模型不同，YJK 对于托墙转换梁按壳元计算，PKPM 按杆单元计算；

(2) 默认施工次序不同，YJK 将转换层和其上两层默认为同一个施工次序；

(3) 框支柱截面内自动布置刚性杆，一部分墙荷载直接传给框支柱；

(4) 如果考虑梁端刚域，因 YJK 转壳元计算，不存在刚域问题。

22. 转换梁抗剪超限时的剪压比系数不是 0.25

目前软件对于转换梁的剪压比验算执行《高规》10.2.8-3，非地震组合取剪压比系数为 0.2。

三、柱

1. 柱轴压比对应轴力设计值比非地震组合小

有的工程柱子轴压比对应的轴力设计值，并不是所有组合中的最大值，一个重要的原因是《抗震规范》6.3.6 注 1 里说明了，计算地震时要采用地震组合下的轴力设计值，如果本工程设防烈度低，有可能地震组合下的轴力设计值小于非地震组合结果。

控制轴压比主要为了保证构件的延性，关于轴压比的意义，建议详读《抗震规范》6.3.6 条文说明。

2. 柱冲切验算规则

YJK 柱冲切验算规则：先按不配置抗冲切钢筋公式验算，满足，则不配置抗冲切箍筋，按不配置抗冲切箍筋公式计算；不满足，则按配置抗冲切箍筋公式计算，同时简图中输出抗冲切箍筋面积（柱截面内数值）。

如果工程师不想配置抗冲切箍筋，则可以根据软件是否输出抗冲切箍筋来判断，有箍筋数值输出，则调整柱帽尺寸直至不输出数值。

软件在验算时，考虑了不平衡弯矩的影响，考虑了《抗震规范》6.6.3-3 条地震组合下不平衡弯矩的放大系数，考虑了《人防规范》附录 D.2.2 关于柱冲切的相关规定，考虑了材料强度提高，目前未考虑 D.2.3 与跨度相关的调整处理。

3. 柱双偏压配筋结果差异大

双偏压是多解的，各个软件的具体算法不同。可以在其施工图中校核，如果内力有差异，要先查找并缩小内力差异。

4. 顶层角柱配筋小

软件对于顶层柱不考虑强柱弱梁调整系数，角柱也是如此处理，仅考虑 1.1 放大。

5. 嵌固层不在地下一层顶时的配筋构造处理

软件针对参数中设置的嵌固层号执行梁、柱配筋的构造处理，如果嵌固层不在地下一层，则地下一层不执行规范关于嵌固层梁、柱配筋构造规定。

6. 目前矩形钢管混凝土柱在验算时只考虑一种厚度，目前取较薄的

尽管在建模定义中可以输入上、下和左、右两个钢板厚度，但是截面验算时仅支持一种。如果在建模中输入了不同的厚度，则在截面验算时采用较小厚度。

7. 柱斜截面剪压比计算结果与手算不一致

对于柱斜截面设计，软件按照《混凝土规范》6.3.16 计算，考虑到两个公式中会出现角度项，为了简化计算，软件假定公式右侧去掉角度项的数值相等，两个公式平方和再开方，左侧项就成了剪力设计值的合力，右侧项就去掉了角度项。这样最终公式就是左侧项是合力。

8. 柱轴压比限值与查表结果不一致

目前软件针对如下方面对查表得到的轴压比限值作调整：

（1）混凝土强度等级高于 C60 的；

（2）剪跨比不大于 2 时，限值减 0.05；剪跨比不大于 1.5 时，限值减 0.1；

（3）四类场地较高建筑，轴压比限值减 0.05；

（4）加强层及其相邻层，轴压比限值减 0.05；

（5）提供了轴压比限值是否按纯框架取值参数；

（6）前处理特殊构件定义提供了轴压比限值增减量，用来处理连体位置等需要局部调整轴压比限值的情况。

9. 如果模型中存在层间梁，楼层抗剪承载力如何统计

目前取最底段柱的抗剪承载力进行统计。

10. 端柱受力状态为小偏心受拉时，是否会自动实现配筋增加 25%

《抗震规范》6.3.8-4 条规定："边柱、角柱及抗震墙端柱在小偏心受拉时，柱内纵筋总截面面积应比计算值增加 25%。"软件自动考虑该条规定，如果某一组合下受力状态为小偏心受拉，则自动对计算配筋放大 25%。

11. 角柱定义"角柱"，配筋比不定义"角柱"的时候还小，是否正常

如果参数中配筋方式选择的是"单偏压"，定义"角柱"之后，软件自动按双偏压验算，配筋计算方式不同，计算结果可能有差异。

双偏压由于考虑了两侧钢筋的贡献，有可能配筋结果比单偏压下的小，可以到柱施工图模块中进行双偏压验算。

12. 计算节点核心区的时候，对于圆柱，《混规》11.6.3 正交梁对节点的约束影响系数，柱截面宽度如何取值

软件将圆柱按面积相等的原则，等代换算成正方形柱。

13. 柱剪跨比对应内力与下面组合内力对不上

按《高规》6.2.6 条规定，按通用方法剪跨比计算时的设计内力不考虑强柱弱梁、强剪弱弯调整。

14. 矩形柱为何两个方向的箍筋面积一样

框架柱箍筋配筋通常由构造控制，由于规范只规定了体积配箍率，软件要计算每个方

向的箍筋面积，需要先知道两个方向的箍筋面积比例关系。目前假定两个方向的箍筋面积相等，然后按体积配箍率公式计算出每个方向的箍筋面积，因此两个方向的箍筋面积一样，与两个方向的边长无关。

如果柱箍筋面积由构造体积配箍率决定，则柱施工图模块中会根据两个方向的边长重新分配箍筋面积，这时可能和配筋简图中输出的结果不一致，但是总体积配筋率一定满足构造要求。

15. 边框柱根据单工况内力算不出配筋对应的轴力、剪力

边框柱在计算模型中与墙变形协调，顶、底截面轴力、剪力是不同的，而目前文本中只输出了底截面的轴力、剪力，如果是顶截面内力控制配筋，则由文本中的单工况内力算不出对应的设计内力。这时可以查看构件三维内力图。

16. 为什么配筋简图显示柱子超限，但是构件信息中无超限提示

有可能是该处柱是多段，如有层间梁、错层等情况，配筋简图中的构件信息显示的是最底段的柱信息，这时可通过三维配筋简图查看。

17. 剪跨比采用通用算法，但是对应设计内力为0

为了防止计算结果异常，软件根据大量实际工程计算结果对内力的数值作了限制。如果水平荷载效应很小，可能导致所有组合都不满足条件，这时软件输出简化方法的剪跨比，对应内力输出0。

18. 非抗震时柱构造箍筋如何确定

按照《混凝土规范》9.3.2-1条，箍筋直径不小于6，按一个封闭箍筋考虑，每个方向的箍筋截面积按不小于2根圆6计算，得出构造箍筋面积。

对于体积配箍率，软件按照每个方向2根圆6考虑，间距按参数中的柱箍筋间距计算，得出体积配箍率，因此最终配筋文本中输出的体积配箍率与参数中的柱箍筋间距相关（默认100mm），不同的箍筋间距得出不同的体积配箍率。实际上这时候工程师可以查看配筋文本中输出的计算箍筋面积，如果是0，则可以不按照软件输出体积配箍率执行，可在绘制施工图时按照构造要求自行确定。

19. 加了柱间荷载，柱弯矩图不对

目前软件对于柱、支撑，只输出顶、底两个控制截面的内力，中间截面未输出，使得柱弯矩图看起来与实际不符。如果加的是集中力，建议将柱施加集中力位置分层，按两层输入，这样可以考虑集中力作用位置的控制截面。

四、支撑

1. 越层支撑能否自动识别

这里的越层支撑指的是跨越多层且每个楼层分段输入的支撑，目前软件还无法自动识别越层支撑实际高度，需要手工在前处理修改计算长度系数。

2. 支撑未验算稳定及轴压比为0

如果支撑在所有组合下均为受拉，则不验算稳定，同时也不计算轴压比。

3. 支撑按斜柱设计时，都执行哪些设计规定

从软件实现上，斜柱执行的内容主要如下：

（1）考虑强柱弱梁调整系数；

（2）参与位移统计，会影响位移比和位移角计算结果；

（3）$0.2V_0$ 调整时，统计到框架中；

（4）倾覆弯矩统计时，斜柱统计到框架中；

（5）如果定义了框支柱属性，则进行框支柱地震剪力调整，也执行框支柱的设计弯矩、地震轴力调整规定；

（6）按框架柱方式计算受剪承载力，并投影。

目前斜柱未执行的内容：

无节点核芯区设计。

五、墙

1. 墙施工缝验算与手算结果不一致

（1）软件会大致估算墙柱两端暗柱尺寸，配筋面积取计算和暗柱构造钢筋的大值；

（2）扣除两端暗柱长度后，计算竖向分布筋总面积；

（3）叠加暗柱纵筋面积和分布筋面积，如果钢筋等级不同，则进行等强度换算；

（4）考虑参数中的超配系数，套用规范公式，验算施工缝抗剪是否通过；

（5）软件结果输出中，"ast"是按照按柱纵筋强度换算的，乘以超配系数后的结果；"astneed"是按竖向分布筋强度换算的，未乘超配系数的结果；

（6）注意公式中的轴力是压力取正值，拉力取负值，软件对于构件的轴力符号约定为压力为负值，拉力为正值，因此验算时要对输出的轴力数值取反号进行验算。

（7）对于常规的地震组合，考虑承载力抗震调整系数；如果是不屈服设计，则承载力抗震调整系数取1；

（8）对于双偏压配筋的组合墙，软件直接使用输出的暗柱纵筋与分布筋面积校核。

2. 面外荷载下，墙柱面外内力无反弯

软件是真实计算的，只是目前墙柱仅取顶、底两个控制截面，墙柱内力简图无法反映中间截面的弯矩，因此看起来是无反弯。这时可以查看等值线中的单元内力结果。

3. 短肢剪力墙在配筋简图上显示计算配筋为0，但是边缘构件图中的边缘构件配筋较大

《高规》7.2.2-5条规定："短肢剪力墙的全部竖向钢筋的配筋率，底部加强部位一、二级不宜小于1.2%，三、四级不宜小于1.0%；其他部位一、二级不宜小于1.0%，三、四级不宜小于0.8%。"软件在边缘构件简图中考虑该条，由于通常在参数中指定的竖向分布筋配筋率较低，软件通过增加边缘构件纵筋面积以达到规范规定，因此有时会导致短肢剪力墙边缘构件配筋加大。

4. 越层墙如何考虑

软件在前处理中提供了修改墙柱高度功能，用来处理越层墙。修改墙柱高度后，后续的墙柱配筋计算、稳定性验算等内容均按修改后的墙柱高度考虑。

5. 软件能否考虑双肢墙的地震内力放大

《抗震规范》6.2.7-3条规定："双肢抗震墙中，墙肢不宜出现小偏心受拉；当任一墙

肢为偏心受拉时，另一墙肢的剪力设计值、弯矩设计值应乘以增大系数 1.25。"

条文说明中指出："双肢抗震墙的某个墙肢为偏心受拉时，一旦出现全截面受拉开裂，则其刚度退化严重，大部分地震作用将转移到受压墙肢，因此，受压肢需适当增大弯矩和剪力设计值以提高承载能力。注意到地震是往复的作用，实际上双肢墙的两个墙肢，都可能要按增大后的内力配筋。"

软件在前处理特殊构件定义中增加了双肢墙的指定，考虑到地震的往复作用，建议双肢墙的两个墙肢均宜指定，软件将对地震组合下的墙肢轴力进行判断，如果受拉，则剪力设计值、弯矩设计值放大 1.25 倍。

6. "柱、墙轴压比"与"墙组合轴压比"为何差别比较大，而且依据轴压比反算的荷载差别也比较大

前者柱、墙分开计算，不考虑面积重叠因素，内力按单构件取；后者扣除面积重叠区域，内力按阴影区组合截面取，所以两者输出值有可能有一定差异。尤其当有端柱时，后者计算时扣除了较多的重叠面积，可能计算结果比前者大一些。

考虑到实际受力时，各个墙肢是协调变形的，建议采用组合轴压比计算结果，而且该结果在判断边缘构件类型时，也有更明确的意义。

7. 地下室外墙的抗剪与施工缝是串起来验算的

由于外墙不开洞，往往墙肢较长，还是按照上部墙体串起来生成一个墙柱进行正截面配筋设计显然不合理，因此软件对于外墙是按节点打断成若干个墙柱分别配筋的，这样的处理对于正截面设计相对合理，但对于斜截面设计及施工缝验算往往会导致一些不合理的结果，如相邻的墙肢水平分布筋结果差异大、一个超限一个不超限等。考虑到这些情况，软件对与外墙的抗剪与施工缝验算是串起来作为一个墙肢进行的，这样得到的结果相对合理。

由于软件输出的单工况内力是单个墙肢的，而斜截面抗剪与施工缝验算是串起来后的整个墙肢的，因此由单个构件的单工况内力手算得不出这些设计内力。

8. 组合墙配筋时，设计内力与单工况内力手核结果对不上

组合墙配筋时，软件不仅是按照 T 形、工字形等截面设计，也会将翼缘阴影范围内力考虑进来，因此单工况内力与组合内力对不上。

9. 墙柱按框架柱配筋（用户反映有的 aa＝200，有的 aa＝40）

《高规》7.1.7 规定："当墙肢的截面高度与厚度之比不大于 4 时，宜按框架柱进行截面设计。"

软件按照《高规》规定判断墙柱是否按柱配筋，技术条件为：

（1）如果勾选了组合墙配筋，且满足了双偏压配筋条件，则按双偏压配筋；

（2）如果勾选了组合墙配筋，但不满足双偏压配筋条件，则先判断截面高厚比是否不大于 4，不大于 4 则按柱配筋；

（3）如果按柱配筋，则 aa 取 40，近似估计钢筋合力点距外边缘距离；

（4）如果按柱配筋，则采用对称配筋方式，最终施工图设计时，软件满足墙肢两端实配钢筋不小于配筋简图中的暗柱计算配筋。

10. 墙稳定验算如何处理

软件按照《高规》附录 D 进行墙稳定验算，对于满足 D.0.4 的情况，软件自动按照

相关公式进行墙整体稳定验算。软件自动识别墙肢为三边支撑或四边支撑，自动识别位于工字形剪力墙的翼缘或腹板。

如果墙稳定验算超限，软件会将超限结果输出在 wpj. out 和 wgcpj. out 文件中。

软件同时提供了稳定验算查看工具，并输出稳定验算文本。

如果是越层墙，需要工程师在前处理中手工指定墙实际高度。

11. 墙轴压比计算差异

（1）软件在构件信息等文本中输出的轴压比是指组合轴压比，这时的轴力设计值是组合轴压比计算时所包含的各墙肢轴力之和，因此和构件信息中的本墙肢单工况内力对不上；

（2）由于规范规定墙轴压比计算采用重力荷载代表值，而重力荷载代表值的计算中，活荷载已考虑重力荷载代表值系数，因此软件对于重力荷载代表值计算时，不再考虑活荷载按楼层折减系数。

12. 构造边缘构件纵筋配筋率与《高规》表 7.2.16 不一致

查看是否勾选了参数"构造边缘构件设计执行《高规》7.2.16-4"，如果勾选，则最小配筋率提高 0.1%。

13. 短肢墙判断规则不同造成计算结果差异大

软件判断短肢墙时，对于 L 形、T 形，截面高度取到外皮，当墙截面高度处于判断边界时，不同软件判断结果不同，进而对统计结果、设计结果影响较大，如：

（1）短肢墙倾覆弯矩统计；

（2）短肢墙配筋结果。

六、板

1. 等值线中的弹性板配筋与板施工图中的不同

目前软件对于楼板的配筋计算，是在一个独立的平面施工图模块中，整体计算仅考虑楼板的刚度。

为了适应无梁楼盖、空心板等结构计算需求，软件提供了保留板面荷载的计算方法，可以在整体计算中得到楼板的内力、应力、配筋，但是这些计算结果默认与施工图中的板配筋无关，如果要采用整体计算得到的楼板配筋，需要单独勾选参数。

另外，等值线中的弹性板配筋可以选择节点值、最大值、单元中心值等，板施工图中的结果为单元节点值，内力取值位置不同，对结果有影响，尤其是支座处。

2. 弹性板计算考虑梁向下相对偏移对结果的影响

一些传统做法在计算梁与楼板协调时，计算模型是以梁的中和轴和板的中和轴平齐的方式计算的，由于一般梁与楼板在梁顶部平齐，实际上梁的中和轴和板的中和轴存在竖向的偏差，因此，YJK 中设置了"弹性板与梁协调时考虑梁向下相对偏移"来模拟实际偏心的效果，勾选此参数后软件将在计算中考虑到这种实际的偏差，在板和梁之间设置一个竖向的偏心刚域，该偏心刚域的长度就是梁的中和轴和板中和轴的实际距离。这种计算模型比按照中和轴平齐的模型得出的梁的负弯矩更小，正弯矩加大并承受一定的拉力，这些因素在梁的配筋计算中都会考虑。

3. 完全对称的结果，弹性板配筋结果不对称

原因可能有如下几种：

（1）类似于坡屋面的斜板，局部坐标系不对称；

（2）平的斜板，默认平板局部坐标系与整体坐标系一致，得到的配筋结果也是相对于整体坐标系的，因此不对称。

4. 性能设计时要控制楼板应力，软件计算出来的弹性板应力较大，是否符合实际

软件的弹性板应力计算结果是与国外通用有限元软件进行过比较的，计算结果可靠性很高。

如果楼板应力结果较大，通常是面外弯矩影响较大，因为楼板厚度相对于弯矩数值是很小的，楼板顶底处考虑弯矩后的应力计算结果较大。

实际上性能设计时，要控制的是弹性板中和轴处的拉应力状态，因此建议这时看弹性板的内力计算结果（通常是轴向力），然后除以板厚，就可以得出中和轴位置的拉应力状态。

另外，软件提供了膜单元选择参数，其中的"改进膜元"对于墙与端柱的协调性处理得更合理，尤其在考虑温度荷载时，建议选择"改进膜元"。

5. 大的房间未输出弹性板等值线结果

软件目前对超单元出口节点数量有限制，如果出口节点数量超界，则忽略该弹性板。解决方法为增加若干梁把大的房间划分为小房间。

6. 无梁楼盖结构，设置虚梁与暗梁，弹性板计算结果有差异

差异主要体现在以下几方面：

（1）暗梁与虚梁的刚度差异。整体计算时，虚梁与暗梁均按实际刚度参与计算。

（2）自重重叠的考虑。软件有是否扣除梁、板重叠部位的自重选项，如果不勾选，则自重计算结果有差异。

第五章　常见问题对比分析

第一节　$0.2V_0$调整不当造成的柱超筋

一、例题 1

问题："图 5.1.1、图 5.1.2 中是多塔模型，发现第 10 标准层塔 2 几个柱子严重超筋，麻烦帮忙查找原因。"

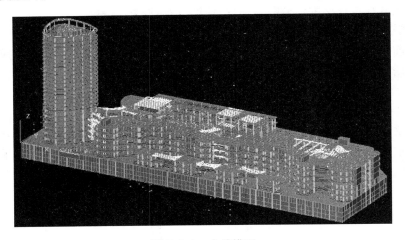

图 5.1.1　全楼模型

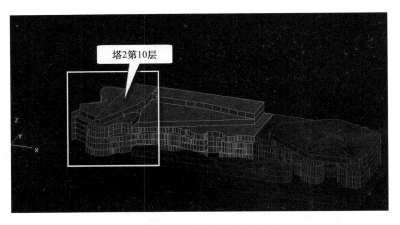

图 5.1.2　多塔划分三维模型

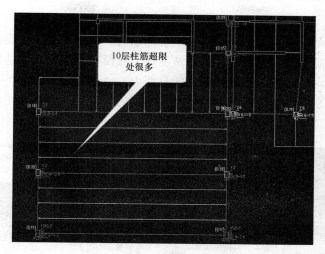

图 5.1.3　10 层多处柱配筋超限

　　如图 5.1.3 所示，第 2 塔的 10 层有很多柱的配筋超限。

　　1. $0.2V_0$ 调整设置不对是柱超筋的原因

　　（1）用户设置的 $0.2V_0$ 调整参数

　　根据用户设计参数中的设置，5～10 层为一个 $0.2V_0$ 调整段，并且调整系数上限为 −1，即没有上限，如图 5.1.4 所示。

　　这样，软件对 2 号塔的第 10 层按第 5 层的剪力进行调整，因此调整系数必然很大。

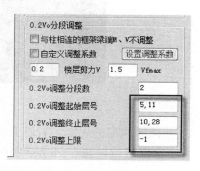

图 5.1.4　$0.2V_0$ 参数设置

　　（2）第 10 层的 $0.2V_0$ 调整系数值很大

　　打开 wv02q.out，如图 5.1.5 所示，可见柱的调整放大系数达到 12.63，即第 10 层每根柱的弯矩、剪力都将被放大 12.63 倍再去配筋。从第 9 层的调整系数看，第 10 层的调整总剪力和第 9 层相同。

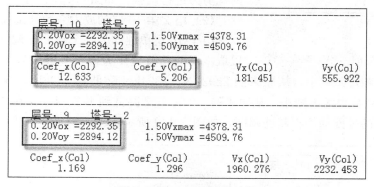

图 5.1.5　$0.2V_0$ 调整结果

　　（3）规范的条文规定

　　《高规》8.1.4-1：满足式（8.1.4）要求的楼层，其框架总剪力不必调整；不满足式（8.1.4）要求的楼层，其框架总剪力应按 $0.2V_0$ 和 $1.5V_{fmax}$ 二者的较小值采用；

$$V_f \geqslant 0.2V_0$$

式中：V_0——对框架柱数量从下至上基本不变的结构，应取对应于地震作用标准值的结构底层总剪力；对框架柱数量从下至上分段有规律变化的结构，应取每段底层结构对应于地震作用标准值的总剪力。

从图 5.1.6 塔 2 的结构布置上看，其 5～9 层布置相同，但是 10 层局部突出，柱的数量比 5～9 层少得多。

图 5.1.6　塔 2 三维模型

按照规范的规定，对塔 2 的 $0.2V_0$ 调整不应按照 5～10 层的一个分段进行，而应按照 2 个分段进行，即 5～9 层和 10 层分别分段，因为 5～9 层柱的数量和 10 层差别很大。

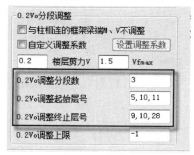

图 5.1.7　修改后的 $0.2V_0$ 参数设置

2. 改正 $0.2V_0$ 调整参数后塔 2 第 10 层配筋正常

（1）$0.2V_0$ 从 2 段改为 3 段

将 $0.2V_0$ 调整参数从原来的 2 段设置改为按 3 段调整设置，分别为 5～9 层、10 层、11～28 层，即增加对第 10 层的单独设置，10 层的总剪力取 10 层本层的总剪力进行调整，如图 5.1.7 所示。

（2）塔 2 第 10 层的放大系数和配筋正常

由于 10 层单独作为一个 $0.2V_0$ 调整的分段，它可以取本层的总剪力作为调整基数，从图 5.1.8 可见调整的剪力比原来大大减小，从原来的 2292kN、2894kN 降低到 1598kN、1727kN。因此，柱的调整放大系数也大大减小，从原来的 12.6、5.2 降低到 1.2、1.5。在这样正常的调整系数下，10 层的柱配筋不再超筋超限，如图 5.1.9 所示。

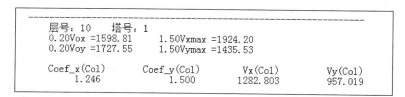

图 5.1.8　修改后的 $0.2V_0$ 调整结果

二、例题 2

问题："小塔楼顶部电梯机房异形柱计算全部超筋。原来这个模型是一层地下室，计算是正常，后来增加一层地下室及作了部分修改，机房小塔楼柱子计算就异常了，麻烦查看一下原因。"

如图 5.1.10 所示，该工程共 36 层，第 35层是局部突出的楼层，全是框架梁柱，没有剪力墙，但是 35 层平面中间部分的柱大都超筋超限，如图 5.1.11 所示。

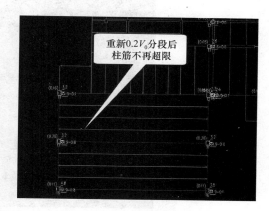

图 5.1.9　修改后的柱配筋结果不超限

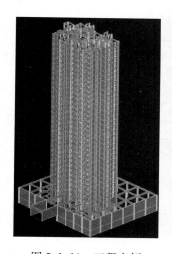

图 5.1.10　工程实例

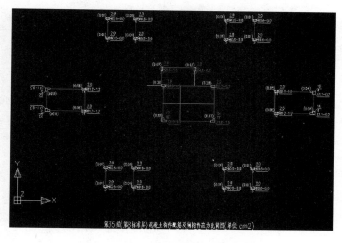

图 5.1.11　局部塔楼柱配筋超限

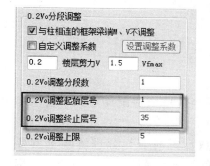

图 5.1.12　$0.2V_0$ 参数设置

1. $0.2V_0$ 调整设置不对是柱超筋的原因

见图 5.1.12 用户设置的 $0.2V_0$ 调整参数，1 个分段，从 1 层到 35 层都按 1 层的总剪力调整。但是从 35 层的平面布置看，如图 5.1.13 所示，该层没有剪力墙，不需要作 $0.2V_0$ 调整。

打开 wv02q.out，如图 5.1.14 所示，可见柱的调整放大系数达到设置的上限值 5，即第 35 层每根柱的弯矩、剪力都将被放大 5 倍再去配筋。从第 34 层的调整系数看，第 35 层的调整总剪力和第 34 层相同。

2. 改正 $0.2V_0$ 调整参数后塔 2 第 10 层配筋正常

由于用户频繁地增减楼层数，而 $0.2V_0$ 调整的分段参数设置未作相应修改导致错误的设置，为此把 $0.2V_0$ 调整的终止层号从原来的 35 改为 34，因为 35 层是纯框架层，不需进行 $0.2V_0$ 调整，如图 5.1.15 所示。

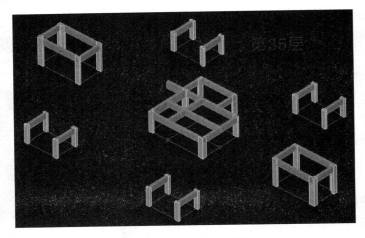

图 5.1.13　35 层布置图

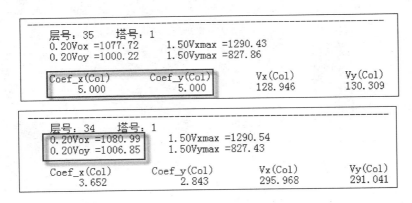

图 5.1.14　$0.2V_0$ 调整结果

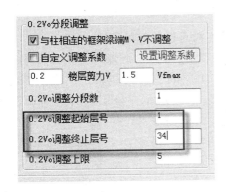

图 5.1.15　修改后的 $0.2V_0$ 参数设置

这样修改后再进行计算，第 35 层的柱配筋正常了，如图 5.1.16 所示。

三、结论

$0.2V_0$ 参数设置不当是造成柱配筋过大，甚至超限的常见原因之一。

用户对 $0.2V_0$ 参数设置时需充分理解规范的要求，针对结构楼层的布置情况谨慎设置，当楼层结构布置变化时，或结构柱和墙的数量变化时应分段设置 $0.2V_0$ 调整，否则造成 $0.2V_0$ 对柱的放大调整系数过大，造成柱配筋超限的不合理结果。

318

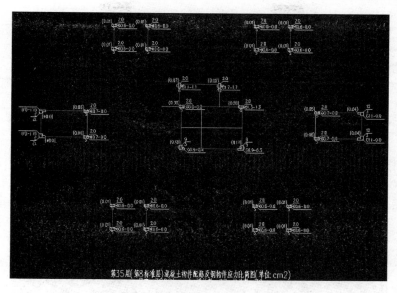

第35层(第3标准层)混凝土构件配筋及钢构件应力比简图(单位:cm2)

图 5.1.16　修改后的配筋结果

第二节　YJK 自动合并施工次序后的计算差异

一、例题 1

问题："最近刚做一个工程发现 YJK 与 PKPM 结果相差非常大，一层部分柱内力和配筋比 PKPM 小了一半，想让你们帮忙分析下原因。"工程如图 5.2.1 所示。

图 5.2.1　工程实例

经检查，发现 YJK 与 PKPM 结果差别大的原因是对施工模拟 3 采用了不同的施工次序。

1. YJK 自动对梁托柱的楼层合并楼层施工次序

该工程的 1 层和 5 层都存在梁托柱的情况，特别是 1 层存在大片梁托柱的情况，如图 5.2.2～图 5.2.4 所示。

图 5.2.2　存在梁托柱的情况

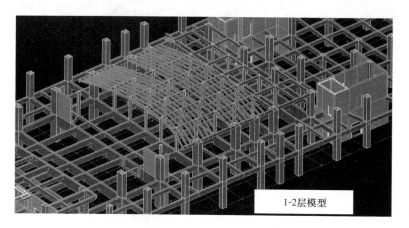

图 5.2.3　1～2 层模型

图 5.2.4　梁拖柱局部显示

　　一般情况下，施工模拟 3 采用逐层加载的施工次序，即每层为 1 个施工次序。但是 YJK 对存在梁托柱的楼层，会自动合并本层和上层为 1 个施工次序，即把相连的 2 层作为一个施工加载次序。对于托墙转换的楼层，会自动合并转换层和上面 2 层为 1 个施工次序，即把相连的 3 层作为一个施工加载次序。

　　有经验的设计师都知道，对梁托柱的楼层、托墙转换的楼层应合并 2 层或多层为 1 个施工加载次序，因为它符合施工的实际情况，特别是如果不合并，将造成恒载下内力过大甚至异常的计算结果，最终使计算配筋过大。

为什么梁托柱层分层施工需要合并施工次序计算呢？这是因为梁托柱层受力较大，合并层施工次序相当于用两个楼层的刚度共同承担梁托柱层的荷载，从而使受力分配均匀，内力减少。这也符合这样的楼层的拆模规律，施工中有梁托柱的楼层不能上层施工时下层马上拆模。

YJK 的施工次序可在前处理通过图 5.2.5 显示，1 层除了梁托柱外，还存在托墙梁，因此自动把 1～3 层作为 1 个施工次序；5 层有梁托柱，自动合并 5～6 层为 1 个施工次序。

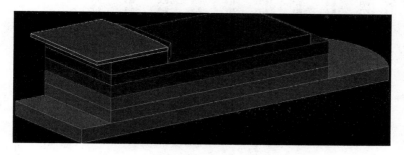

图 5.2.5　楼层施工次序示意

而 SATWE 的施工次序如图 5.2.6 所示，它仍然是每层 1 个加载次序。

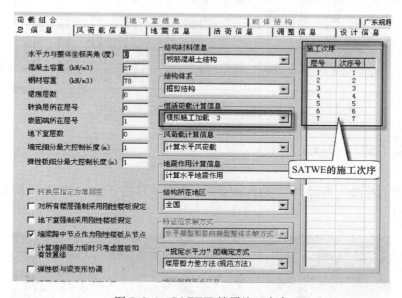

图 5.2.6　SATWE 楼层施工次序

其实，用户可以在 SATWE 中修改施工次序，有经验的设计师会在这里手工合并相关楼层的施工次序，避免计算异常。

2. 施工次序对恒载下的内力影响大

我们对比图 5.2.4 中那根截面尺寸最大的托柱梁，分别打开该梁的构件信息比较各工况下的计算内力，可见恒载下，该梁的最大跨中弯矩差别大，YJK 为 2367，而 SATWE

为 9104，SATWE 比 YJK 大了将近 3 倍，如图 5.2.7、图 5.2.8 所示。

水平力工况 (地震力和风荷载) (iCase)	M-I	M-J	Vmax	Nmax	Tmax	Myi	Myj	Uymax		
竖向力工况 (iCase)	M-I	M-1	M-2	M-3	M-4	M-5	M-6	M-7	M-J	Nmax
	V-i	V-1	V-2	V-3	V-4	V-5	V-6	V-7	V-j	Tmax
*(EX)	172.2	-39.6	-118.2	300.2	-1.0	0.5	-0.1	-0.3		
(EX)	224.2	-54.0	-154.0	391.2	-8.8	7.0	-0.1	-4.5		
*(EY)	10.6	14.9	8.2	33.0	7.9	6.3	3.5	-4.0		
(EY)	190.8	47.9	131.1	333.4	10.3	8.2	4.6	-5.2		
*(+WX)	23.5	-5.4	-16.1	40.9	-0.2	0.1	-0.0	-0.1		
(+WX)	23.5	-5.4	-16.1	40.9	-0.2	0.1	-0.0	-0.1		
*(-WX)	-23.5	5.4	16.1	-40.9	0.2	-0.1	0.0	0.1		
(-WX)	-23.5	5.4	16.1	-40.9	0.2	-0.1	0.0	0.1		
*(+WY)	0.6	0.9	0.2	1.9	0.5	0.4	0.2	-0.2		
(+WY)	0.6	0.9	0.2	1.9	0.5	0.4	0.2	-0.2		
*(-WY)	-0.6	-0.9	-0.2	-1.9	-0.5	-0.4	-0.2	0.2		
(-WY)	-0.6	-0.9	-0.2	-1.9	-0.5	-0.4	-0.2	0.2		
*(DL)	1495.1	1814.9	2008.9	2014.2	2051.8	2102.5	2173.4	2264.1	2367.9	5073.0
(DL)	1495.1	1814.9	2008.9	2014.2	2051.8	2102.5	2173.4	2264.1	2367.9	5073.0
*(DL)	568.5	568.5	558.0	531.7	505.4	479.1	452.8	426.5	400.2	68.2
(DL)	568.5	568.5	558.0	531.7	505.4	479.1	452.8	426.5	400.2	68.2
*(LL)	541.0	657.3	727.3	727.7	742.4	763.1	793.4	833.1	879.1	1841.7
(LL)	541.0	657.3	727.3	727.7	742.4	763.1	793.4	833.1	879.1	1841.7
*(LL)	206.8	206.8	204.4	198.5	192.7	186.8	180.9	175.0	169.2	25.3
(LL)	206.8	206.8	204.4	198.5	192.7	186.8	180.9	175.0	169.2	25.3
*(EXA)	-223.2	438.5	923.7	303.4	123.2	-84.6	91.1	137.9		
(EXA)	-223.2	438.5	923.7	303.4	123.2	-84.6	91.1	137.9		
*(EYA)	63.1	17.0	-79.7	129.4	9.1	3.9	4.6	4.8		
(EYA)	63.1	17.0	-79.7	129.4	9.1	3.9	4.6	4.8		

图 5.2.7　YJK 托柱梁恒载内力

荷载工况	M-I	M-1	M-2	M-3	M-4	M-5	M-6	M-7	M-J	N
	V-I	V-1	V-2	V-3	V-4	V-5	V-6	V-7	V-J	T
(1)	208.2	180.2	152.2	124.2	96.3	68.3	40.3	12.3	-15.7	0.0
	-65.2	-65.2	-65.2	-65.2	-65.2	-65.2	-65.2	-65.2	-65.2	-1.1
(2)	177.2	157.4	137.5	117.7	97.8	77.9	58.1	38.2	18.4	0.0
	55.5	55.5	55.5	55.5	55.5	55.5	55.5	55.5	55.5	1.1
(3)	28.0	24.5	20.9	17.4	13.9	10.3	6.8	3.3	-0.3	0.0
	-8.8	-8.8	-8.8	-8.8	-8.8	-8.8	-8.8	-8.8	-8.8	0.2
(4)	0.9	1.0	1.0	1.0	1.1	1.1	1.1	1.2	1.2	0.0
	0.1	0.1	0.1	0.1	0.1	0.1	0.1	0.1	0.1	0.0
(5)	7472.8	7730.4	7975.2	8205.0	8417.8	8612.8	8791.0	8954.0	9104.3	0.0
	467.7	447.2	422.6	393.8	362.5	331.3	302.5	277.8	257.4	61.2
(6)	1603.4	1710.8	1816.4	1918.4	2015.6	2107.2	2194.0	2277.3	2358.8	0.0
	191.4	189.8	185.0	177.3	167.9	158.4	150.7	145.9	144.4	16.5

图 5.2.8　SATWE 托柱梁恒载内力

其他荷载工况下，内力差别不大。

3. 配筋差别大

对比该梁的配筋，下部钢筋 YJK 为 142，SATWE 为 175，SATWE 配筋大了 23％，如图 5.2.9 所示。

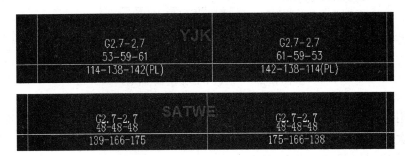

图 5.2.9　托柱梁配筋结果对比

对比支撑该梁的柱配筋见图 5.2.10，SATWE 是 YJK 的 2.26 倍。

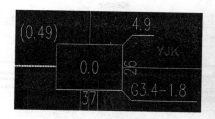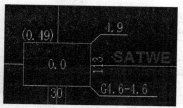

图 5.2.10 柱配筋结果对比

对比 1 层柱、梁配筋，结果如表 5.2.1 所示，YJK 柱配筋减少 18%，梁配筋减少 33.8%。

配筋结果对比
表 5.2.1

第 1 层柱配筋总面积（mm²）	PKPM	YJK	相差（%）
主筋	655190	537216	−18.0%
箍筋	43102	42934	−0.4%
节点箍筋	36784	35425	−3.7%
第 1 层梁配筋总面积（mm²）	PKPM	YJK	相差（%）
顶部	1984313	1313766	−33.8%
底部	1207644	1139957	−5.6%
箍筋	36059	34935	−3.1%
超筋梁数	7	0	
超限梁数	7	0	

SATWE 有 7 根梁超限，YJK 没有梁超限。

其他楼层 YJK 计算的配筋也明显减少。

二、例题 2

问题：YJK 与 PKPM 结果相差较大，模型如图 5.2.11 所示。

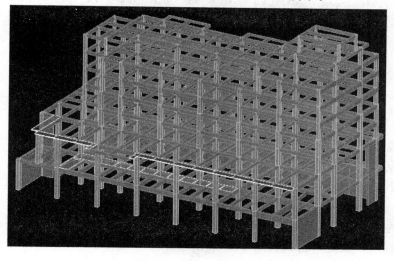

图 5.2.11 工程实例

该工程的 1 层、2 层、6 层都有梁托柱的情况，如图 5.2.12 为 1 层某个梁托柱的情况。

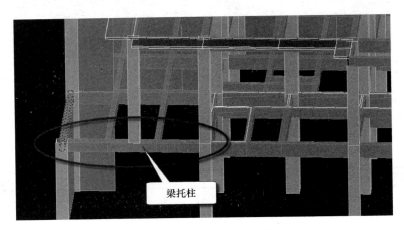

图 5.2.12 1 层梁托柱局部

对比该托柱梁的内力，分别查看该梁的构件信息见图 5.2.13、图 5.2.14，可见恒载下该梁的弯矩差别大，SATWE 为 637，YJK 为 563，SATWE 大了 13%。

荷载工况	M-I	M-1	M-2	M-3	M-4	M-5	M-6	M-7	M-J	N
	U-I	U-1	U-2	U-3	U-4	U-5	U-6	U-7	U-J	T
(1)	14.0	13.2	12.5	11.8	11.1	10.3	9.6	8.9	8.2	0.0
	-5.1	-5.1	-5.1	-5.1	-5.1	-5.1	-5.1	-5.1	-5.1	-21.8
(2)	13.3	12.6	11.9	11.1	10.4	9.7	9.0	8.2	7.5	0.0
	-5.0	-5.0	-5.0	-5.0	-5.0	-5.0	-5.0	-5.0	-5.0	-6.5
(3)	11.8	11.1	10.5	9.8	9.2	8.5	7.9	7.2	6.6	0.0
	-4.5	-4.5	-4.5	-4.5	-4.5	-4.5	-4.5	-4.5	-4.5	-4.4
(4)	-12.9	-12.2	-11.6	-10.9	-10.3	-9.7	-9.0	-8.4	-7.7	0.0
	4.6	4.6	4.6	4.6	4.6	4.6	4.6	4.6	4.6	25.3
(5)	-5.7	-5.5	-5.3	-5.0	-4.8	-4.6	-4.3	-4.1	-3.9	0.0
	1.6	1.6	1.6	1.6	1.6	1.6	1.6	1.6	1.6	21.9
(6)	-8.8	-8.4	-8.1	-7.7	-7.3	-7.0	-6.6	-6.2	-5.9	0.0
	2.6	2.6	2.6	2.6	2.6	2.6	2.6	2.6	2.6	27.8
(7)	4.6	4.3	4.1	3.8	3.6	3.3	3.1	2.8	2.6	0.0
	-1.7	-1.7	-1.7	-1.7	-1.7	-1.7	-1.7	-1.7	-1.7	-1.6
(8)	-4.6	-4.4	-4.3	-4.1	-3.9	-3.7	-3.6	-3.4	-3.2	0.0
	1.2	1.2	1.2	1.2	1.2	1.2	1.2	1.2	1.2	17.2
(9)	637.7	623.8	608.4	591.7	573.5	553.9	532.9	510.6	486.7	0.0
	-92.0	-101.8	-111.6	-121.4	-131.3	-141.1	-150.9	-160.7	-170.5	-62.4
(10)	76.5	75.2	73.8	72.4	70.8	69.1	67.4	65.5	63.6	0.0
	-8.7	-9.4	-10.0	-10.6	-11.3	-11.9	-12.5	-13.2	-13.8	-26.6
(11)	-36.8	-29.1	-21.4	-13.9	-7.9	-5.8	-5.6	-6.2	-7.7	0.0
	-13.2	-13.2	-13.2	-13.2	-13.2	-13.2	-13.2	-13.2	-13.2	0.0
(12)	11.7	9.8	8.0	6.1	5.6	8.9	14.0	19.9	26.5	0.0
	54.0	53.3	52.7	52.1	51.4	50.8	50.2	49.5	48.9	0.0

图 5.2.13 SATWE 托柱梁恒载内力

其他荷载工况下该梁内力差别不大。

差别的原因是施工加载次序的不同，SATWE 每层都是 1 个施工次序，如图 5.2.15 所示，而 YJK 中 1～3 层合并为 1 个施工次序，6～7 层合并为 1 个施工次序，如图 5.2.16 所示。

梁内力的差别最终导致了配筋的差别，SATWE 为 78cm²，YJK 为 54cm²，SATWE 的配筋大了 44%，如图 5.2.17、图 5.2.18 所示。

	1	2	3	4	5	6	7	8	9	10
*(EX)	12.7	7.2	-4.8	0.0	-5.5	0.0	-0.0	-0.0		
(EX)	13.9	8.2	-5.1	0.0	-21.2	0.0	-0.0	-0.0		
*(EX+)	11.9	6.7	-4.6	0.0	-4.5	-0.0	0.0	0.0		
(EX+)	11.9	6.7	-4.6	0.0	-4.5	-0.0	0.0	0.0		
*(EX-)	13.4	7.6	-5.1	0.0	-6.6	0.0	-0.0	-0.0		
(EX-)	13.4	7.6	-5.1	0.0	-6.6	0.0	-0.0	-0.0		
*(EY)	-6.8	-4.6	1.9	0.0	24.1	0.0	-0.0	-0.0		
(EY)	-12.8	-7.7	4.5	0.0	24.5	0.0	-0.0	-0.0		
*(EY+)	-8.3	-5.6	2.4	0.0	27.0	0.0	-0.0	-0.0		
(EY+)	-8.3	-5.6	2.4	0.0	27.0	-0.0	0.0	0.0		
*(EY-)	-5.3	-3.7	1.5	0.0	21.2	0.0	0.0	-0.0		
(EY-)	-5.3	-3.7	1.5	0.0	21.2	0.0	0.0	-0.0		
*(+WX)	4.6	2.6	-1.7	0.0	-1.6	0.0	-0.0	-0.0		
(+WX)	4.6	2.6	-1.7	0.0	-1.6	0.0	-0.0	-0.0		
*(-WX)	-4.6	-2.6	1.7	0.0	1.6	-0.0	0.0	0.0		
(-WX)	-4.6	-2.6	1.7	0.0	1.6	-0.0	0.0	0.0		
*(+WY)	-4.4	-3.1	1.1	0.0	16.8	0.0	-0.0	-0.0		
(+WY)	-4.4	-3.1	1.1	0.0	16.8	0.0	-0.0	-0.0		
*(-WY)	4.4	3.1	-1.1	0.0	-16.8	-0.0	0.0	0.0		
(-WY)	4.4	3.1	-1.1	0.0	-16.8	-0.0	0.0	0.0		
*(DL)	563.1	553.6	542.9	531.0	517.9	503.6	488.0	471.3	453.4	0.0
(DL)	563.1	553.6	542.9	531.0	517.9	503.6	488.0	471.3	453.4	0.0
*(DL)	-62.0	-70.3	-78.7	-87.0	-95.4	-103.8	-112.1	-120.5	-128.9	-143.6
(DL)	-62.0	-70.3	-78.7	-87.0	-95.4	-103.8	-112.1	-120.5	-128.9	-143.6
*(LL)	80.2	78.5	76.8	75.0	73.1	71.1	69.1	67.0	64.8	0.0
(LL)	80.2	78.5	76.8	75.0	73.1	71.1	69.1	67.0	64.8	0.0
*(LL)	-11.2	-11.7	-12.3	-12.8	-13.4	-13.9	-14.4	-15.0	-15.5	-25.7
(LL)	-11.2	-11.7	-12.3	-12.8	-13.4	-13.9	-14.4	-15.0	-15.5	-25.7
*(LL1)	-38.6	-30.8	-23.0	-15.4	-9.4	-6.4	-6.3	-7.8	-9.2	6.9
(LL1)	-37.5	-29.6	-21.8	-14.1	-8.2	-5.1	-5.0	-6.1	-7.8	0.0
*(LL1)	-15.4	-15.4	-15.4	-15.4	-15.4	-15.4	-15.4	-15.4	-15.4	0.0
(LL1)	-15.4	-15.4	-15.4	-15.4	-15.4	-15.4	-15.4	-15.4	-15.4	0.0
*(LL2)	13.3	11.1	8.6	6.6	6.1	8.4	13.5	19.7	26.6	0.0

YJK

图 5.2.14　YJK 托柱梁恒载内力

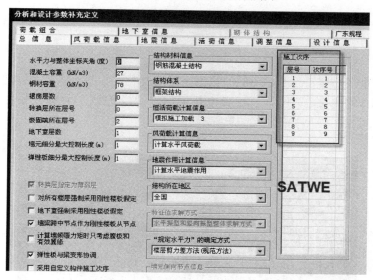

图 5.2.15　SATWE 楼层施工次序

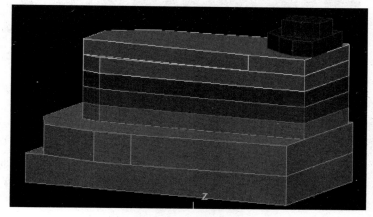

图 5.2.16　YJK 楼层施工次序

325

图 5.2.17　SATWE 梁配筋结果

图 5.2.18　YJK 梁配筋结果

三、例题 3

问题："两个模型唯一区别：7 层一根梁上是否托柱，位置在 8 层显示（有截图示意位置）；两个模型计算出来，7 层梁上柱旁边几根柱（感觉关系不大的几根柱）配筋差异很大，觉得计算异常。"模型如图 5.2.19 所示。

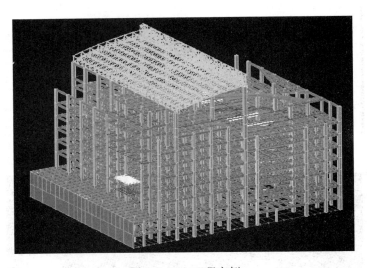

图 5.2.19　工程实例

该工程共 10 层，其中地下室 2 层，第 8、9、10 层是局部突出的部分（图 5.2.20）。

用户发来该工程的 2 个模型，差别是在第 7 层上，一个存在梁托柱，即第 7 层的梁托着第 8 层的柱，见图 5.2.21 白框部分。另一个无梁托柱情况，而是 7 层柱上的 8 层布置了同样的柱，见图 5.2.22。

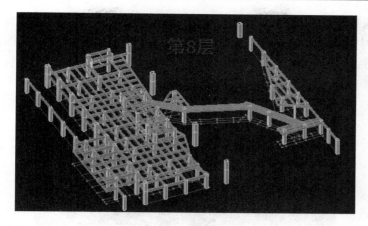

图 5.2.20　8 层模型

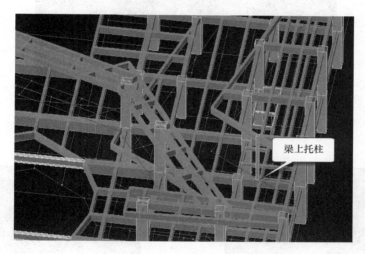

图 5.2.21　存在梁上托柱

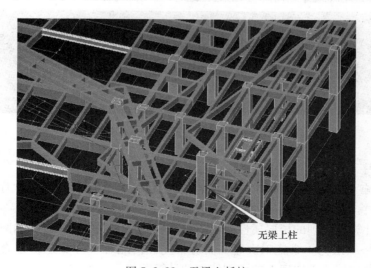

图 5.2.22　无梁上托柱

用户的问题是当第 7 层有、无梁托柱时，7 层有的柱的配筋计算结果变化很大，如图 5.2.23 中框中的几根柱（即用户感觉关系不大的几根柱），无梁托柱时的配筋比有梁托柱的配筋大了将近 1 倍，如图 5.2.24 所示。

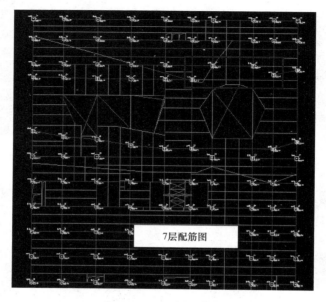

图 5.2.23　7 层配筋图

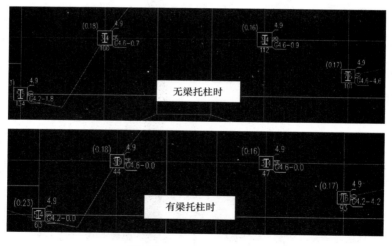

图 5.2.24　配筋结果对比

1. 施工次序不同是计算差异的原因

YJK 采用施工模拟 3 计算时，一般的楼层默认采用 1 层是 1 个施工次序，但是对于有梁托柱的情况时，自动合并两层为 1 个施工次序。

我们可在计算前处理的楼层属性菜单下查看楼层施工次序的情况，如图 5.2.25：无梁托柱情况时，8～9 层为 1 个施工次序，而有梁托柱情况时，7～9 层 3 层合并为 1 个施工次序。就是这种楼层施工次序上的差别使柱的计算配筋出现差别，一般来说合并楼层的施工次序可以减少构件的受力和配筋,因为合并施工次序的概念就是让合并后的结构共同承担荷载,分层施工次序是各层的结构单独承担荷载。

图 5.2.25 有、无梁托柱时施工次序差异

2. 7～9 层荷载大且不均衡布置是施工次序影响大的原因

该工程在 7～9 层、特别是 8～9 层的梁上布置了很大的均布恒荷载,均布荷载从 31～52 不等,如图 5.2.26 所示。这里是楼层局部突出的部分,结构布置不均衡,荷载分布也不均衡。对这些恒载,用更多的合并楼层结构共同来承担,则可有效减少构件在恒载下的内力,从而减少配筋。

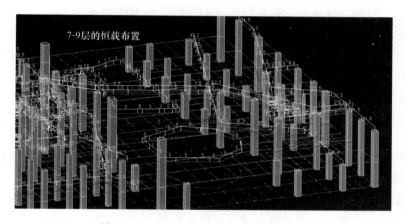

图 5.2.26 7～9 层荷载大且不均衡布置

对比整个 7 层的柱配筋,无梁上柱时比有梁上柱时配筋大了 4.2%,如图 5.2.27 所示。

图 5.2.27 7 层柱配筋对比

3. 直接对无梁上柱工程合并施工次序可得到同样的减少柱配筋的效果

我们人工修改楼层施工次序,直接对无梁托柱工程合并 7～9 层为 1 个施工次序,再进行计算的结果如图 5.2.28,可以看出,可以得到同样的减少了柱配筋的效果。

图 5.2.28 对无梁拖柱工程合并 7～9 层为一个施工次序

因此，作为设计人员应充分理解施工次序的计算原理，根据结构的实际情况合理的修改、合并施工次序可以得到更加经济合理的设计结果。

4. 将较大的非主体结构恒荷载当作自定义恒载输入

恒载可分为主体结构恒载和非主体结构恒载两部分，主体结构恒载一般为主体结构构件的自重，即梁、柱、墙、楼板的自重，主体结构按楼层施工，施工模拟 3 的加载次序主要针对主体结构恒载。

非主体结构恒载指的是作用在主体结构上的填充墙，装修面层形成的恒载，这种恒载不一定随着主体楼层的施工加载，它们一般在主体结构封顶之后才加载上去。把非主体结构恒载按照施工模拟 3 计算，常造成恒载下构件内力偏大的结果。

解决的方法是把非主体结构恒载当作自定义恒载输入，并在计算参数的自定义恒载组合选项中选择和其他恒载"叠加"组合的模式。软件对自定义恒载按照一次加载的计算方式计算，从而可避免分层加载计算造成的内力偏大。

5. 分析

YJK 采用施工模拟 3 计算时，一般的楼层默认采用 1 层 1 个施工次序，但是对于有梁托柱的情况时，自动合并两层为 1 个施工次序。一般来说合并楼层的施工次序可以减少构件的受力和配筋，因为合并施工次序的概念就是让合并后的结构共同承担荷载，分层施工次序是各层的结构单独承担荷载。

对本工程的无梁托柱情况，由于局部楼层结构布置不均衡，并且它上面布置的恒载荷载很大，对这样的工程人工合并楼层施工次序可同样得到节省配筋的效果。

作为设计人员应充分理解施工次序的计算原理，根据结构的实际情况合理的修改、合并施工次序可以得到更加经济合理的设计结果。

恒载可分为主体结构恒载和非主体结构恒载两部分，可把非主体结构恒载当作自定义恒载输入，并在计算参数的自定义恒载组合选项中选择和其他恒载"叠加"组合的模式。软件对自定义恒载按照一次加载的计算方式计算，从而可避免分层加载计算造成的内力偏大。

四、结论

一般情况下，施工模拟 3 采用逐层加载的施工次序，即每层为 1 个施工次序。但是 YJK 对存在梁托柱的楼层，会自动合并本层和上层为 1 个施工次序，即把相连的 2 层作为一个施工加载次序。对于托墙转换的楼层，会自动合并转换层和上面 2 层为 1 个施工次序，即把相连的 3 层作为一个施工加载次序。

有经验的设计师都知道，对梁托柱的楼层、托墙转换的楼层应合并 2 层或多层为 1 个施工加载次序，因为它符合施工的实际情况，特别是如果不合并，将造成恒载下内力过大甚至异常的计算结果，最终使计算配筋过大。

为什么梁托柱层分层施工需要合并施工次序计算呢？这是因为梁托柱层受力较大，合并层施工次序相当于用两个楼层的刚度共同承担梁托柱层的荷载，从而使受力分配均匀，内力减少。这也符合这样的楼层的拆模规律，施工中有梁托柱的楼层肯定不能上层施工时下层马上拆模。

但是，PKPM 的施工模拟 3 对任何情况都采用的每层 1 个施工加载次序，这将导致有梁托柱层、挑梁托柱层、转换层的梁柱计算配筋偏大很多。当梁托柱的跨度较大时，或悬挑梁托柱情况时，配筋差异更大。

这种施工次序管理上的差异，也是导致 YJK 比 PKPM 配筋少的原因之一。

第三节 次梁底部钢筋比 PKPM 小很多

例题 1

问题："单向板布置处的次梁底筋，用 YJK 计算出来的底筋比 PKPM 小很多，面筋却没有多大变化。而十字梁布置那块，两个软件却没有多大变化。我为了简化模型，同时不考虑地震作用和风作用，只计算恒＋活。经过查询内力，发现梁调整前、后内力基本是一致的，唯一不同的是梁内力包络图差别挺大。"模型如图 5.3.1 所示。

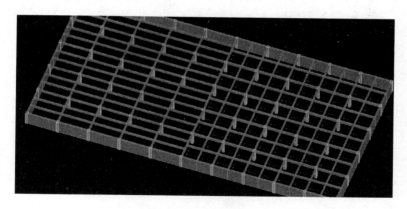

图 5.3.1 工程实例

1. 计算结果对比

如图 5.3.2、图 5.3.3 所示，用户所指的是次梁的下部最大钢筋，YJK 分别为 11、8、8，而 PKPM 为 12、12、12。

2. 差别原因分析对比

（1）内力相同

查看第 3 跨梁的构件信息，对比内力计算结果，几乎完全相同，如图 5.3.4、图 5.3.5 所示。

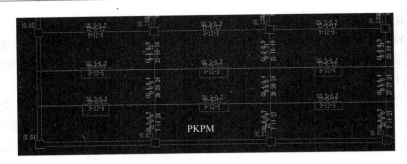

图 5.3.2　PKPM 梁配筋结果

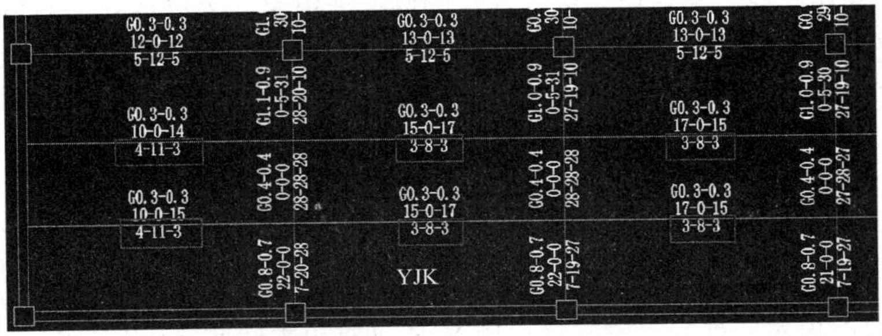

图 5.3.3　YJK 梁配筋结果

荷载工况	M-I	M-1	M-2	M-3	M-4	M-5	M-6	M-7	M-J	N
	V-I	V-1	V-2	V-3	V-4	V-5	V-6	V-7	V-J	T
(1)	-156.8	-57.5	18.5	64.4	80.0	65.5	20.8	-54.0	-152.2	0.0
	102.2	88.2	59.5	30.0	0.6	-28.9	-58.3	-87.1	-101.0	0.0
(2)	-58.6	-21.8	6.8	24.0	30.0	24.6	7.8	-20.2	-5	0.0
	37.2	33.0	22.4	11.3	0.3	-10.8	-21.9	-32.5	-36.7	0.0

图 5.3.4　PKPM 梁标准内力

(iCase)	M-I	M-1	M-2	M-3	M-4	M-5	M-6	M-7	M-J	Nmax
	V-i	V-1	V-2	V-3	V-4	V-5	V-6	V-7	V-j	Tmax
*(DL)	-156.2	-57.5	18.4	64.3	80.0	65.5	20.7	-54.1	-151.6	0.0
(DL)	-156.2	-57.5	18.4	64.3	80.0	65.5	20.7	-54.1	-151.6	0.0
*(DL)	101.5	87.9	59.5	30.0	0.6	-28.9	-58.4	-86.8	-100.4	-0.0
(DL)	101.5	87.9	59.5	30.0	0.6	-28.9	-58.4	-86.8	-100.4	-0.0
*(LL)	-58.6	-21.8	6.8	24.0	30.0	24.6	7.8	-20.2	-56.	0.0
(LL)	-58.6	-21.8	6.8	24.0	30.0	24.6	7.8	-20.2	-56.	0.0
*(LL)	37.2	33.0	22.4	11.3	0.3	-10.8	-21.9	-32.5	-36.7	-0.0
(LL)	37.2	33.0	22.4	11.3	0.3	-10.8	-21.9	-32.5	-36.7	-0.0

图 5.3.5　YJK 梁标准内力

（2）弯矩包络不同

接着在构件信息中查看梁下部弯矩包络设计值对比，PKPM 比 YJK 大得多，如图 5.3.6、图 5.3.7 所示，构件属性显示为不调幅梁，如图 5.3.8、图 5.3.9 所示。

+M(kNm)	0.	85.	150.	189.	202.	189.	150.	85.	0.
LoadCase	(0)	(0)	(0)	(0)	(0)	(0)	(0)	(0)	(0)
Btm Ast	301.	438.	802.	1034.	1114.	1034.	802.	438.	301.
% Steel	0.20	0.31	0.57	0.74	0.80	0.74	0.57	0.31	0.20

图 5.3.6　PKPM 梁配筋

```
+M(kNm)      0      0      32     111     138     113     36      0      0
LoadCase   ( 0)   ( 0)   ( 2)    ( 2)    ( 2)    ( 2)   ( 2)    ( 0)   ( 0)
Btm Ast    301    301    301     580     733     592    301     301    301
% Steel   0.20   0.20   0.20    0.39    0.49    0.39   0.20    0.20   0.20
```
YJK

图 5.3.7　YJK 梁配筋

```
N-B=  38 (I=   539, J=   569) (1)B*H(mm)= 250* 602
Lb=  8.20 Cover= 20 Nfb= 3 Rcb= 30.0 Fy=  360. Fyv=  360.
调幅系数：1.00  扭矩折减系数：0.40  刚度系数：PKPM
梁属性：混凝土梁 框架梁 不调幅梁
```

图 5.3.8　PKPM 梁属性

```
livec=1.000  stif=2.351  tf=1.000  nj=0.400   YJK
η m=1.000   η v=1.100
```

图 5.3.9　YJK 梁内力调整系数

（3）PKPM 采用简支梁弯矩控制下部配筋

从上看出，PKPM 采用的组合号都是 0，这意味着它采用的是简支梁跨中弯矩的 50％作为最大控制弯矩参与组合，而 YJK 采用的组合号是 2，即 1.2×恒＋1.4×活，因此组合值 PKPM 比 YJK 大得多，这就是梁下部钢筋 PKPM 比 YJK 大的原因。

3.《高规》的相关条文

《高规》5.2.3："在竖向荷载作用下，可考虑框架梁端塑性变形的内力重分布对梁端负弯矩进行调幅，并应符合下列规定：

1　装配整体式框架梁端负弯矩调幅系数可取为 0.7～0.8，现浇框架梁梁端负弯矩调幅系数可取为 0.8～0.9；

2　框架梁端负弯矩调幅后，梁跨中弯矩应按平衡条件相应增大；

3　应先对竖向荷载作用下的框架梁端进行调幅，再与水平作用产生的框架梁端弯矩进行组合；

4　截面设计时，框架梁跨中截面正弯矩设计值不应小于竖向荷载作用下按简支梁计算的跨中弯矩设计值的 50％。"

这里讲的是框架梁端负弯矩调幅 0.8～0.9 后，框架梁跨中截面正弯矩设计值不应小于竖向荷载作用下按简支梁计算的跨中弯矩设计值的 50％。

条文首先限于框架梁，而且是进行调幅的框架梁。而如上 PKPM 进行简支梁计算的跨中弯矩设计值的 50％控制设计的梁是不调幅梁，对不调幅梁进行这样的控制显然没有必要，显然将造成配筋不必要的增大。

4. YJK 对不调幅梁不进行简支梁 50％弯矩控制

YJK 只对调幅梁进行竖向荷载下简支梁计算的跨中弯矩设计值的 50％控制，而对不调幅梁提供单独的控制参数。

可以试着在计算前处理中，将第 3 跨梁改为调幅梁，并设置调幅系数 0.98，然后进行计算，图 5.3.10 为改后的计算结果，从中可以看出梁下部配筋增大，数值与 PKPM 相同了。

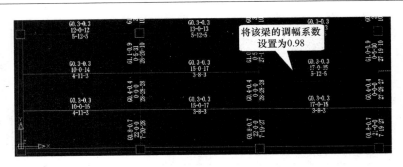

图 5.3.10　改为调幅梁后配筋结果

5. 结论

（1）对一些次梁的下部钢筋计算结果，有时 YJK 比 PKPM 小；

（2）原因是 PKPM 对于不调幅梁，仍按照跨中截面正弯矩设计值不应小于按简支梁计算的跨中弯矩设计值的 50% 进行控制；

（3）《高规》5.2.3 条文首先限于框架梁，而且是进行调幅的框架梁，而 PKPM 对不调幅梁也进行简支梁计算的跨中弯矩设计值的 50% 控制设计，显然没有必要，将造成配筋不必要的增大；

（4）YJK 仅对框架梁或者调幅梁按照竖向荷载跨中弯矩设计值的 50% 控制设计，对于其他情况不执行这种控制，YJK 的计算更加经济合理。

第四节　带转换层的框支框架承担的地震倾覆力矩计算

例题 1

模型如图 5.4.1 所示，问题：

SATWE 算出的框支框架倾覆力矩百分比和 YJK 算出的差别较大，以转换层第 9 层数据为例（表 5.4.1），模型如图 5.4.2 所示。

对于框支框架所占的地震倾覆力矩百分比（X 向），SATWE 为 7.17%，而 YJK 为 79.3%，超出了规范要求不大于 50% 的限制。

从 9 层转换层的平面布置直观地看，SATWE 计算的 7.17%，似乎太小。

1. 计算结果对比分析

《高规》10.2.16-7 规定："框支框架承担的地震倾覆力矩应小于结构总地震倾覆力矩的 50%。"

图 5.4.1　工程实例

软件按照《抗震规范》6.1.3 条条文说明中的公式计算框架部分按刚度分配的地震倾覆力矩。在该公式中，总的框架倾覆力矩是各层分别计算的框架倾覆力矩的叠加结果。

规定水平力框架柱、框支框架及短肢墙地震倾覆力矩百分比（抗规）　表 5.4.1

	层号	塔号		框架柱	框支框架	
SATWE	9	1	X	7.17%	7.17%	
			Y	5.20%	5.20%	
YJK	9	1	X	0.0%	79.3%	框支框架倾覆力矩超限
	9	1	Y	0.0%	58.3%	框支框架倾覆力矩超限

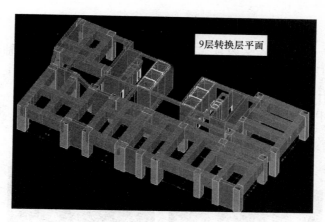

图 5.4.2　9 层平面

$$M_c = \sum_{i=1}^{n} \sum_{j=1}^{m} V_{ij} h_i$$

对于带框支转换层的结构，在转换层及其以下各层，框支框架所占的比例较多，按照这些层计算出的框支框架所占地震倾覆力矩的比例较高。但是在转换层以上各层，没有框架柱或框架柱所占的比例很小，更不会再有框支框架柱，因此按照这些层计算出的框支框架所占地震倾覆力矩基本是 0，而剪力墙承担的倾覆力矩占了绝大部分。

SATWE 是按照全楼所有层统计框支框架所占的地震倾覆力矩比例，由于在转换层以上全是剪力墙而框支框架基本不存在，这样统计的结果必然是框支框架所占比例很小。应该说这样的统计不符合规范的要求的目标，规范是控制框支框架在平面中所占比例不能太高，一般在各层中框支框架承担的地震倾覆力矩也应小于该层总地震倾覆力矩的 50%。但如果按照全楼统计，即便在某几层全是框支框架柱，由于转换层上面纯剪力墙的层数很多，仍可以得到框支框架所占的地震倾覆力矩比例很小的结论。

YJK 按照带框支转换层的结构特点进行框支框架所占的地震倾覆力矩比例的计算，即统计计算仅在转换层及其以下各层进行，总的框支框架所占的地震倾覆力矩比例是转换层及其以下各层分别计算的叠加，不再把分母叠加上转换层以上各层剪力墙承担的倾覆力矩。

2. 结论

带转换层的框支框架承担的地震倾覆力矩的计算，SATWE 计算结果太小，不符合规范的要求，因为 SATWE 按照全楼所有层统计框支框架所占的地震倾覆力矩比例，由于在转换层以上全是剪力墙而框支框架基本不存在，这样统计的结果必然是框支框架所占比例很小。

YJK 按照带框支转换层的结构特点进行框支框架所占的地震倾覆力矩比例的计算，即统计计算仅在转换层及其以下各层进行，总的框支框架所占的地震倾覆力矩比例是转换层及其以下各层分别计算的叠加，不再把分母叠加上转换层以上各层剪力墙承担的倾覆力矩。

因此 YJK 计算出的框支框架承担的地震倾覆力矩百分比要比 SATWE 大很多。

第五节　SATWE 柱轴压比有时偏小的原因分析

例题 1

问题："某框架结构，在考察地震作用的情况下，计算出来的轴压比比 PKPM 的 V2.1 版大很多，以第 2 层左下部一个柱子为例，YJK 轴压比 0.92，PKPM 轴压比为 0.85，请查一下是什么原因所致。"

对比图 5.5.1 中左侧的柱的轴压比，SATWE 为 1.36，YJK 为 1.46，YJK 比 SATWE 大了约 7%。

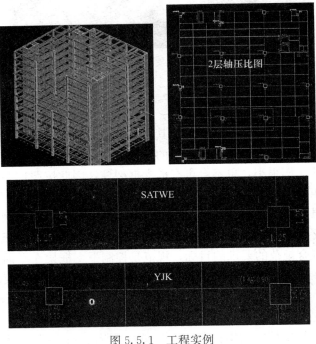

图 5.5.1　工程实例

1. 问题分析

(1) 关于柱活载折减：PKPM 在计算柱地震组合轴压比时考虑活荷载折减（又同时考虑活荷载质量折减）；YJK 不考虑活荷载折减。2 层柱荷载折减系数为 0.6，那么 PKPM 计算的活荷载轴力折减系数为 0.5×0.6；而 YJK 为 0.5（根据《高钢规》规定，《荷载规范》规定的折减系数仅适用于非地震组合）。

(2) 本工程 PKPM 和 YJK 的恒活标准内力有一些差异（地震和风轴力基本一致），2 层某根柱内力对比如图 5.5.2 所示。

PKPM	(9)	21.5	-27.4	-10071.4	18.2	18.8	-74.8	-54.5
YJK	*(DL)	13.6	-17.7	-10422.2	14.3	11.5	-45.5	-34.9
	相差(%)	-36.7	-35.4	3.5	-21.4	-38.8	-38.8	-36.0
PKPM	(10)	11.1	-12.7	-2102.3	9.1	9.9	-34.0	-27.7
YJK	*(LL)	7.8	-8.1	-2267.2	7.2	6.7	-20.3	-19.8
	相差(%)	-29.7	-36.2	7.8	-20.9	-32.3	-40.3	-28.5

图 5.5.2　柱内力对比

上述即为两个软件轴压比差异的原因，如在 PKPM 中取消柱活载折减，则轴压比变为 0.89，在轴压比限值 0.9 附近。在本层中，PKPM 计算的局部柱轴压比也超限（达到 0.95），因此建议用户将柱混凝土强度提高一级。

2. 柱内力差别分析

（1）单柱内力对比

分别打开该柱的构件信息，该柱在 SATWE 和 YJK 的内力分别如图 5.5.3、图 5.5.4 所示。

荷载工况	Axial	SHEAR-X	SHEAR-Y	MX-BTM	MY-BTM	MX-TOP	MY-TOP
(1)	18.0	15.1	-1.6	-16.4	-106.7	14.7	-137.8
(2)	21.4	15.2	-1.8	-18.7	-111.8	14.8	-144.5
(3)	-18.8	14.9	-1.5	15.5	-100.3	11.9	-131.2
(4)	-194.9	-2.4	-8.8	125.0	-10.2	-113.1	11.1
(5)	-188.0	-2.3	-8.4	120.6	-13.0	-109.6	-11.3
(6)	-201.8	-2.5	-9.2	129.4	9.5	-116.6	13.6
(7)	-2.4	3.4	-0.1	-0.0	-25.9	0.3	-37.4
(8)	-94.0	-0.5	-0.2	28.5	-0.4	-27.8	1.2
(9)	-10033.6	-20.1	26.4	-18.7	-16.9	-71.0	51.5
(10)	-2089.0	-10.5	12.3	-9.3	-9.4	-32.4	26.2
(11)	-221.1	-1.7	-6.0	7.3	-6.7	-0.7	-4.8
(12)	-167.5	1.6	-5.0	7.1	6.1	-1.9	4.4

图 5.5.3　SATWE 柱内力

(iCase)	Shear-X	Shear-Y	Axial	Mx-Btm	My-Btm	Mx-Top	My-Top
*(EX)	-7.4	0.8	19.6	8.5	53.1	6.7	68.5
(EX)	-14.9	1.6	19.6	16.9	106.3	13.4	137.0
*(EX+)	-7.4	0.8	-20.0	8.0	50.6	6.3	65.5
(EX+)	-14.7	1.5	-20.0	16.0	101.2	12.6	131.1
*(EX-)	-7.5	0.8	22.0	9.5	55.7	7.6	71.5
(EX-)	-15.0	1.8	22.0	18.5	111.4	15.2	143.0
*(EY)	1.2	4.4	-194.0	-62.6	5.4	-56.5	-6.0
(EY)	2.4	8.8	-194.0	-125.2	10.8	-113.0	-12.1
*(EY+)	1.3	4.6	-200.6	-64.6	-5.1	-58.2	-7.1
(EY+)	2.5	9.3	-200.6	-129.3	-10.1	-116.3	-14.2
*(EY-)	1.1	4.2	-187.5	-60.5	6.6	-54.8	6.1
(EY-)	2.3	8.4	-187.5	-121.0	13.2	-109.6	12.2
*(EXMAX)	-7.4	0.8	19.5	8.5	53.1	6.7	68.5
(EXMAX)	-14.9	1.6	19.5	16.9	106.3	13.4	137.0
*(EYMAX)	1.2	4.4	-194.0	-62.6	5.4	-56.5	-6.1
(EYMAX)	2.4	8.8	-194.0	-125.2	10.8	-113.0	-12.2
*(+WX)	-3.3	0.1	-2.3	0.1	25.9	0.4	37.1
(+WX)	-3.3	0.1	-2.3	0.1	25.9	0.4	37.1
*(-WX)	3.3	-0.1	2.3	-0.1	-25.9	-0.4	-37.1
(-WX)	3.3	-0.1	2.3	-0.1	-25.9	-0.4	-37.1
*(+WY)	0.4	0.2	-93.1	-28.3	0.4	-27.6	-1.1
(+WY)	0.4	0.2	-93.1	-28.3	0.4	-27.6	-1.1
*(-WY)	-0.4	-0.2	93.1	28.3	-0.4	27.6	1.1
(-WY)	-0.4	-0.2	93.1	28.3	-0.4	27.6	1.1
*(DL)	13.4	-17.9	-10408.0	15.5	10.5	-45.5	-35.1
(DL)	13.4	-17.9	-10408.0	15.5	10.5	-45.5	-35.1
*(LL)	7.8	-8.2	-2264.6	7.6	6.7	-20.3	-19.9
(LL)	4.7	-4.9	-1358.8	4.5	4.0	-12.2	-11.9
*(EXA)	-4.4	0.4	-27.4	-7.5	50.1	-6.1	65.2
(EXA)	-4.4	0.4	-27.4	-7.5	50.1	-6.1	65.2
*(EXA+)	-4.2	0.5	-36.2	-10.0	47.5	-8.1	61.9
(EXA+)	-4.2	0.5	-36.2	-10.0	47.5	-8.1	61.9
*(EXA-)	-4.6	0.2	-18.7	-5.0	52.8	-4.2	68.4
(EXA-)	-4.6	0.2	-18.7	-5.0	52.8	-4.2	68.4
*(EYA)	0.5	1.4	-223.5	-64.8	9.1	-59.9	7.5
(EYA)	0.5	1.4	-223.5	-64.8	9.1	-59.9	7.5
*(EYA+)	0.6	1.6	-231.3	-67.0	6.7	-61.6	4.6

图 5.5.4　YJK 柱内力

影响轴压比的是该柱的恒载和活荷载内力，对比可见二者有一定的差距：

恒载内力 SATWE 为－10033，YJK 为－10408，YJK 大 3.7%；

活载内力 SATWE 为－2089，YJK 为－2264，YJK 大 8.4%。

（2）2 层的柱内力汇总差别大

本工程 SATWE 存在丢荷载、内外力不平衡的情况。

对比 SATWE 和 YJK 第 2 层柱内力汇总值：

分别打开 SATWE 和 YJK 的各层内力标准值的 2 层内力文件，对比文件后边的内力汇总部分，如图 5.5.5、图 5.5.6 所示。

```
--------------------------------------SATWE------------------
  柱、墙、支撑在竖向力作用下的轴力之和 (kN):        -210355.0
  柱、墙、支撑在恒荷载作用下的轴力之和 (kN):        -177167.7
  柱、墙、支撑在活荷载作用下的轴力之和 (kN):         -33187.3
```

图 5.5.5　SATWE 轴力和

```
---------------------------------YJK--------------------------------
调整前内力:
    柱、墙、支撑在竖向力作用下的轴力之和 (kN):   -214536.6
    柱、墙、支撑在恒荷载作用下的轴力之和 (kN):   -180147.1
    柱、墙、支撑在活荷载作用下的轴力之和 (kN):   -34389.5
调整后内力:
    柱、墙、支撑在竖向力作用下的轴力之和 (kN):   -201156.5
    柱、墙、支撑在恒荷载作用下的轴力之和 (kN):   -180147.1
    柱、墙、支撑在活荷载作用下的轴力之和 (kN):   -21009.5
```

图 5.5.6　YJK 轴力和

2 层恒载下内力之和 SATWE 为－177167，YJK 为－180147，YJK 大 1.6%；

活载内力 SATWE 为－33187，YJK 为－34389，YJK 大 3.6%。

用 PKPM 的 TAT 模块计算，结果与 YJK 相近，而与 SATWE 差别大，如图 5.5.7 所示。

```
        37.6    36.4    35.2    34.1     32.9    31.8    30.6    29.5
---------------------------------------------------------------------
  恒活荷载作用下的柱、墙、支撑反力总和: Anti-F =    -213040.4(kN)
                          TAT
```

图 5.5.7　TAT 轴力和

再用 PKPM 的 PMSAP 计算对比，由于 PMSAP 只能输出第 1 层的竖向力汇总，我们只好同时把 SATWE 和 YJK 的 1 层竖向力汇总打印出来进行对比，见图 5.5.8～图 5.5.10，PMSAP 与 YJK 相比，恒载差仅 0.002%，活载相同；但 PMSAP 与 SATWE 相比，恒载差 1.6%，活载差 3%。

```
------------------------------------------------------------------
  柱、墙、支撑在竖向力作用下的轴力之和 (kN):        -247323.1
  柱、墙、支撑在恒荷载作用下的轴力之和 (kN):        -206206.0
  柱、墙、支撑在活荷载作用下的轴力之和 (kN):         -41117.0
                                    SATWE-1层
```

图 5.5.8　SATWE1 层轴力和

```
各工况总反力在坐标原点的统计
C,YC,ZC    : 力系中心坐标
X,FY,FZ,MX,MY,MZ : 力系向坐标原点的等效力          PMSAP-1层

         XC       YC       ZC      FX      FY      FZ        MX
1 DL   -33.31    8.73     0.00    0.0     0.0   | 209497.0 | 182798·
2 LL   -32.77    10.25    0.00    0.0     0.0   |  42341.6 |  43399!
```

图 5.5.9　PMSAP1 层轴力和

图 5.5.10　YJK1 层轴力和

多方对比说明，本工程 SATWE 计算的柱的恒活荷载内力偏小。

（3）根据质量结果判断内力的正确性

分别打开 wmass. out 文件中的质量输出结果如图 5.5.11、图 5.5.12 所示。

```
*********************************************
*        各层的质量、质心坐标信息          *       SATWE
*********************************************

层号  塔号  质心 X    质心 Y    质心 Z   恒载质量   活载质量  附加质量  质量比
              (m)      (m)      (m)      (t)       (t)       (t)
12    1    -32.236    8.654   43.500   1310.4     96.4      0.0      0.87
11    1    -32.456    8.439   40.000   1491.6    117.2      0.0      1.00
10    1    -32.456    8.439   36.500   1491.6    117.2      0.0      1.00
9     1    -32.456    8.439   33.000   1491.6    117.2      0.0      1.00
8     1    -32.456    8.439   29.500   1491.6    117.2      0.0      1.00
7     1    -32.456    8.439   26.000   1491.6    117.2      0.0      0.76
6     1    -34.264    8.577   22.500   1958.7    162.6      0.0      0.98
5     1    -33.880    8.730   18.700   1992.3    166.9      0.0      0.95
4     1    -33.881    8.781   14.900   2111.8    166.9      0.0      1.24
3     1    -33.523    9.166    8.900   1587.7    250.7      0.0      0.96
2     1    -33.450    9.148    4.900   1626.0    290.2      0.0      0.58
1     1    -33.568   10.679    1.500 | 2904.2    396.6 |    0.0      1.00

活载产生的总质量 (t):      | 2116.409 |
恒载产生的总质量 (t):      | 20949.434 |
附加总质量 (t):             0.000
```

图 5.5.11　SATWE 总质量

```
*********************************************
*        各层质量、质心坐标，层质量比       *       YJK
*********************************************

层号 塔号  质心X    质心Y   质心Z   恒载质量  活载质量  活载质量   附加质量  质量比
            (m)     (m)     (m)     (t)      (t)     (不折减)(t)   (t)
12    1   -32.234   8.655  43.500  1308.9    96.4     192.8       0.0     0.87
11    1   -32.455   8.439  40.000  1491.0   117.2     234.4       0.0     1.00
10    1   -32.455   8.439  36.500  1491.0   117.2     234.4       0.0     1.00
9     1   -32.455   8.439  33.000  1491.0   117.2     234.4       0.0     1.00
8     1   -32.455   8.439  26.000  1491.0   117.2     234.4       0.0     1.00
7     1   -32.455   8.439  26.000  1491.0   117.2     234.4       0.0     0.76
6     1   -34.265   8.573  22.500  1951.2   162.6     325.2       0.0     0.98
5     1   -33.879   8.725  18.700  1986.5   166.9     333.8       0.0     0.95
4     1   -33.880   8.777  14.900  2106.0   166.9     333.8       0.0     1.24
3     1   -33.528   9.170   8.900  1584.8   250.5     501.0       0.0     0.96
2     1   -33.454   9.154   4.900  1621.8   290.0     580.1       0.0     0.58
1     1   -33.573  10.691   1.500 | 2895.2   396.3     792.7 |     0.0     1.00

合计   --     --      --   | 20909.6  2115.8 |   4231.5 |     0.0
```

图 5.5.12　YJK 总质量

二者恒载、活载质量基本相同。

由恒载质量推导的 2 层恒载内力汇总应为：（20909－2895.2）×10＝180138，和 YJK 的 180147 基本相同。

由活载质量推导的 2 层活载内力汇总应为：（2115.8－396.3）×20＝34390，和 YJK 的 34389 基本相同。

说明 SATWE 计算的恒载、活载下的柱轴力偏小很多，原因不详。

结论：

对于本工程，YJK 和 PKPM 的质量相同，所以两者周期一致，地震内力一致；但是，在计算恒、活内力时，PKPM 存在丢荷载的情况，造成内力偏小，而 YJK 软件的荷载校验功能验证了质量和内力的对应关系，保证了内力准确

在 YJK 的 wmass. out 文件中可查看各荷载工况下的内力平衡校验结果，如图 5.5.13 所示。

1、恒、活荷载作用下轴力平衡验算(kN)：

层号	塔号	恒载	恒载下轴力	活载	活载下轴力
12	1	13088.8	13089.5	1927.6	1927.8
11	1	27999.2	28000.2	4272.0	4272.3
10	1	42909.6	42910.9	6616.4	6616.8
9	1	57820.0	57821.6	8960.7	8961.4
8	1	72730.4	72732.3	11305.1	11305.9
7	1	87640.8	87643.0	13649.5	13650.4
6	1	107153.0	107155.3	16901.8	16902.8
5	1	127018.4	127020.8	20239.7	20240.8
4	1	148078.6	148081.1	23577.5	23578.7
3	1	163926.6	163929.1	28587.8	28589.0
2	1	180144.7	180147.1	34388.3	34389.5
1	1	209096.5	209098.9	42315.1	42316.3

图 5.5.13　YJK 内外力平衡校核

3. 地震组合下活荷载不宜再考虑按楼层折减

计算柱的轴压比时采用该柱轴压力设计值，对于地震作用组合中的活荷载，YJK 采用了地震作用组合时的活荷载折减系数 0.5，而 PKPM 除了考虑 0.5 的系数之外，还乘以该柱的活荷载按楼层的折减系数，造成 PKPM 计算柱的轴压比时考虑的活荷载值比 YJK 小，这是造成 YJK 柱轴压比比 PKPM 有时大些的原因。

《高钢规》4.3.5 条规定：计算时不应再按照国家标准《建筑结构荷载规范》的规定折减，如图 5.5.14 所示。

第 4.3.5 条　抗震计算中，重力荷载代表值应为恒荷载标准值和活荷载组合值之和，并应按下列规定取值；

恒荷载：应取现行国家标准《建筑结构荷载规范》（GBJ 9）规定的结构、构配件和装修材料等自重的标准值；

雪荷载：应按现行国家标准《建筑结构荷载规范》（GBJ 9）规定的标准值乘 0.5 取值；

楼面活荷载：应按现行国家标准《建筑结构荷载规范》（GBJ 9）规定的标准值乘组合值系数取值。一般民用建筑应取 0.5，书库、档案库建筑应取 0.8。计算时不应再按现行国家标准《建筑结构荷载规范》（GBJ 9）的规定折减，且不应计入屋面活荷载。

图 5.5.14　《高钢规》条文

对比如上柱的轴压比计算，分别查看该柱构件信息中的轴压比计算相关信息，如图 5.5.15、图 5.5.16 所示。

```
N-C=   5 ( 1)B*H(mm)=  900*  900
 Cover= 25(mm) Cx= 1.25 Cy= 1.25 Lc=  3.40(m) Nfc= 4 Rcc= 25.0 Fy=  360. Fyv=  270.
 RLIVEC=   0.60  混凝土柱 矩形截面
 ( 30)Nu=   -13081. Uc=   1.357 Rs=  4.22(%) Rsv=  1.36(%) Asc=  380.0
 (  1)N=  -14774. Mx=   -115. My=    -85. Asxt=  8968. Asxt0=  8968.
 (  1)N=  -14774. Mx=   -115. My=    -85. Asyt=  8864. Asyt0=  8864.
 (  1)N=  -14774. Mx=    -31. My=    -28. Asxb=  8679. Asxb0=  8679
 (  1)N=  -14774. Mx=    -31. My=    -28. Asyb=  8671. Asyb0=  8671.
 (  1)N=  -14774. Vx=   -33. Vy=    43. Ts=      0. Asvx=   565. Asvx0=     0.
 (  1)N=  -14774. Vx=   -33. Vy=    43. Ts=      0. Asvy=   565. Asvy0=     0.
 抗剪承载力: CB_XF=  2347.1  CB_YF=  2374.3

  ** ( 30)Nu=  -13081. Uc=Nu/(Ac*fc)=  1.357>  0.95
```

SATWE

图 5.5.15　SATWE 柱轴压比

```
N-C=5 (1)B*H(mm)=900*900
Cover= 25(mm) Cx=1.25 Cy=1.25 Lcx=3.40(m) Lcy=3.40(m) Nfc=4 Nfc_gz=4 Rcc=25.0 Fy=360 Fyv=270
砼柱 矩形 矩柱
livec=0.600  θ2vx=2.000, θ2vy=2.000               YJK
η nu=1.100  η vu=1.210  η md=1.100  η vd=1.210
λ c=1.99k
( 30)Nu= -14135.3   Uc= 1.46  Rs= 4.61(%)  Rsv= 1.36(%)  Asc=  380
( 1)N= -15382.5 Mx=    -73.3 My=    -59.0 Asxt=    9734 Asxt0=    9734
( 1)N= -15382.5 Mx=    -73.3 My=    -59.0 Asyt=    9685 Asyt0=    9685
( 1)N= -15382.5 Mx=     25.3 My=     18.1 Asxb=    9570 Asxb0=    9570
( 1)N= -15382.5 Mx=     25.3 My=     18.1 Asyb=    9545 Asyb0=    9545
( 33)N= -13876.4 Vx=     49.8 Vy=    -34.8 Ts=   -16.7 Asvx=     561 Asvx0=       0
( 35)N= -13561.6 Vx=     21.0 Vy=    -46.6 Ts=     9.9 Asvy=     561 Asvy0=       0
**(组合号:30)轴压比超限 Uc=1.46>Ucmax=0.90           《抗震规范》6.3.6
```

图 5.5.16　YJK 柱轴压比

该柱的活荷载考虑楼层数的折减系数都是 0.6，轴压比的控制组合号都是 30。对比 N_u 的计算：

SATWE：$1.2 \times 10033.6 + 0.6 \times 0.6 \times 2089 + 0.28 \times 94 + 1.3 \times 201.8 = 13081$

YJK：$1.2 \times 10408 + 0.6 \times 2264.6 + 0.28 \times 93 + 1.3 \times 200.6 = 14135$

如果 SATWE 对活荷载不考虑按楼层的折减，其轴压力设计值将增加 501，达到 13582，这样计算的轴压比将为 1.408，与 YJK 的 1.46 进一步接近。

4. 有时 SATWE 剪力墙轴压比偏小

对剪力墙的轴压比采用重力荷载代表值计算，如图 5.5.17 所示某工程 SATWE 计算的轴压比比 YJK 小。

图 5.5.17　墙柱轴压比

差别的主要原因是 SATWE 在重力荷载代表值的计算中对活荷载除了乘以 0.5 的重力荷载代表值系数外，还同时乘以了考虑楼层数的折减系数，该墙的轴力分别计算如下：

SATWE：$1.2 \, (4823.9 + 0.5 \times 0.55 \times 789.7) = 6049.281 \text{kN}$

YJK：$1.2 \, (4723.2 + 0.5 \times 782.7) = 6137.46 \text{kN}$

5. 结论

有的工程，SATWE 计算的轴压比比 YJK 要小一些，原因主要如下：

（1）在计算柱轴压力设计值时，对于地震作用组合中的活荷载，YJK 采用了地震作用组合时对应的活荷载折减系数，而 PKPM 除了考虑同样的折减系数之外，还乘以该柱的活荷载按楼层的折减系数，造成 PKPM 计算柱的轴压比时考虑的活荷载值比 YJK 小，这是造成 YJK 柱轴压比比 PKPM 有时大些的主要原因。

（2）有的工程 SATWE 计算的恒载、活载下的柱轴力偏小很多，原因不详。可用它的质量汇总结果推导，差异就是偏小的数值。在 YJK 的 wmass.out 文件中输出了各种荷载工况的内外力平衡校验结果。

（3）对剪力墙的轴压比有时 SATWE 结果偏小，主要原因是 SATWE 在重力荷载代表值的计算中对活荷载除了乘以 0.5 的重力荷载代表值系数外，还同时乘以了考虑楼层数的折减系数。

第六节　顶层角柱钢筋比 PKPM 小很多

问题："我这里有个局部二层小房子，第二层四个角柱配筋结果 PKPM 和 YJK 相差很大，不知什么原因。"模型如图 5.6.1 所示。

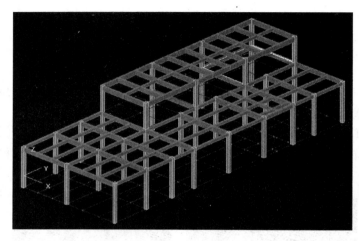

图 5.6.1　工程实例

1. 计算结果对比

图 5.6.2、图 5.6.3 分别为 PKPM 和 YJK 的 2 层平面上边 2 根角柱计算配筋简图，右侧柱 PKPM 配筋分别为 36、28，而 YJK 仅为 19、17，差别很大。

图 5.6.2　SATWE 柱配筋

图 5.6.3　YJK 柱配筋

图 5.6.4、图 5.6.5 为该柱的单构件信息，对比 PKPM 和 YJK 各荷载工况内力，二者基本相同。

图 5.6.6、图 5.6.7 为该柱的控制组合的内力和配筋值对比，控制组合的内力 PKPM 比 YJK 大得多，该柱为角柱，按照双偏压计算配筋值 PKPM 也比 YJK 大得多。

```
荷载工况  Axial   SHEAR-X  SHEAR-Y  MX-BTM   MY-BTM   MX-TOP   MY-TOP
 (1)     -37.3   -63.9    16.3     -29.6   -134.0   -43.9    153.8
 (2)     -36.9   -29.0   -44.8      81.4    -60.9   120.5     69.7
 (3)     -14.4   -29.0   -29.6      -2.8    -59.0    -2.5     71.4
 (4)      -3.6    -1.      8.3      -1.7     17.9     2.5
 (5)    -328.2   -34.2   -61.4      69.1    -40.7   207.4    113.0
 (6)     -24.0     0.4    -7.0      10.9      9.7     20.5      7.9
```

图 5.6.4　SATWE 柱内力

```
(iCase)  Shear-X  Shear-Y  Axial    Mx-Btm   My-Btm   Mx-Top   My-Top
( EX)     63.8    -16.2    -37.2     29.5    133.6    -43.8   -153.3
( EY)     28.9     44.6    -36.8    -81.1     60.7    120.2    -69.5
(+WX)     28.8     -1.2    -14.3      2.8     58.6     -2.5    -70.9
(-WX)    -28.8      1.2     14.3     -2.8    -58.6      2.5     70.9
(+WY)      0.9      5.     -3.5     -7.9      1.7     17.4     -2.5
(-WY)     -0.9     -5.6      3.5      7.9     -1.7    -17.4      2.5
( DL)     34.1     61.4   -327.9    -69.0     40.7    207.2   -113.0
( LL)     -0.4      7.0    -24.0    -10.9     -9.7     20.5     -7.9
```

图 5.6.5　YJK 柱内力

```
( 28)Nu=   -457.  Uc=  0.128  Rs=  3.74(%)  Rsv=  0.64(%)  Asc=   804.2
( 30)N=    -456.  Mx=  690.   My=  -381.  Asxt=  3512.
( 30)N=    -456.  Mx=  690.   My=  -381.  Asyt=  2770.
( 30)N=    -456.  Mx=  322.   My=  -202.  Asxb=  3512.
( 30)N=    -456.  Mx=  322.   My=  -202.  Asyb=  2770.
```

图 5.6.6　SATWE 柱配筋

```
( 28)Nu=   -456.3  Uc= 0.13  Rs= 2.09(%)  Rsv= 0.64(%)  Asc=   472
( 29)N=    -359.6  Mx=  349.7  My=   65.0  Asxt=  1887  Asxt0=  1887
( 29)N=    -359.6  Mx=  349.7  My=   65.0  Asyt=  1674  Asyt0=  1674
( 29)N=    -359.6  Mx= -140.4  My= -143.7  Asxb=  1887  Asxb0=  1887
( 29)N=    -359.6  Mx= -140.4  My= -143.7  Asyb=  1674  Asyb0=  1674
```

图 5.6.7　YJK 柱配筋

2. 差别原因分析对比

（1）差别原因为 PKPM 对该柱进行了强柱弱梁的 1.5 倍调整放大

PKPM 对该柱进行了考虑强柱弱梁的调整放大，该结构类型为框架结构，柱抗震等级为二级，因此放大系数为 1.5，也就是说，考虑抗震组合的内力都乘以 1.5 的放大系数之后再去配筋。

YJK 没有进行这种放大调整，所以从组合内力的对比比 PKPM 小大约 1.5 倍，所以 YJK 的配筋值也小得多。

（2）《抗震规范》的相关条文

《抗震规范》6.2.2："一、二、三、四级框架的梁柱节点处，除框架顶层和柱轴压比小于 0.15 者及框支梁与框支柱的节点外，柱端组合的弯矩值应符合下式要求：

$$\Sigma M_{c} = \eta_{c} \Sigma M_{b}$$

η_{c}——框架柱端弯矩增大系数；对框架结构，一、二、三、四级可分别取 1.7、1.5、1.3、1.2；对其他结构类型中的框架，一级可取 1.4，二级可取 1.2，四级可取 1.1。"

从这个强柱弱梁的条文中可以看出，这种放大调整对框架顶层的柱和轴压比小于 0.15 的柱是不进行调整的。上面对比的柱在框架顶层，且从配筋简图可以看到其轴压比为

0.13，小于 0.15，YJK 对柱进行了是否属于框架顶层以及是否轴压比小于 0.15 的判断，没有进行 1.5 倍的放大调整。而 PKPM 对该柱进行了强柱弱梁的放大调整。

3. 将对比柱设为非顶层后 YJK 与 PKPM 配筋相同

为了说明问题，我们在上面所述的对比柱的楼层上，再增加输入一个楼层，使该柱所在层不再属于框架顶层，如图 5.6.8 所示。为了减少对比荷载的差异，我们对增加的楼层的层高设置为 1m，房间都设置为全房间洞。

图 5.6.8 增加一个楼层

图 5.6.9 为新模型下，2 层上面角柱的配筋结果，配筋值为 36、31，已经和 PKPM 很接近。

图 5.6.9 YJK 增加楼层后配筋

该柱轴压比为 0.17，大于 0.15，该柱也不再属于框架顶层，因此 YJK 也对该柱的各项组合值乘以 1.5 的放大系数之后再去配筋，因此配筋值比原来增大很多。

4. 结论

（1）对于框架顶层的角柱或者轴压比小于 0.15 的框架角柱，YJK 的配筋比 PKPM 小；

（2）原因是 YJK 对于框架顶层的角柱或者轴压比小于 0.15 的角柱不进行考虑强柱弱梁的放大调整，而 PKPM 在角柱配筋时，没有对柱进行是否属于框架顶层的柱或者轴压比小于 0.15 的判断区别，都进行了考虑强柱弱梁的放大调整；

（3）《抗震规范》6.2.2 条文规定，考虑强柱弱梁放大调整时，对框架顶层的柱和轴压比小于 0.15 的柱是不进行调整的；

（4）YJK 的计算符合规范，其计算结果是合理的、正确的，避免了不必要的浪费。

第七节　多塔结构计算振型个数不够造成的配筋异常

问题："本模型是为了计算车库的，建了五个商铺的多塔，为什么二层的五个塔中有两个塔超筋很厉害？是模型出错了吗？参数检查没有问题。"模型如图 5.7.1 所示。

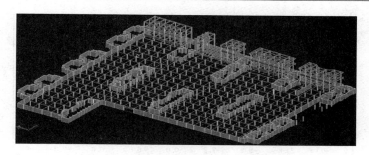

图 5.7.1 工程实例

该项目平面很大，170m×200m 的平面地库，尽端布置了 5 个突出地面仅 2 层的框架，用户做了多塔自动划分的设置，如图 5.7.2 所示。

图 5.7.2 多塔显示

计算结果的配筋简图显示，2 层的 1 塔和 2 塔梁柱配筋普遍超限，如图 5.7.3 所示。

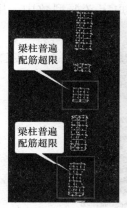

图 5.7.3 配筋简图

为了查看梁配筋大的原因，打开某根梁的内力计算结果查看，发现该梁在 Y 方向地震作用下的弯矩达到 9300 多的一个极大值，明显计算异常，如图 5.7.4 所示。

为了查看 Y 向地震力大的原因，在周期振型和地震作用文件 wzq.out 中看到，该结构根据《抗震规范》5.2.5 条最小剪重比要求的 Y 方向地震力放大调整系数非常大，塔 1 和塔 2 分别为 66.6 和 11，如图 5.7.5 所示。

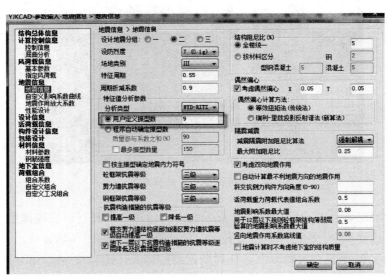

```
 (iCase)     M-I      M-1      M-2      M-3      M-4      M-5      M-6      M-7
             V-i      V-1      V-2      V-3      V-4      V-5      V-6      V-7
*(   EX)    131.5    -24.2    -34.7     -0.0     -0.0      0.0     -0.0     -0.0
 (   EX)    164.5    -30.3    -43.4     -0.0     -0.0      0.0     -0.0     -0.0
*(  EX+)    131.2    -24.2    -34.7     -0.0     -0.0      0.0     -0.0     -0.0
 (  EX+)    164.0    -30.2    -43.3     -0.0     -0.0      0.0     -0.0     -0.0
*(  EX-)    131.7    -24.3    -34.8     -0.0     -0.1      0.0     -0.0     -0.0
 (  EX-)    164.6    -30.3    -43.5     -0.0     -0.1      0.0     -0.0     -0.0
 (   EY)     -7.4      1.4      2.0      0.0      2.6      0.0     -0.0     -0.0
 (   EY)  -9323.6   1718.9   2462.1     0.0      2.6      0.0     -0.0     -0.0
*(  EY+)     -7.4      1.4      2.0      0.0      0.2      0.0     -0.0     -0.0
 (  EY+)   -620.0    114.3    163.7      0.0      0.2      0.0     -0.0     -0.0
*(  EY-)     -7.4      1.4      2.0      0.0      0.2      0.0     -0.0     -0.0
 (  EY-)   -619.8    114.3    163.7      0.0      0.2      0.0     -0.0     -0.0
*(  +WX)     29.5     -5.4     -7.8     -0.0     -0.0      0.0     -0.0     -0.0
 (  +WX)     29.5     -5.4     -7.8     -0.0     -0.0      0.0     -0.0     -0.0
*(  -WX)    -29.5      5.4      7.8     -0.0     -0.0      0.0     -0.0     -0.0
 (  -WY)    -29.5      5.4      7.8
```

图 5.7.4　梁内力

```
=========各楼层地震剪力系数调整情况 [抗震规范(5.2.5)验算]=========
  层号      塔号      X向调整系数        Y向调整系数
   2         1         1.000             66.607
   2         2         1.000             11.021
   2         5         1.000              1.000
   2         1         1.000              1.000
   3         2         1.000             10.020
   3         2         1.000              1.000
   3         5         1.000              1.000
```

图 5.7.5　剪重比调整系数

正是按照《抗震规范》5.2.5 条的最小剪重比要求，Y 向地震被放大达 60 倍，导致梁柱配筋大量超限。

1. 多塔结构计算振型个数不够是计算异常的原因

（1）用户填写的计算振型个数为 9 个

图 5.7.6 为该项目用户填写的地震信息，在用户定义振型数中，用户输入了 9 个振型。

图 5.7.6　地震参数

（2）有效质量系数极小

对于一般的 3 层建筑，9 个振型个数可能够用，但是这是一个用户定义了多塔的结构，按照 9 个振型计算的振型参与质量系数极小，X 向 3.95%，Y 向 2.33%，远达不到规范要求的 90%数值。

X 向平动振型参与质量系数总计：3.95%

Y 向平动振型参与质量系数总计：2.33%

（3）很多塔的地震剪力很小

从 wzq. out 文件中可以看出，除了塔 3 和塔 5 以外，塔 1、塔 2、塔 4 在 2、3 层的地震剪力计算结果非常小，远达不到《抗震规范》要求的最小剪重比 1.6%的要求，如图 5.7.7 所示。

Floor	Tower	Fy (kN)	Vy (分塔剪重比) (kN)	My (kN-m)	Static Fy (kN)
3	1	0.73	0.73(0.029%)	2.94	213.84
3	2	8.74	8.74(0.181%)	34.97	412.15
3	3	505.92	505.92(9.092%)	2023.70	475.27
3	4	0.02	0.02(0.002%)	0.10	132.08
3	5	507.39	507.39(9.724%)	2029.57	445.64
2	1	0.57	1.30(0.025%)	10.37	137.92
2	2	6.99	15.73(0.149%)	124.62	289.14
2	3	479.78	985.70(7.971%)	7642.19	341.31
2	4	0.02	0.05(0.001%)	0.36	93.54
2	5	343.26	850.65(6.985%)	6878.29	349.54
1	1	34.53	1778.41(0.171%)	20192.24	0.00

抗震规范(5.2.5)条要求的Y向楼层最小剪重比 = 1.60%

图 5.7.7　地震计算结果

2. 计算足够的振型个数后结果正常

（1）对多塔结构应关注质量参与系数结果

大底盘多塔结构，底盘结构和上部分塔结构刚度差别较大，塔楼部分容易产生鞭梢效应，因此多塔结构的地震计算需要较多的计算振型个数才能达到质量参与系数 90%的要求。

如果填写的振型个数少，容易发生楼层地震剪力结果过小的问题，根据《抗震规范》最小剪重比的要求，就会形成较大的地震力放大系数，这种不正常的放大系数将造成配筋结果异常的状况。

另一方面，地震力计算结果小达不到规范的要求，可能造成设计不够安全的结果。

（2）一般按软件自动确定振型数计算

其他计算参数不变，在地震参数中改为选择"程序自动确定振型数"，且要求结果自动达到质量参与系数之和 90%的要求，如图 5.7.8 所示。

软件下自动计算的振型个数达到 80 个，此时 X 向平动振型参与质量系数为 85.64%、Y 向平动振型参与质量系数为 81.18%。计算振型数较多的原因是大底盘部分局部振动较多，该底盘的每个高层住宅下仅输入一个外轮廓，这里侧向约束少造成大量局部振动，如果高层住宅下按照实际结构布置，需要的振型个数将少得多。

各分塔剪重比计算结果足够大，如图 5.7.9 所示，都达到了《抗震规范》最小剪重比要求，因此各楼层地震剪力调整放大系数都是 1，如图 5.7.10 所示。

查看各层内力配筋，结果完全正常，如图 5.7.11 所示。

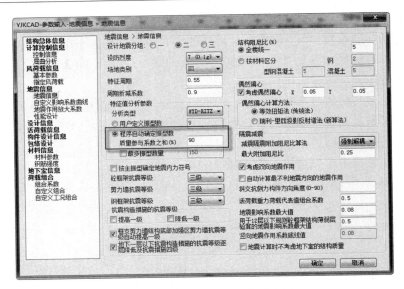

图 5.7.8　有效质量系数自动达标

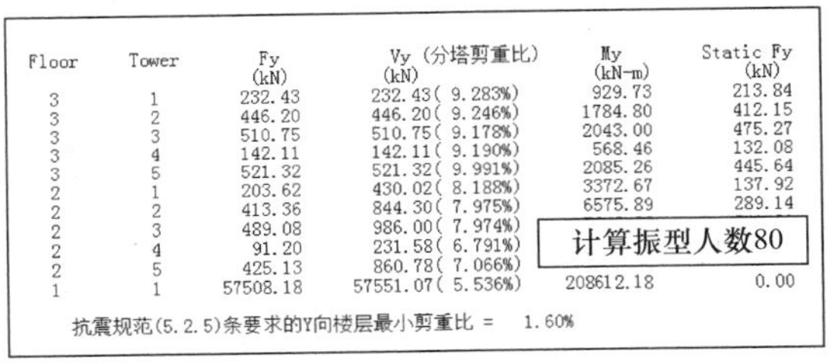

图 5.7.9　地震计算结果

图 5.7.10　剪重比调整系数

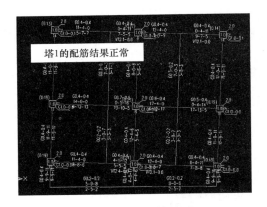

图 5.7.11　配筋简图

3. 结论

用户对多塔结构应关注质量参与系数的计算结果。大底盘多塔结构，底盘结构和上部分塔结构刚度差别较大，塔楼部分容易产生鞭梢效应，因此多塔结构的地震计算需要较多的计算振型个数才能达到质量参与系数 90% 的要求。如果填写的振型个数少，容易发生楼层地震剪力结果过小的问题，根据《抗震规范》最小剪重比的要求，就会导致较大的地震力放大系数，这种不正常的放大系数将造成配筋结果异常的状况。另一方面，地震力计算结果小达不到规范的要求，可能造成设计不够安全的结果。

第八节　抗倾覆力矩计算差异

问题：某工程基底零应力区与 PKPM 计算结果对比差异很大，模型如图 5.8.1 所示。

见图 5.8.2、图 5.8.3，从 SATWE 和 YJK 关于结构整体倾覆验算结果对比可以看出，倾覆力矩的计算结果二者基本相同，但是，抗倾覆力矩计算结果有较大差异，YJK 的结果偏小，导致零应力区的比例为 16％，大于 15％而超限。

1. 相关计算公式

对于整体抗倾覆验算，YJK 采用《复杂高层建筑结构设计》第二章的简化方法计算，即假定水平荷载为倒三角分布，合力作用点位置在建筑总高的 2/3 处。

倾覆力矩和抗倾覆力矩的计算公式：

$$M_{OV} = V_0(2H/3 + C)$$

式中　M_{OV}——倾覆力矩标准值；

　　　H——建筑物地面以上高度，即房屋高度；

　　　C——地下室埋深；

　　　V_0——总水平力标准值。

$$M_R = GB/2$$

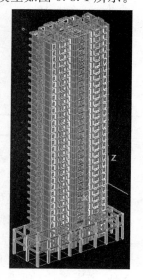

图 5.8.1　工程实例

结构整体抗倾覆验算结果	**SATWE**			
	抗倾覆力矩Mr	倾覆力矩Mov	比值Mr/Mov	零应力区(%)
X风荷载	4317897.5	87397.1	49.41	0.00
Y风荷载	2138653.2	155349.2	13.77	0.00
X 地 震	4192168.5	772004.1	5.43	0.00
Y 地 震	2076379.8	713958.0	2.91	1.58

图 5.8.2　SATWE 整体抗倾覆计算结果

************* 结构整体抗倾覆验算 *************				**YJK**
	抗倾覆力矩Mr	倾覆力矩Mov	比值Mr/Mov	零应力区(%)
层号：1　塔号：1				
X向风	3.547E+006	8.738E+004	40.59	0.00
Y向风	1.649E+006	1.553E+005	10.62	0.00
X地震	3.443E+006	7.503E+005	4.59	0.00
Y地震	1.601E+006	7.060E+005	2.27	16.14 >15% 不满足《高规》

图 5.8.3　YJK 整体抗倾覆计算结果

式中　M_R——抗倾覆力矩标准值；

　　　G——上部及地下室基础总重力荷载代表值；

　　　B——基础地下室地面宽度。

分别采用风和地震参与的标准组合进行验算，对于风荷载组合，活荷载组合系数取 0.7；对于地震组合，活荷载乘以重力荷载代表值，可以考虑用户单独定义的构件质量折减系数。

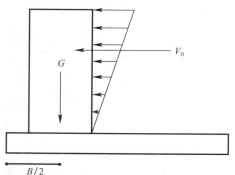

图 5.8.4　YJK 抗倾覆验算计算模型

对于基础底面零应力区的控制，按照《复杂高层建筑结构设计》第二章的相关公式进行。

2. 计算差异分析

YJK 和 SATWE 计算倾覆力矩用的方法相同，不同的是，对于抗倾覆力矩的计算，YJK 考虑了塔楼偏置的影响，按塔楼综合质心计算抗倾覆力臂，即对抗倾覆力矩 M_R 计算公式中的抗倾覆力臂，没有按照基础宽度一半取值，而是考虑了上部塔楼偏置的影响的数值，即按塔楼综合质心到基础近边的距离取值，如图 5.8.4 所示。

塔楼综合质心是按照各层质心的质量加权计算得出的。

SATWE 对于抗倾覆力臂，直接按基础底面宽度的一半取值。

对于该用户工程，从正立面和侧立面图可以看出，如图 5.8.5，它的塔楼在 Y 向有明显的偏置，YJK 考虑了这种偏置影响，计算结果更合理，且偏于安全。

3. 结论

对于整体结构抗倾覆计算和基础零应力区的计算，当上部各层相对于底部楼层有质心偏置的情况时，SATWE 和 YJK 计算结果不同，YJK 考虑了塔楼偏置的影响，按塔楼综合质心计算抗倾覆力臂，塔楼综合质心是按照按各层质心的质量加权计算得出的。而 SATWE 的抗倾覆力臂直接取用基础底面宽度的一半计算。

YJK 考虑了这种偏置影响，计算结果更合理，且偏于安全。

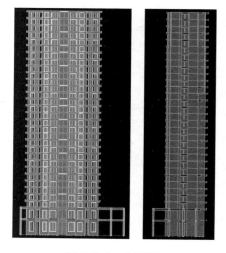

图 5.8.5　立面图

第九节　框架梁由多段组成时梁下配筋有时比 PKPM 大

问题：框架梁下配筋结果 PKPM 和 YJK 相差较大，模型如图 5.9.1 所示。

现计算一个 5 跨的模型，分别用 PKPM 和 YJK 进行了计算，发现计算结果有点出入。

图 5.9.2 是 YJK 的计算结果。

图 5.9.3 是 PKPM 的计算结果。

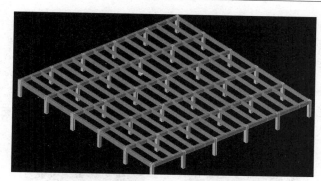

图 5.9.1　工程实例

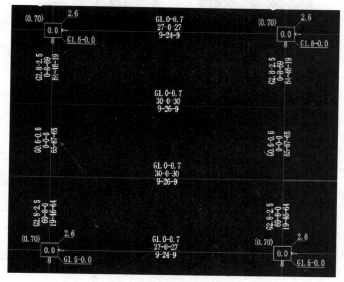

图 5.9.2　YJK 配筋图

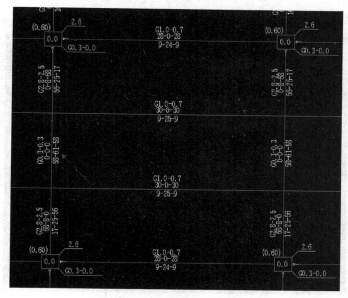

图 5.9.3　PKPM 配筋图

YJK 梁下配筋 67，PKPM 梁下配筋 61，相差近 10%。

后来发现两者的梁刚度不同，改为相同的梁刚度计算结果不变。

查了一下荷载作用下的梁弯矩差异不大，如图 5.9.4 所示：YJK 为 620，而 PKPM 为 607。

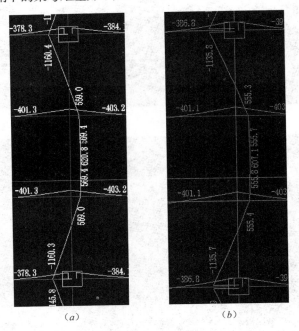

图 5.9.4　梁弯矩图对比

(a) 盈建科的弯矩值；(b) PKPM 的弯矩值

请问，两者计算的结果为什么会差这么多？

1. 计算结果对比

我们先用 PKPM 计算，再将 PKPM 模型转换到 YJK，用 YJK 计算，二者对比如图 5.9.5、图 5.9.6 所示。

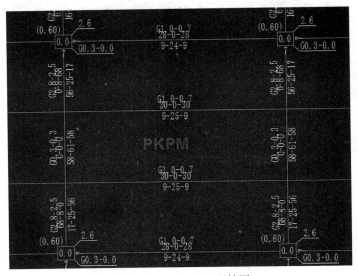

图 5.9.5　SATWE 配筋图

YJK 主梁的跨中配筋较 PKPM 大，而次梁配筋相差小。对于框架主梁，PKPM 配筋为 61，YJK 配筋为 67，YJK 比 PKPM 大约 10％。

2. 差别原因分析对比

（1）主梁调幅前弯矩内力基本相同

通过对比该主梁的详细计算文本如图 5.9.7、图 5.9.8 所示，恒载作用下调幅前弯矩差距较小，PKPM 和 YJK 分别为 607 和 620，说明力学计算结果二者相同。

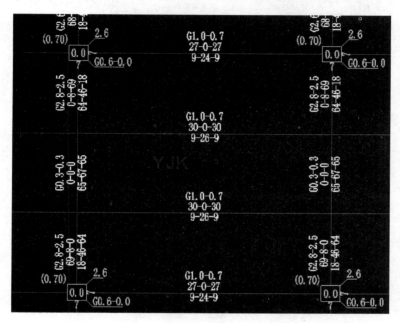

图 5.9.6　YJK 配筋图

荷载工况	M-I V-I	M-1 V-1	M-2 V-2	M-3 V-3	M-4 V-4	M-5 V-5	M-6 V-6	M-7 V-7	M-J V-J	N T
(1)	555.7	575.2	591.6	602.9	607.1	602.9	591.6	575.2	555.7	0.0
	62.8	56.2	43.6	24.8	-0.0	-24.9	-43.6	-56.3	-62.8	0.0
(2)	86.2	88.9	91.2	92.9	93.5	92.9	91.2	88.9	86.2	0.0
	8.4	7.9	6.3	3.7	-0.0	-3.7	-6.3	-7.9	-8.5	0.0
(3)	-82.9	-82.7	-82.5	-82.3	-82.2	-82.3	-82.5	-82.7	-83.0	0.0
	-39.2	-39.2	-39.2	-39.9		-42.9	-44.5	-47.1	-47.7	0.0
(4)	169.2	171.7	173.8	175.3	175.3	175.3	173.8	171.7	169.2	0.0
	47.7	47.1	45.5	42.9	39.2	39.2	39.2	39.2	39.2	0.0

图 5.9.7　SATWE 梁内力

竖向力工况 (iCase)	M-I V-i	M-1 V-1	M-2 V-2	M-3 V-3	M-4 V-4	M-5 V-5	M-6 V-6	M-7 V-7	M-J V-j	Nmax Tmax
*(DL)	569.4	588.9	605.3	616.6	620.8	616.6	605.3	588.9	569.4	0.0
(DL)	743.5	763.0	779.4	790.7	794.9	790.7	779.4	763.0	743.5	0.0
*(DL)	62.8	56.2	43.6	24.8	-0.0	-24.9	-43.6	-56.3	-62.8	-0.0
(DL)	62.8	56.2	43.6	24.8	-0.0	-24.9	-43.6	-56.3	-62.8	-0.0
*(LL)	88.3	91.0	93.3	95.0	95.6	95.0	93.3	91.0	88.3	0.0
(LL)	120.9	123.7	126.2	127.9	128.6	127.9	126.2	123.7	120.9	0.0
*(LL)	8.4	7.9	6.3	3.7	-0.0	-3.7	-6.3	-7.9	-8.4	-0.0
(LL)	8.9	8.3	6.7	4.0	-0.0	-3.9	-6.7	-8.3	-8.9	-0.0
*(LL1)	-81.9	-81.6	-81.4	-81.1	-81.1	-81.4	-81.4	-81.7	-81.9	0.0
(LL1)	-45.0	-44.8	-44.6	-44.4	-44.3	-44.4	-44.6	-44.8	-45.1	0.0
*(LL1)	-38.8	-38.8	-38.8	-38.8	-38.8	-42.5	-45.1	-46.7	-47.2	0.0
(LL1)	-38.8	-38.8	-38.8	-38.8	-38.8	-42.5	-45.1	-46.7	-47.2	0.0
*(LL2)	170.0	172.4	174.6	176.0	176.6	176.1	174.6	172.5	170.0	0.0
(LL2)	206.8	209.3	211.4	212.9	213.4	212.9	211.3	209.3	206.8	0.0
*(LL2)	47.2	46.7	45.1	42.5	38.8	38.8	38.8	38.8	38.8	0.0
(LL2)	47.2	46.7	45.1	42.5	38.8	38.8	38.8	38.8	38.8	0.0

图 5.9.8　YJK 梁内力

（2）梁跨中弯矩包络 YJK 大于 PKPM

对比 PKPM 和 YJK 的弯矩包络值如图 5.9.9、图 5.9.10 所示，发现 YJK 弯矩包络大于 PKPM 弯矩包络值，YJK 梁下最大值为 1343，而 PKPM 为 1257，YJK 比 PKPM 大 6.8%。这是造成 YJK 比 PKPM 梁下配筋大的原因。

```
N-B= 85 (I=    76, J=    77) (1)B*H(mm)= 500* 800
Lb=  2.60 Cover= 25 Nfb=30.0 Fy= 360. Fyv= 360.          PKPM弯矩包络
 调幅系数: 0.85  扭矩折减系数: 0.40  刚度系数: 2.00
 梁属性: 混凝土梁 框架梁 调幅梁
                 -I-     -1-    -2-    -3-    -4-    -5-    -6-    -7-    -J-
-M(kNm)          0.      0.     0.     0.     0.     0.     0.     0.     0.
LoadCase        ( 0)    ( 0)   ( 0)   ( 0)   ( 0)   ( 0)   ( 0)   ( 0)   ( 0)
Top Ast          0.      0.     0.     0.     0.     0.     0.     0.     0.
% Steel         0.00    0.00   0.00   0.00   0.00   0.00   0.00   0.00   0.00
+M(kNm)         1182.   1210.  1235.  1251.  1257.  1251.  1235.  1210.  1182.
LoadCase        ( 1)    ( 1)   ( 1)   ( 1)   ( 1)   ( 1)   ( 1)   ( 1)   ( 1)
Btm Ast         5592.   5772.  5927.  6036.  6076.  6036.  5927.  5772.  5591.
% Steel         1.54    1.59   1.63   1.66   1.67   1.66   1.63   1.59   1.54
Shear           142.    133.   116.   90.    -55.   -90.   -116.  -133.  -142.
LoadCase        ( 2)    ( 2)   ( 2)   ( 2)   ( 2)   ( 2)   ( 2)   ( 2)   ( 2)
Asv             24.     24.    24.    24.    24.    24.    24.    24.    24.
Rsv             0.05    0.05   0.05   0.05   0.05   0.05   0.05   0.05   0.05
Tmax/Shear( 2)=        0.0/ -142.  Astt=     0.  Astv=  24.3  Ast1=  0.0
 非加密区箍筋面积(1.5H处) Asvm=      24.
```

图 5.9.9   SATWE 梁设计弯矩

```
N-B=120 (I=1000040, J=1000041)(1)B*H(mm)=500*800
Lb=2.60(m) Cover= 25(mm) Nfb=5 Nfb_gz=5 Rcb=30.0 Fy=360 Fyv=360
砼梁 框架梁 调幅梁 矩形                      YJK弯矩包络
livec=1.000  stif=2.000  tf=0.850  nj=0.400
η m=1.000    η v=1.000
                -1-    -2-    -3-    -4-    -5-    -6-    -7-    -8-    -9-
-M(kNm)          0      0      0      0      0      0      0      0      0
LoadCase        ( 0)   ( 0)   ( 0)   ( 0)   ( 0)   ( 0)   ( 0)   ( 0)   ( 0)
Top Ast          0      0      0      0      0      0      0      0      0
% Steel         0.00   0.00   0.00   0.00   0.00   0.00   0.00   0.00   0.00
+M(kNm)         1305   1320   1332   1340   1343   1340   1332   1320   1305
LoadCase        ( 0)   ( 0)   ( 0)   ( 0)   ( 0)   ( 0)   ( 0)   ( 0)   ( 0)
Btm Ast         6395   6495   6580   6640   6662   6640   6580   6495   6395
% Steel         1.60   1.62   1.65   1.66   1.67   1.66   1.65   1.62   1.60
V(kN)           141    133    115    89     -54    -89    -115   -133   -141
LoadCase        ( 2)   ( 2)   ( 2)   ( 2)   ( 2)   ( 2)   ( 2)   ( 2)   ( 2)
Asv             24     24     24     24     24     24     24     24     24
Rsv             0.05   0.05   0.05   0.05   0.05   0.05   0.05   0.05   0.05
 非加密区箍筋面积: 24
```

图 5.9.10   YJK 梁设计弯矩

从 LoadCase 一列，即控制梁下部配筋的控制组合号来看，PKPM 控制组合号为 1，即为恒＋活组合，而 YJK 的控制组合号为 0，说明它不是由任何荷载组合控制配筋，而是由简支梁跨中弯矩一半来控制的配筋。

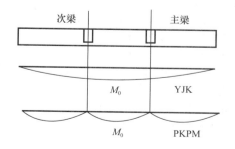

图 5.9.11   《高规》5.2.3-4 条简支梁计算模型的选取差异

3. 对《高规》5.2.3-4 条的不同处理

（1）《高规》条文

《高规》5.2.3-4 条规定，对于调幅梁，"框架梁跨中截面正弯矩设计值不应小于竖向荷载作用下按简支梁计算的跨中弯矩设计值的 50%"。

（2）处理差异

对于按照简支梁计算的梁的计算模型的选取，YJK 与 PKPM 有差异，如图 5.9.11 所示，YJK 是按照整个主梁为简支情况计算，而 PKPM 取的是被次梁打断的各个分段为简支进行计算，这显然是不符合规范要求。

（3）结论验证

可以通过修改梁属性来验证上面的结论，在两个计算模型中，均将该梁设置成不调幅梁后对比文本信息，如图 5.9.12 所示，两款软件计算梁弯矩包络结果相差很小。

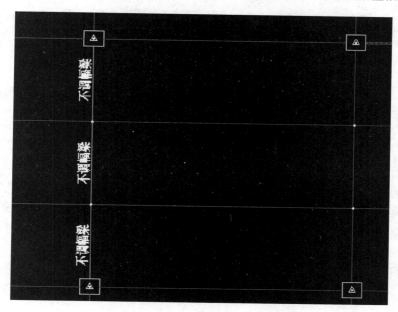

图 5.9.12　修改梁属性为不调幅梁

由于设置为不调幅梁后，软件将不再按照简支梁跨中弯矩的一半控制配筋，PKPM 和 YJK 的计算模型不再存在差异。

梁跨中最大弯矩 PKPM 和 YJK 分别为 992 和 1011，非常接近；梁下部钢筋 PKPM 和 YJK 分别为 4480 和 4587，也非常接近了，如图 5.9.13、图 5.9.14 所示。

```
N-B= 85 (I=    76, J=    77) (1)B*H(mm)=  500*  800
  Lb=   2.60 Cover= 25 Nfb= 5 Rcb= 30.0 Fy=  360. Fyv=  360.
  调幅系数： 1.00  扭矩折减系数： 0.40  刚度系数： 2.00        PKPM
  梁属性：混凝土梁 框架梁 不调幅梁
                -I-      -1-      -2-      -3-      -4-      -5-      -6-      -7-      -J-
-M(kNm)        0.       0.       0.       0.       0.       0.       0.       0.       0.
LoadCase      ( 0)     ( 0)     ( 0)     ( 0)     ( 0)     ( 0)     ( 0)     ( 0)     ( 0)
Top Ast        0.       0.       0.       0.       0.       0.       0.       0.       0.
% Steel       0.00     0.00     0.00     0.00     0.00     0.00     0.00     0.00     0.00
+M(kNm)       916.     945.     969.     986.     992.     986.     969.     945.     916.
LoadCase      ( 1)     ( 1)     ( 1)     ( 1)     ( 1)     ( 1)     ( 1)     ( 1)     ( 1)
Btm Ast      3885.    4223.    4355.    4446.    4480.    4446.    4355.    4223.    3885.
% Steel       1.03     1.16     1.20     1.22     1.23     1.22     1.20     1.16     1.03
Shear         142.     133.     116.      90.     -55.     -90.    -116.    -133.    -142.
LoadCase      ( 2)     ( 2)     ( 2)     ( 2)     ( 2)     ( 2)     ( 2)     ( 2)     ( 2)
Asv           24.      24.      24.      24.      24.      24.      24.      24.      24.
Rsv          0.05     0.05     0.05     0.05     0.05     0.05     0.05     0.05     0.05
Tmax/Shear( 2)=   0.0/ -142.  Astt=    0.  Astv=  24.3  Astl=   0.0
  非加密区箍筋面积(1.5H处) Asvm=    24.
```

图 5.9.13　改为不调幅梁后 SATWE 梁设计弯矩

二者的控制组合号都是 1，即恒＋活组合。

```
──────────────────────────────────────────
N-B=120 (I=1000040, J=1000041)(1)B*H(mm)=500*800
Lb=2.60(m) Cover= 25(mm) Nfb=5 Nfb_gz=5 Rcb=30.0 Fy=360 Fyv=360
砼梁 框架梁 不调幅梁 矩形                         YJK
livec=1.000  stif=2.000  tf=0.850  nj=0.400
η m=1.000  η v=1.000
              -1-    -2-    -3-    -4-    -5-    -6-    -7-    -8-    -9-
-M(kNm)         0      0      0      0      0      0      0      0      0
LoadCase     ( 0)   ( 0)   ( 0)   ( 0)   ( 0)   ( 0)   ( 0)   ( 0)   ( 0)
Top Ast        0      0      0      0      0      0      0      0      0
% Steel     0.00   0.00   0.00   0.00   0.00   0.00   0.00   0.00   0.00
+M(kNm)      935    964    988   1005   1011   1005    988    964    935
LoadCase     ( 1)   ( 1)   ( 1)   ( 1)   ( 1)   ( 1)   ( 1)   ( 1)   ( 1)
Btm Ast     3982   4328   4460   4553   4587   4553   4460   4328   3982
% Steel     1.00   1.08   1.12   1.14   1.15   1.14   1.12   1.08   1.00
V(kN)        141    133    115     89    -54    -89   -115   -133   -141
LoadCase     ( 2)   ( 2)   ( 2)   ( 2)   ( 2)   ( 2)   ( 2)   ( 2)   ( 2)
Asv           24     24     24     24     24     24     24     24
Rsv         0.05   0.05   0.05   0.05   0.05   0.05   0.05   0.05   0.05
非加密区箍筋面积: 24
```

图 5.9.14 改为不调幅梁后 YJK 梁设计弯矩

4. 结论

（1）对于框架梁或者调幅梁，当该梁被次梁打断，或由多余节点打断而由多段组成时，该梁的梁下配筋有时比 PKPM 小。

（2）原因是执行《高规》5.2.4 条时的计算模型差异，《高规》5.2.3-4 条规定：对于调幅梁，框架梁跨中截面正弯矩设计值不应小于竖向荷载作用下按简支梁计算的跨中弯矩设计值的 50%。

对于按照简支梁计算的梁的计算模型的选取，YJK 是按照整个主梁为简支情况计算，而 PKPM 取的是被次梁打断的各个分段为简支进行计算，PKPM 的计算模型显然不符合规范要求。

（3）如果把该框架梁改为不调幅梁，PKPM 和 YJK 的配筋差距减小。

第十节　梁中多余节点对计算结果的影响

一、例题 1

问题：为什么我的模型构件对称、荷载对称，算出来的配筋和内力却不对称？模型如图 5.10.1 所示。

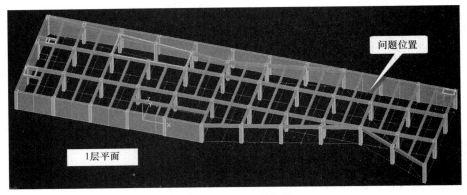

图 5.10.1 工程实例

如图 5.10.2，一层的两根次梁平面位置。

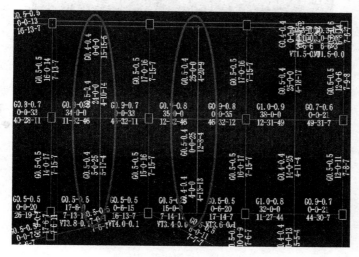

图 5.10.2　次梁位置

一层红线所圈的两根次梁（ID：134 \ 65 \ 108、133 \ 132 \ 110）跨度、截面及荷载均相同。

问题 1：对单根梁来说，两跨连续次梁的底筋为何会存在区别？比如下段梁，左边梁底筋为 17，右端梁底筋为 13，相差 30%。

问题 2：两根次梁对比，上下配筋也不一样，是什么原因？比如下段梁，左边梁下支座筋为 5，右端梁下支座筋为 4，相差 25%。

1. 计算结果对比

从弯矩包络图看，见图 5.10.3，左右两根梁跨中分别为 176 和 146，相差 20%，支座弯矩分别为 -76 和 -64。

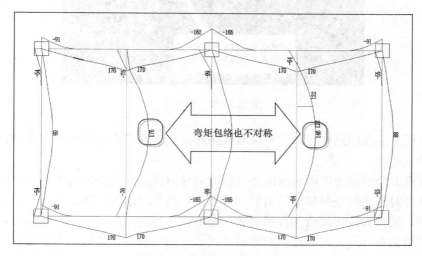

图 5.10.3　梁弯矩包络图

从恒载下梁的弯矩图可见，见图 5.10.4，左右梁差异很大。左梁跨中弯矩为 166、144，右梁跨中弯矩为 130、193，平均相差 30%；左右梁下支座弯矩分别为 -48 和 -38，相差 26%。

357

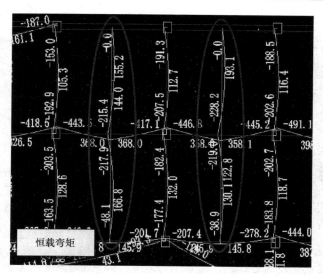

图 5.10.4　梁恒载弯矩图

2. 差别原因分析

我们在建模的 1 层平面，看到所述梁中间被一根多余的轴线穿过打断，该梁中间出现节点，造成由两段梁组成，虽然表面看似对称，实际结构已经不对称，如图 5.10.5 所示。

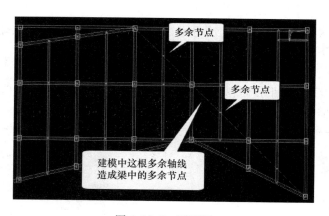

图 5.10.5　平面图

这种平面上多余的网格线因为一端与柱相连，在建模退出时不能被自动清理，只能手工将其删除。

梁中存在多余节点主要影响房间楼面荷载的导荷方式，当矩形房间各边都由一根杆件组成时，软件对该房间按照梯形三角形方式导荷；但是当矩形房间的某一边由两根或多跟杆件组成时，软件对该房间改为按照周边均布的方式导荷，如图 5.10.6 所示。

按照周边均布导荷方式是近似的导荷方式，它的准确度比梯形三角形方式差，在很多情况下对构件计算结果影响很大。图 5.10.7 为荷载简图，左边梁按照梯形方式导荷，梁上的恒载为峰值为 17.2 的梯形荷载，而右侧梁按照周边均布方式导荷，梁上的恒载为 12.9 的均布荷载。这种承受荷载的差别，导致计算结果的巨大差别。

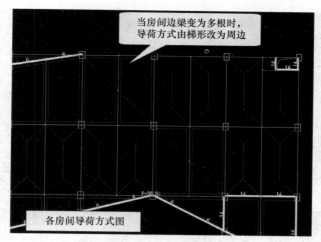

图 5.10.6　导荷图

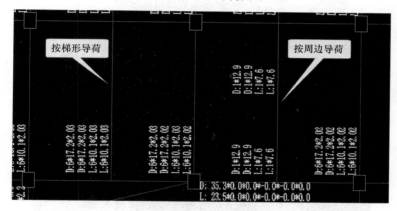

图 5.10.7　荷载简图

3. 参数导荷边被打断时荷载类型简化为均布的应用

YJK 在【楼层组装】中【必要参数】提供了"楼板导荷边被打断时荷载类型简化为均布"选项，如图 5.10.8，从继承传统软件习惯考虑，默认是钩选，即被打断的梁按照均布到梁上的导荷方式。

如果考虑准确导荷，用户应将该参数前选项的打钩去掉，从而使软件按照梯形三角形的方式导荷。

图 5.10.9、图 5.10.10 是按照新的导荷方式的计算结果，可以看出，左梁和右梁的恒载弯矩和配筋基本相同了。

4. 将梁中的多余节点删除

在建模中，将该左右梁中多余的节点删除，再重新计算，计算结果完全对称了。图 5.10.11、图 5.10.12 是左梁和右梁的弯矩包络图和配筋图的计算结果。

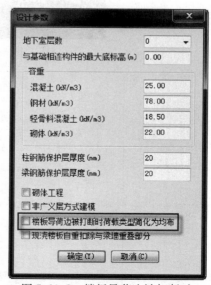

图 5.10.8　楼板导荷边被打断时荷载类型简化为均布

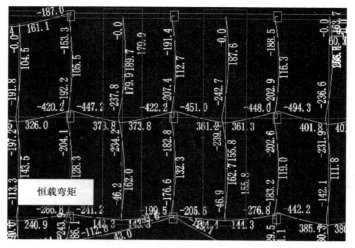

图 5.10.9　修改参数后恒载弯矩

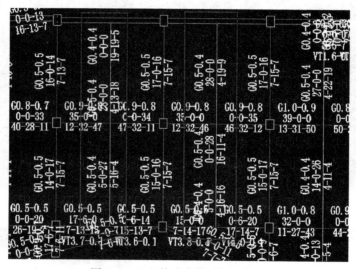

图 5.10.10　修改参数后梁配筋图

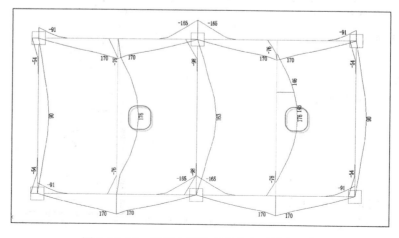

图 5.10.11　建模中删除多余节点后梁弯矩图

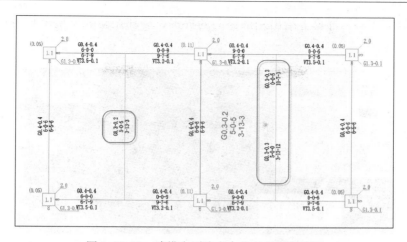

图 5.10.12 建模中删除多余节点后梁配筋图

5. 结论

建模时，当梁中存在多余节点时，对计算结果会造成一定的影响，主要原因是它造成房间荷载的导荷方式可能由梯形三角形方式转变为周边均布的方式，两种导荷方式的差异可造成杆件荷载出现不对称，计算内力和配筋结果出现不对称的异常现象。

当出现计算结果的不对称情况时，在建模时删除梁中间的多余节点，即可实现正确计算。

或者在 YJK【楼层组装】中【必要参数】的"楼板导荷被打断时荷载类型简化为均布"的选项前，不要设置成打钩，即可实现准确导荷，使软件按照梯形三角形的方式导荷。

一般在建模时，应尽量将梁中间的多余节点删除。

二、例题 2

问题：某工程计算异常及局部振动过多，模型如图 5.10.13 所示。

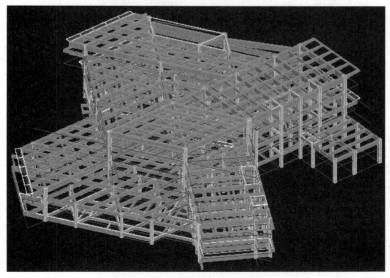

图 5.10.13 工程实例

结构计算完成后，屏幕上给出局部振动的提示，局部振动的振型个数将近 40 个，如图 5.10.14 所示。

图 5.10.14　局部振动

计算第一周期达 127s，明显异常，如图 5.10.15 所示。

图 5.10.15　周期计算结果

用户选择计算地震时有效质量系数自动达标到 90%，软件自动计算的振型个数达到 54 个，如图 5.10.16 所示。

图 5.10.16　计算振型数及有效质量系数

1. 原因分析

（1）梁中间被多余轴线打断形成很多的多余节点，如图 5.10.17 所示。

虽然建模退出时可以自动清理无用的网格节点，但在本例中，这些轴线的一端和柱相连，软件对于和柱、墙、斜柱等承重构件相连的轴线不清理，所以这样的轴线网格线形成了梁中的多余节点。

（2）梁中多余节点造成大量局部振动

当梁的中间有节点，且该梁周边没有楼板约束时，该梁在计算后很容易形成局部振动。如该梁周边房间均开洞，使得该梁在楼层平面内缺少约束的情况，见图 5.10.18、图 5.10.19。

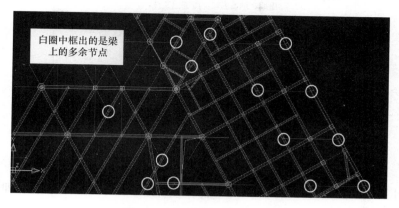

图 5.10.17 梁被打断成多段

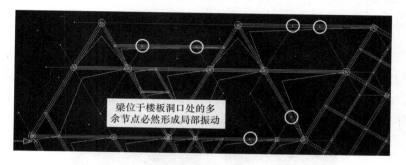

图 5.10.18 梁中间节点无楼板约束

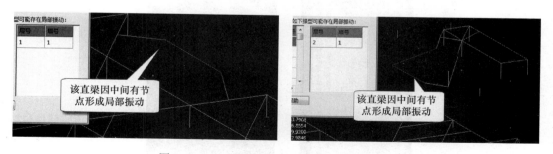

图 5.10.19 梁被打断成多段后造成局部振动

2. 清除梁中多余节点后的计算效果

我们将本例中各层梁中的多余节点删除，再进行计算，计算第一周期为 0.71s，已经正常，达标 90％质量参与系数的振型个数减少到 35 个，局部振动的振型个数也减少到 13 个，如图 5.10.20 所示。

3. 结论

建模时，当梁中存在多余节点，且这些梁的周边开洞、无楼板，形成在楼板平面内缺少约束的结构时，可能使计算结果形成大量局部振动，消耗过多的计算振型个数，甚至造成异常的计算结果。

```
**************************************
         周期、地震力与振型输出文件
**************************************
考虑扭转耦联时的振动周期(秒)、X,Y 方向的平动系数、扭转系数

振型号    周期     转角      平动系数(X+Y)      扭转系数(Z)
  1     0.7162   158.00    0.65(0.55+0.11)      0.35
  2     0.6893    64.55    0.99(0.18+0.81)      0.01
  3     0.6235   151.00    0.40(0.30+0.10)      0.60
  4     0.5793    76.58    0.99(0.22+0.77)      0.01
  5     0.4285    91.99    0.98(0.00+0.98)      0.02
  6     0.3996    31.54    0.91(0.67+0.24)      0.09
  7                                             0.03
  8          清理梁中多余节点后的计算结果          0.43
  9     0.3145    91.65    0.73(0.32+0.42)      0.27
```

图 5.10.20 删除多余节点后周期计算结果

当出现计算结果的不正常情况时，在建模时删除梁中间的多余节点，即可实现正确计算。

因此，一般在建模时，应尽量将梁中间的多余节点删除。

第十一节 为何恒载下的位移动画不正常

问题："我对模型计算结果中有个地方不解，就是恒载作用下的位移动画中塔楼顶部位移特别小，趋于不动，查看位移数据值也是特别小，而在活载及其他工况下变形就很正常，请问是什么原因导致这个结果？"模型如图 5.11.1 所示。

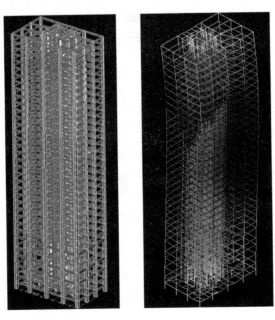

图 5.11.1 工程实例

该工程采用施工模拟 3 方式计算恒载，施工模拟 3 是模拟楼层从下至上逐层施工的工程。

　　施工模拟3下的恒载位移显示的只是施工过程中各节点的位移，它是该楼层及以上施工步骤产生的位移之和。由于对于顶层只是最后一个施工步，即最后1层单独计算得出的位移，其值一般较小。因此，该动画显示是正常的。查看Z向的位移标注，可以看到这种情况，如图5.11.2所示。

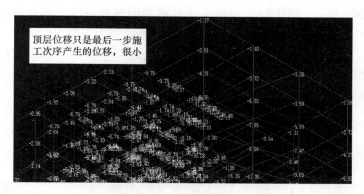

图5.11.2　恒载位移

　　因此，施工模拟3方式下的恒载位移，只是为了计算恒载内力而多次计算的中间过程的一个记录，这是目前大多数结构设计软件的输出方式，它并不能反映各楼层实际的竖向变形，因为它仅是该楼层及以上施工步骤产生的位移之和，实际的竖向变形还应叠加下部楼层的竖向位移。怎样输出一个真正能反映结构竖向变形的施工模拟3的位移动画，是今后应该研究探讨的一个问题。

　　这和一次性加载的位移概念不同，也和活荷载计算的位移动画的概念不同。

第十二节　误判梁受拉导致梁配筋增大

　　问题：单位最近推广YJK，今天跟PKPM计算结果对比分析，发现以下问题，模型如图5.12.1所示。

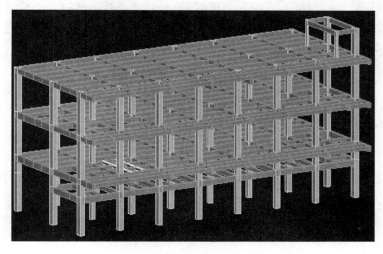

图5.12.1　工程实例

（1）将 PKPM 中模型转入到 YJK，计算完成后发现首层梁的计算结果差异性比较大，主要是首层 Y 向梁上部配筋，与 PKPM 的计算结果差异大概有 25％以上，查看内力信息发现内力基本差不多，为什么配筋会出现如此大的差异？见模型中 Y 向右二梁上部配筋。

（2）关于梁的计算，请问 YJK 软件在计算纵筋的时候有没有考虑梁轴力的作用，把梁当成压弯、拉弯计算？

（3）因为 YJK 软件刚出不久，PKPM 毕竟深入人心，心中不免会有些许疑惑和担忧，请问贵单位有没有关于 YJK 计算与 PKPM 差异性的资料，以供学习？

1. 计算结果对比

图 5.12.2、图 5.12.3 为用户所指的 1 层某竖向梁的配筋简图，分别为 PKPM 和 YJK 的计算配筋简图，该梁下端的支座负钢筋，PKPM 配筋为 36，而 YJK 仅为 30，差别很明显。

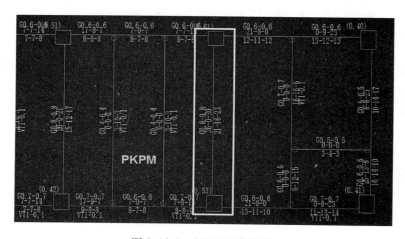

图 5.12.2　SATWE 梁配筋

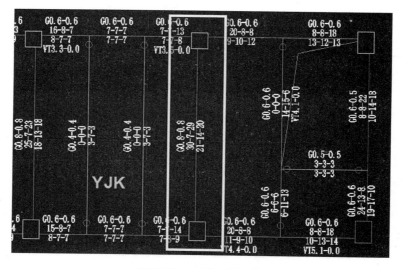

图 5.12.3　YJK 梁配筋

图 5.12.4、图 5.12.5 为该梁的单构件信息，对比 PKPM 和 YJK 在梁 1 端的 M 组合值，分别为 670 和 657，非常接近，且都使用的 31 类工况组合，但是 PKPM 配筋结果是 3599，而 YJK 为 2912。

图 5.12.4　SATWE 梁配筋文本

图 5.12.5　YJK 梁配筋文本

继续对比发现 PKPM 输出了该梁的轴拉力 88，说明 PKPM 按照偏拉杆件进行的配筋，而 YJK 是按照正常的受弯截面计算的梁钢筋。

2. 差别原因分析对比

（1）PKPM 纵筋计算时对梁的轴力取所有地震作用组合的最大值

图 5.12.6 为该梁的 PKPM 构件计算书，从最上框中可以看出，I 截面弯矩−670，组合号为 31，配筋值 3599 是按照拉弯配筋得出的。

从下面框中看出该梁的设计轴力为拉力 88，从中部框中看出该值来自于 30 号组合，因此，PKPM 是对所有的地震工况组合，即第 28～35 号的组合都采用了统一的拉力值 88 计算配筋，如 I 截面弯矩取自 31 组合，轴力取自 30 号组合。也就是说，PKPM 计算梁的各截面配筋时，弯矩和轴力没有取同一组合下的数值，而是取自不同组合下的数值，换句话说，其弯矩取自最大包络设计值，其轴力也取最大包络设计值，二者并不对应，这就是 PKPM 支座配筋大的原因，这样的配筋计算显然是不对的。

梁属性: 混凝土梁 框架梁 调幅梁

	-I-	-1-	-2-	-3-	-4-	-5-	-6-	-7-	-J-
+M(kNm)	-670.	-433.	-233.	-74.	0.	-50.	-195.	-362.	-570.
LoadCase	(31)	(31)	(35)	(35)	(0)	(34)	(34)	(34)	(30)
Top Ast	3599.	2120.	1152.	706.	0.	706.	977.	1770.	2994.
% Steel	1.53	0.86	0.47	0.26	0.00	0.26	0.40	0.72	1.27
+M(kNm)	413.	348.	285.	220.	148.	234.	323.	387.	458.
LoadCase	(34)	(34)	(30)	(30)	(10)	(31)	(31)	(31)	(35)
Btm Ast	2023.	1702.	1398.	1093.	771.	1159.	1580.	1891.	2247.
% Steel	0.82	0.69	0.57	0.44	0.31	0.47	0.64	0.77	0.91
Shear	180.	165.	133.	92.	51.	-59.	-96.	-127.	-141.
LoadCase	(15)	(15)	(15)	(15)	(14)	(14)	(14)	(14)	(14)
Asv	77.	77.	77.	77.	77.	77.	77.	77.	77.
Rsv	0.17	0.17	0.17	0.17	0.17	0.17	0.17	0.17	0.17

Tmax/Shear (15)= 5.0/ 180. Astt= 0. Astv= 77.0 Ast1= 0.0
Nmax (6)= 48. (30)= 88.
非加密区箍筋面积(1.5H处) Asvm= 77.

梁抗剪箍筋和剪扭箍筋的大值 (Astv) = 77
梁剪扭纵筋 (Astt) = 0
梁剪扭箍筋 (Astv0) = 77
纯扭箍筋的单根箍筋面积 (Astv1) = 0
超限标志(JCJC 0表示不超限,1表示超限) = 0
梁剪扭配筋计算的扭矩 (Tb) = 5
梁剪扭配筋计算的剪力 (Tv) = 180
梁设计轴力 (Fn) = 88

PKPM

图 5.12.6　SATWE 梁配筋文本

（2）对应 31 号组合该梁没有拉力出现的情况

图 5.12.7、图 5.12.8 为 PKPM 和 YJK 第 31 组合对应的组合系数，它们是完全相同的。

Ncm	V-D	V-L	X-W	Y-W	X-E	Y-E	Z-E
28	1.20	0.84	0.00	0.00	1.30	0.00	0.00
29	1.20	0.84	0.00	0.00	-1.30	0.00	0.00
30	1.20	0.84	0.00	0.00	0.00	1.30	0.00
31	1.20	0.84	0.00	0.00	0.00	-1.30	0.00
32	1.00	0.70	0.00	0.00	1.30	0.00	0.00
33	1.00	0.70	0.00	0.00	-1.30	0.00	0.00

PKPM

图 5.12.7　SATWE 荷载组合

Ncm	V-D	V-L	+X-W	-X-W	+Y-W	-Y-W	X-E	Y-E	Z-E	R-F	TEM	CRN
28	1.20	0.84	—	—	—	—	1.30	—	—	—	—	—
29	1.20	0.84	—	—	—	—	-1.30	—	—	—	—	—
30	1.20	0.84	—	—	—	—		1.30	—	—	—	—
31	1.20	0.84	—	—	—	—		-1.30	—	—	—	—
32	1.00	0.70	—	—	—	—	1.30	—	—	—	—	—
33	1.00	0.70	—	—	—	—	-1.30	—	—	—	—	—

YJK

图 5.12.8　YJK 荷载组合

图 5.12.9、图 5.12.10 是该梁 PKPM 和 YJK 的 Y 向地震（Y、Y＋、Y－）、恒载、活载下的各截面内力。

荷载工况	M-I	M-1	M-2	M-3	M-4	M-5	M-6	M-7	M-J	N
(4)	353.9	263.8	174.7	88.1	3.3	-81.5	-167.7	-256.1	-345.2	31.3
(5)	390.6	291.2	192.9	97.3	3.6	-90.0	-185.1	-282.7	-381.0	34.6
(6)	316.3	235.7	156.1	78.8	2.9	-72.8	-149.9	-228.9	-308.5	27.9
(9)	-116.0	-50.4	3.1	39.2	56.6	55.4	36.0	-0.2	-48.4	26.0
(10)	-61.9	-24.0	7.7	29.2	39.7	39.4	28.5	7.7	-19.1	-28.6

PKPM

图 5.12.9　SATWE 梁轴力标准值

根据内力，人工组合计算复核可以看出，在 31 号组合下，不会出现梁受拉的情况。

水平力工况（地震力和风荷载）(iCase)	M-I	M-J	Vmax	Nmax	Tmax	Myi	Myj	Vymax		
竖向力工况 (iCase)	M-I	M-1	M-2	M-3	M-4	M-5	M-6	M-7	M-J	Nmax
(EY)	352.9	-344.1	-102.0	51.1	7.7	1.1	1.8	2.4	YJK	
(EY+)	315.2	-307.4	-91.2	45.8	-1.6	-2.7	3.2	4.3		
(EY-)	389.7	-379.9	-112.6	56.4	-2.5	2.3	-2.0	-3.7		
(DL)	-90.2	-18.1	24.9	59.5	76.3	75.2	56.7	21.8	-25.0	11.7
(LL)	-50.1	-9.4	15.3	35.1	44.4	43.3	32.0	11.2	-15.6	-29.5

图 5.12.10　YJK 梁轴力标准值

（3）PKPM 剪扭计算时对梁的轴力和扭矩取所有地震作用组合的最大值

PKPM 在梁的剪扭配筋计算时，对梁的剪力取用包络设计值，对轴力和扭矩取非地震作用工况组合的最大值，三者并不是取自同一个组合。

剪扭设计只对非地震作用组合工况进行，从图 5.12.6 中部框内及其上一行可以看到，轴力 $N_{max}=48$ 来自第 6 个工况组合，扭矩 $T_{max}=5$ 来自第 15 工况组合。

这样的配筋方式也是不合理的，常造成剪扭配筋过大。

（4）YJK 对梁配筋按所有工况组合循环进行

YJK 在进行梁的纵向钢筋计算时，对所有的工况组合都进行配筋计算，每次配筋计算时使用同一组合下的弯矩、轴力。当存在拉力时按照拉弯构件计算配筋，当存在压力且压力大于用户在计算参数中设置的轴压比时，按照压弯构件进行配筋。

表 5.12.1 是 YJK 输出的该梁 31 号组合下各截面的配筋取用的弯矩、轴力、剪力设计值，它们包括恒、活和 Y 向地震 3 个工况的组合，每个组合分别对梁的 11 个截面进行。可以看出，对应的 31 号组合没有出现轴力为拉力的情况。

31 号组合下的内力设计值　　　　**表 5.12.1**

组合号	截面	M_x	M_y	V_x	V_y	N	T
31	1	−609.1	−0.4	1.1	288.5	−51.4	−11.0
31	2	−354.7	0.3	0.7	244.9	−51.4	−10.9
31	3	−183.7	1.4	1.1	216.7	−36.4	−7.1
31	4	−13.4	2.1	0.7	177.8	−30.6	4.2
31	5	124.5	0.7	−0.4	140.1	−33.2	3.0
31	6	232.3	0.6	−1.3	106.5	−45.4	3.7
31	7	312.3	0.6	−2.1	77.5	−64.3	6.3
31	8	367.5	0.6	−2.2	52.6	−88.8	10.1
31	9	404.2	−1.5	−2.9	64.7	−88.8	10.1
31	1	−560.2	4.5	−6.6	271.5	−47.1	−3.0
31	2	−320.0	1.1	−5.7	230.7	−47.1	−2.8
31	3	−159.6	0.9	−2.0	202.8	−33.6	−2.2
31	4	−1.2	1.7	−2.4	164.5	−28.2	−1.8
31	5	125.0	0.5	−3.2	126.9	−30.3	2.4
31	6	221.0	0.7	−3.9	93.2	−41.6	2.3
31	7	289.0	1.4	−4.4	63.8	−59.1	2.2
31	8	332.0	0.8	−4.6	38.6	−82.0	0.4
31	9	356.5	−3.3	−5.8	48.0	−82.0	0.4
31	1	−656.9	−2.0	4.5	305.1	−55.7	−3.3

组合号	截面	M_x	M_y	V_x	V_y	N	T
31	2	−388.7	1.4	3.5	258.7	−55.7	1.6
31	3	−207.4	2.1	3.8	230.2	−39.2	2.1
31	4	−25.3	2.5	3.6	190.9	−33.0	3.3
31	5	124.1	0.7	2.9	152.9	−35.8	3.6
31	6	243.3	0.0	2.2	119.5	−49.0	3.4
31	7	334.9	−0.5	1.7	90.9	−69.4	2.9
31	8	402.1	−0.7	4.7	66.2	−95.7	2.7
31	9	450.8	3.5	5.5	81.0	−95.7	2.7
31	1	−600.8	−1.6	1.0	252.7	−26.6	−9.2
31	2	−349.8	0.3	0.6	212.7	−26.6	−9.1
31	3	−196.6	1.2	0.8	191.7	−17.2	−5.7
31	4	−42.8	2.0	0.4	162.9	−14.9	4.8
31	5	87.2	0.6	−0.5	135.4	−19.3	2.9
31	6	195.9	0.5	−1.3	102.3	−32.0	2.8
31	7	285.4	0.5	−2.0	73.0	−49.7	4.8
31	8	354.4	0.4	−3.0	47.9	−71.4	8.1
31	9	387.6	−2.2	−3.7	60.0	−71.4	8.1
31	1	−551.9	3.3	−6.7	235.7	−22.2	−1.2
31	2	−315.1	1.1	−5.8	198.6	−22.2	−1.1
31	3	−172.4	0.8	−2.3	177.9	−14.4	−0.9
31	4	−30.7	1.6	−2.7	149.6	−12.5	−1.2
31	5	87.7	0.5	−3.3	122.3	−16.4	2.2
31	6	184.6	0.7	−3.8	89.0	−28.1	1.4
31	7	262.2	1.3	−4.3	59.3	−44.5	0.7
31	8	318.9	0.6	−5.4	33.9	−64.5	−1.5
31	9	339.8	−4.1	−6.6	43.3	−64.5	−1.5
31	1	−648.7	−3.2	4.4	269.3	−30.9	−1.5
31	2	−383.7	1.3	3.5	226.5	−30.9	3.4
31	3	−220.2	2.0	3.5	205.2	−20.0	3.4
31	4	−54.8	2.4	3.3	176.0	−17.3	3.9
31	5	86.8	0.6	2.8	148.3	−21.9	3.5
31	6	206.9	−0.0	2.2	115.3	−35.6	2.5
31	7	308.0	−0.6	1.9	86.4	−54.8	1.3
31	8	388.9	−1.0	3.9	61.5	−78.3	0.7
31	9	434.1	2.7	4.7	76.3	−78.3	0.7
31	1	−561.0	−0.6	2.3	284.7	−26.6	−9.2
31	2	−340.9	0.6	1.9	241.1	−26.6	−9.1
31	3	−181.1	1.4	0.8	212.8	−17.2	−5.7
31	4	−13.6	2.0	0.4	174.0	−14.9	4.8
31	5	121.4	0.7	−0.5	136.1	−19.3	2.9
31	6	226.1	0.6	−1.3	112.1	−32.0	2.8

组合号	截面	M_x	M_y	V_x	V_y	N	T
31	7	302.7	0.6	−1.9	92.8	−49.7	4.8
31	8	363.6	0.5	−2.0	75.5	−71.4	8.1
31	9	422.7	−1.5	−2.6	90.5	−71.4	8.1
31	1	−512.0	4.3	−5.4	267.7	−22.2	−1.2
31	2	−306.2	1.4	−4.5	226.9	−22.2	−1.1
31	3	−156.9	0.9	−2.3	199.0	−14.4	−0.9
31	4	−1.4	1.6	−2.6	160.6	−12.5	−1.2
31	5	121.8	0.6	−3.3	123.0	−16.4	2.2
31	6	214.8	0.7	−3.8	98.8	−28.1	1.4
31	7	279.5	1.4	−4.3	79.1	−44.5	0.7
31	8	328.1	0.8	−4.4	61.6	−64.5	−1.5
31	9	375.0	−3.3	−5.5	73.8	−64.5	−1.5
31	1	−608.8	−2.2	5.7	301.3	−30.9	−1.5
31	2	−374.8	1.7	4.7	254.9	−30.9	3.4
31	3	−204.7	2.1	3.5	226.3	−20.0	3.4
31	4	−25.5	2.4	3.4	187.0	−17.3	3.9
31	5	120.9	0.7	2.8	148.9	−21.9	3.5
31	6	237.1	0.0	2.3	125.1	−35.6	2.5
31	7	325.4	−0.5	1.9	106.2	−54.8	1.3
31	8	398.1	−0.8	5.0	89.1	−78.3	0.7
31	9	469.3	3.5	5.8	106.8	−78.3	0.7

表 5.12.2 是 YJK 输出的该梁 30 号组合下各截面的配筋取用的弯矩、轴力、剪力设计值。从中可以看出，普遍存在梁受拉力的情况，最大拉力为 68，这种情况和 PKPM 相同，也是最大拉力发生在 30 工况组合。

虽然 30 号工况组合存在拉力，但是相应的弯矩较小，按照拉弯计算得出的配筋不起控制作用。

30 号组合下的内力设计值　　　　　　　　　　表 5.12.2

组合号	截面	M_x	M_y	V_x	V_y	N	T
30	1	308.4	2.4	−3.6	−29.8	29.8	8.9
30	2	295.5	−1.4	−3.2	−20.4	29.8	9.0
30	3	269.2	−1.1	−0.6	−42.4	20.9	6.2
30	4	215.1	−1.2	−0.3	−72.2	18.3	−4.0
30	5	133.3	−0.2	0.2	−106.1	20.3	−2.3
30	6	21.0	−0.1	0.5	−142.9	26.5	−2.8
30	7	−122.5	−0.1	0.9	−180.0	34.2	−4.4
30	8	−296.5	−0.6	4.1	−209.2	44.1	−6.9
30	9	−490.4	3.1	4.7	−249.4	44.1	−6.9
30	1	259.4	−2.5	4.1	−12.9	25.4	0.9
30	2	260.9	−2.2	3.2	−6.3	25.4	1.0

组合号	截面	M_x	M_y	V_x	V_y	N	T
30	3	245.0	−0.6	2.5	−28.6	18.1	1.3
30	4	203.0	−0.8	2.7	−58.9	15.8	2.1
30	5	132.8	−0.1	3.0	−92.9	17.4	−1.7
30	6	32.3	−0.2	3.1	−129.6	22.7	−1.3
30	7	−99.3	−0.9	3.2	−166.3	29.0	−0.3
30	8	−261.0	−0.8	6.5	−195.3	37.2	2.7
30	9	−442.7	5.0	7.6	−232.7	37.2	2.7
30	1	356.2	4.0	−7.0	−46.4	34.0	1.2
30	2	329.5	−2.4	−6.1	−34.2	34.0	−3.4
30	3	292.8	−1.9	−3.3	−55.9	23.7	−3.0
30	4	227.1	−1.6	−3.3	−85.3	20.7	−3.0
30	5	133.8	−0.2	−3.1	−118.9	22.9	−2.9
30	6	10.0	0.5	−3.0	−155.9	30.1	−2.4
30	7	−145.2	1.1	−3.0	−193.4	39.3	−1.0
30	8	−331.1	0.7	−2.8	−222.8	51.0	0.5
30	9	−537.0	−1.8	−3.6	−265.8	51.0	0.5
30	1	316.6	1.2	−3.7	−65.6	54.6	10.7
30	2	300.5	−1.4	−3.3	−52.5	54.6	10.8
30	3	256.3	−1.2	−0.9	−67.4	40.1	7.5
30	4	185.7	−1.3	−0.6	−87.2	34.0	−3.4
30	5	96.0	−0.2	0.1	−110.7	34.2	−2.5
30	6	−15.4	−0.1	0.5	−147.1	40.0	−3.7
30	7	−149.4	−0.1	1.0	−184.5	48.8	−6.0
30	8	−309.6	−0.8	3.3	−213.9	61.6	−8.9
30	9	−507.1	2.4	3.9	−254.1	61.6	−8.9
30	1	267.7	−3.7	4.0	−48.7	50.2	2.7
30	2	265.8	−2.2	3.1	−38.4	50.2	2.8
30	3	232.1	−0.7	2.2	−53.6	37.3	2.6
30	4	173.5	−0.9	2.5	−73.8	31.5	2.7
30	5	95.5	−0.1	2.8	−97.5	31.3	−1.9
30	6	−4.1	−0.2	3.1	−133.8	36.2	−2.2
30	7	−126.2	−0.9	3.3	−170.8	43.6	−1.9
30	8	−274.1	−1.0	5.7	−200.0	54.7	0.7
30	9	−459.4	4.2	6.8	−237.4	54.7	0.7
30	1	364.4	2.8	−7.1	−82.2	58.8	3.0
30	2	334.5	−2.5	−6.2	−66.4	58.8	−1.7
30	3	279.9	−2.0	−3.6	−80.9	42.9	−1.7
30	4	197.6	−1.7	−3.5	−100.2	36.4	−2.4
30	5	96.4	−0.2	−3.2	−123.5	36.8	−3.1
30	6	−26.4	0.4	−3.0	−160.1	43.6	−3.3
30	7	−172.1	1.0	−2.9	−197.9	53.9	−2.5

组合号	截面	M_x	M_y	V_x	V_y	N	T
30	8	−344.2	0.5	−3.6	−227.5	68.4	−1.5
30	9	−553.7	−2.6	−4.4	−270.5	68.4	−1.5
30	1	356.5	2.2	−2.4	−33.6	54.6	10.7
30	2	309.4	−1.1	−2.0	−24.2	54.6	10.8
30	3	271.8	−1.1	−0.9	−46.3	40.1	7.5
30	4	214.9	−1.3	−0.6	−76.1	34.0	−3.4
30	5	130.2	−0.2	0.1	−110.0	34.2	−2.5
30	6	14.8	−0.1	0.6	−137.3	40.0	−3.7
30	7	−132.1	−0.1	1.0	−164.7	48.8	−6.0
30	8	−300.4	−0.7	4.4	−186.3	61.6	−8.9
30	9	−471.9	3.1	5.0	−223.6	61.6	−8.9
30	1	307.6	−2.7	5.3	−16.7	50.2	2.7
30	2	274.7	−1.9	4.4	−10.1	50.2	2.8
30	3	247.6	−0.6	2.2	−32.4	37.3	2.6
30	4	202.7	−0.9	2.5	−62.7	31.5	2.7
30	5	129.7	−0.1	2.9	−96.9	31.3	−1.9
30	6	26.1	−0.2	3.1	−124.0	36.2	−2.2
30	7	−108.8	−0.9	3.3	−151.0	43.6	−1.9
30	8	−264.9	−0.9	6.8	−172.3	54.7	0.7
30	9	−424.2	5.0	7.9	−206.9	54.7	0.7
30	1	404.3	3.8	−5.8	−50.2	58.8	3.0
30	2	343.3	−2.2	−4.9	−38.0	58.8	−1.7
30	3	295.4	−1.9	−3.6	−59.8	42.9	−1.7
30	4	226.8	−1.7	−3.5	−89.1	36.4	−2.4
30	5	130.6	−0.2	−3.2	−122.8	36.8	−3.1
30	6	3.8	0.5	−2.9	−150.3	43.6	−3.3
30	7	−154.7	1.1	−2.8	−178.1	53.9	−2.5
30	8	−335.0	0.7	−2.6	−199.9	68.4	−1.5
30	9	−518.5	−1.8	−3.3	−240.0	68.4	−1.5

　　同样，YJK 在进行梁的剪扭配筋计算时，对所有的工况组合都进行配筋计算，每次配筋计算时调用同一组合下的剪力、轴力和扭矩。

　　3. 结论

　　(1) 在有拉力或者压力存在下的梁的纵向配筋计算，YJK 的配筋有时比 PKPM 小；在有拉力或者扭矩存在下的梁的剪扭配筋计算，YJK 的配筋有时也比 PKPM 小。

　　(2) 原因是 PKPM 计算梁的纵向各截面配筋时，弯矩和轴力没有取同一组合下的数值，而是取自不同组合下的数值，换句话说，其弯矩取自最大包络设计值，其轴力也取最大包络设计值，二者并不对应，这就是 PKPM 配筋大的原因，这样的配筋计算显然是不合理的。

　　(3) PKPM 在梁的剪扭配筋计算时，对梁的剪力取用包络设计值，对轴力和扭矩取非地震组合的最大值，三者并不是取自同一个组合，这样的配筋方式也是不合理的，常造成剪扭配筋过大。

(4) YJK 对梁配筋按所有工况组合循环进行，每次配筋计算时调用同一组合下的弯矩、轴力。当存在拉力时按照拉弯构件计算配筋，当存在压力且压力大于用户在计算参数中设置的轴压比时，按照压弯构件进行配筋；同样，YJK 在进行梁的剪扭配筋计算时，对所有的工况组合都进行配筋计算，每次配筋计算时调用同一组合下的剪力、轴力和扭矩；YJK 的计算结果是合理的、正确的，避免了不必要的浪费。

第十三节　越层支撑建模常见问题

一、分多段输入且中间无杆件相连的越层支撑

上部结构计算过程中中断，提示计算不下去，按照提示打开计算过程文件如图 5.13.1 所示。

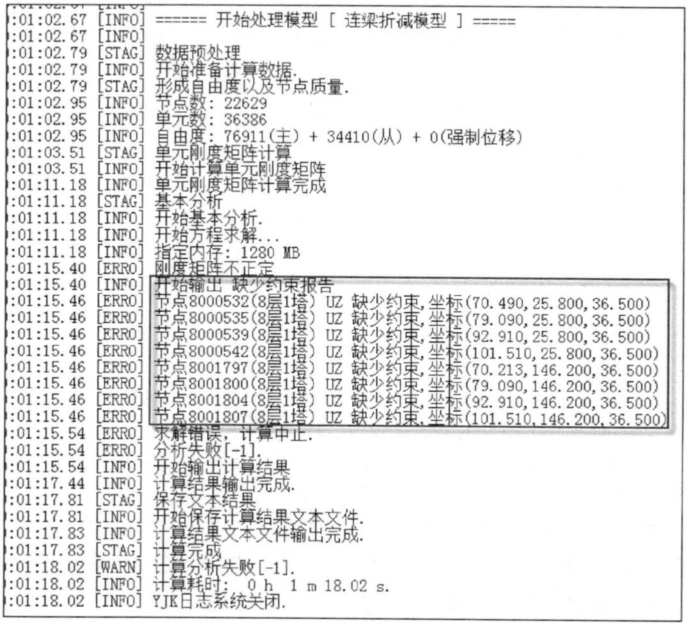

```
:01:02.67 [INFO] ====== 开始处理模型 [ 连梁折减模型 ] =====
:01:02.67 [INFO]
:01:02.79 [STAG] 数据预处理
:01:02.79 [INFO] 开始准备计算数据.
:01:02.79 [STAG] 形成自由度以及节点质量.
:01:02.95 [INFO] 节点数: 22629
:01:02.95 [INFO] 单元数: 36386
:01:02.95 [INFO] 自由度: 76911(主) + 34410(从) + 0(强制位移)
:01:03.51 [STAG] 单元刚度矩阵计算
:01:03.51 [INFO] 开始计算单元刚度矩阵
:01:11.18 [INFO] 单元刚度矩阵计算完成
:01:11.18 [STAG] 基本分析
:01:11.18 [INFO] 开始基本分析.
:01:11.18 [INFO] 开始方程求解...
:01:11.18 [INFO] 指定内存: 1280 MB
:01:15.40 [ERRO] 刚度矩阵不正定
:01:15.40 [INFO] 开始输出 缺少约束报告
:01:15.46 [ERRO] 节点8000532(8层1塔) UZ 缺少约束,坐标(70.490,25.800,36.500)
:01:15.46 [ERRO] 节点8000535(8层1塔) UZ 缺少约束,坐标(79.090,25.800,36.500)
:01:15.46 [ERRO] 节点8000539(8层1塔) UZ 缺少约束,坐标(92.910,25.800,36.500)
:01:15.46 [ERRO] 节点8000542(8层1塔) UZ 缺少约束,坐标(101.510,25.800,36.500)
:01:15.46 [ERRO] 节点8001797(8层1塔) UZ 缺少约束,坐标(70.213,146.200,36.500)
:01:15.46 [ERRO] 节点8001800(8层1塔) UZ 缺少约束,坐标(79.090,146.200,36.500)
:01:15.46 [ERRO] 节点8001804(8层1塔) UZ 缺少约束,坐标(92.910,146.200,36.500)
:01:15.46 [ERRO] 节点8001807(8层1塔) UZ 缺少约束,坐标(101.510,146.200,36.500)
:01:15.54 [ERRO] 求解错误, 计算中止.
:01:15.54 [ERRO] 分析失败[-1].
:01:15.54 [INFO] 开始输出计算结果
:01:17.44 [INFO] 计算结果输出完成.
:01:17.81 [STAG] 保存文本结果
:01:17.81 [INFO] 开始保存计算结果文本文件.
:01:17.83 [INFO] 计算结果文本文件输出完成.
:01:17.83 [STAG] 计算完成
:01:18.02 [WARN] 计算分析失败[-1].
:01:18.02 [INFO] 计算耗时:  0 h  1 m 18.02 s.
:01:18.02 [INFO] YJK日志系统关闭.
```

图 5.13.1　YJK 计算过程提示

按照提示，错误出在第 8 层，一批节点的 Uz 缺少约束，就是 Z 方向缺少约束的意思，出错的节点坐标在右侧的括号中给出（这里的单位为 m）。

返回建模，根据错误节点的坐标提示，找到这几处布置的是斜杆，这些斜杆的特点是在本层中没有其他杆件与其相连。

组装 8、9 层一起显示，看出这批斜杆都是越层斜撑杆件，如图 5.13.2 所示，它们跨越 8、9 两个楼层，分布在 8、9 两层由 2 段组成，如图 5.13.3、图 5.13.4 所示。

图 5.13.2 越层支撑 8~9 示意

图 5.13.3 越层支撑 8 层模型

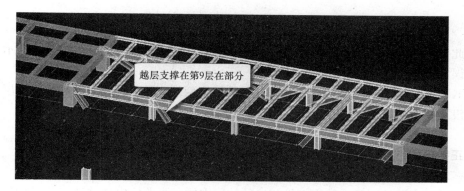

图 5.13.4 越层支撑 9 层模型

二、对节点关联构件均为铰接的错误提示必须改正

其实在结构计算前，生成数据完成后数检报告有一批错误提示，如图 5.13.5 所示。

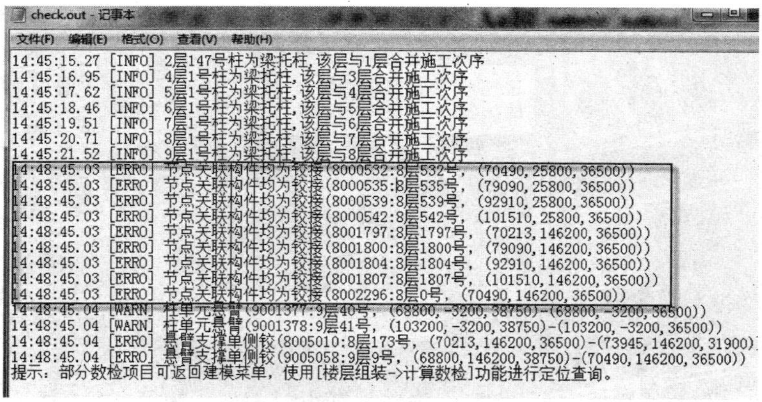
check.out - 记事本
文件(F) 编辑(E) 格式(O) 查看(V) 帮助(H)
14:45:15.27 [INFO] 2层147号柱为梁托柱,该层与1层合并施工次序
14:45:16.95 [INFO] 4层1号柱为梁托柱,该层与3层合并施工次序
14:45:17.62 [INFO] 5层1号柱为梁托柱,该层与4层合并施工次序
14:45:18.46 [INFO] 6层1号柱为梁托柱,该层与5层合并施工次序
14:45:19.51 [INFO] 7层1号柱为梁托柱,该层与6层合并施工次序
14:45:20.71 [INFO] 8层1号柱为梁托柱,该层与7层合并施工次序
14:45:21.52 [INFO] 9层1号柱为梁托柱,该层与8层合并施工次序
14:48:45.03 [ERRO] 节点关联构件均为铰接(8000532:8层532号, (70490,25800,36500))
14:48:45.03 [ERRO] 节点关联构件均为铰接(8000535:8层535号, (79090,25800,36500))
14:48:45.03 [ERRO] 节点关联构件均为铰接(8000539:8层539号, (92910,25800,36500))
14:48:45.03 [ERRO] 节点关联构件均为铰接(8000542:8层542号, (101510,25800,36500))
14:48:45.03 [ERRO] 节点关联构件均为铰接(8001797:8层1797号, (70213,146200,36500))
14:48:45.03 [ERRO] 节点关联构件均为铰接(8001800:8层1800号, (79090,146200,36500))
14:48:45.03 [ERRO] 节点关联构件均为铰接(8001804:8层1804号, (92910,146200,36500))
14:48:45.03 [ERRO] 节点关联构件均为铰接(8001807:8层1807号, (101510,146200,36500))
14:48:45.03 [ERRO] 节点关联构件均为铰接(8002296:8层0号, (70490,146200,36500))
14:48:45.04 [WARN] 柱单元悬臂(9001377:9层40号, (68800,-3200,38750)-(68800,-3200,36500))
14:48:45.04 [WARN] 柱单元悬臂(9001378:9层41号, (103200,-3200,38750)-(103200,-3200,36500))
14:48:45.04 [ERRO] 悬臂支撑单侧铰(8005010:8层173号, (70213,146200,36500)-(73945,146200,31900)
14:48:45.04 [ERRO] 悬臂支撑单侧铰(9005058:9层9号, (68800,146200,38750)-(70490,146200,36500))
提示：部分数检项目可返回建模菜单，使用[楼层组装->计算数检]功能进行定位查询。

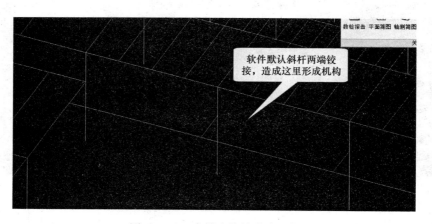

图 5.13.5 数检报告

由于软件对斜杆默认采用两端铰接计算，如果越层斜撑中间位置没有和层内其他杆件相连，同一直线中间的两铰就形成了如图 5.13.6 所示的机构，导致不能计算下去。

图 5.13.6 支撑连接处形成机构

因此数检报告中，各标准层如果出现了“节点关联构件均为铰接”的错误提示，必须改正错误才能进行计算。

YJK 对于空间建模生成的楼层，钢斜杆默认为两端刚接。但是对按照普通楼层建模的楼层，没有做这样的保护。

三、改正错误的方法

对这种分多段输入且中间无杆件相连的越层支撑，当数检出现“节点关联构件均为铰接”的错误提示后，有多种方法修改错误，这里简述 2 个方法：

1. 将越层斜杆中间节点的铰接改为刚接

在特殊构件定义的【特殊支撑】菜单下，将越层斜杆中间节点的铰接改为刚接，以后就可正常计算，如图 5.13.7 所示。

图 5.13.7　支撑连接处改为刚接

2. 将越层支撑按一整根构件输入

YJK 可以方便地在多层模型上布置斜杆，对于上面按 8、9 两层分别输入的越层斜撑，可以改为一段斜杆输入，比如在 8 层上，直接输入连接 8、9 两层的支撑杆件。

输入可在 8、9 两层组装的模型上进行，在斜杆输入对话框上对斜撑 2 端钩选"与层高同"，再分别点取 2 层模型上该斜杆所在的下节点和上节点即可，如图 5.13.8 所示。

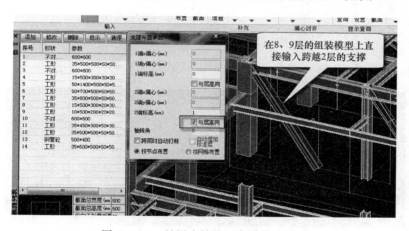

图 5.13.8　越层支撑按一整根输入示意

删除原有的跨越 2 层的 2 段支撑。

四、结论

对于越层支撑，当建模中按照分布于各层的多段输入，且斜杆在楼层内的上端或下端无其他杆件相连时，由于软件对斜杆默认采用两端铰接计算，斜杆同一直线中间节点的两铰就形成了机构，导致计算出错。这是一个用户使用软件的常见问题，这种情况下软件在数检报告中将给出"节点关联构件均为铰接"的错误提示，对于这种提示用户必须修改正确后才能正常计算。

修改这种错误的方法可以直接改错误节点处为刚接，或者对越层支撑直接按照一段斜杆输入。

第十四节　柱双偏压配筋计算差异问题

一、例题 1

1. 问题描述

问题："YJK、PKPM 算出的柱子配筋完全相反，YJK、PKPM 柱配筋见图 5.14.1。"

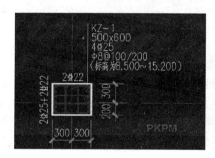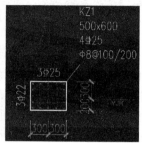

图 5.14.1　SATWE 与 YJK 柱配筋对比

2. 问题分析

图 5.14.2、图 5.14.3 分别为 YJK 和 PKPM 的计算配筋简图。

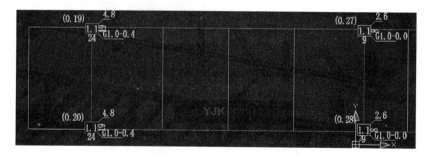

图 5.14.2　YJK 柱配筋简图

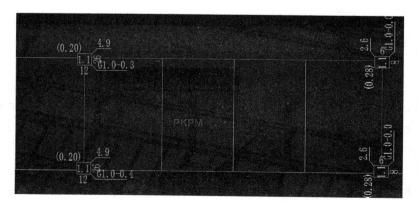

图 5.14.3　SATWE 柱配筋简图

图 5.14.4 为 YJK 和 PKPM 柱施工图的配筋，这里 YJK 采用 1.4.3 版设计，与用户传来的柱施工图稍有不同。

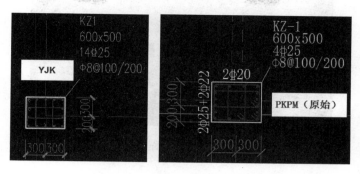

图 5.14.4　YJK 与 PKPM 柱施工图

在 PKPM 中修改柱的配筋，使之与 YJK 相同，然后再点取【双偏压】菜单进行柱双偏压验算，可见屏幕下提示：双偏压验算全部满足要求，如图 5.14.5 所示。

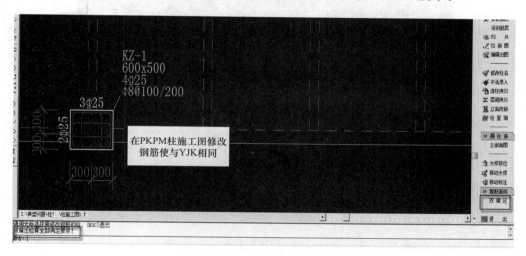

图 5.14.5　PKPM 柱施工图中双偏压验算

柱的双偏压配筋是多解的，本例说明，虽然 YJK 与 PKPM 结果不同，但都是计算正确的结果。

另一方面，从 YJK 和 PKPM 结果比较来说，YJK 在柱的长边配置较多钢筋，短边配置较少钢筋，结果更加合理。

二、例题 2

1. 问题描述

问题："我有个学校工程抗震设防 7 度 0.1g，三级框架；在 5 层 11m 跨度中间的柱子 PKPM 算下来角筋是 6.2 短边配筋是 37；YJK 算下来角筋是 4.9 短边配筋只有 27 了。"模型如图 5.14.6 所示。

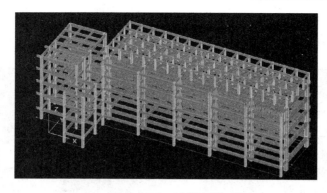

图 5.14.6 工程实例

2. 问题分析

该例用户选择对柱按双偏压配筋。图 5.14.7、图 5.14.8 分别为 5 层 YJK 和 PKPM 的计算配筋简图。

图 5.14.7 YJK 柱配筋简图

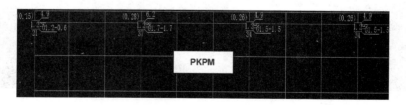

图 5.14.8 PKPM 柱配筋简图

以左起第 2 根柱为例，图 5.14.9 分别为 YJK 和 PKPM 柱施工图的配筋。

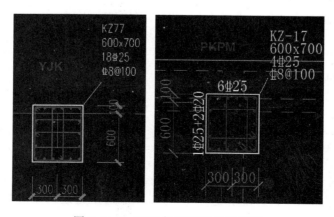

图 5.14.9 YJK 与 PKPM 柱施工图

但是，我们在 PKPM 柱施工图中，修改柱配筋使之与 YJK 相同，再点【双偏压】菜单进行柱的双偏压验算，结果是按照新改的配筋双偏压验算不过，如图 5.14.10 所示。

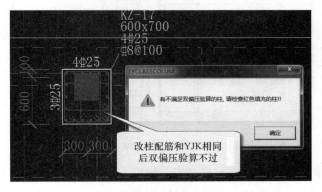

图 5.14.10　PKPM 柱施工图中双偏压验算

为此，我们从前面对比柱的内力，用"构件信息"查看各自的内力结果。

从图 5.14.11、图 5.14.12 可以看出，该柱恒载下的弯矩、剪力差别大，YJK 为 540、194，而 PKPM 为 649、232。为什么差别这么大？

(iCase)	Shear-X	Shear-Y	Axial	My-Btm	My-Btm	Mx-Top	My-Top
*(DL)	4.4	194.5	-1200.2	-159.1	-1.1	540.9	-16.9
(DL)	4.4	194.5	-1200.2	-159.1	-1.1	540.9	-16.9
*(LL)	.5	48.9	-142.0	-84.6	-0.6	91.6	1.1
(LL)	-0.5	48.9	-142.0	-84.6	-0.6	91.6	1.1

图 5.14.11　YJK 柱内力

荷载工况	Axial	SHEAR-X	SHEAR-Y	MX-BTM	MY-BTM	MX-TOP	MY-TOP
(1)	-56.3	-95.8	-2.1	-3.1	-140.7	4.5	204.5
(2)	2.2	-94.4	4.0	-6.3	-138.7	-8.1	201.4
(3)	2.9	-97.1	-2.6	3.7	-142.5	5.9	207.3
(4)	-66.2	4.7	-88.3	112.3	7.9	206.6	-9.0
(5)	-58.6	4.7	-78.5	96.6	7.2	187.0	-10.0
(6)	-73.1	-8.2	-98.1	128.0	-13.2	226.1	16.5
(7)	0.1	-8.4	0.0	0.1	-11.2	-0.3	19.1
(8)	-19.0	0.1	-23.8	30.1	-0.0	55.7	-0.4
(9)	-1213.8	-8.7	-232.9	188.9	-2.4	649.3	28.9
(10)	-142.1	0.4	-49.0	84.7	0.5	91.6	-1.1

图 5.14.12　SATWE 柱内力

经查，原因为 YJK 与 PKPM 在按照施工模拟 3 计算时使用了不同的楼层施工次序，由于第 5 层为梁托柱楼层，如图 5.14.13 所示，YJK 判断梁托柱楼层并自动合并 5、6 两层为一个施工次序，可见 YJK 的施工次序表。而 PKPM 对 5、6 层分为 2 个施工次序，如图 5.14.14，这种差别导致 5 层柱的恒载计算结果差别大。

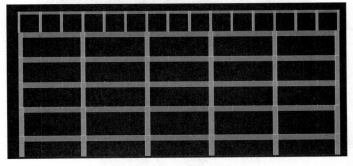

图 5.14.13　梁托柱立面图

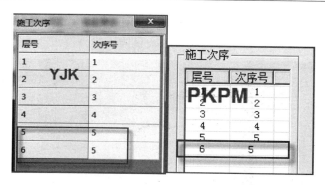

图 5.14.14　YJK 与 SATWE 默认施工次序不同

修改 PKPM 施工次序，使之与 YJK 相同，再进行 PKPM 计算，图 5.14.15、图 5.14.16 分别为重新计算后的 PKPM 配筋简图和柱内力，这次 PKPM 的恒载内力与 YJK 完全相同。

图 5.14.15　SATWE 柱配筋简图

荷载工况	Axial	SHEAR-X	SHEAR-Y	MX-BTM	MY-BTM	MX-TOP	MY-TOP
(1)	-56.3	-95.8	-2.1	-3.1	-140.7	4.5	204.5
(2)	2.2	-94.4	4.0	-6.3	-138.7	-8.1	201.4
(3)	-97.1	-2.6	3.7	-142.5	5.9	207.3	
(4)	-66.2	4.7	-88.3	112.3	7.9	206.6	-9.0
(5)	-58.6	4.7	-78.5	96.6	7.2	187.0	-10.0
(6)	-73.7	-8.2	-98.1	128.0	-13.2	226.1	16.5
(7)	0.1	-8.4	0.0	-1.1	-0.3	19.1	
(8)	-19.0	0.1	-23.8	30.1	-0.0	55.7	-0.4
(9)	-1204.6	-4.4	-195.4	159.9	1.1	543.5	17.1
(10)	-142.1	0.4	-49.0	84.7	0.5	91.6	-1.1

图 5.14.16　YJK 与 SATWE 柱内力图

在 PKPM 柱施工图中，修改该柱的配筋使之与 YJK 相同，然后再点取【双偏压】菜单进行柱双偏压验算，可见屏幕下提示：双偏压验算全部满足要求，如图 5.14.17 所示。

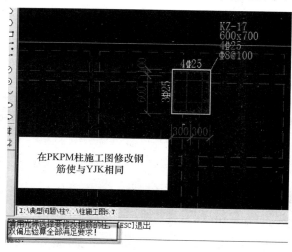

图 5.14.17　PKPM 柱施工图中进行双偏压验算

第十五节　弹性板考虑梁向下相对偏移对结果的影响

一、用户问题

问题："为什么我的模型采用弹性模型和刚性板模型计算梁的内力相差很大？"模型如图 5.15.1 所示。

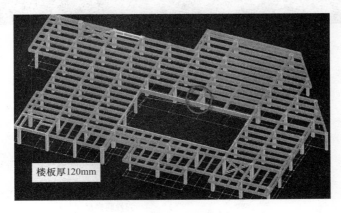

楼板厚120mm

图 5.15.1　工程实例

按刚性板计算结果，如图 5.15.2 所示。

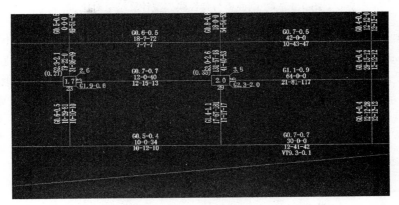

图 5.15.2　刚性板计算结果

按全楼弹性膜结果，如图 5.15.3 所示。

二、计算结果对比

从模型中挑出局部对比，如图 5.15.4 所示。从图中可以看出，刚性板比弹性膜计算模型梁支座配筋偏大较多，以其右侧柱下的悬挑梁支座处配筋为例，刚性板模型下为 181，弹性膜下为 96，相差将近一倍。

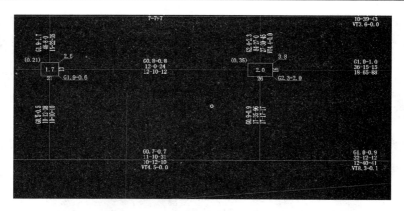

图 5.15.3　弹性膜计算结果

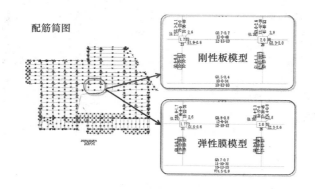

图 5.15.4　刚性板与弹性膜模型计算结果对比

再对比恒载下的梁弯矩图和梁的弯矩包络图，可见恒载弯矩刚性板模型下为 4483，弹性膜下为 2739，相差 63%；对于弯矩包络图，刚性板模型下为 6547，弹性膜下为 4004，相差也是 63%，因此竖向荷载下弯矩的巨大差异是导致配筋计算结果差距的原因，如图 5.15.5 所示。

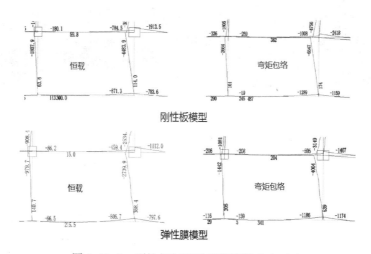

图 5.15.5　刚性板与弹性膜模型梁内力对比

三、差别原因分析

1. 弹性板考虑梁向下偏移的计算原理

查询【计算参数】-【计算控制信息】，计算时考虑了"弹性板与梁协调时考虑梁向下相对偏移"，如图 5.15.6 所示。

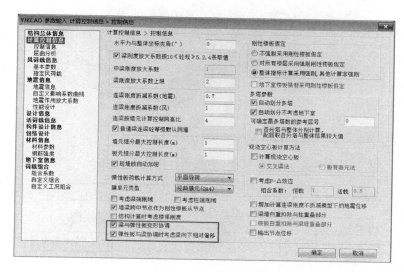

图 5.15.6　计算参数

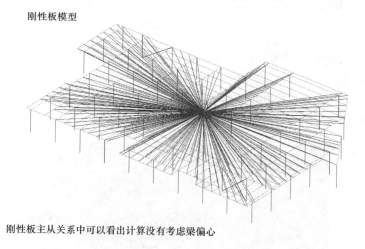

刚性板主从关系中可以看出计算没有考虑梁偏心

图 5.15.7　刚性板模型

传统做法计算梁与楼板协调时，梁的中和轴和板的中和轴的方式计算，由于一般梁与楼板在梁顶部平齐，实际上梁的中和轴和板中和轴存在竖向偏差，因此，YJK 中设置了"弹性板与梁协调时考虑梁向下相对偏移"来模拟实际偏心的效果。钩选此参数后软件将在计算中考虑到这种实际的偏差，将在板和梁之间设置一个竖向的偏心刚域，该偏心刚域的长度就是梁的中和轴到板中和轴的实际距离，如图 5.15.9。这种计算模型比按照中和轴模型得出的梁的负弯矩更小，正弯矩加大并承受一定的拉力，这些因素在梁的配筋计算中都会考虑。

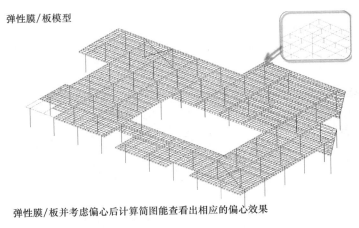

弹性膜/板模型

弹性膜/板并考虑偏心后计算简图能查看出相应的偏心效果

图 5.15.8   弹性板计算模型

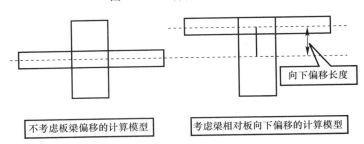

不考虑板梁偏移的计算模型

考虑梁相对板向下偏移的计算模型

向下偏移长度

图 5.15.9   梁板相对位置

2. 悬挑跨度大和梁较高偏心影响大

刚才对比的梁悬挑长度达 4750mm，梁截面高度为 1200mm，楼板厚度 120mm，计算模型中梁与板向下偏移达 540mm，从而使弹性板对梁增加了巨大的附加惯性矩，使考虑二者偏移的影响增大，如图 5.15.10 所示。

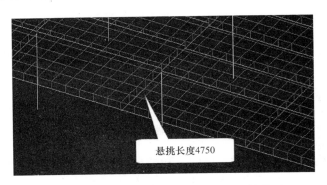

悬挑长度4750

图 5.15.10   考虑梁板相对偏移时的计算模型

考虑梁与弹性板之间偏移，可以充分发挥的有利作用，达到优化设计节省材料的效果。

3. 不考虑偏移刚性板和弹性膜的计算结果相近
如图 5.15.11、图 5.15.12 所示。

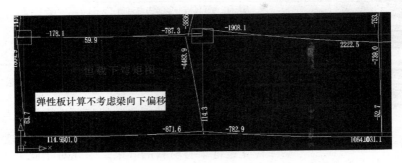

图 5.15.11　不考虑梁板相对偏移时弹性板下梁内力

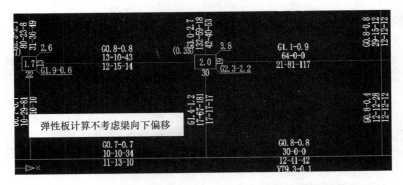

图 5.15.12　不考虑梁板相对偏移时弹性板下梁配筋

四、与国外软件对比分析

YJK 中这种处理方式是与国外一些主流设计软件的处理方式是相同的，如 MIDAS 截面信息中【修改偏心】可以控制偏心点，ETABS、SAP2000 中的【框架插入点】，可以通过控制点来调整梁与板的偏心，如图 5.15.13 所示。

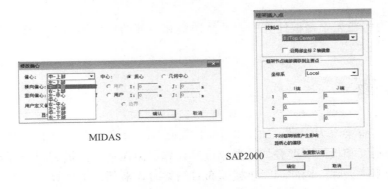

图 5.15.13　MIDAS、SAP2000 中考虑梁板偏移方法

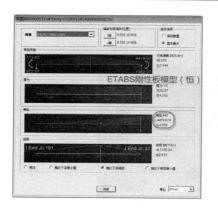

图 5.15.14　ETABS 刚性板
模型计算结果

在 ETABS 中通过控制插入点的方式计算结果如图 5.15.14、图 5.15.15 所示，可以看出 ETABS 计算结果和 YJK 计算结果吻合很好，考虑与不考虑梁的偏心对梁的内力影响较大。

五、结论

考虑梁与弹性板之间偏移，计算模型与实际模型符合更好，可以充分发挥梁板协调变形的有利作用，达到优化设计节省材料的效果。因此对于此类工程，由于梁高较高（1200mm），梁与板的偏心达到 600mm，不能忽略该偏心的影响，建议用户在 YJK 中采用弹性板或弹性膜，并钩选"弹性板与梁协调时考虑梁向下相对偏移"。

图 5.15.15　ETABS 弹性膜下不考虑、考虑梁板偏移时的梁弯矩对比

第十六节　无梁楼盖两种计算模式结果对比

问题："为何在无梁楼板计算中，平面楼板和上部结构计算弹性楼板结果不一样，且平面楼板结果偏大？"

一、将梁改为虚梁

为了对比，将梁改为虚梁，如图 5.16.1 所示，因为暗梁有一定的刚度，在上部结构计算时，梁的刚度和板的刚度叠加，造成重复计算。而在平面楼板有限元计算时，软件将自动将暗梁的刚度去除。因此当无梁楼盖布置暗梁时，上部结构计算和平面楼板的计算模型是不同的，这种不同将导致结果的差别。

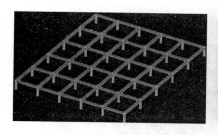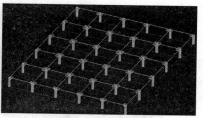

图 5.16.1　暗梁模型与虚梁模型

二、该工程控制内力仍为恒载和活荷载

尽管上部结构计算考虑了风和地震作用，但是在本例中，它们相比恒、活荷载的内力太小，在控制楼板上下钢筋方面，它们起的作用不大。因此我们下面的对比主要为恒、活载下弯矩的对比。

三、将上部结构弹性板单元设置为 0.5m

因为平面楼板隐含的有限元尺寸为 0.5m，为了对比，我们将上部结构的弹性板单元尺寸也设置为 0.5m，以便减少因为单元尺寸不同造成的结果差别。

四、无梁楼盖计算相关设置

平面楼板的计算参数，选择考虑本层竖向构件刚度，为的是与上部结构计算模型尽量一致，如图 5.16.2 所示。

柱上板带取为 1/4 板跨，如图 5.16.3 所示。柱帽尺寸过小时，如果柱上板带按照柱帽尺寸取用，则柱上板带的宽度过小，将造成无梁楼板不经济的配筋结果，这一点可查看无梁楼盖菜单的 F1 帮助说明。

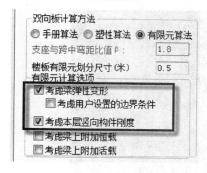

图 5.16.2　板计算参数

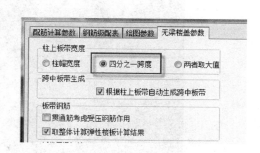

图 5.16.3　板带宽度设置

五、上部结构为 3 层模型而平面楼板计算取 1 层模型

全楼模型见图 5.16.4。下面分别按照平面楼板计算模型和按照"取整体计算弹性楼板

计算结果"计算,再进行对比,如图 5.16.5 所示。

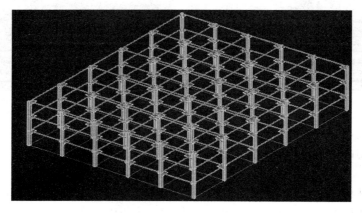

图 5.16.4　全楼模型

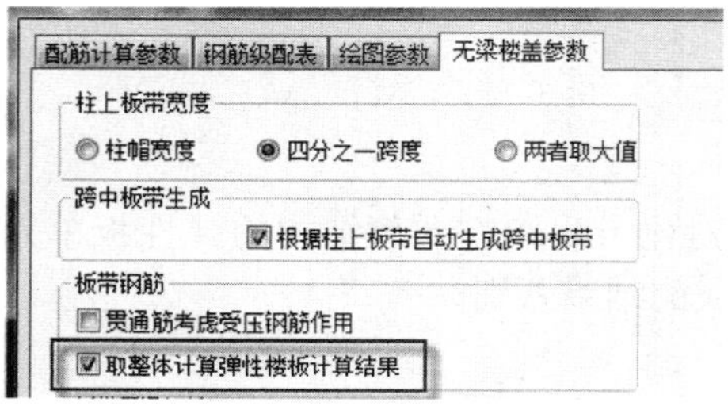

图 5.16.5　板单元配筋取值参数

上部结构计算取的是全楼模型,即按 3 层计算的,如图 5.16.4 所示,而在平面楼板中楼板是按照分层模型计算的,即按照 1 层的模型计算,这种差别有时对楼板的内力有一定的影响。

图 5.16.6～图 5.16.9 分别为平面楼板和上部结构的弹性板计算结果,对比从上到下顺序的第一个柱上板带(板带下)和跨中板带(板带下)的弯矩和配筋:

柱上板带:平面楼板:　　　$M=75.8$;$A_s=1039$;

　　　　　上部计算弹性板:$M=64.2$;$A_s=925$;

跨中板带:平面楼板:　　　$M=64.0$;$A_s=872$;

　　　　　上部计算弹性板:$M=54.1$;$A_s=748$。

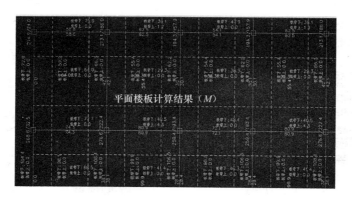

图 5.16.6　平面楼板弯矩图

上部结构弹性板计算的弯矩和配筋确实比平面楼板小,我们认为,这是因为上部结构是全楼模型,它与平面楼板取用的 1 层模型不同,造成了计算的差异。

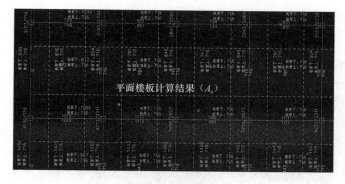

图 5.16.7 取整体计算结果时楼板弯矩图

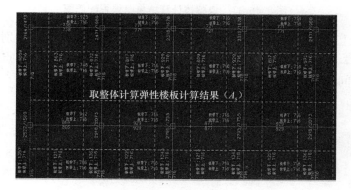

图 5.16.8 平面楼板配筋图

图 5.16.9 取整体计算结果时楼板配筋图

六、将上部结构改为 1 层后二者计算相同

我们将上部结构改为 1 层，再进行对比计算，如图 5.16.10、图 5.16.11 所示，结果如下，可见二者已经非常接近。

柱上板带：平面楼板： $M=75.8$ ； $A_s=1039$ ；

　　　　　上部计算弹性板： $M=74.1$ ； $A_s=1035$ ；

跨中板带：平面楼板： $M=64.0$ ； $A_s=872$ ；

　　　　　上部计算弹性板： $M=62.5$ ； $A_s=867$ 。

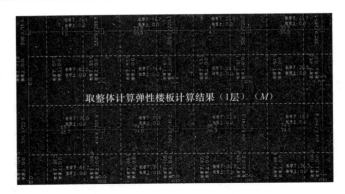

图 5.16.10　取整体计算结果时楼板弯矩图

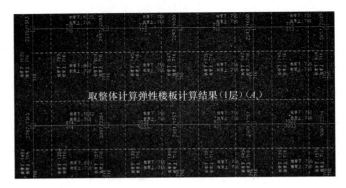

图 5.16.11　取整体计算结果时楼板配筋图

在计算方法上，上部结构弹性板和平面楼板之间还是有些细小的差别，如上部结构计算弹性楼板内力，可以选择节点值、单元中心值，而平面楼板取的是节点值，这种差别也可能导致它们之间结果不同。

第十七节　坡屋面的位移比计算

一、用户问题

问题："在坡屋面计算时，坡屋面层单独按照一层建模，标准层层高 3m，坡屋面屋脊线高 3.5m。由于坡屋面柱不等高，用 PKPM 计算后顶层位移比普遍为 1.9 以上，不满足规范要求，查询节点发现异常大的地方是柱顶变标高处。"

"但是 YJK 计算结果与平屋面计算结果差不多，均小于 1.2，满足规范要求。请问 YJK 在处理坡屋面时的技术条件是怎么样的？结果是否准确？坡屋面位移比计算与 PKPM 的差异如何？在坡屋面计算时经常会遇到这个问题。"模型如图 5.17.1 所示。

坡屋顶层层高 3500mm，用调整上节点高生成坡屋顶，屋脊处上节点高为 0，边缘处上节点高为 -3500mm，如图 5.17.2 所示。

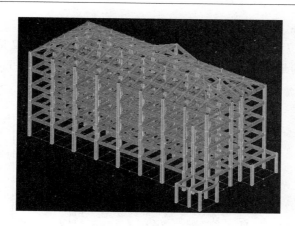

图 5.17.1　工程实例

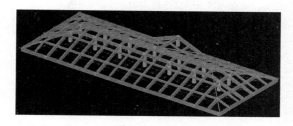

图 5.17.2　坡屋面三维图

二、规范条文

《抗规》3.4.4-1 条平面不规则而竖向规则的建筑，应采用空间结构计算模型，并符合下列要求："1）扭转不规则时，应计入扭转影响，且楼层竖向构件最大的弹性水平位移和层间位移分别不宜大于楼层两端弹性水平位移和层间位移平均值的 1.5 倍，当最大层间位移远小于规范限值时，可适当放宽。"

《高规》3.4.5 条："结构平面布置应减少扭转的影响。在考虑偶然偏心影响的规定水平地震力作用下，楼层竖向构件最大的水平位移和层间位移，A 级高度高层建筑不宜大于该楼层平均值的 1.2 倍，不应大于该层平均值的 1.5 倍；B 级高度高层建筑、超过 A 级高度的混合结构及本规程第 10 章所指的复杂高层建筑不宜大于该楼层等平均值的 1.2 倍，不应大于该楼层平均值的 1.4 倍。"

"注：当楼层的最大层间位移角不大于本规程第 3.7.3 条规定的限值的 40％时，该楼层竖向构件的最大水平位移和层间位移与该楼层平均值的比值可适当放松，但不应大于 1.6。"

三、坡屋顶层的层间位移和位移角一般较小

1. 坡屋顶层的层间位移和位移角常常比其他楼层小得多
坡屋顶层一般层刚度相对较大，因此它的层间位移和位移角比别的楼层要小很

多。本工程坡屋顶在 6 层，从图 5.17.3、图 5.17.4 可见，第 6 层的最大层间位移 Max-Dx、平均层间位移 Ave-Dx 的数值比其他楼层小很多，仅仅是其他楼层的几十分之一。同样第 6 层的最大层间位移 Max-Dy、平均层间位移 Ave-Dy 的数值也比其他楼层小很多。

```
=== 工况7 === X+ 规定水平力作用下的楼层最大位移          YJK
Floor  Tower   Jmax      Max-(X)   Ave-(X)   Ratio-(X)        h
               JmaxD     Max-Dx    Ave-Dx    Ratio-Dx
  6      1     6000041    17.95     17.82     1.01          3500
               6000111     0.08      0.07     1.12
  5      1     5000018    18.50     17.77     1.04          3900
               5000081     2.10      2.02     1.04
  4      1     4000006    16.41     15.74     1.04          3900
               4000096     3.15      3.03     1.04
  3      1     3000006    13.25     12.71     1.04          3900
               3000006     4.02      3.86     1.04
  2      1     2000096     9.23      8.85     1.04          3900
               2000096     4.59      4.40     1.04
  1      1     1000074     4.64      4.39     1.06          4700
               1000074     4.64      4.39     1.06

X方向最大位移与层平均位移的比值：   1.06   （1层1塔）
X方向最大层间位移与平均层间位移的比值：   1.12   （6层1塔）
```

图 5.17.3　YJKX＋规定水平力位移比

```
=== 工况10 === Y+ 规定水平力作用下的楼层最大位移          YJK
Floor  Tower   Jmax      Max-(Y)   Ave-(Y)   Ratio-(Y)        h
               JmaxD     Max-Dy    Ave-Dy    Ratio-Dy
  6      1     6000041    21.11     18.55     1.14          3500
               6000077     0.18      0.15     1.22
  5      1     5000006    23.53     18.45     1.28          3900
               5000006     2.57      2.10     1.22
  4      1     4000001    20.99     16.36     1.28          3900
               4000001     3.98      3.21     1.24
  3      1     3000001    17.01     13.15     1.29          3900
               3000001     5.08      4.08     1.25
  2      1     2000001    11.92      9.06     1.32          3900
               2000001     6.00      4.68     1.28
  1      1     1000001     5.93      4.28     1.38          4700
               1000006     5.93      4.28     1.38

Y方向最大位移与层平均位移的比值：   1.38   （1层1塔）
Y方向最大层间位移与平均层间位移的比值：   1.38   （1层1塔）
```

图 5.17.4　YJKX＋规定水平力位移比

由于坡屋顶层的层高和其他楼层差不多，因此坡屋顶层的位移角也仅仅是其他楼层的几十分之一。

2. 坡屋顶层的最大层间位移和平均层间位移的比值却和其他楼层差不多

第 6 层的位移比，即最大层间位移和平均层间位移的比值却和其他楼层差不多。

根据上面第 2 节的规范条文，当楼层的最大层间位移角不大于《高规》第 3.7.3 条规定的限值的 40%时，该楼层竖向构件的最大水平位移和层间位移与该楼层平均值的比值可适当放松，但不应大于 1.6。由于坡屋顶层的层间位移角比一般楼层小得多，因此它们肯定满足不大于规范规定限值的 40%的要求，因此对坡屋顶层的位移比的要求属于可以放松之列。

3. SATWE 计算的坡屋顶层的位移比经常超限

从图 5.17.5、图 5.17.6 可以看出，SATWE 计算的最大层间位移和平均层间位移数值与 YJK 非常接近，但是它算出的坡屋顶层的最大位移比都是发生在坡屋顶楼层，并且数值比 YJK 大得多，都属于超限范围。也就是说，SATWE 计算坡屋顶时比一般结构更容易发生位移比超限。

四、YJK 对坡屋顶的位移比计算做了特殊处理

根据规范对控制位移比目的的理解，即控制位移比是为了控制结构的扭转效应不超出一定范围，且对于位移角小于规范控制值40％的情况可以放松等，考虑到坡屋顶刚度较大以及一般位移角比其他楼层小很多的情况，YJK 对于不等高的楼层在位移统计时会做修正，当某节点点高与本层层高不等时，软件会将该点的位移线性折算到层高处；当某节点点高过小、小于层高的 0.8 倍时，软件就不统计这个点的位移了。这样的做法，对坡屋顶或错层结构的位移统计比较合理。

```
=== 工况 14 === X+偶然偏心地震作用规定水平力下的楼层最大位移
                                                       SATWE
Floor  Tower    Jmax       Max-(X)      Ave-(X)     Ratio-(X)    h
                JmaxD      Max-Dx       Ave-Dx      Ratio-Dx
  6      1      1022       18.00        17.62        1.02       3500.
                1022        0.13         0.06        2.03
  5      1       442       18.34        17.78        1.03       3900.
                 442        2.09         2.03        1.03
  4      1       435       16.25        15.76        1.03       3900.
                 428        3.14         3.03        1.04
  3      1       338       13.11        12.72        1.03       3900.
                 338        4.01         3.87        1.04
  2      1       234        9.10         8.85        1.03       3900.
                 234        4.56         4.41        1.03
  1      1       130        4.59         4.47        1.03       4700.
                 130        4.59         4.47        1.03

X方向最大位移与层平均位移的比值:          1.03(第 5层第 1塔)
X方向最大层间位移与平均层间位移的比值:    2.03(第 6层第 1塔)
```

图 5.17.5 SATWEX＋规定水平力位移比

```
=== 工况 16 === Y 方向地震作用规定水平力下的楼层最大位移
                                                       SATWE
Floor  Tower    Jmax       Max-(Y)      Ave-(Y)     Ratio-(Y)    h
                JmaxD      Max-Dy       Ave-Dy      Ratio-Dy
  6      1       941       19.59        18.36        1.07       3500.
                 985        0.20         0.11        1.76
  5      1       442       19.93        18.29        1.09       3900.
                 442        2.13         2.08        1.02
  4      1       345       17.80        16.21        1.10       3900.
                 345        3.34         3.20        1.04
  3      1       248       14.46        13.02        1.11       3900.
                 248        4.27         4.07        1.05
  2      1       151       10.19         8.95        1.14       3900.
                 151        5.09         4.66        1.09
  1      1        47        5.10         4.26        1.20       4700.
                  47        5.10         4.26        1.20

Y方向最大位移与层平均位移的比值:          1.20(第 1层第 1塔)
Y方向最大层间位移与平均层间位移的比值:    1.76(第 6层第 1塔)
```

图 5.17.6 SAWEY＋规定水平力位移比

五、结论

坡屋顶层一般层刚度相对较大，因此它的层间位移和位移角比别的楼层要小很多，仅仅是其他楼层的几十分之一。由于坡屋顶层的层高和其他楼层差不多，因此坡屋顶层的位移角也仅仅是其他楼层的几十分之一。

根据规范对控制位移比目的的理解，即控制位移比是为了控制结构的扭转效应不超出一定范围，且对于位移角小于规范控制值40％的情况可以放松等，考虑到坡屋顶刚度较大以及一般位移角比其他楼层小很多的情况，YJK 对于不等高的楼层在位移统计时会做修正，当某节点点高与本层层高不等时，软件会将该点的位移线性折算到层高处；当某节点

点高过小、小于层高的 0.8 倍时，软件就不统计这个点的位移了。这样的做法，对坡屋顶或错层结构的位移统计比较合理。

SATWE 计算的坡屋顶层的位移比经常超限，虽然 SATWE 计算的最大层间位移和平均层间位移数值和 YJK 非常接近，但是它算出的坡屋顶层的最大位移比都是发生在坡屋顶楼层，并且数值比 YJK 大得多，常属于超限范围。也就是说，SATWE 计算坡屋顶时比一般结构更容易发生位移比超限。